淮河流域水资源系统模拟与调度

汪跃军　王天友　赵　瑾　贺　军　著

东南大学出版社
SOUTHEAST UNIVERSITY PRESS
·南京·

内 容 简 介

本书以淮河洪泽湖以上流域为研究对象，在分析该区域水资源及开发利用实际情况的基础上，对基于二元水循环的流域水资源系统模拟技术，流域水工程系统联合模拟及运行仿真技术，流域水资源优化配置及水工程系统水量-水质联合调度技术，以及流域水资源调度决策支持系统技术等淮河流域水资源系统模拟与调度关键技术，进行了较为全面深入的研究。

本书依据本项目研究成果并参考了大量的相关文献以及淮河流域关于水资源研究的相关成果编制而成，具有系统性、创新性，可供从事水文、水资源等领域的专业技术研究人员和师生参考。

图书在版编目（CIP）数据

淮河流域水资源系统模拟与调度 / 汪跃军等著. —南京：东南大学出版社，2019.6

ISBN 978-7-5641-8448-3

Ⅰ.①淮… Ⅱ.①汪… Ⅲ.①淮河流域-水资源管理-系统仿真②淮河流域-水库调度 Ⅳ.①TV882.8 ②TV697.1

中国版本图书馆 CIP 数据核字（2019）第 123777 号

淮河流域水资源系统模拟与调度

著　者	汪跃军等
出版发行	东南大学出版社
出 版 人	江建中
社　址	南京市四牌楼 2 号
邮　编	210096
经　销	全国各地新华书店
印　刷	虎彩印艺股份有限公司
开　本	700 mm×1000 mm　1/16
印　张	18.25
字　数	358 千字
版　次	2019 年 6 月第 1 版
印　次	2019 年 6 月第 1 次印刷
书　号	ISBN 978-7-5641-8448-3
定　价	68.00 元

（本社图书若有印装质量问题，请直接与营销部联系。电话：025-83791830）

前　言

淮河流域地处长江、黄河之间，流域面积 27 万 km^2，是我国重要的商品粮、棉、油生产和能源基地，在我国具有十分重要的战略地位。

中华人民共和国成立以来，全流域兴建了大量的水利工程，初步形成了一个比较完整的集防洪、除涝、灌溉、供水为一体的综合性水利工程体系。各种水利设施的建设在供水、灌溉、防洪、发电等方面带来巨大的效益，河流水资源开发利用率逐步提高，极大地促进了流域经济社会的发展。

进入 20 世纪 80 年代，随着流域经济快速发展和城市化进度加快，流域水资源问题越来越突出，可归纳为缺水问题突出，水资源开发利用过度；水资源时空分布不均，与区域生产力布局不相匹配；水污染问题严峻；经济社会发展与环境保护不协调等四个方面。

由于流域水资源系统的复杂性，加之对流域内水工程系统的运行方式缺乏全面、深入的研究，故目前整个系统尚未实现联合优化运行，从而影响了系统在保障流域供水安全方面的整体功能的充分发挥。

2011—2014 年，淮河水利委员会水文局（信息中心）会同河海大学等单位开展了“淮河流域水资源系统模拟与调度关键技术研究”课题，在分析淮河流域水资源及开发利用实际情况的基础上，对基于二元水循环的流域水资源系统模拟技术，流域水工程系统联合模拟及运行仿真技术，流域水资源优化配置及水工程系统水量—水质联合调度技术，以及流域水资源调度决策支持系统技术等淮河流域水资源系统模拟与调度关键技术，进行了较为全面深入的研究。研究成果为流域的综合规划、水资源优化调度与管理等提供基础性技术支撑，在促进流域水资源的可持续利用和经济、社会、环境协调发展，保障淮河流域粮食安全、城乡供水安全和生态环境改善等方面，产生明显的经济和社会效益。

依据本次课题部分研究成果，编制完成了《淮河流域水资源系统模拟与调度》一书，全书共分 7 章，第 1 章流域基本概况，第 2 章淮河水资源系统研究目标，第 3 章水资源系统模拟，第 4 章水工程系统联合运行模拟仿真，第 5 章典型区水量水质联合调度，第 6 章水资源优化调度决策支持系统，第 7 章研究结论。

本书第 1、2、3、4、7 章由汪跃军、赵瑾、王天友负责编写，第 5、6 章由河海大学贺军负责编写。

在此感谢河海大学顾圣平教授、王建群教授在课题研究过程中所提供的创新思路和有效的解决方案。

本书编写过程中，参考了大量的相关文献以及淮河流域关于水资源研究的相关成果，在此对有关的研究单位和作者表示感谢。本书中难免有不足之处，敬请批评指正。

著者

2018 年 11 月

目　录

1 流域概况

淮河流域地处中国中东部(介于长江和黄河两流域之间东经 111°51′～120°20′,北纬 30°55′～36°20′),流域面积 27 万 km^2。流域西起桐柏山、伏牛山,东临黄海,南以大别山、江淮丘陵、通扬运河及如泰运河南堤与长江分界,北以黄河南堤和沂蒙山与黄河流域毗邻(见图 1.1)。

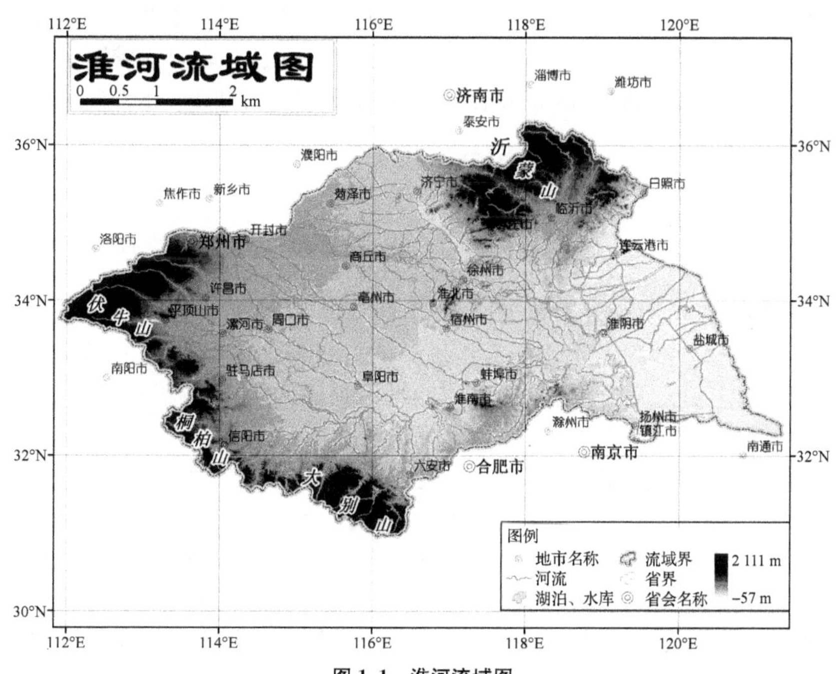

图 1.1 淮河流域图

1.1 地形地貌

淮河流域位于全国地势的第二级阶梯的前缘,大都处于第三级阶梯上,总的地形由西北向东南倾斜,淮南山丘区、沂沭泗山丘区分别向北和向南倾斜。

流域西部、南部及东北部为山区和丘陵区,其余为平原、湖泊和洼地。流域山区面积为 3.8 万 km^2,占流域总面积的 14%;丘陵面积为 4.8 万 km^2,占流域总面积的 17%;平原面积为 14.77 万 km^2,占流域总面积的 56%;湖泊洼地面积为 3.6 万 km^2,占流域总面积的 13%。

流域西部的伏牛、桐柏山区,一般高程 300～500 m,太白顶牌坊洞是淮河发源地，海拔 1 141 m，沙颍河上游的石人山海拔 2 153 m，为全流域的最高峰；南部大别山区，一般高程在 300～500 m，淠河上游白马尖海拔 1 774 m，是大别山区的最高峰；东北部沂蒙山区，一般高程在 200～500 m，龟蒙顶是沂蒙山区的最高峰，海拔 1 155 m。丘陵主要分布在山区的延伸部分，流域西部高程一般为 100～200 m，南部为 50～200 m，东北部一般在 100 m 左右。淮河干流以北为广大冲、洪积平原，高程一般为 15～50 m；淮河下游平原高程为 2～10 m；南四湖湖西为黄泛平原，高程为 30～50 m。

淮河流域地貌具有类型复杂多样、层次分明、平原地貌类型极为丰富的特点。在空间分布上，东北部为鲁中南断块山地，中部为黄淮洪积、冲积、湖积、海积平原，西部和南部是山地和丘陵；平原与山地丘陵之间以洪积平原、冲洪积平原和冲积扇过渡；此外，还有零星的喀斯特侵蚀地貌和火山熔岩地貌。地貌的成因主要有流水地貌、湖成地貌、海成地貌。地貌形态上分为山地（中山、低山）、丘陵、台地（岗地）和平原四种类型。

1.2　土壤植被

1.2.1　土壤

淮河流域西部伏牛山区主要为棕壤（质地黏重，结合度适中）和褐土（成土母质为各类岩石风化物、洪积冲积物及人工堆垫物）；丘陵区主要为褐土（包括立黄土、油黄土等），土层深厚，质地疏松，易受侵蚀冲刷。淮南山区主要为黄棕壤（是黄红壤与棕壤之间的过渡性土类），其次为棕壤和水稻土；丘陵区主要为水稻土，其次为黄棕壤。沂蒙山丘区多为粗骨性褐土（成土母质为硅质岩类和钙质岩类，土层极薄）和粗骨性棕壤，系由岩石的风化残积、坡积物发育而成，土层浅薄，质地疏松，多夹砾石，蓄水保肥能力很差，水土流失严重。淮北平原北部主要为黄潮土，系由河流沉积物和近代黄河南泛沉积物发育而成，除少数黏质和壤质土壤外，多数质地疏松，肥力较差，并在其间零星分布着小面积的盐化潮土和盐碱土；淮北平原中部和南部主要为砂礓黑土，其次为黄潮土和棕潮土等。砂礓黑土是淮河流域平原地区分布较广的一种颜色较黑的半水成土，是一种古老的耕种土壤，以淮北平原安徽部分分布的面积为最大。砂礓的形成受地下水位和水质（富含重碳酸钙）的影响，不过面砂礓的形成，还与土体中碳酸钙的淋溶淀积有密切关系。砂礓黑土的质地比较黏，没有明显的沉积层理。淮河下游平原水网区为水稻土，系由第四纪湖相沉积层组成，土壤肥沃。苏鲁两省滨海平原新垦地多为滨海盐土，含盐量较高，它的最大特点，一是土壤和地下水的盐分组成与海水一致，都是以氯化钠为主，因此又称为氯化物盐土；二是含盐量除表土稍多外，以下土层都比较均匀，这两点是区别于其他盐土最主要的地方。

1.2.2 植被

淮河流域地跨7个纬度，气候自北向南由暖温带过渡到亚热带，植被分布具有明显的地带性特点。伏牛山区及偏北的泰沂山区主要为落叶阔叶—针叶松混交林；中部的低山丘陵一般为落叶阔叶—常绿阔叶混交林；南部大别山区主要为常绿阔叶—落叶阔叶—针叶松混交林，并夹有竹林，山区腹部有部分原始森林。桐柏山、大别山区森林覆盖率为30%，伏牛山区为21%，沂蒙山区为12%。平原区除苹果、梨、桃等果树林外，主要为刺槐、泡桐、白杨等零星树林及竹林；滨湖沼泽地有芦苇、蒲草等。栽培植物的地带性较为明显，淮南及下游平原水网区以稻、麦（油菜）为主，一年两熟；淮北基本以旱作物为主，主要有小麦、玉米、棉花、大豆和红芋等。

1.3 水文地质

淮河流域局部地区地表以下富存有古生代碳酸盐岩类岩溶水，其中以中奥陶系马家沟灰岩岩溶水贮存条件较好，水量丰富、水质较好，是山丘区地下水开发利用供水的水源地，分布于河南新密市，安徽淮北市、宿州市，江苏徐州市等地。石灰岩裸露的低山丘陵区降雨大部分渗入地下，在侵蚀基准面以上是地表水缺乏地区，在侵蚀基准面以下地下水一般较丰富。而变质岩、火成岩、碎屑岩类分布的山区为裂隙水，除构造断裂带以外地区，地下水一般不丰富。伏牛山、大别山及泰沂山山前地带有山前倾斜平原、岗地、丘陵分布。岗丘地区岩性以亚黏土、黄土状亚黏土为主，或为红色地层，地下水埋深大，地下水量不丰富。平原区多为孔隙水，目前成井深度为40～60 m，为浅层地下水分布范围；40～60 m以下存在中深层承压水，部分地区呈自流水分布。山前倾斜平原为冲积、洪积，岩性以亚砂土为主，山间河谷平原岩性以砂砾石为主，地下水量较丰富。豫东平原北部为黄河冲积、洪积平原，开封、鹿邑、上蔡、平舆等地含水层为砂砾石、中细砂。安徽淮北广大河间地块为二元结构，上层主要为黏性土，裂隙较发育，下部为河床相细砂，其中北部主要为粉砂和粉细砂。自泰沂山西麓至南四湖山前倾斜平原，含水层岩性为中细砂；湖西为黄河冲积地层，主要为砂性土及砂黏土互层；滨湖为黏性土。

平原区浅层地下水埋深，除地下水开发利用程度较高形成超采漏斗区外的，淮北平原一般为2～4 m，东部为1～3 m，山前平原及山间盆地一般为3～8 m，丘陵岗地一般大于8 m。

平原区在天然状态下，山前倾斜平原区地下水水力坡降为5/10 000～1/1 000，地下水径流条件好，矿化度小于1 g/L，水质好；远离山前地带，地下水水力坡降一般为1/10 000左右，地下水径流条件差，矿化度1～2 g/L，局部为2～5 g/L的微咸水；沿海地区地下水径流极差，为矿化度大于5 g/L的咸水。

1.4 水文气象

淮河流域多年平均降雨量875 mm，总的趋势是南部大于北部、山区大于平原、沿海大于内陆。淮南大别山区淠河上游年降雨量最大，可达 1 500 mm 以上，而西北部与黄河相邻地区则不到 680 mm。流域内 6～9 月为汛期，汛期降雨量占全部年降雨量的 50%～75%。降雨量年际变化大，1954 年、1956 年分别为 1 185 mm 和 1 181 mm，1966 年、1978 年仅 578 mm 和 600 mm。

淮河流域多年平均年径流深约 221 mm，其中淮河水系为 238 mm，沂沭泗水系为 181 mm。径流的年内分配也很不均匀，主要集中在汛期，淮河干流各控制站汛期实测径流量占全年的 60%左右。

产生淮河流域暴雨洪水的天气系统为台风(包括台风倒槽)、涡切变、南北向切变和冷式切变线，以前两种居多。在雨季前期，主要是涡切变型，后期则有台风参与。暴雨走向与天气系统的移动大体一致：台风暴雨的中心移动与台风路径有关；冷锋暴雨多自西北向东南移动；低涡暴雨通常自西南向东北移动，随着南、北气流交汇，切变线或锋面作南北向、东南—西北向摆动，暴雨中心也作相应移动。例如 1954 年 7 月几次大暴雨都是由低涡切变线造成的，暴雨首先出现在淮南山区，然后向西北方向推进至洪汝河、沙颍河流域，再折向东移至淮北地区，最后在苏北地区消失，一次降水过程就遍及整个淮河流域，由于暴雨移动方向接近河流方向，使得淮河容易造成洪涝灾害。

淮河流域暴雨洪水集中在汛期 6～9 月，6 月主要发生淮南山区；7 月全流域均可发生；8 月则较多地出现在西部伏牛山区，同时受台风影响，东部沿海地区常出现台风暴雨；9 月份流域内暴雨减少。一般 6 月中旬至 7 月上旬淮河南部进入梅雨季节，一般 15～20 d，长的可达一个半月。据历史文献统计，公元前 252 年—公元 1948 年的 2200 年中，淮河流域每百年平均发生水灾 27 次。1194 年黄河夺淮初期的 12、13 世纪，每百年平均水灾 35 次；15 世纪每百年水灾 74 次；16 世纪至中华人民共和国成立初期的 450 年中，每百年平均发生水灾 94 次，水灾日趋频繁。从 1400—1900 年的 500 年中，流域内发生较大旱灾 280 次，洪涝旱灾的频次已超过三年两淹、两年一旱，灾害年占整个统计年的 90%以上，不少年洪涝旱灾并存，往往一年内先涝后旱或先旱后涝。年际之间连涝连旱等情况也经常出现。

淮河流域地处我国南北气候过渡带，属暖温带半湿润季风气候区，气候特点是四季分明，气候温和，夏季湿热，冬季干冷，春季天气多变，秋季天高气爽。秦岭—淮河是我国主要的南北气候分界线，既有南方气候的某些特征(如盛夏湿热)，又有北方气候的一些特点(如冬季干冷)。流域北部属于暖温带半湿润季风气候区，为典型的北方气候，冬半年比夏半年长，过渡季节短，空气干燥，年内气温变化大。流域南部属于亚热带湿润季风气候区，特点是夏半年比冬半年长，空气湿度大，降水丰沛，气候温和。

由于淮河流域位于中纬度地带，处在亚热带湿润气候向暖温带半湿润气候的过渡区，影响本流域的天气系统众多，既有北方的西风槽、冷涡，又有南方的台风、东风波，也有本地产生的江淮切变线、气旋波。因此，造成流域的气候多变，天气变化剧烈。

东亚季风是影响淮河流域气候变化的最重要的大型天气系统之一。春季(3～5月),东亚季风开始活跃,冷槽逐渐北缩,夏季风不断向北推进,流域的降水逐渐增多。夏季(6～8月),我国大陆盛行偏南气流,这种盛行风携带了大量的暖湿空气,为淮河的雨季提供了所必需的水汽,这是一年中降雨最多的时期。秋季(9～11月),西南季风开始南退,冬季风不断南侵,降水迅速减少。冬季(12～2月),盛行干冷的偏北风。

流域气候温和,多年平均气温为14.5 ℃,最高月份(通常在7月)多年平均气温27 ℃左右,最低月份(1月)多年平均气温0 ℃左右。流域的极端最高气温为44.5 ℃(河南汝州,1966年6月20日),极端最低气温为－24.3 ℃(安徽固镇,1969年2月6日)。

流域无霜期为200～240 d,霜期沂沭泗地区最长,一般在160～176 d;史河流域霜期最短,不足140 d。年均日照时数在1 990～2 650 h,从东北向西南逐渐减少,西南部的大别山区最少,东北部的沂沭泗地区最多。

流域的相对湿度较大,年平均值为63%～81%。其地域分布是南大北小、东大西小;时间分布是夏季、秋季、春季、冬季依次减小,夏季一般超过80%,冬季约为65%。

流域年平均风速在1.3～3.5 m/s,西南部地区小(1.3～2.2 m/s),沿海和淮北地区大(2.3～3.5 m/s)。

1.5　河流水系

淮河流域由淮河及沂沭泗两大水系组成,废黄河以南为淮河水系,以北为沂沭泗水系。

淮河水系集水面积约19万km²,约占流域总面积的70%。淮河发源于河南省桐柏山,流经河南、安徽,至江苏的三江营入长江,全长约1 000 km(其中河南省境内364 km、安徽省境内436 km、江苏省境内200 km),平均比降为0.2‰。从河源到洪河口为上游,流域面积3万多km²,长364 km,落差174 m,比降为0.5‰;从洪河口至洪泽湖出口为中游,流域面积约13万km²,长478 km,落差16 m,比降为0.03‰;洪泽湖以下为下游,流域面积3万km²,入江水道长158 km,落差6 m,比降为0.04‰。淮河的排水出路,除入江水道外,还有入海水道和苏北灌溉总渠。淮沭新河沟通了淮河水系和沂沭泗水系,在淮沂洪水不遭遇时,可分泄淮河洪水经新沂河入海。

淮河两岸支流众多,一级支流流域面积大于2 000 km² 的共有15条,大于1 000 km² 的共有21条。

淮河中上游水系呈不对称的扇形分布,干流偏南。南岸支流众多,均发源于山区和丘陵区,源短流急,较大的支流有史河、淠河、东淝河、池河等,史、淠河是南岸的主要支流,均发源于大别山区。北岸主要支流有洪河、颍河、涡河、包浍河等。颍河发源于伏牛山区，为淮河最大的支流，流域面积 3.7 万 km^2，长 557 km，其京广铁路以西为山丘区，周口以下为平原区。洪河也发源于伏牛山区。其他均源于黄河南堤的平原河道。淮河主要支流都在中游，由于南岸支流洪水汇集迅猛，而淮河中游河段比降小，洪水下泄十分缓慢，因此，中游是淮河治理的关键性河段。中华人民共和国成立后，在史河、淠河上游兴建了梅山、响洪甸等 4 座大型水库，以拦蓄大别山区洪水；在洪河、颍河上游兴建了板桥白龟山等众多水库；初步治理了支流河道，开挖了新汴河、茨淮新河和怀洪新河等人工河道，使北岸部分支流洪水直接进入洪泽湖；修筑了淮北大堤，以防淮河洪水北溢；沿淮建有濛洼、城西湖等 22 个行蓄洪区。

淮河下游，洪泽湖出口除有入江水道入长江以外，还有苏北灌溉总渠、入海水道和向新沂河相机分洪的淮沭新河；运河以西为湖区，白马湖、宝应湖、高邮湖、邵伯湖自北向南呈串状分布；运河以东为里下河和滨海区，河湖稠密，主要入海河道有射阳河、黄沙港、新洋港和斗龙港等。淮河流域主要河流特征如表 1.1。淮河流域水系图如图 1.2。

表 1.1 主要河流特征统计表

河流名称	集水面积（km^2）	起点	终点	长度（km）	平均坡降（‰）
淮河	187 000	河南省桐柏县太白顶	三江营	1000	0.20
洪河	12 380	河南省舞阳龙头山	淮河	325	0.90
史河	6 889	安徽省金寨县大别山	淮河	220	2.11
淠河	6 000	安徽省霍山县天堂寨	淮河	248	1.46
颍河	36 728	河南省登封少石山	淮河	557	0.13
涡河	15 905	河南省开封郭厂村	淮河	423	0.10
沂河	11 820	山东省沂源县鲁山	骆马湖	333	0.57
沭河	4 529	山东省沂水县沂山	大官庄	196	0.40
泗河	2 338	山东省新泰市太平顶山西	南四湖	159	5.00

淮河流域湖泊众多。水面面积约 7 000 km^2，占流域总面积的 2.6%，总蓄水能力 280 亿 m^3，其中兴利库容 66 亿 m^3。较大的湖泊，淮河水系有城西湖、城东湖、瓦埠湖、洪泽湖、高邮湖、邵伯湖等，沂沭泗水系有南四湖、骆马湖。

城东湖、城西湖、瓦埠湖位于淮河中游，是淮河滞洪区，正常蓄水位时相应水面面积约 610 km^2，相应库容为 10.6 亿 m^3，防洪库容约为 12 亿 m^3，对于有效地削减淮河洪峰，保障淮北大堤、京沪铁路及沿淮城镇安全起重要作用。

流域中最大湖泊为洪泽湖，一般湖底高程 10.5 m，最低为 10.0 m，正常蓄水位 12.5 m，蓄水面积 2 069 km^2，相应库容 31.27 亿 m^3，设计洪水位 16.0 m，总库容 135 亿 m^3。洪泽湖承泄淮河上、中游 16 万 km^2 面积来水，主要入湖河流为淮河、

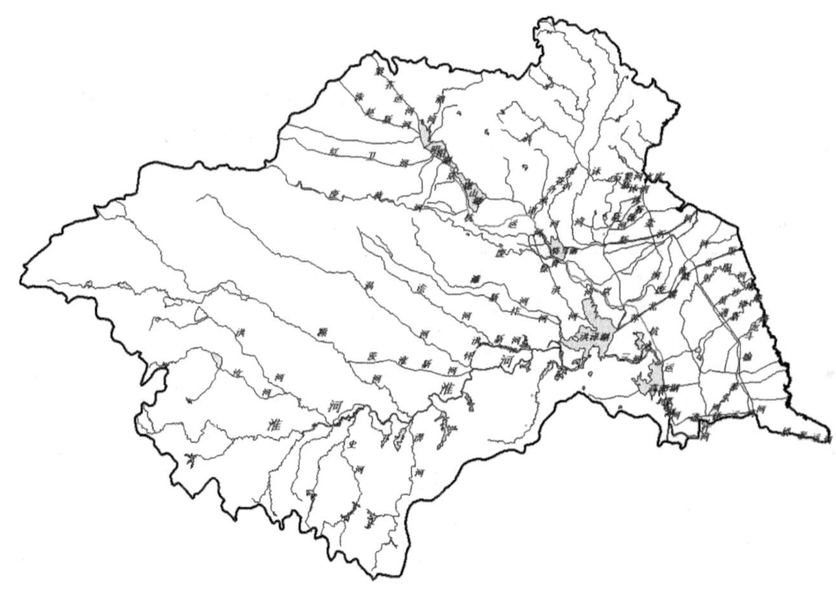

图 1.2 淮河流域水系图

怀洪新河、新濉河、新汴河和池河等，这些河流大多分布于湖的西部。洪泽湖洪水通过入江水道、苏北灌溉总渠和入海水道入江、入海。洪泽湖是调节淮河洪水，提供农田灌溉、航运、工业和生活用水，并结合有发电、水产养殖等的综合利用大型平原水库，同时，洪泽湖在南水北调工程及跨流域调度水源中起重要调节作用。

淮河流域主要湖泊特征详见表 1.2。

表 1.2 淮河流域主要湖泊特征值表

湖泊名称	正常蓄水位(m)	面积(km^2)	库容(万 m^3)
城西湖	21.00	314	56 000
城东湖	20.00	140	28 000
瓦埠湖	18.00	156	22 000
洪泽湖	12.50	2 069	312 700
高邮湖	5.70	580	74 300
邵伯湖	4.50	61.8	5 400
南四湖上级湖	34.20	609	80 000
南四湖下级湖	32.50	671	83 900
骆马湖	23.00	375	90 100
高塘湖	17.50	49.0	8 400

1.6 水利设施

淮河流域已建成大中小型水库 5 741 座(其中大型 36 座、中型 159 座、小型 5 546 座),总库容为 303 亿 m^3,兴利库容 150 亿 m^3。淮河流域蓄水工程现状情况见表 1.3。

表 1.3　淮河流域蓄水工程现状情况统计表

区域		座数(座)				总库容(亿 m^3)			兴利库容(亿 m^3)		
		总座数	大型水库	中型水库	小型水库	总库容	大中型	小型及塘坝	总库容	大中型	小型及塘坝
二级区	淮河上游	978	9	24	945	76.81	61.49	15.32	32.35	22.35	10.00
	淮河中游	2 464	9	68	2 387	134.61	103.05	31.56	64.73	41.54	23.19
	淮河下游	201	0	10	191	8.06	1.47	6.59	7.39	1.29	6.10
	沂沭泗河	2 098	18	57	2 023	83.60	63.81	19.79	45.71	32.61	13.10
分省	湖北	69	1	5	63	3.61	2.81	0.80	2.35	1.78	0.57
	河南	1 425	13	49	1 363	116.79	95.66	21.13	49.21	36.02	13.19
	安徽	1 938	4	47	1 887	89.18	66.91	22.27	44.31	26.91	17.40
	江苏	442	3	17	422	29.82	15.44	14.38	19.05	6.95	12.10
	山东	1 867	15	41	1 811	63.69	49.00	14.69	35.27	26.14	9.13
	小计	5 741	36	159	5 546	303.09	229.82	73.27	150.19	97.80	52.39

1.7 社会经济

淮河流域包括湖北、河南、安徽、江苏、山东五省 40 个市、160 个县(市、区),2017 年总人口 1.62 亿人,约占全国总人口的 11.7%,其中城镇人口 8 454 万人,城镇化率 52.2%。流域平均人口密度为 600 人/km^2,是全国平均人口密度的 4.1 倍。国内生产总值(GDP) 7.89 万亿元,人均 4.85 万元。

淮河流域在我国国民经济中占有十分重要的战略地位,区内矿产资源丰富、品种繁多,其中分布广泛、储量丰富、开采和利用历史悠久的矿产资源有煤、石灰岩、大理石、石膏、岩盐等。煤炭资源主要分布在淮南、淮北、豫东、豫西、鲁南、徐州等矿区,探明储量为 700 亿 t,煤种齐全,质量优良,是我国黄河以南地区最大的火电能源中心,华东地区主要的煤电供应基地。石油、天然气主要分布在中原油田延伸区和苏北南部地区,河南兰考和山东东明是中原油田延伸区;苏北已探明的油气田主要分布在金湖、高邮、溱潼三个凹陷,已探明石油工业储量近 1 亿 t,天然气工业储量近 27 亿 m^3。河南、安徽、江苏均有储量丰富的岩盐资源,河南舞阳、叶县、桐柏估算岩盐储量达 2 000 亿 t 以上;安徽定远氯化钠保有储量为 12.43 亿 t;江苏苏北岩盐探明储量 33 亿 t。

淮河流域交通发达。京沪、京九、京广三条南北铁路大动脉从流域东、中、西部通过，著名的欧亚大陆桥——陇海铁路及晋煤南运的主要铁路干线新(乡)石(臼)铁路横贯流域北部；流域内还有合(肥)蚌(埠)、新(沂)长(兴)、宁西等铁路。流域内公路四通八达，近些年高等级公路建设发展迅速。连云港、日照等大型海运港口直达全国沿海港口，并通往海外。内河水运南北向有年货运量居全国第二的京杭运河，东西向有淮河干流；平原各支流及下游水网区水运也很发达。

淮河流域的工业门类较齐全，以煤炭、电力、食品、轻纺、医药等为主，近年来化工、化纤、电子、建材、机械制造等有很大的发展。2017 年工业增加值为 31 013 亿元，占全国的比重约为 11%，对本区 GDP 的贡献率达 39.3%。

淮河流域气候、土地、水资源等条件较优越，适宜发展农业生产，是我国重要的粮、棉、油主产区之一。淮河流域农作物分为夏、秋两季，夏收作物主要有小麦、油菜等，秋收作物主要有水稻、玉米、薯类、大豆、棉花、花生等。2017 年淮河流域的总耕地面积为 2.3 亿亩(1 亩≈666.67 m^2，下同)，约占全国总耕地面积的 11.4%，人均耕地面积 1.42 亩，低于全国人均耕地面积。有效灌溉面积 1.63 亿亩，约占全国有效灌溉面积的 16.5%，耕地灌溉率 77.6%。粮食总产量 11 323 万 t，约占全国粮食总产量的 18.3%，人均粮食产量 699 kg，高于全国人均粮食产量。

综上所述，淮河水系范围内平原广阔，人口众多，城镇密集，资源丰富，交通便捷，加之位于我国东部的中间地带，社会经济地位重要，是极具发展潜力的地区。

2 淮河水资源系统研究目标

2.1 问题的提出

淮河流域地处长江、黄河之间，流域面积 27 万 km^2，是我国重要的商品粮、棉、油生产和能源基地，人口密度 624 人/km^2，居各大江大河流域之首。淮河流域在我国具有十分重要的战略地位，淮河的兴衰与国家的经济发展息息相关。淮河流域是我国水资源开发利用程度较高的地区之一。为了“防汛抗旱”的需要，在“蓄泄兼筹”治淮方针指导下，经过 60 多年的不懈努力，全流域兴建了大量的水利工程，初步形成了一个比较完整的集防洪、除涝、灌溉、供水为一体的综合性水利工程体系。各种水利设施的建设在供水、灌溉、防洪、发电等方面带来巨大的效益，河流水资源开发利用率逐步提高，极大地促进了淮河地区经济社会的发展。全流域共修建大中小型水库 5 700 多座，平均每 50 km^2 建水库 1 座，每条支流建水库近 10 座。淮河流域现有各类水闸 5 000 多座，其中大中型水闸约 600 座。此外，全流域还修建了各类引提水工程 19 290 座、各类调水工程 43 项、机电井 177 万眼以及集雨工程、污水处理回用等其他水源工程。目前淮河流域地表水资源 50%、75%和 95%频率下的利用率分别为 49.6%、70.7%和 90%以上，高于全国平均 20～30 个百分点。农业灌溉用水占总用水量的比重虽较大，但由 1980 年的 88%下降到 2005 年的 60%；而工业及城镇公共用水比重则由 1980 年的 7%提高到 2005 年的 21%。

进入 20 世纪 80 年代，随着流域经济快速发展和城市化进度加快，流域水资源问题越来越突出，可归纳为缺水问题突出，水资源开发利用过度；水资源时空分布不均，与区域生产力布局不相匹配；水污染问题严峻；经济社会发展与环境保护不协调等四个方面。

针对淮河水资源系统存在的主要问题，通过开展流域水资源系统模拟及调度关键技术的研究，在对流域自然水循环与人工侧支水循环相耦合的二元水循环过程进行系统模拟，全面揭示强烈人类活动干扰下的流域降水、地表水、土壤水和循环转化规律的基础上，建立流域水资源系统模拟技术、水工程系统联合运行仿真技术和优化调度决策支持系统，为实现流域的水量—水质联合调度和水资源优化配置，保障流域供水安全提供技术支撑，这对促进流域水资源可持续利用，实现淮河流域粮食安全、城乡供水安全和生态环境改善都具有重要意义。

2.2 研究目标和内容

1）基于二元水循环的淮河水资源系统模拟

基于二元水循环的淮河水资源系统模拟，用于分析淮河流域水循环系统自然主循环及人工侧支循环的要素及其特性，研究不同区域产流模型、汇流模型，研究灌区水循环、城镇地区水循环、农村生活用水模拟、人工生态用水模拟等人工侧支循环的模拟及调控作用，分析自然主循环过程与人工侧支用水过程互相影响、互相作用的关系以及它们在水资源质与量的时空分配上的耦合作用，建立基于二元水循环的淮河流域水资源系统综合模拟模型，研制基于二元水循环的淮河水资源系统综合模拟软件，为淮河流域水资源优化配置和可持续利用提供技术支撑。

基于二元水循环的淮河水资源系统模拟研究的空间范围界定为淮河洪泽湖以上流域，具体研究内容包括：

一是淮河流域水循环系统自然主循环及人工侧支循环的要素及其特性分析。对自然主循环子系统中降水、蒸发、入渗、产流和汇流的主要影响因素及其特性进行分析，对人工侧支循环子系统中各用水部门供水、用水、耗水、排水的主要影响因素及其特性进行分析。

二是自然主循环模拟模型及模拟技术。研究不同区域产流模型、汇流模型，包括模型结构和参数研究。

三是人工侧支循环模拟与调控分析。进行灌区水循环模拟、城镇地区水循环模拟、农村生活用水模拟、人工生态用水模拟等以及用水管理等各种措施对人工侧支循环的调控作用。

四是“自然—人工”二元水循环耦合关系分析。分析自然主循环过程与人工侧支用水过程互相影响、互相作用的关系，以及它们在水资源质与量的时空分配上的耦合作用。

五是基于二元水循环的淮河水资源系统模拟模型。建立自然主循环和人工侧支循环的具体耦合模式，构建流域水资源系统综合模拟模型，研制基于二元水循环的淮河流域水资源系统模拟软件。

2）淮河水工程系统联合运行模拟仿真

在对淮河流域水资源开发利用实际情况进行初步分析的基础上，确定淮河洪泽湖以上区域为水工程系统联合运行模拟的研究区域，针对现状水平年（2010年）、中期水平年（2020年）、远期水平年（2030年）等三个水平年以及实际预报运行条件，对该研究区域范围内水工程系统运行调节方案，进行详细的数值模拟分析研究。这里的水工程系统，包括研究区域范围内的蓄水工程、引水工程、提水工程、调水工程以及机电井工程等。

淮河水工程系统联合运行模拟研究的主要内容包括：

一是系统范围及各类水工程的主要功能、运行调度特性分析，根据淮河流域水资源开发利用和水工程分布情况，重点分析和确定流域内大型及重要中型水库、闸坝、泵站以及河道(淮干息县～洪泽湖段及重要支流)、湖泊等各类水工程特性、功能、供水范围和供水对象，对淮河流域各县级供水对象的城镇、农村需水进行分类和估算，分解到县(区)级子单元范围。

二是建立淮河流域水工程系统运行模拟模型，包括单一水工程模拟模型、流域水工程系统联合运行模拟模型，以及水动力模拟模型和水质模拟模型。

三是开展水工程系统联合运行仿真研究，根据实际资料进行模拟计算，进而分析不同规划水平年的长期水资源供需平衡和配置情况，以及短期实际条件下的动态水动力过程和水质动态变化过程。

3) 基于水资源优化配置条件下的典型区水量—水质联合调度模型

以淮河典型区域为对象，建立水量水质联合优化调度模型，将水量、水质统一考虑，把水资源开发利用与人类社会及生态系统的协调发展相结合，实现水资源的优化配置和高效利用，实现防洪安全、水资源的可持续利用、水生态环境的有效保护等多种目标。

洪汝河流域作为淮河上游相对独立的水系，水工程分布合理，加之洪汝河近年来地表水污染较严重，浅层地下水也开始受到污染，河道水体中总氮项目超标率居高不下，故选择洪汝河流域作为水量—水质联合优化调度的研究区域。

典型区水量—水质联合调度模型研究的主要内容包括：

一是典型区水资源优化配置总体方案分析。针对洪汝河流域供需水现状，分析洪汝河流域的自然、社会经济、需水、供水和水环境基本概况，掌握大型水库、河道等水工程参数和功能，进行水资源优化配置。

二是水资源调度相关子模型研究。建立洪汝河各水文分区的产水预报模型，结合天然产水量与自然、社会经济资料，对洪汝河流域生活、生产、生态等三生用水量进行建模和预测。

三是水量—水质联合调度模型研究，依据流域内主要水工程布局和水资源供需矛盾，即水量目标和水质目标，建立水质模型，综合考虑各部门用水优先次序和优水优用等要求，建立水量—水质联合优化调度模型，研究水库群优化调度的智能优化算法，并针对水质污染事故处置问题，建立水污染事故处置方案模拟调度模型和动态演示。

四是典型区水量—水质联合调度策略，在水量—水质优化调度模型计算成果基础上，通过对水质目标的改进，实现水量—水质联合优化调度模型的有效性。

4) 淮河水资源优化调度决策支持系统

利用计算机平台，建立并整合二元耦合流域的水循环模拟、水工程模拟仿真、水量水质联合优化调度等相关的子系统，包含数据部件、模型部件及人机对话部件，为水资源管理决策者提供有关数据资料、信息和背景知识，帮助决策者确立关键问题和重要目标，建立有效决策模型，并通过模型求解来推荐决策方案，同时通过人机交互功能，方便决策者进行分析、比较和判断，提高决策的质量和科学水平，使之能够成为充分发挥流域水工程整体效益，提高流域供水安全性的一项有效的非工程措施。

淮河水资源优化调度决策支持系统主要内容包括：以淮河流域（洪泽湖以上）为范围，以衔接与耦合二元耦合水循环模拟系统、水工程模拟仿真子系统和水量水质联合优化调度子系统三个系统为关键任务，以基于微软组件对象模型（COM，Component Object Model）的模块化编程语言技术和基于地理信息系统（GIS）的二次开发技术为支撑，基于 GIS 的数据库管理、模型库管理、知识库管理，开发人机图形交互平台，实现网络数据库和统计分析工具等辅助决策功能，提出流域或某区域的水工程运行方案，以更好地满足水资源开发利用目标，从而为淮河流域水资源配置决策、水资源工程建设决策、和运行方案决策提供科学依据。

2.3 技术路线

在对淮河水资源系统进行深入调研，分析流域水资源系统现状和存在问题的基础上，综合应用水文学、水资源学、水利工程学、水环境科学等学科的基本理论和方法，以及决策支持系统等现代科学技术，对淮河水资源系统模拟与调度的关键技术进行全面系统深入的研究。

在分析流域自然地理和社会经济系统特性的基础上，构建基于二元水循环理论的淮河流域水资源系统模拟模型，利用实际资料进行模型率定与验证；在分析流域内河道、湖泊、水库、闸坝、泵站等各类水工程的服务功能、技术特性和运行特征的基础上，构建流域水工程联合运行模拟模型，并通过系统水量、水质模拟分析技术，进行流域水工程联合运行的系统模拟仿真；根据流域水资源配置现状，结合水资源优化配置的总体方案和条件，选择洪汝河流域为典型区，构建基于水资源优化配置条件的典型区多水源、多用户、水量—水质联合调度的模型，研究制定典型区水量—水质联合调度策略；以水量—水质联合调度模型为核心，建立基于 Web 和 GIS 技术的淮河流域水资源优化调度决策支持系统，为流域水资源调度主管部门提供技术支撑。将 4 项主要研究内容分述如下：

1）基于二元水循环的淮河流域水资源系统模拟

（1）进行水文模拟计算单元和规划管理单元的划分，分析自然水循环特征和人工侧支水循环特征；

（2）基于新安江模型和淮北平原坡水区流域水文模型，建立分布式水循环模型，主要对自然主循环进行模拟；

（3）基于水资源系统概化网络，建立流域水资源调配模拟模型，主要对人工侧支水循环进行模拟与调控分析；

(4) 分析“自然—人工”二元水循环耦合关系，研究分布式水循环模型、集总式水资源调配模拟模型的具体耦合模式，构建流域水资源系统综合模拟模型；

(5) 采用组件式GIS技术和MVC模式开发技术，开发基于二元水循环的淮河流域流域水资源系统综合模拟软件。

2) 淮河水工程系统联合运行模拟仿真

(1) 调查、了解淮河流域水资源开发利用情况及各类水源工程的主要分布、功能及运行调度特性，分析各水工程对应的水资源供需平衡范围，以及该范围内各用水部门的特性及其相互之间的关系；

(2) 针对水库、湖泊、闸坝、河道等各类水工程，依据水量平衡原理及水工程的运行规则，建立单一工程运行模拟模型；

(3) 考虑各水工程之间的水力联系，建立水工程系统联合运行模拟模型；

(4) 对以上模型进行计算机算法实现研究，开发水工程系统联合运行模拟软件；

(5) 建立水动力模拟和水质模拟的模型和算法，开发水动力模拟仿真和水质模拟仿真的软件；

(6) 根据相关资料，对淮河流域(淮干息县—洪泽湖段及重要支流)进行水工程系统联合运行数值模拟计算，分析研究常规运行方式下的流域水资源供需平衡状况及工程运行状况。

3) 基于水资源优化配置条件下的典型区水量—水质联合调度模型

(1) 选择洪汝河流域为水量—水质联合调度模型研究的典型区域，分析典型区水资源配置系统的拓扑结构；

(2) 建立典型区水资源优化配置模型，分析研究典型区各水平年的水资源优化配置方案；

(3) 建立基于水资源优化配置条件的典型区水量—水质联合优化调度模型；

(4) 研究提出基于改进遗传算法的典型区水量—水质联合优化调度模型求解技术，并研究开发相应的软件程序；

(5) 通过实际求解运算，对典型区水量水质联合优化调度的效果进行分析；

(6) 对水质突发污染事件的应急调度问题进行研究，开发水质污染事件应急调度软件。

4) 淮河水资源优化调度决策支持系统

(1) 淮河水资源优化调度决策支持系统总体结构设计；

(2) 基于微软组件技术和GIS技术进行功能设计；

(3) 建立GIS地图库、数据库、模型库，开发相关的软件；

(4) 建立流域水循环模拟、流域水工程模拟和流域水量水质优化调度等子系

统,进行相关程序开发;

(5) 对各子系统及功能模块进行数据和算法的统一封装和调用接口设计,实现各子系统及功能模块的有机整合。

本项目研究的技术路线,如图 2.1。

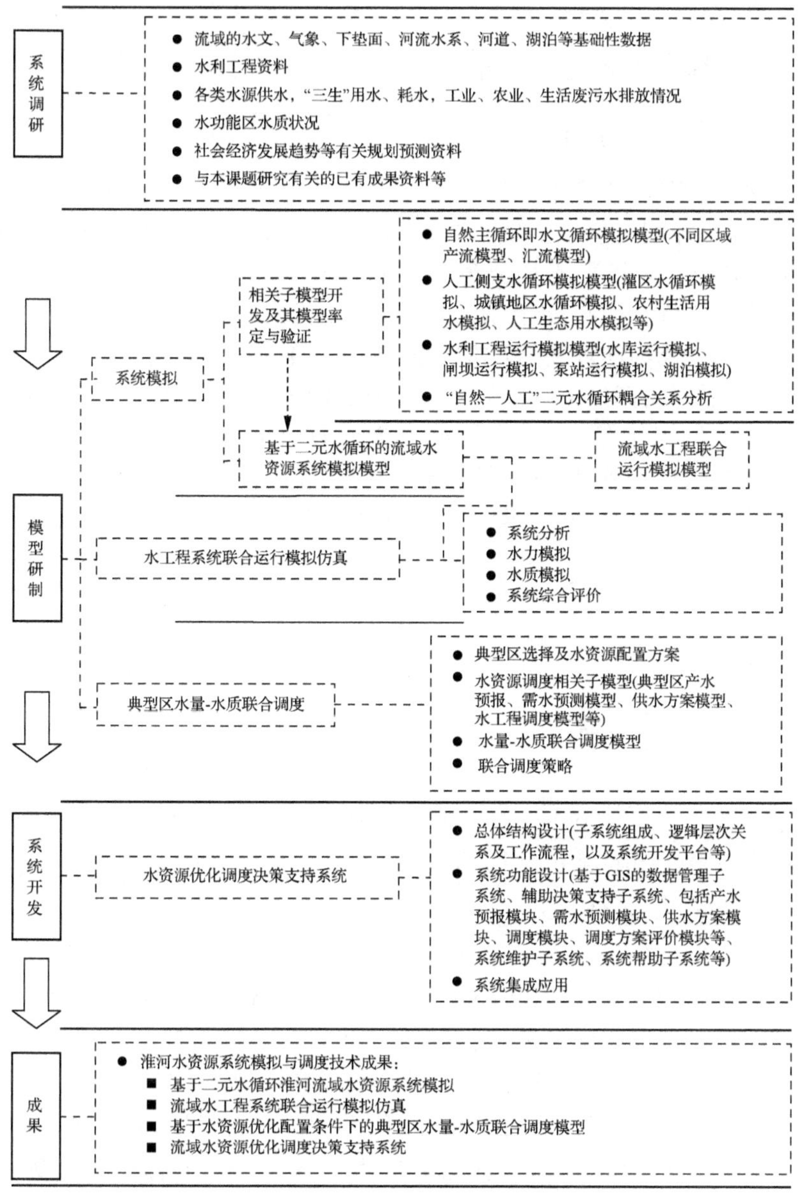

图 2.1 技术路线图

3 水资源系统模拟

3.1 水循环特性分析

3.1.1 径流时空分布特征

1) 径流量的空间分布

淮河水系洪泽湖出口以上集水面积为 15.8 万 km^2，占淮河水系集水面积的 83%。洪泽湖以上多年平均径流量(1950—2000 年)为 367 亿 m^3，其中淮干占 89%(以吴家渡 1950—2007 年计算)；受 1950 年代内外水分流的影响，怀洪新河、新汴河、奎濉河从溧河洼直接汇入洪泽湖，加上洪泽湖周边区间约占 11%。

淮河干流两岸支流呈不对称的扇形分布。淮南支流均发源于山区或丘陵区，源短流急，较大的支流有史灌河、淠河，其流域面积在 6 000～7 000 km^2；淮河以北，沙颍河为最大的支流，流域面积约 3.7 万 km^2，其他较大的支流还有洪汝河、涡河，其流域面积大于 1 万 km^2。图 3.1 为淮河中游主要支流在两岸的分布情况。

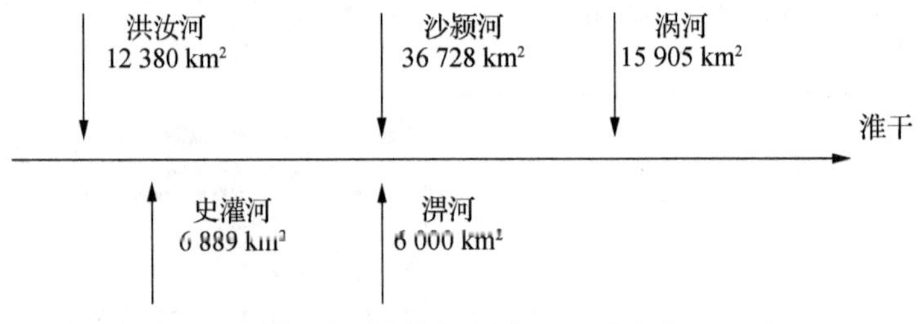

图 3.1 淮河中游主要支流在两岸的分布

1950 年以来淮河中游干支流主要测站多年平均径流量，如表 3.1 所示，由此可得淮干吴家渡站来水的基本组成如图 3.2。

吴家渡多年平均径流量 305 亿 m^3。淮干上游息县站以上集水面积约为 1.02 万 km^2，占吴家渡以上集水面积为 8%；多年平均径流量 43 亿 m^3，占吴家渡径流量的 14%。北部支流洪汝河、沙颍河、涡河各入淮控制站以上集水面积总和约为 6.2 万 km^2，占吴家渡以上集水面积的 51%；径流量总和约为 99 亿 m^3，占吴家渡径流量的 32%。南部支流史灌河、淠河各入淮控制站以上集水面积总和约为 1.0 万 km^2，占吴家渡以上集水面积的 8%；径流量总和约为 76 亿 m^3，占吴家渡径流量的 25%。淮河中游南、北主要支流集水面积相差 43%，径流量只相差 7%，这也表明淮北平原和淮南丘陵山区产流特性差异大。

表 3.1 淮河中游主要测站实测多年平均径流量

测站	所属河流	平均流量(m^3/s)	径流量(万 m^3)	集水面积(km^2)
息县	淮干	117.72	37.15	10 190
王家坝(合并)	淮干	278.87	88.01	30 630
润河集	淮干	404.76	127.74	40 360
鲁台子	淮干	698.83	220.56	88 630
吴家渡	淮干	878.10	277.13	121 330
小柳巷	淮干	905.40	285.73	123 950
中渡	淮干	986.05	311.20	158 160
班台	洪汝河	82.79	26.13	11 280
阜阳闸	沙颍河	128.05	40.42	35 246
蒙城闸	涡河	41.65	13.14	15 475
蒋家集	史灌河	61.36	19.36	5 930
横排头	淠河	103.72	32.73	4 370
明光	池河	21.03	6.64	3 470

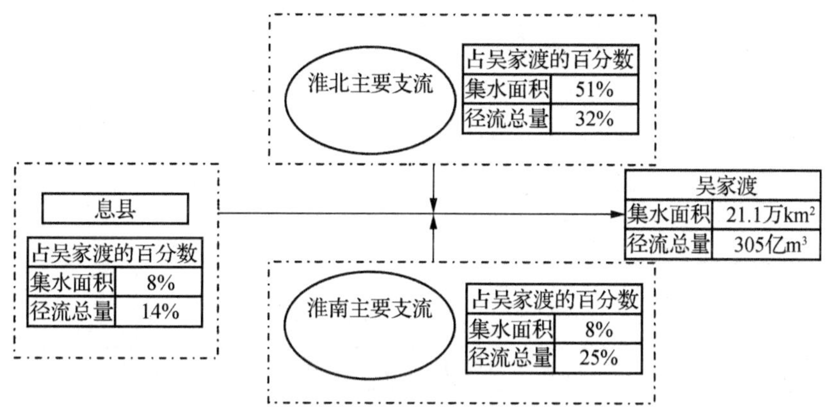

图 3.2 淮河中游吴家渡站来水组成

2) 径流量年内变化

淮河中游径流量的年内分配呈现各地汛期的起讫时间不一致，汛期径流集中，季节径流变化大，最大、最小月相差悬殊等特点。

由于自然地理环境和气候条件的差异，淮河中游不同区域径流量最大四个月的起讫时间不完全一致。淮南支流较早，一般为 5～8 月；淮北支流一般为 6～9 月或 7～10 月。淮干受支流入汇影响，鲁台子以上一般为 6～9 月，吴家渡、小柳巷一般为 7～10 月；中渡受洪泽湖调蓄的影响，最大四个月一般为 6～9 月。

淮河中游径流量主要集中在汛期(6～9 月)，约占年总量的 56%～70%，北方的集中程度高于南方。淮南各支流一般为 56%～59%;淮北各支流一般为 60%～70%;淮河干流一般为 62%～66%。连续最大四个月径流量占年总量的百分率大于汛期所占的百分率,变幅为 59%～74%,其地区分布也是南小北大,淮南支流一般为 59%～64%;淮北支流一般为 64%～74%;淮河干流一般为 62%～68%。

最大月径流占年径流量的比例一般为 18%～35%,出现时间一般在 7 月。最小月径流占年径流量的比例一般为 1.2%～2.6%,淮河以南一般出现在 1 月,淮河以北一般出现在 1～3 月。淮河中游干支流多年月平均径流量如表 3.2。

表 3.2　淮河中游主要测站多年平均月径流量

河名	站名	月径流量(亿 m³)												最大4个月径流量	
		1月	2月	3月	4月	5月	6月	7月	8月	9月	10月	11月	12月	径流量(亿 m³)	月份
淮河	王家坝(合并)	1.65	2.09	3.67	4.15	7.43	9.26	22.25	16.05	8.42	6.66	4.06	2.32	55.98	6～9
淮河	润河集	2.80	3.68	6.09	6.68	10.56	12.35	33.06	22.07	13.07	8.34	5.70	3.57	80.55	6～9
淮河	鲁台子	5.21	6.13	10.14	10.64	16.36	18.47	51.04	41.80	26.23	16.55	11.01	7.24	137.54	6～9
淮河	吴家渡	6.14	7.39	12.11	12.37	18.25	20.34	62.21	56.35	36.26	22.50	14.29	8.94	177.32	7～10
淮河	小柳巷	7.98	7.13	10.84	9.72	13.78	16.25	68.39	57.65	42.45	28.10	19.58	10.33	196.60	7～10
淮河	中渡	5.64	7.98	12.13	13.31	20.43	27.84	63.89	69.06	46.65	25.22	14.59	8.51	207.44	6～9
史灌河	蒋家集	0.49	0.65	1.01	1.33	1.89	1.97	5.09	2.58	1.70	1.06	0.99	0.60	11.53	5～8
淠河	横排头(总)	0.84	0.94	1.61	2.64	4.68	5.30	6.12	4.58	2.57	1.38	1.14	0.94	20.67	5～8
池河	明光	0.09	0.16	0.34	0.37	0.41	0.77	2.24	1.10	0.57	0.42	0.23	0.09	4.67	6～9
洪汝河	班台	0.44	0.54	0.82	1.04	1.40	2.34	5.95	4.39	2.54	2.20	1.23	0.67	15.22	6～9
颍河	阜阳闸	1.10	0.94	1.33	1.84	2.22	2.35	8.99	7.99	5.27	4.29	2.45	1.64	26.54	7～10
涡河	蒙城闸	0.23	0.20	0.20	0.35	0.76	0.71	3.38	3.08	2.00	1.22	0.66	0.35	9.67	7～10

3) 径流量年际变化

径流的年际变化的总体特征表现在最大与最小年径流量倍比悬殊,年径流变差系数较大,年际丰枯交替频繁。

淮河中游干支流主要测站径流量变化特征值如表 3.3。从表中可以看出,淮河中游干支流最大与最小年径流量倍比悬殊,除涡河水系和池河水系外,其余主要水系最大年与最小年径流量的比值在 4～30 倍,地区上的分布特点为南部小于北部,山区小于平原。

表 3.3 淮河中游主要测站径流量变化特征

站名	变差系数	最大		最小		最大/最小
	Cv	最大值（亿 m^3）	年份	最小值（亿 m^3）	年份	
王家坝(合并)	0.58	192.34	2003	14.13	1966	13.61
润河集	0.56	320.65	1956	18.11	1966	17.71
鲁台子	0.55	524.85	1956	34.93	1966	15.03
吴家渡	0.59	641.48	2003	26.87	1978	23.87
蒋家集	0.59	50.14	2003	2.42	1966	20.72
横排头(总)	0.32	67.03	1991	15.48	1967	4.33
明光	0.86	29.2	1991	0.07	2004	417.14
班台	0.69	60.72	2003	2.8	1991	21.69
阜阳闸	0.76	145.93	1964	4.99	1994	29.24
蒙城闸	0.86	58.6	1963	0.14	1995	418.57

淮河中游年径流变差系数的变幅在 0.32～0.86，并呈现自南向北递增、平原大于山区的规律。淮河中游主要河流年径流变差系数的大致情况为：淮河干流一般在 0.5～0.6，史灌河、淠河一般在 0.3～0.6，洪汝河、沙颍河、涡河、池河一般在 0.65～0.90。

为反映淮河中游径流量的年际变化趋势，将 1950—2007 年淮河中游主要测站径流量按不同年代 10 年平均值进行统计，具体结果如表 3.4。从表中可以看出，各站历年水量变化过程为纯随机波动变化的过程，径流量无明显的增加或减少的趋势。

表 3.4 淮河中游干支流主要测站径流量代际平均值

测站	年份					
	1950—1959	1960—1969	1970—1979	1980—1989	1990—1999	2000—2007
	径流量（亿 m^3）	径流量（亿 m^3）	径流量（亿 m^3）	径流量（亿 m^3）	径流量（亿 m^3）	径流量（亿 m^3）
息县			32.41	43.29	32.02	43.36
王家坝(合并)	50.02	86.74	75.06	107.14	74.06	111.81
鲁台子	275.08	223.31	171.91	244.83	168.67	251.12
吴家渡	333.14	280.77	221.53	307.26	205.46	323.97
小柳巷				326.09	186.88	329.61
中渡	407.34	343.99	240.26	299.95	235.68	359.14
班台		26.44	20.98	31.40	18.23	40.83
阜阳闸			36.39	47.42	21.63	51.97
蒙城闸				28.88	10.23	57.72
蒋家集		20.49	16.39	22.22	17.24	21.44
明光		5.55	6.63	7.77	8.09	5.62

淮河中游吴家渡站作为淮河中游的主要控制站，控制流域面积 12.13 万 km^2，约占洪泽湖以上来水面积的 76.7%，径流量的资料系列长，代表性好，故对中游径流量年际变化的趋势分析主要以吴家渡站为依据。从吴家渡站径流量 10 年平均排序来看，1950 年代最丰，以后依次为 2000 年后、1980 年代、1960 年代、1970 年代、1990 年代。淮干吴家渡站丰、枯水年统计如表 3.5。

表 3.5　淮干吴家渡站丰、枯水年统计

丰水年			枯水年		
年份	年径流量（亿 m^3）	年距（年）	年份	年径流量（亿 m^3）	年距（年）
1950	464.67		1959	144.49	
1954	635.68	4	1961	95.07	2
1956	633.48	2	1966	37.05	5
1963	563.92	7	1967	143.96	1
1964	516.41	1	1976	129.00	9
1969	377.70	5	1978	26.87	2
1975	462.09	6	1981	122.44	3
1980	384.63	5	1986	139.98	5
1982	411.35	2	1988	118.74	2
1983	397.12	1	1992	83.94	4
1984	502.75	1	1994	66.27	2
1991	534.74	7	1995	108.41	1
1998	410.35	7	1997	102.31	2
2003	641.48	5	1999	65.93	2
2005	442.98	2	2001	76.26	2
2007	389.01	2			

3.1.2　水资源开发利用特征

1）地表水资源量

地表水资源量是指河流、湖泊、冰川等地表水体中由当地降水形成的、可以逐年更新的动态水量，用天然河川径流量表示。淮河干流中渡以上多年平均地表水资源量为 367 亿 m^3。研究区内淮河干支流主要控制断面以上多年平均地表水资源量如表 3.6。

2）水资源总量

水资源总量是指地表水资源量与地下水资源量之和并扣除两者之间的重复计算量。淮河干流中渡以上多年平均水资源总量 492.35 亿 m^3。研究区内淮河干支流主要控制断面以上多年平均地表水资源、地下水资源及水资源总量如表 3.7。

表 3.6 淮河干支流主要控制断面以上多年平均地表水资源量

河流	控制断面	集水面积(km²)	地表水资源量(亿 m³)
淮河	息县	10 190	42.9
淮河	淮滨	16 005	62.4
淮河	蚌埠	121 330	304.9
淮河	中渡	158 000	367.1
洪河	班台	11 280	27.6
颍河	界首	29 290	33.50
泉河	沈丘	3 094	3.54
黑茨河	邢老家	824	0.94
涡河	亳县	10 575	12.09
浍河	临涣集	2 560	2.45
沱河	永城	2 237	2.14
淠河	横排头	4 370	33.9
史河	蒋家集	5 930	31.4
池河	明光	3 470	7.18

表 3.7 淮河干支流主要控制断面以上多年平均水资源量

河流	控制断面	集水面积(km²)	地表水资源量(亿 m³)	地下水资源量(亿 m³)	水资源总量(亿 m³)
淮河	息县	10 190	42.9	11.81	44.47
淮河	淮滨	16 005	62.4	19.76	67.94
淮河	蚌埠	121 330	304.9	159.57	394.93
淮河	中渡	158 000	367.10	210.13	492.35
洪河	班台	11 280	27.6	16.55	38.31
颍河	界首	29 290	33.50	38.66	60.07
泉河	沈丘	3 094	3.54	4.08	6.35
黑茨河	邢老家	824	0.94	1.09	1.69
涡河	亳县	10 575	12.09	13.96	21.69
浍河	临涣集	2 560	2.45	3.93	5.91
沱河	永城	2 237	2.14	3.44	5.17
淠河	横排头	4 370	33.9	2.92	34.44
史河	蒋家集	5 930	31.4	6.63	32.49
池河	明光	3 470	7.18	0.75	7.26

3) 供水工程

供水工程包括蓄水工程、引水工程、提水工程,不包括地下水取水工程。蓄水工程主要是沿淮河两岸分布及位于主要支流下游的蓄水湖泊和大型水闸;提水工程主要包括沿淮干和主要支流中下游的大中型泵站;引水工程主要是沿淮干和主要支流中下游的大中型涵闸。

(1) 蓄水工程

研究区内共有城东湖、城西湖、瓦埠湖、花园湖和洪泽湖五大湖泊,总兴利库容为 37.89 亿 m^3,各湖蓄水情况如表 3.8。

表 3.8　研究区内五大湖泊蓄水情况表

湖泊名	正常蓄水位(m)	相应库容(亿 m^3)	设计洪水位(m)	相应库容(亿 m^3)
城东湖	20.00	2.80	25.50	15.80
城西湖	21.00	5.6	16.50	28.80
花园湖	15.00～16.00	1.45～2.30	19.90	7.70
瓦埠湖	18.00	2.20	22.00	12.90
洪泽湖	12.50	31.27	16.00	111.20

据初步统计,研究区内中渡以上已建成水库 3895 座,总库容约 200 亿 m^3。其中,20 座大型水库总库容为 156 亿 m^3,兴利库容 67 亿 m^3。

据初步调查统计,研究区内目前淮河干流、颍河、新汴河、涡河、浍河等主要河道上有大中型拦河闸 19 座,其中大型 14 座,中型 5 座;总库容约 15.991 亿 m^3,兴利库容约 8.34 亿 m^3;设计灌溉面积 2 720 km^2,实际灌溉面积约 880 km^2。按管理权限分,市管的有蚌埠闸、颍上闸、阜阳闸 6 等座,国管的有涡阳闸、宿县闸等 9 座,其他为县管。对淮干上中游及主要支流下游主要控制闸坝 1978—1997 年历年末蓄水量统计,淮河干流蚌埠闸年末拦蓄水量以 1988 年最多,为 3.12 亿 m^3;1984 年最少,为 2.04 亿 m^3;多年平均年末蓄水量为 2.73 亿 m^3。

(2) 引水工程

据初步调查统计,研究区内从河湖引水的涵闸共 31 座,其中大中型涵闸 19 座,水源地主要为淮河、颍河、涡河及洪泽湖。引水工程设计引水能力 875 m^3/s,设计灌溉面积 3.1 公顷,设计排水能力 3 884.62 m^3/s。其中水源地为洪泽湖的有洪金洞、周桥洞 2 座,设计引水能力 68 m^3/s,设计灌溉面积 1 000 km^2。

(3) 提水工程

据初步调查统计,研究区内共有大中型提水工程(包括泵站、排灌站)312 座(淮河 71 座,颍河 6 座,洪河 6 座,西北淝河 22 座,怀洪新河 16 座,涡河 21 座,沱河 5 座,浍河 11 座,濉河 21 座,徐洪河 14 座,茨淮新河 36 座,新汴河 14 座,瓦埠湖 10 座,女山湖 15 座,洪泽湖 4 座,其他支流共 40 座),设计总装机台数 1927 台,设计总装机量 25.59 万 kW，设计总取水能力 1 709.67 m^3/s，设计灌溉面积 2 370 km^2，实际灌溉面积 1 340 km^2。提水工程水源地主要有淮河、茨淮新河、涡河、徐洪河、洪泽湖、瓦埠湖、高塘湖等。自淮河水源地取水的提水工程 71 座，设计总装机台数 510 台，设计总装容量 9.372 万 kW，设计取水能力 501.38 m^3/s；自茨淮新河水源地取水的提水工程 36 座，设计总装机台数 188 台，设计总装容量 2.696 万 kW，设计取水能力 274.27 m^3/s。

4）水资源开发利用

毛用水量是指分配给用水户的包括用水输水损失在内的用水量。耗水量是指在输水、用水过程中，通过蒸腾、蒸发、土壤吸收、产品带走、居民和牲畜饮用等各种形式消耗掉而不能回归到地表水体或地下水含水层的水量。

水资源开发利用程度是指社会经济供水量与水资源总量的百分比。地表水开发利用程度是指当地地表水供水量与当地地表水资源量的百分比。地下水开发利用程度是指浅层地下水供水量与浅层地下水资源量的百分比。淮河流域现状水资源开发利用程度为 45.7%，现状地表水开发利用程度为 44.4%，中等干旱以上年份，地表水资源供水量已经接近当年地表水资源量，已严重挤占河道、湖泊生态、环境用水。淮河流域现状平原浅层地下水开采率为 32.9%。淮河流域当地水资源开发利用程度见表 3.9。

表 3.9 淮河流域当地水资源开发利用程度

分区	水资源量（亿 m^3）			开发利用量（亿 m^3）			开发利用程度（%）		
	地表	地下	总量	地表	地下	总量	地表	地下	总量
淮河流域	631.7	338.1	857.5	280.4	111.2	391.6	44.4	32.9	45.7

淮河流域是我国重要的商品粮、棉、油生产和能源基地，人口密度 624 人/km^2，居各大江大河流域之首。淮河流域在我国具有十分重要的战略地位，其兴衰与国家经济发展息息相关。淮河流域是我国水资源开发利用程度较高的地区之一。为“防汛抗旱”的需要，在“蓄泄兼筹”治淮方针指导下，经过近 50 年的不懈努力，全流域兴建了大量的水利工程，初步形成了一个比较完整的集防洪、除涝、灌溉、供水为一体的综合性水利工程体系。各种水利设施在供水、灌溉、防洪、发电等方面带来巨大的效益，河流水资源开发利用率逐步提高，极大地促进了地区社会经济的发展。全流域共修建大中小型水库 5 700 多座，平均每 50 km^2 建水库 1 座，每条支流建水库近 10 座。淮河流域现有各类水闸 5 000 多座，其中大中型水闸约 600 座。此外，全流域还修建了各类引提水工程 19 290 座、各类调水工程 43 项、机电井 177 万眼以及集雨工程、污水处理回用等其他水源工程。目前淮河流域地表水资源 50%、75%和 95%频率下的利用率分别为 49.6%、70.7%和 90%以上，高于全国平均 20～30 个百分点。农业灌溉用水占总用水量的比重虽较大，但由 1980 年的 88%下降到 2005 年 60%；而工业及城镇公共用水比重则由 1980 年的 7%提高到

2005 年的 21%。

进入 20 世纪 80 年代,随着流域经济快速发展和城市化进度加快,淮河流域水资源问题越来越突出,可归纳为以下四个方面:

(1) 缺水问题突出,水资源开发利用过度

淮河流域是一个缺水地区。1949—1998 年的 50 年中,淮河流域旱灾频繁发生,先后出现了 12 个大旱年份(大旱出现的频次为 4 年一次)。旱灾已成为淮河的主要自然灾害。流域人均水资源量不到 500 m^3,仅为世界平均的 1/20,全国的 1/5;亩均水资源量为 417 m^3,仅为世界平均的 1/7,全国的 1/5。目前淮河流域已有大中型水库 5 700 多座和水闸 5 000 多座,总库容 303 亿 m^3,兴利库容 150 亿 m^3,分别占多年平均年径流量的 51%和 25%,地表水利用率远远高于国际上内陆河流开发利用率水平。根据 1996 年国际自然资源会议认可的标准,淮河流域水资源利用率接近 50%而人均水资源量不到 500 m^3 属于严重缺水地区。随着国民经济的发展,淮河流域缺水问题将更加突出。

(2) 水资源时空分布不均,与区域生产力布局不相匹配

淮河流域地处我国南北气候过渡带,水资源年内分配不均、年际变化剧烈。全流域 70%的径流集中在汛期 6～9 月,最大年径流量是最小年径流量的 6 倍。水资源的时空分布不均和变化剧烈,加剧了流域水资源开发利用难度,使水资源短缺的形势更加突出。此外,水资源空间分布与区域生产力布局不相匹配。淮河以南地区的水资源量相对丰富,但经济较落后,经济总量小。2010 年,该区域 GDP 仅占全流域 GDP 的 12.6%,而水资源总量却占全流域的 27.2%。淮河以北地区(特别是山东省)水资源量较为贫乏,但经济较发达,经济总量较大。

(3) 水污染问题严峻

从 1989 年淮河发生第一次重大污染事故以来,我国政府一直高度重视淮河污染防治问题。经过"九五""十五"等十多年的整治,淮河水质有所好转,但污染事故仍屡屡发生,截至 2005 年,全流域共发生较大水污染事故近 200 起,直接经济损失累计达数十亿元,其中重大污染事故发生年份有 1989 年、1991 年、1992 年、1994 年、2001 年、2002 年和 2004 年。

(4) 经济社会发展与环境保护不协调

20 世纪 80 年代初,流域内各地市以牺牲环境为代价追求发展,城镇和农村大量高耗水、高污染的企业兴起。粗放型生产经营模式、水资源过度开发、低效利用和污水毫无控制的排放,使淮河流域江河湖泊水质和生态环境遭到了严重破坏,经济社会发展与环境保护严重不协调。淮河流域人口和耕地面积分别占全国 13.1%和 11.7%,粮食产量占全国 16.1%,GDP 占全国 13%,而流域多年平均水资源仅占全国 2.8%,水资源面临的压力是全国平均水平的 4～5 倍,水环境压力也居七大流域之首。高密度的人口分布和高污染的产业结构远远超出流域的水环境承载能力,使得流域水资源供需矛盾和水污染问题十分突出,已成为制约流域经济

社会健康发展的重要因素。

3.1.3 二元水循环特征

1) 人类活动对水循环系统的干扰

在水文学中，人类活动是指人类从事建造工程、改变土地利用方式和影响气候条件的生产、生活和经营活动。人类活动对水循环的影响主要包括两种情况：一种是人类直接干预引起水文循环的变化，另一种是人类活动引起的局地变化而导致的整个水循环变化。自然界里面人类是从事生产生活的主体，人们利用地表水、地下水进行农业灌溉、工业生产和生活，使得天然水资源在时空上重新分配，从而直接影响了自然水循环的空间分布状况。人类活动对水循环系统的影响包括以下方面：

(1) 土地利用方式对水循环的影响

土地利用变化通过改变流域下垫面条件和植被蒸、散发条件等对流域水循环产生影响。水循环的陆面过程主要包括降水入渗、蒸腾蒸发、壤中流和地表径流。人类对土地的利用直接改变陆地表面的覆盖率、植物分布方式和土壤质地，而这些恰恰是水循环陆面过程的控制性因素。强烈的人类活动将改变流域的下垫面条件，从而改变流域的产汇流规律，进而影响当地地表水、地下水资源量及其时空分布。这些人类活动包括小流域治理的各种水土保持措施以及大规模的农业开发，如扩展灌溉面积、大规模的城市化使低渗透、高产流的土地迅速扩张等。故土地利用模式的变化可以深刻地影响区域性的入渗产流过程。

(2) 农业生产活动对水循环的影响

主要是土壤耕作使田面变得疏松，入渗能力增强。在平原宜耕区，农田面积一般占总土地面积的70%左右，随着农业生产的不断发展，农田中的水文循环基本上被人工完全控制，并对区域总体水文循环产生越来越大的影响。这种影响主要体现在几个方面：第一，地表产流量大幅度减少，降水转化为土壤水的数量增加，单位面积上蒸腾、蒸发量增加，即单位农田面积耗水强度增加，这在一定程度上减少了区域产流量和可支配水资源量；第二，农业改良措施的影响，例如灌溉，我国灌溉历史悠久，灌溉面积广大，从河流中引水灌溉，使得被引水河流的径流减少。虽然一部分灌溉水量可经由排水河道回归被引水河流，渗入地下的部分也可能通过地下水再补给到河道中去，但大量的灌溉水消耗于蒸发和作物蒸腾作用，将使被引水河流的径流减少；第三，围湖造田等活动，虽然没有增加单位面积耗水强度，但减少了湖泊、湿地等对洪水的调蓄容积，使洪峰流量增加；第四，水土保持措施的影响，例如荒山造林植草等。以上这些措施通过对蒸散发、截流、填洼及下渗等水循环要素的影响改变了原来的水循环特征。

(3) 水利工程对水循环的影响

随着人类对大自然干预能力的加强，为缓解水资源缺乏和发展区域经济等问题,在流域内修建了大量的水利工程并改变了流域的下垫面条件,从而影响了蒸发、入渗、产流、汇流特性。水利工程措施主要包括修建水库、河流两岸的防洪大堤、用于防洪的分洪区、用于农田灌溉的各种水渠及闸坝等等。水利工程措施对水循环中水分运行路径的改变通过以下途径,一是使原来的陆面蒸发改为水面蒸发,蒸发的增加加快了水分垂直运行过程,导致河川径流量的减少;另一方面,改变了径流时空分配过程,如水库对河流水文的影响表现为调节径流,改变径流的时间分配过程,如跨流域调水改变了径流的空间分配过程。

(4) 城市化对水循环的影响

人口向城市集中,致使城市不断扩张的过程,称为城市化。城市化对流域水文循环的影响主要通过两种途径:一种途径是当开发出来的土地为城市所利用时,该区域由天然状态转化为完全的人为状态,地表硬化面积大幅度增加,使建成区域内地表产流量增加。在城市流域内,由于土壤蓄水量和下渗几乎减为零,进入流域的水迅速充满整个洼地,很快形成地表径流,水循环运行过程加快。城市化对河道进行改造和治理,如截弯取直、疏浚整治、布设边沟和下水道系统,由此增加了河道汇流的水力效应,汇流速度增大,汇流时间缩短。

另一种途径是城市的气候效应。城市人口密集,工厂、家庭炉灶、汽车排放大量的废热气体,使得城市气温比四周高,形成城市热岛效应有利于对流;城市高低不齐的建筑物,引起湍流,有利于低云形成和锋面的滞留;城市大气中的凝结核多,易于凝结,促进城市雨岛效应,使城市年均降水高于四周郊区。

2) 自然水循环系统

自然水循环是地球上的水在太阳辐射和重力作用下,通过蒸发、蒸腾、水汽输运、凝结降雨、下渗以及地表径流、地下径流等环节,不断发生水的相态转换而周而复始的运动过程。引起水的自然循环的内因是水的三种形态在不同温度条件下可以相互转化,外因是太阳辐射和地心引力。自然水循环由大循环和小循环组成。发生在全球海洋和陆地之间的水分交换过程称为大循环,又称外循环;发生在海洋和大气之间或陆地与大气之间的水分交换过程称为小循环,后者称为陆地水循环。目前,人们研究较多的是陆地水循环,陆地自然水循环系统概化见图 3.3。

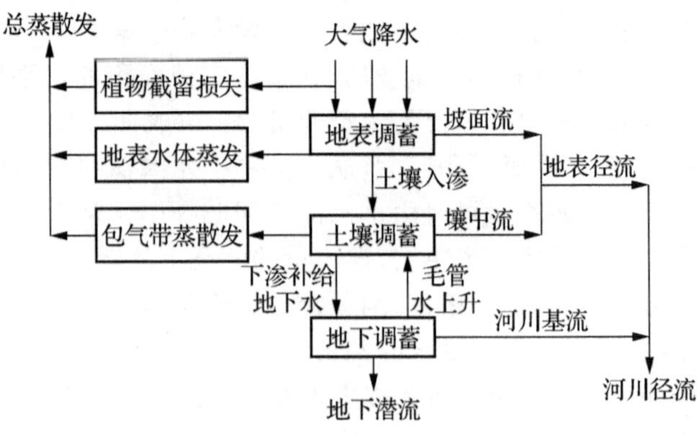

图 3.3　陆地自然水循环示意图

自然水循环过程十分复杂,包括垂向过程和水平过程。垂向过程分为三层:① 地表截留,分冠层截留和地面截留,冠层截留包括林冠、草冠和人工建筑物截留,截留的水分一部分受重力作用流到地面,一部分直接蒸发返回大气;地面截留的水分有三个去向,一是下渗至土壤,二是直接返回大气,三是形成地表径流。② 土壤入渗,入渗的水分也有三个去向,一是继续下渗补给地下水,二是通过蒸腾蒸发重新返回大气,三是形成壤中流。③ 地下水补给,地下水有两个去向,一是通过潜水蒸发返回大气,二是通过河川径流形成地表水。水平过程也分为三层:坡面径流,壤中流,河川基流。

自然状态下的水循环系统由大气降水、地表水、土壤水和地下水之间的"四水"转换过程构成。水在太阳辐射能作用下从水面和陆面蒸发,由液态水变成水蒸气,之后由大气环流输送到大气中,遇冷凝结后以雨或雪的形式降落到水面或陆面。陆面上的降水在太阳能、重力势能和土壤吸力的驱动下,经植被冠层截留、地表洼地蓄留、地表径流、蒸发蒸腾、入渗、壤中径流和地下径流等迁移转化过程,一部分重返大气,一部分则排入水域,并再次从水域蒸发,就这样循环往复、永无休止。整个过程可概述为:流域上空的水汽遇冷以雨或雪的形式降落在流域内,经地表调蓄、土壤调蓄和地下水调蓄分别形成坡面径流、壤中流和地下径流,其中坡面径流和壤中流又统称为地表径流,地表径流和地下径流最终都要汇集到流域内的水域中,水域再通过太阳辐射蒸发形成水汽,再遇冷凝结,如此反复循环。

自然状态下的产流至少可分为蓄满产流和超渗产流两种。自然状态下地面径流的汇集主要包括坡面汇流和河网汇流。

3) 人工水循环系统

由于人类社会的发展,用水量不断增加,从河道和地下水体中提取的水经过使用后,一部分消耗于蒸发并返回大气,一部分消耗于工农业产品并从流域中消失,另一部分则以废污水形式回归于地表或地下水体,这就形成另一个小循环,称为人工侧支水循环(见图 3.4)。在人工水循环系统中,水循环是在人类的控制下进行的,受人类活动影响的水循环通量占区域水循环通量的比例不容忽视。由于人类活动对水循环大量的、高强度的干预,使得人工水循环系统具有明显不同于自然水循环的特征。

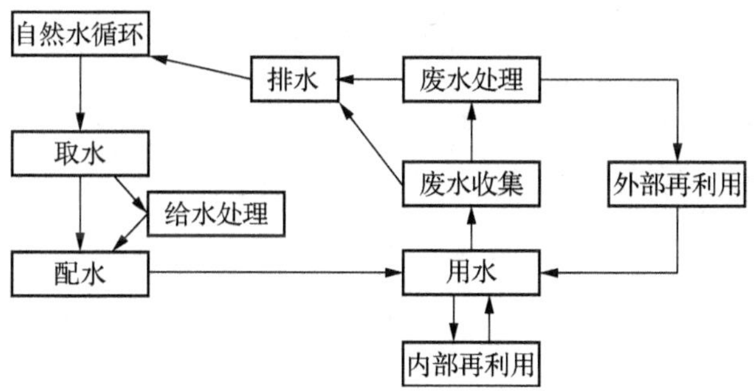

图 3.4　人工侧支水循环示意图

人工水循环作为整个流域水循环的一部分，参与整个流域的水循环，改变了径流的时空分布规律。人类从河道或地下取水，改变了原来的水循环路径，一方面，水在侧支循环中流动，增加了蒸发量，加快了水循环的速度；另一方面，水从地下和河道中取出，再通过回归水回到河道或地下，延缓了水循环。

4) 二元水循环系统

由于人类社会活动的不断增强，流域水循环过程变得越来越复杂，由原来的主要依靠太阳辐射和地球引力驱动，转变为“天然—人工”二元力驱动。原有的水循环系统由单一的受自然主导的循环过程转变成受自然和人工共同影响、共同作用的新的水循环系统，这种水循环系统称为自然—人工复合水循环系统。二元水循环模式是对“自然—人工”二元力驱动的水循环系统的抽象概括。与天然水循环过程分布在整个流域面积上不同，人工侧支水循环过程相对多集中在点上和线上。因此，“自然—人工”二元水循环耦合包括分布式水循环模拟模型模拟结果的时空尺度聚合与集总式水资源调配模拟模型模拟结果的时空尺度展布两个过程。

人工水循环模拟模型和自然水循环模拟模型的信息传递是双向的、交互式的，两模型之间存在着时间和空间尺度上的耦合。

人工水循环模拟包括灌区水循环模拟、城镇地区水循环模拟、农村生活用水模拟、人工生态用水模拟等，以及通过用水管理等各种措施对人工侧支循环进行的调控作用。在人类活动作用下，流域水循环系统已演化成由天然水循环过程和人工侧支水循环过程构成的“二元”水循环系统，对流域水资源演化规律产生重要影响。由于人工侧支水循环各个环节均涉及水利工程的调度和水资源管理，需要将流域水循环模拟模型和水资源调配模拟模型进行耦合模拟。水资源调配模拟模型是在给定的系统结构、参数及系统运行规则下，对水资源系统进行逐时段的调度操作，然后得出各水资源规划管理单元水资源供需平衡的结果。

二元水循环模式是纯自然要素影响下的天然水循环和人类活动影响下的人工水循环的耦合体，自然—人工复合水循环系统由原先的以“四水”转化为基本特征的自然水循环变为自然主循环和人工侧支循环动态联系的复合水循环系统。其中自然主循环主要是针对降水坡面产流和河道汇流而言，包括降水、入渗、产流、汇流和蒸发环节，人工侧支水循环则主要指人工取用水所形成的以“取水—输水—用水—排水—回归”为基本环节的循环圈，自然主循环和人工侧支水循环二者之间存在紧密的水力联系，循环通量此消彼长。图 3.5 给出了自然—人工二元水循环模式关系示意图。

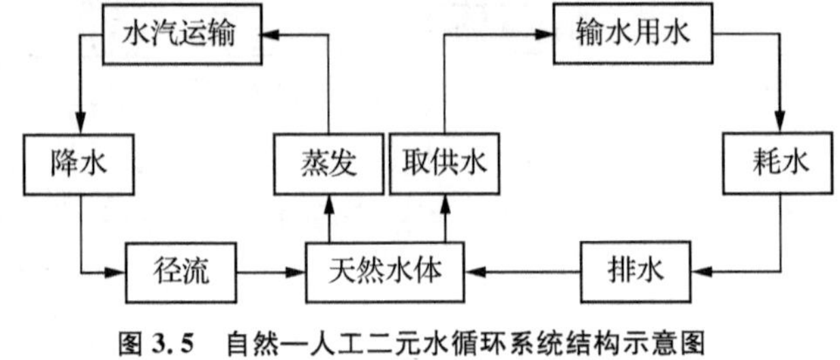

图 3.5 自然—人工二元水循环系统结构示意图

基于二元水循环的淮河流域水资源系统模拟模型主要由分布式水循环模型、集总式水资源调配模拟模型耦合而成。

分布式流域水循环模型用来模拟历史或不同规划方案下的流域水循环和水环境状况。分布式流域水循环模型包括两个子模块：一是分布式流域水文模块，主要用来模拟水分在地表、土壤、地下、河道以及人工水循环系统中的运动过程；二是地下水数值计算模块，尽管分布式流域水文模块对全流域地表水和地下水进行统一模拟，但划分的计算单元在平原区偏大，不能完全满足平原区地下水管理的需要，因此，需要专门构建一个地下水数值计算模块，对平原区地下水进行精细模拟。

水资源调配模拟模型则以由节点、规划管理单元和有向线段构成的水资源系统概化网络为基础，通过配置与调度模拟计算，从时间、空间和用户三个层面上模拟水源到用户的分配，并且在不同层次的分配中考虑各种因素的影响。不同类别水源通过各自相应的水力关系传输，通过计算单元、河网、地表工程节点、水汇等基本元素实现不同水源的汇合和转换，描述不同水源的水量平衡过程。

3.2 自然水循环模拟模型

水文系统是一个高度非线性的复杂系统。近几年来，世界范围内越来越关注气候变化和土地覆被变化引起的环境变化，以及气候变化和土地覆被变化引起的水文响应。这就要求建立的数学模型是要基于对那些过程物理机制合理的理解，确定流域变化的影响，同时提供对流域管理决策有用的信息。

考虑到水文要素在空间上的变异性，自从 1969 年 Freeze 和 Harlan 第一次提出分布式水文模型的概念以来，分布式水文模型得到了越来越快的发展。

本书的研究区域为淮河水系洪泽湖出口以上流域。本书研究将建立基于概念性模型的淮河水系分布式水文模型，利用所建立的分布式水文模型对淮河水系自然水循环进行模拟。

淮北平原坡水区与流域西南部山地和丘陵山区有着不同的产汇流特性，需用不同的产汇流模型。本书研究将采用概念性水文模型原理和方法计算淮河水系水文计算单元产流量。

3.2.1 模型基本原理

1）计算单元划分

由于流域下垫面和气候因素具有时空变异性，为了便于分布式模拟，需将流域细分为若干个计算单元。通常有两种划分的方法：矩形网格（Rectangle Grid）划分法和自然子流域-水文响应单元（Subbasin-HRU）划分法等。

对于中小流域，一般采用矩形网格划分法；对于大型流域，一般采用自然子流域-水文响应单元划分法。在进行产汇流模型研制时，应兼顾两种计算单元划分方法。

考虑到淮河水系下垫面特征及与水资源调配模型耦合的需要，本书采用自然子流域-水文响应单元划分法：

(1) 综合考虑流域的地形地貌及水系特征、水库和闸等水利工程位置、重点水文测站分布等因素，将整个流域划分为若干个天然子流域。

(2) 根据不同的产流特性，将淮河水系土地覆盖分为水面、水田(需灌溉)、旱地(包括菜地，需灌溉)、非耕地(包括荒地、草地、林地等，不需灌溉)、城镇道路(不透水面积比重较大)等五类。

(3) 每个自然子流域的每一水文响应单元(HRU)是一种单一的土壤和土地覆盖的组合，是模型最基本的计算单元；在计算水文响应单元上的降水、蒸散发能力时，也基于覆盖流域的DEM矩形网格。

2) 气温和降水空间分布模拟

分布式水文模型需要输入时空分布的气温和降水过程。由于流域内的气象站、雨量站的数目有限，只能获得个别采样点的气温和降水过程，因此需要建立气温和降水空间分布模拟模型，即把采样点的气温和降水资料插值为空间分布的气温和降水资料。常见的降水空间分布点雨量插值方法有泰森多边形法、人工绘制等雨量线法、空间线性插值法、距离倒数插值法、高程修正距离倒数插值法、降雨-高程线性回归法和克里金插值法等。

推求子流域或水文响应单元面平均雨量(气温)的基本步骤是：

(1) 用空间线性插值法、距离倒数插值法或其他方法推求覆盖水文响应单元的每个DEM格点的雨量(气温)$P_i(i=1,\cdots,n)$；

(2) 计算覆盖水文响应单元的DEM格点雨量(气温)的算术平均值 $\bar{P}=\frac{1}{n}\sum_{i=1}^{n}P_i$，以 $\bar{P}$ 作为水文响应单元的面平均雨量。

也可采用泰森多边形法直接推求子流域或水文响应单元的面平均雨量。

3) 蒸散发计算

蒸散发是水文循环中的一个重要环节，大陆上一年内的降水约有60%消耗于蒸散发。因此蒸散发是水量平衡研究中的一个重要的影响因子，也是确定水文模型模拟精度的关键因素之一。陆面蒸散发过程非常复杂，受到气象条件、土壤含水量、下垫面情况及植被的覆盖率、种类和分布等诸多因素的影响。传统水文模型中以水面蒸发乘以一定的折算系数计算流域蒸散发能力，然后根据土壤供水条件确定流域平均的实际蒸散发量。由于流域内植被的种类和分布各不相同，土壤类型和气象条件的差异也很大，故以水面蒸发代替陆面蒸发存在着较大误差，尤其在土地利用类型多样的地区。虽然陆面蒸发可以通过折算系数进行修正，但是折算系数只能根据经验估计，具有很大的任意性，不利于理论研究和从物理背景上提高模型的精度。本书研究采用Penman-Monteith理论公式，结合世界粮农组织给出的参照蒸散发能力的概念，进行非均匀下垫面蒸散发计算，充分考虑了流域内植被的种类和分布、土壤类型及其特性和气象条件等在空间上的不均匀性对蒸散发的影响。

蒸散发过程模拟模块主要用来计算流域内每个网格点的实际蒸散发过程。模型计算分以下四步进行：

① 利用 Penman-Monteith 公式计算有常规气象观测资料的气象站或蒸发站点处的参照蒸散发能力。② 采用空间插值法把点的参照蒸散发能力资料插值为空间分布的资料。③ 根据流域土地利用类型、不同的植被覆盖及分布情况，计算离散网格点的蒸散发能力。④ 根据土壤供水状况确定流域空间分布的实际蒸散发过程。

蒸发计算模块的输入为数字高程模型、土地利用图、土壤蓄水量和实测气象站资料，包括气温、湿度、风速和太阳辐射的时间序列；输出为流域内各点实际蒸散发量的时空分布场。

(1) 采样点参照蒸散发能力计算

为了考虑不同下垫面的植被种类和覆盖程度对蒸散发的影响，模型引入了联合国粮农组织(FAO)1974 年提出的参照蒸散发能力 ET_0 的概念。参照蒸散发能力 ET_0 定义为充分供水条件下某一假定的高度为 12 cm、冠层阻抗为 70 1/sm、反射率为 0.23 的植物的蒸散发率，其值大约等于充分供水条件下，高度均匀、生长旺盛、完全覆盖地面的草地的蒸散发率。参照蒸散发能力 ET_0 反映了除了植被和供水以外的所有因子对蒸散发的影响。1990 年 FAO 罗马会议上，众多的学者和专家比较了 20 多种方法，一致认为 Penman-Monteith 蒸发计算模型是目前物理上最真实、计算最准确的参照蒸散发能力计算方法。Penman-Monteith 蒸发计算模型只需要常规的气温、湿度、风速和太阳辐射等气象资料，易于推广，因此推荐为计算参照蒸散发能力的标准方法。因此本书采用 Penman-Monteith 公式计算气象站处的参照蒸散发能力。

(2) Penman-Monteith 蒸散发计算公式

1948 年 Penman 提出了蒸发力的概念及相应的计算公式。该法具有坚实的理论基础，目前仍为湿润下垫面蒸发计算的主要方法。Monteith 于 1963 年引入表面阻力的概念，导出了现在的 Penman- Monteith(P-M)公式：

$$ET_0=\frac{\Delta(R_n-G)+\rho C_p(e_a-e_d)/r_a}{\lambda(\Delta+\gamma(1+r_c/r_a))} \tag{3.2-1}$$

式中：ET_0——蒸散发能力(mm/d)；

R_n——植被表面净辐射(MJ/(m^2 · d))；

G——土壤热通量(MJ/(m^2 · d))；

ρ——空气密度(kg/m^3)；

C_p——空气的定压比热容常数，为 1.013(kJ/(kg·℃))；
e_a——空气温度下的饱和水汽压(kPa)；
e_d——实际水汽压(kPa)；
r_c——植被表面阻抗(s/m)；
r_a——动力阻抗(s/m)；
Δ——饱和水气压对温度的导数(kPa/℃)；
γ——湿度计常数(kPa/℃)。

公式(3.2-1)中的植被表面阻抗 r_c 用式(3.2-2)进行计算：

$$r_c=\frac{R_l}{0.5\,LAI}=\frac{200}{LAI} \tag{3.2-2}$$

式中：R_l——单叶片子每日气孔阻抗，约为 100 s/m；
LAI——叶面指数，对于参照植被(草地)。

$$LAI=24h_c \tag{3.2-3}$$

式中：h_c——参照植被高度，为 0.12 m，所以参照植被的表面阻抗为：

$$r_c=\frac{200}{2.88}\approx 70 \tag{3.2-4}$$

公式(3.2-1)中的动力阻抗 r_a 用式(3.2-5)进行计算：

$$r_a=\frac{\ln\left(\frac{z_m-d}{z_{om}}\right)\cdot\ln\left(\frac{z_h-d}{z_{oh}}\right)}{k^2U_z} \tag{3.2-5}$$

式中：z_m——测量风速高度(m)；
z_h——测量温度和湿度的高度(m)；
k——Von Karman 常数，常取 0.41；
U_z——z_m 处的实测风速(m/s)；
d——风轮廓线零平面位移(m)。

$$d=\frac{2}{3}h_c=0.08 \tag{3.2-6}$$

$$z_{om}=0.123h_c=0.015 \tag{3.2-7}$$

式中：z_{om}——动力粗糙长度(m)。

$$z_{oh}=0.1Z_{om}=0.0123h_c=0.0015 \tag{3.2-8}$$

式中：z_{oh}——水汽和热量粗糙长度(m)。

把参照植被的表面阻抗和动力阻抗代入 Penman-Monteith 公式，得到以下形式：

$$ET_0=\frac{0.408\Delta(R_n-G)+\gamma\frac{900}{T+273}U_2(e_a-e_d)}{\Delta+\gamma(1+0.34U_2)} \tag{3.2-9}$$

式中：ET_0——蒸散发能力(mm/d)；

R_n——植被表面净辐射(MJ/(m^2 · d))；

G——土壤热通量(MJ/(m^2 · d))；

U_2——距地面 2 m 高度风速(m/s)；

e_a——空气温度下的饱和水汽压(kPa)；

e_d——实际水汽压(kPa)；

Δ——饱和水气压对温度的导数(kPa/℃)；

γ——湿度计常数(kPa/℃)；

T——气温(℃)。

如果没有实测辐射资料，则可以用式(3.2-10)～式(3.2-12)估计净辐射的值：

$$R_n=R_{ns}-R_{nl} \tag{3.2-10}$$

$$R_{ns}=0.77\left(0.25+0.50\frac{n}{N}\right)R_a \tag{3.2-11}$$

$$R_{nl}=2.45\times10^{-9}\left(0.9\frac{n}{N}+0.1\right)(0.34-0.14\sqrt{e_d})(T_{kx}^4+T_{kn}^4) \tag{3.2-12}$$

式中：n——日照小时数(h)；

N——可能的最大日照小时数(h)；

T_{kx}——日最高气温(K)；

T_{kn}——日最低气温(K)；

R_a——日外空太阳辐射(MJ/(m^2 · d)，与太阳倾角、维度、日序数有关，计算公式见有关文献。

土壤热通量可以忽略：

$$G=0.14(T_{\text{month } n}-T_{\text{mouth } n-1})\approx0 \tag{3.2-13}$$

饱和水气压对温度的导数 Δ 可以由式(3.2-14)计算：

$$\Delta=\frac{4\,098e_a}{(T+273.3)^2} \tag{3.2-14}$$

湿度计常数 γ 的计算公式为：

$$\gamma=\frac{C_pP_a}{0.622\lambda}=0.001\,63\frac{P_a}{\lambda} \tag{3.2-15}$$

式中：C_p——空气的定压比热容常数，为 1.013×10^{-3} MJ/(kg · ℃)；

P_a——大气压(kPa)；

λ——蒸发潜热(MJ/kg)，可由式(3.2-16)计算：

$$\lambda=2.501-(2.361\times10^{-3})T \tag{3.2-16}$$

空气温度 T 下的饱和水汽压 e_a 的计算公式如下：

$$e_a=0.611\exp\left(\frac{17.27T}{T+273.3}\right) \tag{3.2-17}$$

实际水汽压 e_d 定义为露点温度时的饱和水汽压，因为在一天内的变幅不大，因此可以用日平均相对湿度计算，公式如下：

$$e_d=RH_{mean}\Big/\left(\frac{50}{e_a(T_{min})}+\frac{50}{e_a(T_{max})}\right) \tag{3.2-18}$$

式中：RH_{mean}——日平均相对湿度(%)；

T_{min}——每日最低气温(℃)；

T_{max}——每日最高气温(℃)；

$e_a(T_{min})$——最低气温的饱和水汽压(kPa)；

$e_a(T_{max})$——最高气温的饱和水汽压(kPa)。

用日平均气温计算日平均相对湿度或实际水汽压会产生明显的偏差，若没有任何最低气温相对湿度资料，可用最低温度来估算[38]：

$$e_a=0.611\exp\left[\frac{17.27(T_{min}+dT)}{(T_{min}+dT)+273.3}\right] \tag{3.2-19}$$

式中：dT——露点与最低温度的差值。

(3) 面参照蒸散发能力计算

Penman-Monteith 公式计算参照蒸散发能力需要已知当地的气象资料。但是由于流域内的气象站点有限，不可能获得每个离散网格的气象资料，所以，上面求出的只是个别采样点的参照蒸散发能力，还需要采用一定的方法把点的资料解集为面分布的资料。气温是影响蒸散发量的重要因素，尤其是湿润地区，湿度因素的作用不明显，而气温和日照的作用对蒸发作用显著。在缺乏气象资料的情况下，可以建立参照蒸散发能力与温度之间的回归关系，在已知流域内空间分布(离散网格点)的气温资料时，由回归关系对上面求出的参照蒸散发能力进行温度校正，以计算出流域内空间分布的参照蒸散发能力值。也可采用空间插值法把点的参照蒸散发能力资料插值为空间分布的资料。

(4) 特定植被覆盖下的蒸散发能力计算

按前面两步可以计算出空间分布的参照蒸散发能力。参照蒸散发能力 ET_0 反映了除了植被和供水以外的所有因子对蒸散发的影响。但是流域内下垫面的差异很大，每一网格点都对应着不同的土地利用类型。这里为每种土地利用类型赋以植被系数 k_c，用 k_c 来反映下垫面植被种类和覆盖程度对蒸散发能力的影响。则不均匀下垫面流域蒸散发能力 E_p 的分布场用参照蒸散发能力 ET_0 与该植被的植被系数 k_c 的乘积求得，即

$$E_p = ET_0 \cdot k_c \tag{3.2-20}$$

植被系数 k_c 反映了下垫面覆盖植被生理条件的不同，其中各种类型植被的表面阻抗、叶面指数和反射率的影响是主要的。植被系数 k_c 是随时间变化的序列，其反映植被种类和覆盖程度，不受地域的限制，因此可以计算出全球通用的标准值。不同土地利用类型的植被系数 k_c 的查算可参见世界粮农组织列出的标准值。森林的植被系数较大，最高时可达到 1.3，但是落叶林冬天寒冷季节的植被系数会变得很小。水稻田的植被系数年内变化也很大，大约在 0.3～1.5。湖泊塘坝等大水面的植被系数假定为 1.0。

4）*产流计算*

根据不同的产流特性，将淮河水系土地覆盖分为水面、水田（需灌溉）、旱地（包括菜地，需灌溉）、非耕地（包括荒地、草地、林地等，不需灌溉）、城镇道路（不透水面积比重较大）等五类，为这五种类型下垫面分别建立相应的产流计算方法。

（1）水面产流计算

对于湖泊、水库等大水体，其水面产流计算公式为：

$$R_w = P - E_w = P - K_1 \cdot E_m \tag{3.2-21}$$

式中：R_w——水面产生的径流深（mm）；

P——降水（mm）；

E_w——大水面蒸发（mm）；

E_m——蒸发皿观测值（mm）；

K_1——大水面蒸发与蒸发皿观测值的比率，K_1 的值取决于蒸发皿的种类、器械的安装和环境条件等，可以由实验确定。

（2）水稻田产流计算

水稻田的产流模式分两种情况：水稻生长期及非生长期。水稻非生长期产流计算同旱地或非耕地情形。水稻生长期产流方式需根据水稻的灌溉制度逐日进行水量平衡计算。

为了不影响水稻正常生长，给水稻生长创造适宜的条件，必须在田间经常维持一定的水层深度。起控制作用的田间水层深度有三种，即适宜水深下限、适宜水深上限、耐淹水深。适宜水深下限主要控制水稻不致因田间水深不足而失水凋萎，影响产量，当田间实际水深低于适宜水深下限时，应及时灌溉；适宜水深上限是控制水稻最优生长允许的最大水深，每次灌溉时，以此深度为限；耐淹水深是在不影响

水稻正常生长的情况下，为提高降雨的利用率，允许雨后短期田间蓄水的极限水深，超过耐淹水深时，应及时排水，排水量即为水稻田的产流量。水稻田产流计算公式为：

$$H=H_1+P-E-P_f \tag{3.2-22}$$

$$E=K_r K_1 E_m \tag{3.2-23}$$

当 $H>H_{max}$ 时，

$$H_2=H_{adapt}, R_{rs}=H-H_{adapt}, R_{rp}=0 \tag{3.2-24}$$

当 $H_{min}<H<H_{max}$ 时，

$$H_2=H, R_{rs}=0, R_{rp}=0 \tag{3.2-25}$$

当 $H<H_{min}$ 时，

$$H_2=H_{adapt}, R_{rs}=0, R_{rp}=H_{adapt}-H \tag{3.2-26}$$

式中：P——时段内降雨量(mm)；

E——时段内蒸发量(mm)；

K_r——水稻生长需水系数；

R_f——水稻田的时段下渗量(mm)；

H_1、H_2——稻田内时段初和时段末的水深(mm)；

H_{min}、H_{adapt}、H_{max}——水稻生长的适宜水深下限、适宜水深上限和最大(耐淹)水深(mm)；

R_{rs}——水稻田的时段径流深(mm)；

R_{rp}——水稻田的每日灌溉水量(mm)。

为避免一个分区内的水稻田集中排水或灌水，将面上的水田水深分为 3 个等级：$h_1<h_2<h_3$，若 $h_1<H_{min}$，则灌溉水量为 $R-(H_{adapt}+h_1)/3$，$h_1=H_{adapt}$；若 $h_3>H_{max}$，则排水量为 $R=(h_3-H_{max})/3$，$h_3=H_{max}$；处于中间水深的那部分水田，不论 h_2 是多少，均不灌不排。由于灌水或排水，每天需重新排定 h_1，h_2 和 h_3 的值。

灌溉需水从河网中取水，通过渠道输送到田间，输水过程中会产生蒸发、渗漏等损失。对于丰水年或平水年，灌溉需水一般都能完全满足；若遇上枯水年，灌溉需水就不能完全满足。灌溉水与人工水循环系统、水资源调配措施有关。

(3) 城镇道路产流

城市化后，由于热岛现象，使得城市上空降雨量增加；又由于下垫面不透水性增强和排水系统的变化，改变了天然状态下的产流、汇流规律。城镇道路(不透水面积比重较大)区域的产流采用式(3.2-27)计算：

$$R=\alpha_1 \cdot R_1+\alpha_2 \cdot R_2 \tag{3.2-27}$$

式中：R——城镇道路区域产流量(mm)；

α_1——城镇道路区域屋面、混凝土地面等不透水面积比例；

α_2——城镇道路区域绿地等透水面积比例；

R_1——不透水面积上的产流量(mm)；

R_2——透水面积上的产流量(mm)。

R_2 按旱荒地产流量计算方法计算，R_1 的计算公式如下：

$$R_1 = K_c P - D_c \tag{3.2-28}$$

式中：P——降水(mm)；

D_c——不透水面积上的填洼损失(mm)，可取 2 mm；

K_c——不包括填洼损失的径流转化系数，可以取 0.8～0.95。

(4) 旱地和非耕地产流

旱地和非耕地的下垫面不完全相同，旱地上生长着农植物或蔬菜，需耕作和灌溉；而非耕地的植被为自然状态，不存在耕作和灌溉，除非有人工水保措施。旱地和非耕地的产流方式也不完全相同，主要区别是在产流计算过程中要考虑灌溉。

对于旱地灌溉模拟计算，就是逐时段进行土壤湿润层水量平衡计算，需考虑农作物的灌溉制度和土壤湿润程度。

本书采用概念性水文模型原理和方法计算淮河流域水文计算单元旱地和非耕地产流量。对于旱地，进行土壤含水量计算时，与人工水循环系统耦合，考虑灌溉水。

淮河水系北部平原即淮北平原与淮河水系西南部山地和丘陵山区有着不同的产汇流特性，需用不同的产汇流模型。本书用新安江模型蓄满产流的概念和方法计算淮河水系西南部山地和丘陵山区旱地和非耕地水文响应单元的产流量。

(5) 子流域产流

考虑到淮河水系下垫面特征及与水资源调配模型耦合的需要，本书采用的是自然子流域-水文响应单元划分法。以上分别给出了水面、水田、旱地、非耕地、城镇道路等五类下垫面的产流计算方法。

每个自然子流域的地面径流为各下垫面产水深度乘以相应的面积后相加，可用式(3.2-29)表达：

$$R_S = A_W R_W + A_D R_D + A_I R_I + A_R R_R \tag{3.2-29}$$

式中：R_S——子流域的地面径流深(mm)；

A_W、A_D、A_I、A_R——分别为水面、旱地、非耕地、城镇道路及水稻田的面积比例；

R_W、R_D、R_I、R_R——分别为水面产水深度、旱地及非耕地地面径流产水深度、城镇道路产水深度、水稻田的产水深度(mm)。

每个自然子流域的地下径流和壤中流就是旱地及非耕地用新安江模型或淮北平原水文模型计算所得的地下径流和壤中流。

5）汇流计算

流域汇流过程是指降落在流域上的降水水滴，扣除损失后，从流域各处向流域出口断面汇集的过程。按是否将全流域作为一个整体来模拟，通常把流域汇流计算方法划分为集总式和分散式两类。集总式汇流计算方法只适用于流域下垫面条件均匀和净雨空间分布均匀的情况。若把流域划分成若干个子流域，则就能处理降雨空间分布不均匀和下垫面条件差异对流域汇流的影响。

本书采用美国陆军工程师团（USArmy Corps of Engineers）水文工程中心（Hydrologic Engineering Center，HEC）研发的水文模拟系统（Hydrologic Modeling System，HMS）方法，将流域按自然分水线划分成若干个或不相嵌套或重叠的子流域，用子流域、河段、水库、节点、分水、水源和洼地等 7 类水文元素按水力关系构成一个流域汇流网络模型。

（1）流域汇流网络模型

① 子流域（subbasin）

子流域只有一个出流，没有入流。子流域的出流就是子流域由子流域产汇流计算得到的总径流过程。

② 河段（reach）

河段具有一个出流和一个或多个入流。入流来自流域汇流网络模型中的其他水文元素。如果河段有一个以上的入流，在计算出流前必须先将它们迭加。河段用于模拟河流。

③ 水库（reservoir）

水库具有一个以上的入流和一个计算出流。入流来自流域模型中的其他水文元素。如果不止一个入流，则必须先将其迭加后，才能计算出流。在计算出流时，需要用户提供水库蓄泄关系曲线，同时假定水面是平面。水库用于模拟水库、湖泊和水塘等。

④ 节点（junction）

节点是具有一个或更多入流且仅有一个出流的水文元素。入流在假定节点处蓄水为零的条件下迭加得到出流。节点用来模拟河流的汇合点。

⑤ 分水（diversion）

分水具有一个或多个入流和两个出流，其中一个为主要出流，一个为次要出流。入流来自流域汇流网络模型中的其他元素，如果有多个入流，应先迭加，然后再计算出流。在计算出流时，需要用户提供入流—分水关系，以用来确定次要出水量，总入流减次要出水后得到主要出流部分。次要出流可与表示下游河道的元素连接。该水文元素主要用来模拟分水入渠道、渡槽或非河上水库的堰。

⑥ 水源(source)

水源具有一个出流,没有入流,并且是流域模型中两类产流元素之一。水源主要用来模拟流域汇流网络模型的边界条件,如来自水库或源头区的出流。

⑦ 洼地(sink)

洼地具有一个以上的入流,没有出流。将入流迭加后得到进入洼地的总水量。洼地可用于模拟内陆排水区的最低点或流域模型的出口。

利用以上7类水文单元(实际流域可以少于7类),可以模拟各种类型流域的水文响应。流域汇流网络模型就是由子流域、河段、水库、节点、分水、水源和洼地等7类水文元素按水力关系构成。

(2) 子流域汇流

子流域产流计算得到的地面径流、壤中流、地下径流按下述方法进行坡面汇流计算:地下径流用线性水库模拟,其消退系数为 CG,出流进入河网。表层自由水以 KG 向下出流后再向地下水库汇流的时间不另计,包括在 CG 之内。表层自由水以 KI 侧向出流后成为表层壤中流,进入河网,但如果土层较厚,表层自由水尚可渗入深层土,经过深层土的调蓄作用,才进入河网。深层自由水也用线性水库模拟,其消退系数为 CI。地面径流的坡地汇流不计直接进入河网。坡面汇流计算公式为:

$$QS(t)=RS(t)U \tag{3.2-30}$$

$$QI(t)=QI(t-1)CI+RI(t)(1-CI)U_{\mathrm{d}} \tag{3.2-31}$$

$$QG(t)=QG(t-1)CG+RG(t)(1-CG)U_{\mathrm{d}} \tag{3.2-32}$$

$$Q(t)=QS(t)+QI(t)+QG(t) \tag{3.2-33}$$

式中:$RS(t)$、$RI(t)$、$RG(t)$——分别为 t 时段子流域上地面径流、子流域上旱地、非耕地上的壤中流和地下径流深(mm);

$QS(t)$、$QI(t)$、$QG(t)$、$Q(t)$——分别为 t 时刻子流域上进入河网的地面径流、壤中流、地下径流量及总径流量(m^3/s);

U、U_{d}——单位转换系数,U=子流域的面积(km^2)/($3.6\Delta t$),U_{d}=子流域上旱地及非耕地的面积(km^2)/($3.6\Delta t$),Δt 为时段长(h)。

子流域河网汇流计算方法采用无因次单位线法,计算公式为:

$$Q_{\mathrm{t}}=\sum_{i=1}^{m} r_i \cdot q_{t-i+1} \tag{3.2-34}$$

式中:q_k——$k=t-i+1$ 时刻河网调蓄总入流;

$r_i(i=1,2,\cdots,m)$——无因次时段单位线;

Q_{t}——t 时刻子流域出流。

可采用 Nash 单位线法、地貌单位线法,根据流域下垫面特征和实测资料分析出无因次时段单位线。

(3) 河道汇流

子流域面积以下的河道汇流采用马斯京根法计算，单元河段的参数为 XE 与 KE。

(4) 水库调蓄

在山丘区的每个子流域内都有很多池塘和小水库。池塘和小水库的调节作用不能一个一个计算，可用一个虚拟水库模拟池塘和小水库的调节作用，对于重要的水库再单独考虑其调节作用。

水库的水量平衡方程为：

$$(V_2-V_1)/Dt=(QI_1+QI_2)/2-(QO_1+QO_2)/2-QP \qquad (3.2-35)$$

式中：QI_1、QI_2——时段初、时段末水库的入流量；

V_1、V_2——时段初、时段末水库的蓄量；

QO_1、QO_2——时段初、时段末水库的出流量；

QP——时段内的供水量，包括农业灌溉、工业用和城镇生活用水等。如果可利用的水库蓄水量为空，则应该从其他流域抽水进来，否则应该削减供水量。

6) 径流还原计算

为了使水文站历年的实测径流量基本上代表天然产流(因受地表水开发利用活动影响，水文站实测径流量与天然情况相比有所增减)，所以有必要对实测径流进行还原计算。还原计算是处理实测径流系列不一致的有效办法。径流还原计算的主要项目包括：农业灌溉、工业和生活用水损耗量(含天然消耗和入渗损失)、跨流域调水、河道分洪、水库蓄水等，计算公式为：

$$W_{天然}=W_{实测}+W_{工业}+W_{城镇生活}+W_{农灌}\pm W_{分洪}\pm W_{引水}+W_{库蓄} \qquad (3.2-36)$$

式中：$W_{天然}$——还原后的天然径流量；

$W_{实测}$——水文站实测径流量；

$W_{工业}$——工业耗损量；

$W_{城镇生活}$——城镇生活耗水量；

$W_{农灌}$——农田灌溉用水量；

$W_{分洪}$——河道决口分洪量，分出为正、分入为负；

$W_{引水}$——引水工程的引水量，引出为正、引入为负；

$W_{库蓄}$——水库蓄水变量，增加为正、减少为负。

3.2.2 新安江模型的适用性

淮河水系西部及南部地区降水丰沛，土壤湿润，可选择新安江流域水文模型进行计算单元水文模拟，计算产水量。

1）模型原理

新安江模型采用蓄满产流的概念和方法计算产流量，即在包气带的土壤含水量没有达到田间持水量之前不产流，达到之后径流深等于净雨深。新安江模型的流程图如图 3.6。

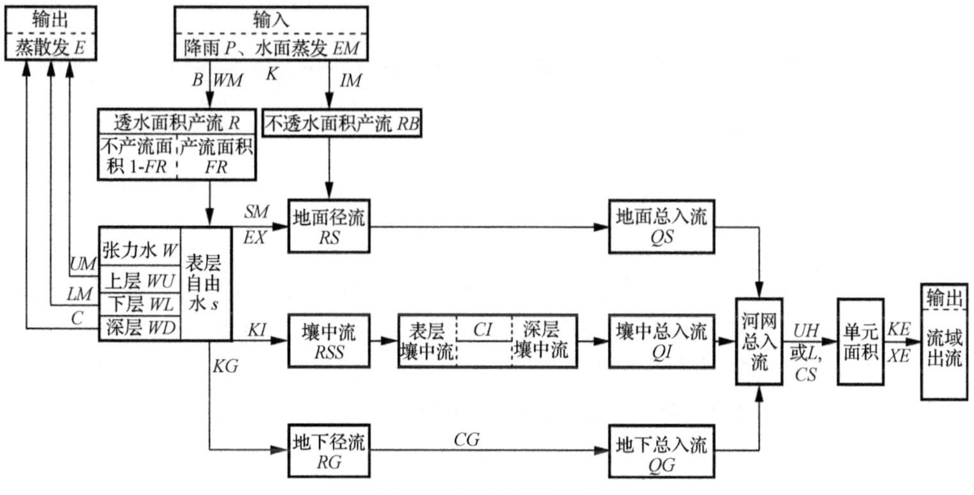

图 3.6　新安江模型流程图

图中输入为实测雨量 P、实测水面蒸发 EM。输出为流域出口流量 Q、流域蒸散发 E。方框内写的是状态，是变量；方框外写的是参数，是常量。

模型的结构可分为四大部分：

(1) 蒸散发计算

用三个土层的模型。其参数为上层张力水容量 UM、下层张力水容量 LM、深层蒸散发系数 C、蒸散发折算系数 K。所用公式为：

当上层张力水蓄量足够时，上层蒸散发 EU 为：

$$EU=K\cdot EM$$

当上层已干，而下层蓄量足够时，下层蒸散发 EL 为：

$$EL=K\cdot EM\cdot\frac{WL}{LM}$$

当下层蓄量亦不足，要触及深层时，蒸散发 ED 为：

$$ED=C\cdot K\cdot EM$$

(2) 产流量计算

用蓄满产流概念。其参数为包气带张力水容量 WM、张力水蓄水容量曲线的方次 B、不透水面积的比值 IM。计算产流量 R 所用公式为：

$$MM=WM\cdot\frac{1+B}{1-IM}$$

$$A=MM\cdot\left(1-\left(1-\frac{W}{WM}\right)^{\frac{1}{1+B}}\right)$$

当 $P-K\cdot EM\leqslant 0$,则 $R=0$;当 $P-K\cdot EM+A<MM$,则

$$R=P-K\cdot EM-WM+W+WM\cdot\left(1-\frac{P-k\cdot EM+A}{MM}\right)^{1+B}$$

当 $P-K\cdot EM+A\geqslant MM$,则

$$R=P-K\cdot EM-WM+W$$

(3) 分水源计算

在两水源的模型中应用霍尔顿概念,具有参数 FC,稳定入渗率。在三水源的模型中应用山坡水文学的概念,去掉 FC,增加了表层土自由水蓄水容量 SM、表层土自由水蓄水容量曲线的方次 EX、自由水蓄水容量对地下水的出流系数 KG、自由水蓄水容量对壤中流的出流系数 KI。所用公式为:

$$MS=(1+EX)\cdot SM$$

$$AU=MS\cdot\left(1-\left(1-\frac{S}{SM}\right)^{\frac{1}{1+EX}}\right)$$

$$FR=\frac{R-IM\cdot(P-K\cdot EM)}{P-K\cdot EM}$$

$$RG=S\cdot KG\cdot FR$$

$$RI=S\cdot KI\cdot FR$$

当 $P-K\cdot EM\leqslant 0$,则 $RS=0$;当 $P-K\cdot EM+AU<MS$,则

$$RS=\left(P-K\cdot EM-SM+S+SM\cdot\left(1-\frac{P-k\cdot EM+AU}{MS}\right)^{1+EX}\right)\cdot FR$$

当 $P-K\cdot EM+AU\geqslant MS$,则

$$RS=(P-K\cdot EM+S-SM)\cdot FR$$

式中:RS、RG、RI——分别为地面径流、地下径流、壤中流的产流量。

(4) 汇流计算

地下径流用线性水库模拟,其消退系数为 CG,出流进入河网。表层自由水以 KG 向下出流后再向地下水库汇流的时间不另计,包括在 CG 之内。表层自由水以 KI 侧向出流后成为表层壤中流,进入河网。但如果土层较厚,表层自由水尚可渗入深层土,经过深层土的调蓄作用,才进入河网。深层自由水也用线性水库模拟,其消退系数为 CI。地面径流的坡地汇流不计直接进入河网。计算公式为:

$$QG(I)=QG(I-1)\cdot CG+RG(I)\cdot(1-CG)\cdot U$$
$$QI(I)=QI(I-1)\cdot CI+RI(I)\cdot(1-CI)\cdot U$$

式中:U——单位转换系数,U=流域面积(km^2)/3.6/Δt(h)。

单元面积的河网汇流用单位线或滞后演算法计算。无因次单位线的纵坐标为UH,滞后演算法的滞后量为L。线性水库的消退系数为CS,计算公式略。

在单元面积以下的河道用马斯京根法计算,单元河段的参数为XE与KE,计算公式略。

2) 池河流域应用

池河明光以上流域,集水面积3 501 km^2,河长131 km,河道坡降0.17/1 000。池河流域位于江淮分水岭北侧,属皖东江淮丘陵地貌。池河源头为浅山区,地势自西南向东北倾斜。地质构造主要由灰岩组成。流域内土壤以马肝土为主。农作物以小麦、水稻为主,并有少量油菜、花生等经济作物。流域内植被较好,森林覆盖率较高。流域呈长叶状。该流域属亚热带湿润地区,四季分明,气候温和多雨。多年平均降水量923.0 mm,最大降水量1 542.3 mm,最大24 h暴雨量182.8 mm。

采用新安江三水源模型进行产流计算,时段长为24小时,流域面平均雨量采用明光、三界、定远、石角桥、吴圩、蒋集、张桥、池河、西三十里店9站雨量的面积加权计算。流域水系及雨量站分布见图3.7。

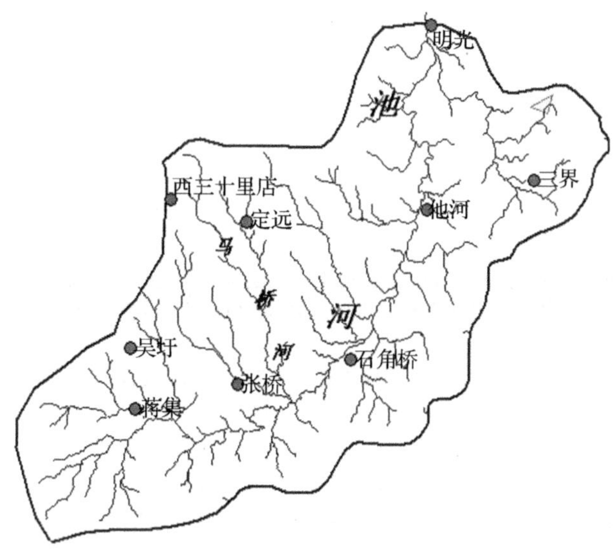

图3.7 池河明光以上流域水系及雨量站分布

用池河明光以上流域雨量站 1976—1985 年日降水、明光站蒸发皿和经径流还原处理后的流量资料对日模型参数进行了率定和验证，结果见表 3.10、图 3.8，其中月平均流量过程确定性系数为 0.94。由表 3.10 可知，率定年份和验证年份的计算误差均小于 20％。

表 3.10　池河明光流域产汇流模型率定和检验结果

资料年份		天然径流深(mm)	计算径流深(mm)	相对误差(%)
率定	1976	79.7	72.1	9.48
	1977	76.6	78.6	−2.63
	1978	18.1	19.9	−10.07
	1979	91.7	109.0	−18.87
	1980	362.3	369.2	−1.90
	1981	98.0	82.8	15.55
	1982	255.3	210.4	17.56
	1983	239.2	200.0	16.41
验证	1984	223.6	230.1	−2.91
	1985	212.9	184.9	13.18

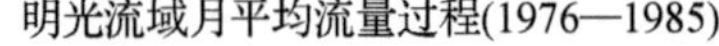

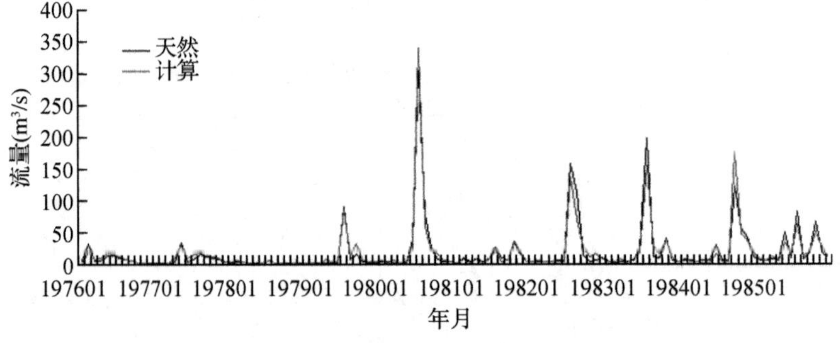

图 3.8　池河明光流域产汇流模型率定和验证

3）大坡岭流域应用

大坡岭站是淮河干流最上游的水文站，控制流域面积 1 640 km^2。大坡岭以上河长 73 km，流域内多为山区丘陵，植被良好。河流属山溪性河流，支流多，坡度大，汇流快，水流急，干旱时易断流。流域内水利工程不多，农作物以水稻为主。

采用新安江三水源模型进行产流计算，时段长为 24 h，流域面平均雨量采用大坡岭、吴城、黄岗、廻龙寺、桐柏等 5 站雨量的泰森多边形法面积加权计算。流域水系及雨量站分布见图 3.9。

图 3.9 大坡岭流域水系及雨量站分布

用大坡岭流域雨量站1980—1989年日降水、邻近的息县站蒸发皿和大坡岭站经径流还原处理后的流量资料对日模型参数进行了率定和验证，结果见表3.11、图3.10，其中月平均流量过程确定性系数为0.93。由表3.11可知，除1986年的计算误差较大外，其余率定年份和验证年份的计算误差均小于20%。

表 3.11 大坡岭流域产汇流模型率定和检验结果

资料年份		天然径流深(mm)	计算径流深(mm)	相对误差(%)
率定	1980	456.0	456.5	−0.11
	1981	291.7	289.6	0.72
	1982	525.1	543.8	−3.56
	1983	440.5	386.5	12.25
	1984	552.2	567.0	−2.68
	1985	215.6	210.8	2.19
	1986	67.9	132.7	−95.49
	1987	535.9	551.0	−2.83
验证	1988	168.4	155.6	7.62
	1989	744.1	868.9	−16.77

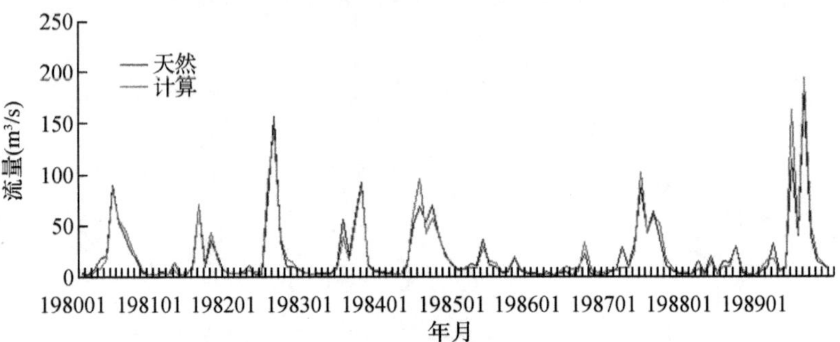

图 3.10　大坡岭流域产汇流模型率定和验证

淮河水系西南部山地和丘陵山区流域，植被较好，森林覆盖率较高；属亚热带湿润地区，四季分明，气候温和多雨，产流方式符合蓄满产流的特点。应用实例表明，可用新安江模型蓄满产流的概念和方法计算淮河水系西南部山地和丘陵山区旱地和非耕地水文响应单元的产流量。

3.2.3　淮北平原水文模型

1）产汇流特征

淮北平原是淮河水系北部、淮河干流洪泽湖以上区域，总面积约 8 万 km^2，是淮河中下游流域的重要组成部分。淮北平原北部多为黄潮土，为近代黄泛沉积物发育而成；中南部多为砂礓黑土，为古代河流沉积物发育而成。大孔隙在砂礓黑土和黄潮土中普遍存在，土壤干燥时收缩开裂，久旱后裂缝增大，湿时膨胀，缝隙能随土湿度增大而复原。

2）模型选择

新安江模型一般多适用于湿润半湿润的山丘区，在淮北平原不适用。

(1) 淮北平原广泛分布的黄潮土和砂礓黑土中，除通常的下渗之外，还存在着大孔隙下渗，下渗水量可顺隙而下迅达地下水面，速度远大于土壤层中的下渗锋面移速。而新安江模型中没有考虑大孔隙下渗。

(2) 淮北平原的地表水、地下水、土壤水之间的水力联系密切，地下水位变化迅速。一般情况下，地表水与地下水边界都不易确定，地下水埋深较浅，一般为 1～3 m，汛期暴雨集中，地下水极易上升到地面，导致直接径流与地下径流汇流的非线性十分明显，这与新安江模型采用的线性划分水源和线性水库汇流不适应。

(3) 淮北平原地下水埋深浅，潜水蒸发较大，且不同的下垫面条件尤其是植被对蒸发的影响显著，这在新安江模型中体现得并不充分。

淮北平原区内降雨、蒸散发等气象因素和土壤、植被、包气带等下垫面条件形成了自身鲜明的流域特点，新安江模型并不适用于该流域，因此研制适合淮北平原区水文规律的流域水文模型很有必要。

目前已建的淮北坡水区概念性流域水文模型主要有：1989年王井泉提出的淮北坡水区基于水箱模型的概念性流域水文模型，1989—1993年刘新仁等提出的汾泉河平原水文综合模型，1993年张泉生提出的淮北坡水区谷河降雨径流模型。淮北坡水区基于水箱模型的概念性水文模型，考虑了潜水蒸发和地下水汇流的非线性，但考虑大空隙下渗不够；谷河降雨径流模型用变动渗漏面积来考虑大孔隙下渗，但采用三层蒸散发模型计算流域蒸散发量，考虑潜水蒸发不够。汾泉河平原水文综合模型考虑了大空隙下渗、潜水蒸发和地下水汇流的非线性，参数个数少，模拟效果最好。但以上三个模型均对地下水与地表水之间的转化考虑不够。本书将在以上三个水文模型研究的基础上提出新的淮北平原概念性流域水文模型。

3）模型原理

（1）土层概化

将包气带概化为两层：上层（耕作层）土壤疏松，根系发达，透水性能良好；下层（非耕作层）根系不发达，相对于上层说来透水性能弱些。

（2）大孔隙下渗概化

设流域面积为1，将流域面积分为不透水面积 IM 和透水面积 $1-IM$ 两部分。在透水面积上设置模拟大孔隙下渗的变动渗漏面积 AA 和一般透水面积 BB 两部分。

变动渗漏面积 AA 随裂隙大小而变，而裂隙大小又与土湿有关。透水面积的计算公式为：

$$AA=(1-IM)\cdot IA\left(1-\frac{WL}{WLM}\right)^{n}$$

$$BB=1-IM-AA$$

式中：WL——下土层的张力水蓄水量；

WLM——下土层张力水蓄水容量；

IA——AA 的上限；

n——经验指数。

（3）蒸散发计算

上、下两层土壤按二层土壤蒸散发模型计算土壤蒸散发，公式如下：

当 $WU>EP$ 时，

$$EU=EP,EL=0$$

当 $WU\leqslant EP$ 时，

$$EU=WU$$

$$EL=\begin{cases}(EP-EU)\cdot \dfrac{WL}{WLM} & \left(\dfrac{WL}{WLM}>C\right)\\(EP-EU)\cdot C & \left(\dfrac{WL}{WLM}\leqslant C\right)\end{cases}$$

式中：WU——上土层张力水蓄水量；

C——下土层蒸发扩散系数；

EP——陆面蒸发能力。

$$EP=k\cdot EM$$

式中：EP——陆面蒸发能力；

EM——蒸发皿读数；

k——蒸发折减系数。

EP 也可采用 Penman-Monteith 理论公式计算。

对潜水蒸发进行概化处理。蒸发上层土壤水时，认为无潜水蒸发；蒸发下层土壤水的同时，通过下边界有潜水补给该层土壤水，补给的量为潜水蒸发量。潜水蒸发量用阿维里扬诺夫的抛物线型公式计算：

$$E_g=rEM\,(1-Z/Z_{max})^{\alpha}$$

式中：E_g——潜水蒸发量；

r——植被对潜水蒸发的修正系数；

Z——潜水蒸发的地下水埋深；

Z_{max}——潜水蒸发的地下水临界埋深，当地下水埋深 $Z>Z_{max}$ 时，$E_g=0$；

α——指数。

(4) 上土层产流计算

扣除降水期蒸发截留后的降水为 PE：

$$PE-P-EP$$

在不透水面积 IM 上产生的直接径流为：

$$R_{d1}=PE\cdot IM$$

采用蓄满产流原理计算透水面积 $1-IM$ 上的上层自由水 R_1。透水面积 $1-IM$ 上，上土层蓄水量(指超过凋萎含水量部分，上限为田间持水量)用 WU 表示，其最大值即上层蓄水容量用 WUM 表示。上层土壤蓄水由 PE 补给，当蓄水量超过 WUM 时，形成上层自由水 R_1。考虑到上层张力水蓄水容量不均匀，设上层张力水蓄水容量曲线的方次为 B，上层自由水 R_1 的计算公式为：

$$MM=WUM\cdot\frac{1+B}{1-IM}$$

$$A=MM\cdot\left(1-\left(1-\frac{WU}{WUM}\right)^{\frac{1}{1+B}}\right)$$

当 $PE\leqslant 0$，则 $R_1=0$；

当 $PE+A<MM$，则

$$R_1=PE-WUM+WU+WUM\cdot\left(1-\frac{PE+A}{MM}\right)^{1+B}$$

当 $PE+A\geqslant MM$，则

$$R_1=PE-WUM+WU$$

透水面积上产生的上层自由水的一部分通过大空隙直接渗漏到地下水，其渗漏的水量为：

$$R_{g1}=R_1\cdot AA/(1-IM)$$

另一部分进入底宽为上土层产流面积的敞开式上层自由水水箱，补充给上层自由水蓄量，其量值 P_d 为：

$$P_d=R_1\cdot BB/(1-IM)$$

上层自由水水箱的自由水，一方面向下渗漏补充给下土层张力水和地下水，另一方面侧向出流产生地面径流(含壤中流)。

设上层自由水水箱蓄量为 S_d，地面径流出流量为 R_{d2}，地面径流出流量与地面径流蓄量成正比，即

$$R_{d2}=K_d\cdot S_d\cdot Fru$$

式中：K_d——地面径流出流系数；

Fru——上土层产流面积比例。

于是，整个单元流域面积上地面径流出流量 R_d 为：

$$R_d=R_{d1}+R_{d2}$$

(5) 下渗量计算及下土层产流计算

采用霍尔坦(Holtan)型下渗率曲线计算上层自由水对下土层入渗。下土层的蓄水量用 WL 表示，其最大值即下层蓄水容量用 WLM 表示。上层自由水对下土层入渗，当下土层达到持水能力后，将发生对地下水的稳定入渗。下渗率计算公式，即

$$f=F_c\cdot\left[1+y\left(\frac{WLM-WL}{WLM}\right)^x\right]$$

式中：f——下渗率(mm/d)；

F_c——稳定下渗率(mm/d)；

x、y——参数。

上层自由水对下土层的实际入渗水量为 F：

$$F=\begin{cases} f \cdot \dfrac{\Delta t}{24} \cdot Fru & \text{若 } f \cdot \dfrac{\Delta t}{24} < S_d \\ S_d \cdot Fru & \text{否则} \end{cases}$$

式中，Δt——计算时段长(h)。

采用蓄满产流原理计算下渗水量 F 产生的下层自由水 R_2。考虑到下层张力水蓄水容量不均匀，设下层张力水蓄水容量曲线的方次为 BL，下层自由水 R_2 的计算公式为：

$$MML=WLM \cdot \frac{1+BL}{1-IM}$$

$$AL=MML \cdot \left(1-\left(1-\frac{WL}{WLM}\right)^{\frac{1}{1+BL}}\right)$$

当 $F \leqslant 0$，则 $R_2=0$；

当 $F+AL<MML$，则

$$R_2=F-WLM+WL+WLM \cdot \left(1-\frac{F+AL}{MML}\right)^{1+BL}$$

当 $F+AL \geqslant MML$，则

$$R_2=F-WLM+WL$$

下土层产生的下层自由水直接补给地下水的水量为：

$$R_{g2}=R_2$$

于是，本时段地下水总补给量 P_g 为：

$$P_g=R_{g1}+R_{g2}$$

设地下水蓄量为 S_g，地下径流出流量为 R_g，地下径流出流量与地下水蓄量成正比，即

$$R_g=K_g \cdot S_g$$

式中：K_g——地下径流出流系数。

地下水蓄量 S_g 可取为平原区河网切割深度以上的潜水量，即

$$S_g=\mu \times 10^3 (Z_{ms}-Z)$$

式中：μ——给水度，即单位深地下水的变化所释放的水量或补充的水量；

Z——地下水埋深(m)；

Z_{ms}——河网平均切割深度参数。

(6) 汇流计算

单元面积地下径流出、流进入河网，其消退系数为 CG；单元面积地面径流出、流进入河网，其消退系数为 CD，计算公式为：

$$QG(I)=QG(I-1)CG+RG(I)(1-CG)U$$
$$QD(I)=QD(I-1)CI+RD(I)(1-CD)U$$

式中：U——单位转换系数，U=流域面积/3.6Δt(km^2/h)；

$RG(I)$、$RD(I)$——单元面积地下径流出流过程、地面径流出流过程(mm)；

$QG(I)$、$QD(I)$——单元面积河网地下径流入流过程、地面径流入流过程(m^3/s)。

单元面积河网总入流计算公式为：

$$QT(I)=QD(I)+QG(I)$$

式中：$QT(I)$——单元面积河网总入流(m^3/s)。

单元面积河网汇流采用滞后演算法，计算公式为：

$$Q(t)=CR\cdot Q(t)+(1-CR)\cdot QT(t-L)$$

式中：$Q(t)$——单元面积出口流量(m^3/s)；

CR——河网蓄水消退系数；

t——当前时间；

L——滞后时间。单元面积河网汇流也可采用无因次单位线法进行汇流计算。

(7) 水量平衡

上土层和下土层张力水水量变化：

$$WU_2=\begin{cases}WUM & (P-EU>WUM-WU_1)\\ WU_1+P-EU & (P-EU\leqslant WUM-WU_1)\end{cases}$$

$$WL_2=\begin{cases}WLM & (F-EL>WLM-WL_1)\\ WL_1+F-EL+E_g & (F-EL\leqslant WLM-WL_1)\end{cases}$$

式中：WU_1、WU_2——时段初、末上土层张力水含量；

WL_1、WL_2——时段初、末下土层张力水含量。

上层自由水蓄量变化：

$$(S_d)_2=(S_d)_1+(P_d-R_{d2}-F)/F_{ru}$$

式中：$(S_d)_1$、$(S_d)_2$——时段初、末上层自由水蓄量。

地下水蓄量变化：

$$(S_g)_2=(S_g)_1+P_g-E_g-R_g$$

式中：$(S_g)_1$、$(S_g)_2$——时段初、末地下径流蓄量。

淮北平原地下水埋深较浅，汛期暴雨集中，地下水极易上升到地面。为此，考虑地下水与地面径流之间的转化。引入地下水反馈参数即地下水蓄水容量 S_gM，当地下水蓄量超过其蓄水容量（潜水位上升到上土层）时，超过部分反馈给上层自由水，其反馈量由下式计算：

$$R_{gd}=\begin{cases}S_g-S_gM & (S_g>S_gM)\\ 0 & (S_g\leqslant S_gM)\end{cases}$$

上层自由水蓄量和地下水蓄量更新为：

$$(S_d)_2=(S_d)_1+R_{gd}/F_{ru}$$
$$(S_g)_2=(S_g)_1-R_{gd}$$

考虑地下水蓄量与地下水埋深之间的关系，计算时段地下水埋深变化为：

$$Z_2=Z_1-(P_g-E_g-R_g)/(\mu\times10^3)$$

式中：Z_1、Z_2——时段初、末地下水埋深(m)；

μ——给水度，即单位深地下水的变化所释放的水量或补充的水量(m)。

当没有地下水埋深观测资料时，可用下式计算潜水蒸发量：

$$E_g=rEM\,(S_g/S_gM)^{\alpha}$$

(8) 模型的特点

模型将包气带概化为两层，即透水性能良好的上层（耕作层）和透水性能相对弱些的下层（非耕作层），用蓄满产流原理分别模拟上土层的产流和下土层的产流，用变动渗漏面积模拟上层自由水对地下水的大孔隙直接下渗，用下渗率曲线模拟上层自由水蓄量对下土层的下渗及对地下水的稳定入渗，用两层蒸发计算模型和阿维里扬诺夫公式分别考虑上土层蒸发、下土层蒸发和潜水蒸发，用地下水反馈参数考虑地下水对地表水的反馈。

模型考虑了大孔隙下渗、潜水蒸发和地下水和上层自由水之间的转化，模型简单、概念清楚。

4) 汾泉河流域应用

汾泉河流域位于淮北平原，汾泉河是沙颍河下游的主要支流之一，发源于河南省郾城区邵陵岗，流经郾城、商水、项城、沈丘、临泉等，于安徽省阜阳市三里湾注入沙颍河，全长 236 km，流域面积 5 260 km^2。支流泥河汇合口以上称汾河，以下称泉河。流域内地势平坦，西北稍高，东南略低，平均比降汾河为 1/6 300，泉河为 1/13 100。

平均年气温为 14.8 ℃，平均年降水量约 830 mm，平均年径流深约 190 mm，径流系数约为 0.23。地下水埋深浅，多年平均埋深约为 2.5 m。流域内土地利用率高，耕地面积占流域面积的 70%，绝大部分为旱作物，林木覆盖率约为 4%。流域内主要水文站有王爷庙、沈丘和杨桥站，其中沈丘站控制流域面积 3 094 km^2。沈丘流域水系参见图 3.11。

图 3.11　汾泉河沈丘以上流域水系图

选取汾泉河流域王爷庙、沈丘雨量站 1997—2006 年日降水、沈丘站蒸发皿及经径流还原处理后的日平均流量资料对淮北平原模型进行了率定和验证，其中 1997—2003 年的资料对模型进行率定，2004—2006 年的资料对模型进行验证。模拟计算结果见表 3.12、图 3.12，其中月平均流量过程确定性系数为 0.85。由表 3.12 可知，除 2005 年计算误差较大外，其余率定年份和验证年份的计算误差均小于 20%。

表 3.12　沈丘流域产汇流模型率定和检验结果

资料年份		天然径流深(mm)	计算径流深(mm)	相对误差(%)
率定	1997	69.2	63.5	8.23
	1998	297.0	246.1	17.14
	1999	63.5	64.9	−2.30
	2000	248.3	264.0	−6.33
	2001	115.9	124.0	−6.93
	2002	87.5	103.9	−18.78
	2003	413.5	389.8	5.74
验证	2004	120.3	110.0	8.57
	2005	305.5	217.1	28.95
	2006	143.9	146.5	−1.81

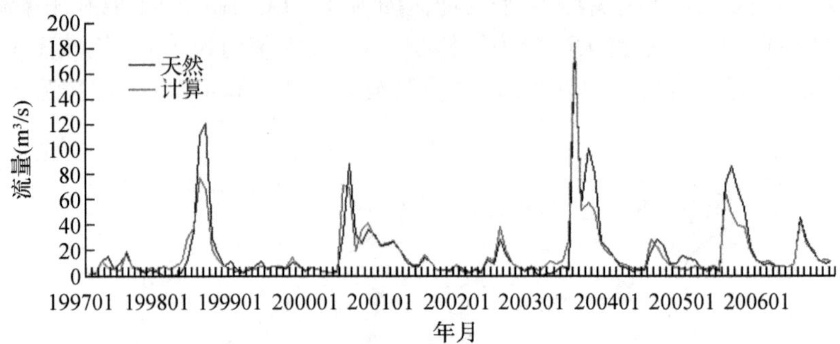

图 3.12　沈丘流域产汇流模型率定和验证

5）浍河流域应用

浍河发源于河南省商丘市关庄集流经夏邑，在永城市张瓦房进入安徽省濉溪县境，经临涣、南坪、祁县、固镇于九湾汇入怀洪新河。浍河全长 213 公里，总流域面积4 850 平方公里，其中临涣集断面以上集水面积 2 470 km^2。临涣集流域水系图见图 3.13。临涣集流域位于淮河水系北部，上游处于废黄河南部的黄泛区，下游处于淮北平原区，为半湿润半干旱区，多年平均降雨 713 mm，降雨年内分配不均匀，6～9 月份降雨量占全年 60%～70%，多年平均水面蒸发量为 960 mm。

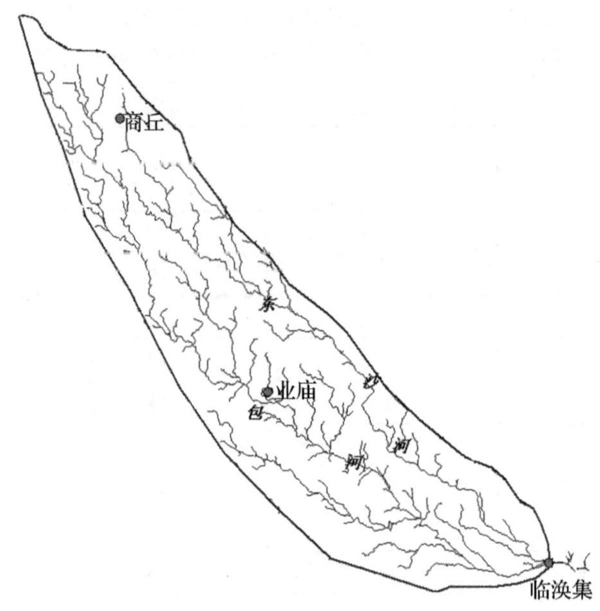

图 3.13　浍河临涣集以上流域水系图

选取临涣集流域商丘、业庙雨量站1997—2006年日降水、临涣集站蒸发皿及经径流还原处理后的日平均流量资料对淮北平原模型进行了率定和验证，其中1997—2003年的资料对模型进行率定，2004—2006年的资料对模型进行验证。模拟计算结果见表3.13、图3.14，其中月平均流量过程确定性系数为0.87。由表3.13可知，率定年份和验证年份的计算误差均小于20%。

表3.13　临涣集流域产汇流模型率定和检验结果

资料年份		天然径流深(mm)	计算径流深(mm)	相对误差(%)
率定	1997	39.5	41.9	−6.02
	1998	153.0	127.2	16.85
	1999	35.8	35.7	0.40
	2000	139.2	136.4	1.98
	2001	72.5	73.4	−1.33
	2002	32.04	36.1	−12.65
	2003	267.2	218.5	18.22
验证	2004	86.6	88.1	−1.74
	2005	124.9	114.7	8.13
	2006	81.3	82.9	−1.95

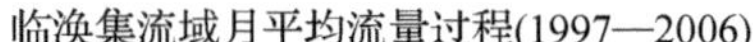

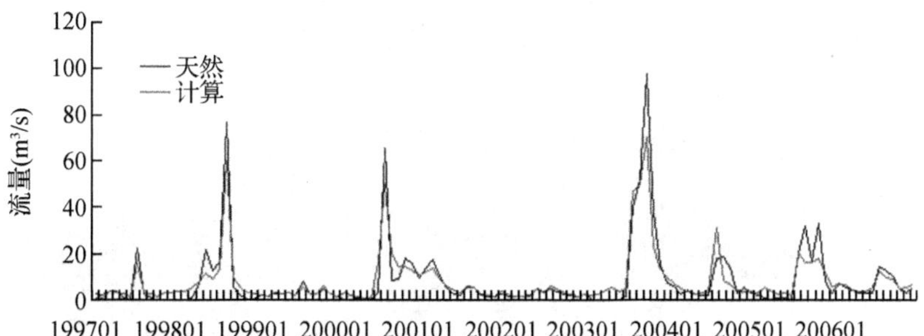

图3.14　临涣集流域产汇流模型率定和验证

淮北平原区内降雨、蒸散发等气象因素和土壤、植被、包气带等下垫面条件形成了自身鲜明的产流特点。应用实例表明，本书提出的淮北平原水文模型具有一定的精度，可以用于淮北平原区流域水文模拟。

3.2.4　洪泽湖以上流域模型构建

1）DEM

数字高程模型（DEM）是地表单元上的高程集合。高程是地理空间的第三维坐标，它是划分流域、生成水系和模拟水文过程的基础。建立的过程为：先矢量化淮河水系地形图，建立空间拓扑关系；其次设置地图投影坐标系统（本书中统一采用 Universal Transverse-Mercator 下的 WGS_1984 投影系统，单位为 m），研究区域 DEM 见图 3.15。

图 3.15　淮河水系 DEM 图

2）土壤数据

中国土壤数据库目前是我国数据最全的土壤库，也是建立分布式水文模型时的土壤数据库基础数据的重要来源。打开数据库中的中国土种数据库，选择按地点查询，即可根据研究区域进行土壤数据的查询。每个亚类可能有多个土种，以面积最大的土种来代表整个亚类，以此获得土壤的初始信息。

研究区域内土壤内型可分为褐土、潮土、黄褐土、砂姜黑土、黄棕壤、潜育水稻土、潴育水稻土、石灰性褐土、酸性粗骨土等类型，见图 3.16。

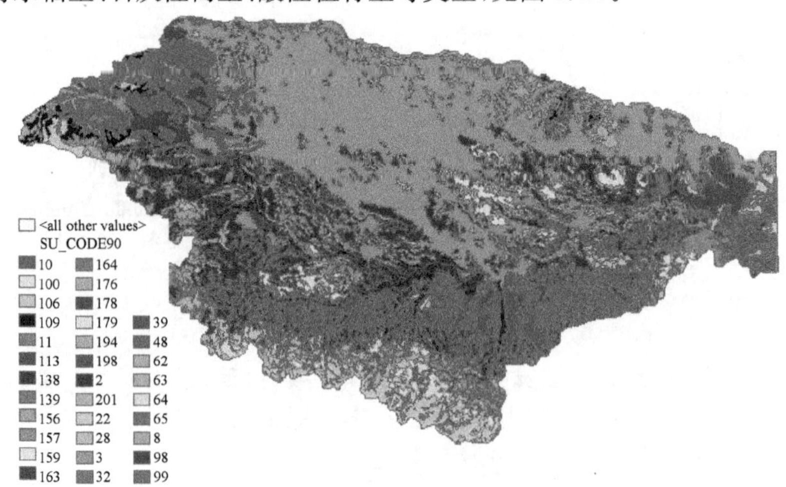

图 3.16　淮河水系土壤图

3）计算单元划分

以 DEM 为依据，提取流域数字河网水系，并将整个洪泽湖以上流域划分为若干个天然子流域单元作为基于概念性模型的淮河水系分布式水文模型的水文模拟计算单元。考虑到水系、地形地貌、水利工程分布等，将整流域划分为 83 个水文模型计算单元，其中山丘区 44 个，平原区 39 个，具体见图 3.17，计算单元名称和特性见表 3.14。

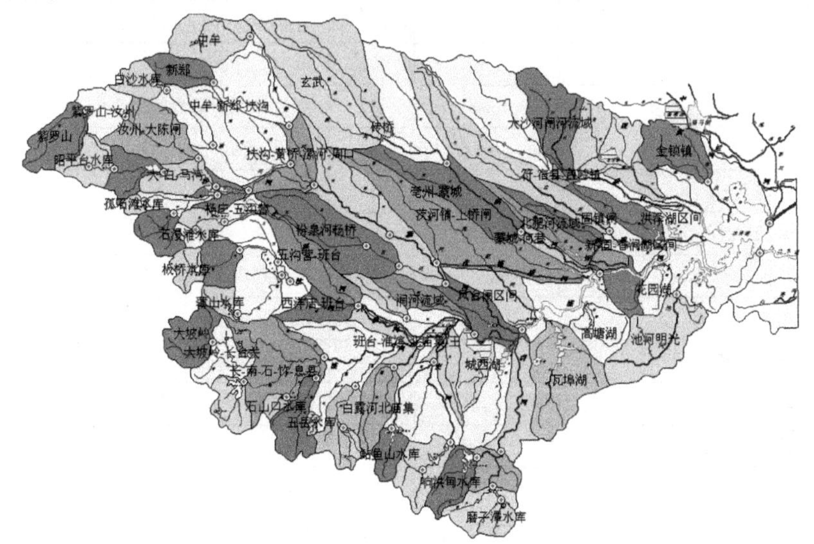

图 3.17　洪泽湖以上流域水文模型计算单元划分图

表 3.14　洪泽湖以上流域水文模型计算单元

序号	计算单元	面积(km²)	序号	计算单元	面积(km²)
1	大坡岭	1 756	43	孤石滩水库	263
2	大坡岭-长台关	1 455	44	官寨	1 198
3	南湾水库	1 268	45	孤-官-何口	703.4
4	石山口水库	322.6	46	马湾-何口-漯河	814.8
5	竹竿铺	1 701	47	白沙水库	928.8
6	长-南-石-竹-息县	4 057	48	白沙-化行闸	1 150
7	五岳水库	134.4	49	化行闸-黄桥	4 109
8	泼河水库	254.2	50	新郑	1 179
9	泼河-潢川	1 715	51	中牟	2 196
10	息县-五岳-潢川-淮滨	3 670	52	中牟-新郑-扶沟	3 074
11	白露河北庙集	1 723	53	扶沟-黄桥-漯河-周口	1 829
12	板桥水库	783.5	54	汾泉河杨桥	4 075

续表 3.14

序号	计算单元	面积(km²)	序号	计算单元	面积(km²)
13	板桥-遂平	1 152	55	周-杨-阜阳闸-茨河闸	4 563
14	薄山水库	608	56	阜-润-西-东-鲁台子	1 800
15	遂平-薄山-夏屯	2156	57	凤台闸区间	1 874
16	夏屯-西洋店	1 879	58	茨河铺-上桥闸	6 457
17	西洋店-班台	1 096	59	玄武	4 439
18	石漫滩水库	336	60	砖桥	3 555
19	石漫滩-杨庄	632	61	玄武-砖桥-亳县闸	3 494
20	杨庄-五沟营	567.5	62	亳州-蒙城	3 537
21	五沟营-班台	2374	63	蒙城-何巷	657.2
22	班台-淮滨-北庙集-王	1 147	64	瓦埠湖	4 225
23	谷河公桥流域	688.2	65	高塘湖	1614
24	鲇鱼山水库	941.9	66	鲁-凤-瓦-高-上-蚌埠	2 409
25	梅山水库	1 946	67	北淝河流域	1 837
26	鲇鱼山-梅山-蒋集	2 954	68	淝河桥-蚌埠-凤阳	1 141
27	蒋集-三河尖	1 200	69	花园湖	832.2
28	润河流域	1 320	70	池河明光	3 602
29	公-班-王-三-润河集	1718	71	澥河新马桥	993.6
30	城西湖	1 480	72	固镇闸	5 367
31	城东湖	2 140	73	新-固-香涧湖区间	1 016
32	响洪甸水库	1 400	74	沱河四铺闸以上	4 749
33	磨子潭水库	691.3	75	大沙河闸河流域	2 778
34	磨子潭-佛子岭	1283	76	符-宿县-芦岭镇	241
35	响洪甸-佛子岭-横排头	1 219	77	芦岭镇-沱湖区间	1 589
36	横排头-正阳关	2 165	78	新汴河团结闸区间	940.7
37	紫罗山	1 937	79	老汪湖上奎河流域	1 263
38	紫罗山-汝州	1 375	80	老汪湖区间	1 429
39	汝州-大陈闸	2 670	81	浍塘沟-泗县闸	902.6
40	昭平台水库	1 317	82	金锁镇	2 132
41	昭平台-白龟山水库	1 247	83	洪泽湖区间	9 430
42	大-白-马湾	1 325			

4）单位线制作

采用综合瞬时单位线法，根据流域下垫面特征和实测资料分析出无因次时段单位线。提取每个子流域（计算单元）的面积、平均高程、主河道平均坡度等信息，制作无因次时段单位线（3 h）。汇流计算时，先将输入的日平均流量系列解集为 3 h 时段的流量系列，经无因次时段单位线系统汇流后，再聚合为日平均流量系列输出。

5）系统开发

全流域自然水循环模型程序构建了自然水循环模型系统框架，采用建立的自然水循环模型对于 1997—2006 年实测水文气象观测系列进行实例计算，得各子流域产水量。典型流域旬平均产水流量过程线如图 3.18～图 3.22。

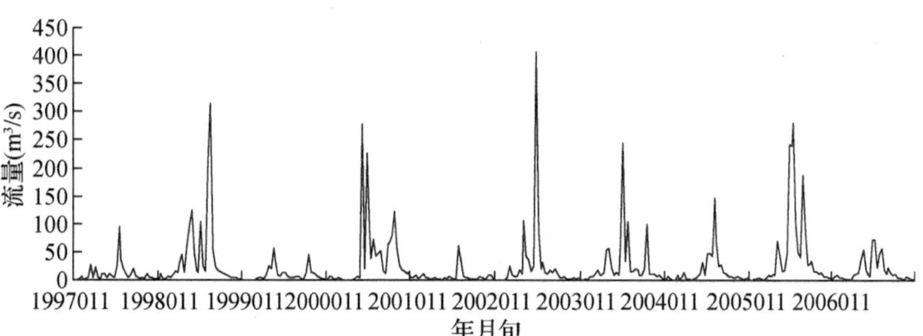

图 3.18 大坡岭流域旬平均产水流量过程

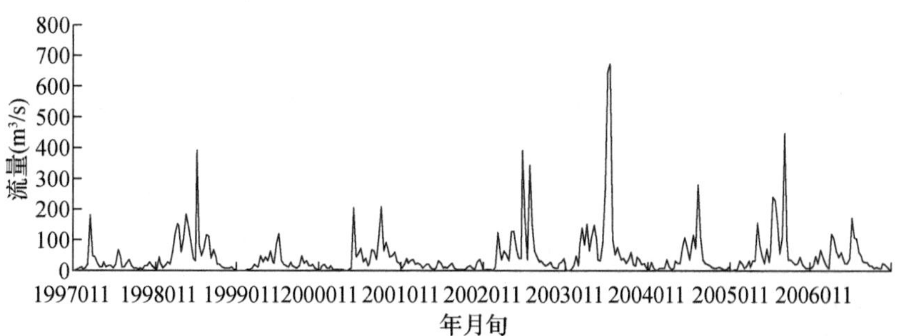

图 3.19 鲇鱼山-梅山-蒋集区间旬平均产水流量过程

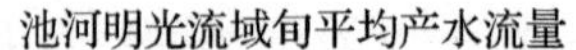

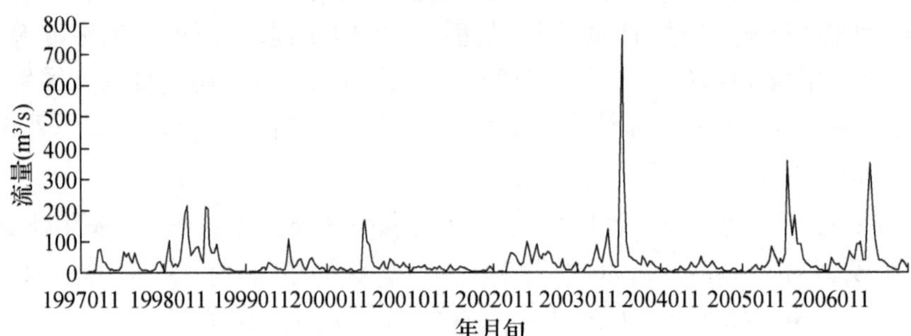

图 3.20　池河明光流域旬平均产水流量过程

汾泉河杨桥流域旬平均产水流量

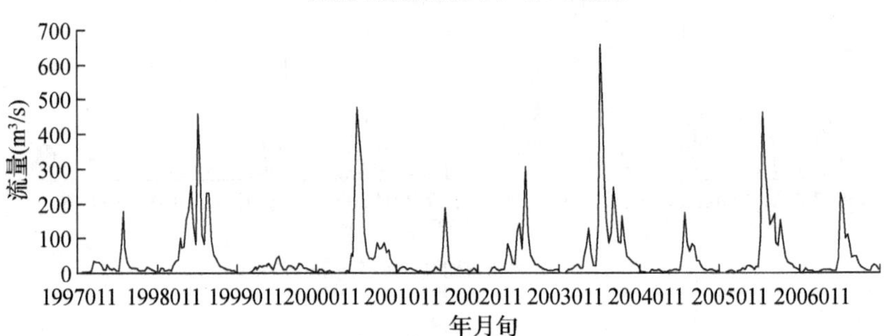

图 3.21　汾泉河杨桥流域旬平均产水流量过程

浍河固镇闸以上流域旬平均产水流量

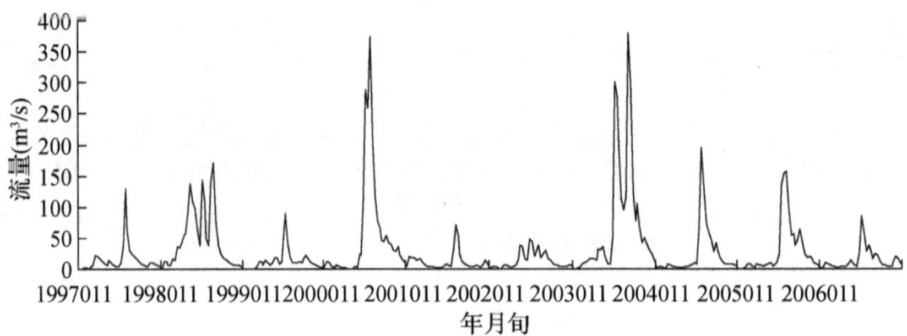

图 3.22　浍河固镇闸以上流域旬平均产水流量过程

3.3 人工水循环系统模拟

3.3.1 人工水循环系统基本原理

1）系统定义

由于人类社会的发展，用水量不断增加，从河道和地下水体中提取的水经过使用后，一部分消耗于蒸发并返回大气，一部分耗于工农业产品从流域中消失，另一部分则以废污水形式回归于地表或地下水体，这就形成另一个小循环，称之为人工侧支循环。由于人类活动对水循环大量的、高强度的干预，创造了完全区别于自然水循环的人工水循环系统，使得人工水循环系统具有明显不同于自然水循环的特征。

2）系统功能

人类构建人工水循环系统都有一定的社会经济和生态目的，比如农业生产和工业生产用水，生活用水，生态用水等。人工水循环系统的首要功能就是为社会经济系统和生态系统服务。

人工水循环系统在受到人类控制的同时，仍然受到日-地系统，大气系统等外部环境的影响和作用，所以，人类对水循环系统的控制作用必须服从一定的自然规律。根据水循环的运动转化规律因势利导，维持流域内人工水循环系统和自然水循环系统、维持整个流域水循环系统和周围环境之间的和谐关系，就能保证整个流域水循环系统的稳定，保证人工水循环系统持续正常运行。

3）系统结构

人工水循环系统分为人工直接控制水循环系统和人工间接控制水循环系统。

受人类直接控制的人工水循环系统主要包括取水系统、输水系统、用水系统和排水系统四个子系统。一般供用耗排系统的结构比较复杂，例如农业灌溉系统，其输水系统一般分为干、支、斗、农、毛等数级渠道，各级输水渠道在运行时候遵从一定的续灌和轮灌制度。排水系统也分为干、支、斗、农等数级沟道，不受控制的自流排水系统的基本原理和结构形式类似于自然河道系统。

相对于自然水循环系统，受人类间接控制的人工水循环系统只是改变了一些基本的介质要素，其系统的基本结构和自然水循环系统一样。

4）系统分类

人工水循环系统分类如下：

（1）人类直接控制的人工水循环系统

① 供用耗排水循环系统

为满足工业、农业、生活或生态等需要，通过一些水利工程把水输送到社会经济系统和人工生态系统加以利用，再把超出消耗的水分和废水排出来。这类人工水循环系统被称为供用耗排水循环系统。根据用水户不同,又可将供用耗排水循环系统分为农业灌排系统、工业水循环系统、生活水循环系统、人工生态水循环系统。农业灌排系统又可进一步分为种植业、林果地、草场灌排系统和渔业供排系统等。工业水循环系统又可进一步分为一般工业水循环系统和火核电水循环系统。生活水循环系统可以细分为农村生活水循环系统和城镇生活水循环系统。

② 调节利用水循环系统

为了防洪、发电、航运等目的,修建一些水库、闸门、蓄滞洪区等对流量、水位过程进行调控。这类系统不以消耗水为目的,仅对自然水循环的产汇流过程发生影响。

(2) 人类间接控制的人工水循环系统

和直接控制不同,这些系统中人类只对水循环的介质类要素进行改造和重构,不对水循环的过程直接控制。例如,改变地表覆盖物、改变地面坡度、改变土壤性质、改造沟道和河道系统等。

5) 系统模拟

人工水循环模拟包括灌区水循环模拟、城镇地区水循环模拟、农村生活用水模拟、人工生态用水模拟等,以及通过用水管理等各种措施对人工侧支循环的调控作用。由于人工侧支水循环各个环节均涉及水利工程的调度和水资源管理,需要将流域水循环模拟模型和水资源调配模拟模型进行耦合模拟。水资源调配模拟模型以由节点、规划管理单元和有向线段构成的水资源系统概化网络为基础,通过配置与调度模拟计算,从时间、空间和用户三个层面上模拟水源到用户的分配,并且在不同层次的分配中考虑各种因素的影响。不同类别水源通过各自相应的水力关系传输,通过计算单元、河网、地表工程节点、水汇等基本元素实现不同水源的汇合和转换,描述不同水源的水量平衡过程。

3.3.2 水资源系统概化

1) 概化的意义和原则

在人类活动作用下,流域水循环系统已演化成由天然水循环过程和人工侧支水循环过程构成的“二元”水循环系统,对流域水资源演化规律产生重要影响。由于人工侧支水循环各个环节均涉及水利工程的调度和水资源管理,需要将流域水循环模拟模型和水资源调配模拟模型进行耦合模拟,因此,需要对水资源系统进行概化。

水资源系统是一种复杂巨系统,涉及社会、经济和生态等各个子系统。其中既包括水文循环这样的物理过程,又需要考虑社会经济的发展需求、生态环境的维持与改善。所以对水资源系统的分析一般以数学模型模拟为基础,在明确目的前提下,分析模拟模型建立和求解的可能性,构建能反映不同方面的需求和相互关联关系的整体框架,进行整体性模拟。

复杂系统中具有众多的元素和显性或隐性的相互关联过程，必须通过识别系统主要过程和影响因素，抽取其中的主要和关键环节，忽略次要信息，建立从系统实际状况到数学表达的映射关系，进而实现系统模拟。在典型的水资源系统中，各类水源作为系统输入在工程、节点与用水户等实体间完成相应的传输转化并影响系统总体状态。各类实体在不同过程中承担着控制和影响水量运动进程的作用，其物理特征和决策者的期望反映了该实体在系统承担的角色。对水资源系统的概化就是选取与并提炼与模拟过程相关元素的特征参数，以点线概念对整个系统作模式化处理，构建模拟框架并规范数据处理要求，为建立简洁的概念化水资源模拟模型奠定基础。

系统概化需要忽略与水量无直接关系的因素，以系统所存在的所有可能的水量传递、转化和影响关系为主线，分类提取系统中的各类元素，并建立以水资源配置框架为核心的水资源系统。系统概化需要遵循以下原则：

首先，确定系统模拟中需要考虑的实体类别。选取实体的主要依据与水量转换有直接和间接联系，包括系统的天然的水源承载体，例如河道、湖泊（湿地、泡沼洼淀等）、水汇（海洋、湖泊尾闾等）、地下水含水层、地下水侧渗传输渠道；各类人工修建的水利工程；各类用水户，包括生产、生活、生态等需水因素。

其次，对选出的实体做抽象分类和整合抽象，就是以简练的特征参数刻画实体对水资源运动过程起作用的性能。对选定的某类实体以参数反映其对水资源的影响作用。比如对蓄水工程给定各级蓄水库容以及蒸发、渗漏等参数。

再次，描述概化元素间的水力联系关系。需要反映的系统水量传递转换关系包括：地表工程（节点）间的天然水力联系（如供、用、耗、排、退水关系）、污水再利用关系、地下水侧渗、地下水超采减少的地表径流等各种关系，见图 3.23。

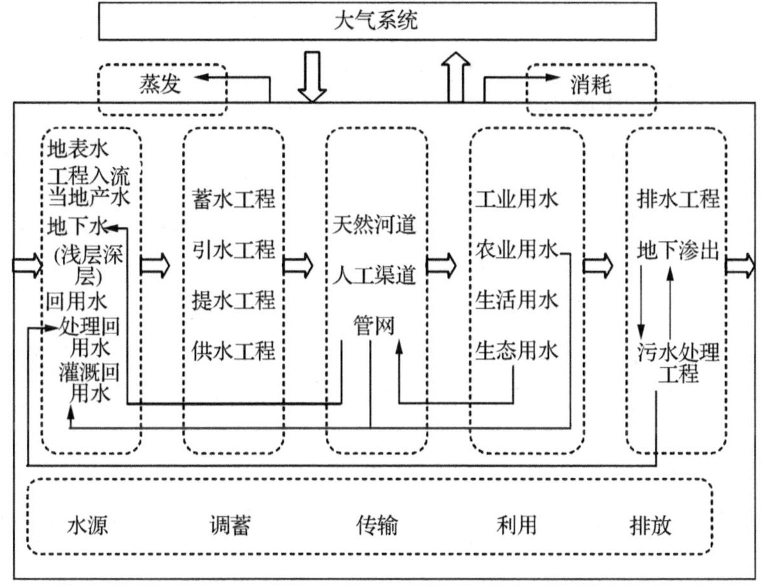

图 3.23　概化水资源系统主要元素和过程

2）系统概化元素

通过系统概化可以得到设定规模下系统需要处理的各类实体元素，以参数描述这些元素的特性。通过概化后得到的元素是系统中数学表达的最小单位，每个元素的特性均通过一套参数予以表达。

根据流域与区域水资源系统的相互关系，从便于确定水力关系和社会经济资料获取的角度出发，一般可以选取以流域界限（水资源分区）和区域界限（行政分区）嵌套形成的区域作为承载不同用户需水等的基本元素。

由于精度限制，无论概化到何种深度，始终存在一部分对系统有影响但是难以单独考虑的因素，如分散的小型水资源利用工程。为实现规范统一的处理，对于受系统规模和资料限制不能单独概化为系统元素的小型地表水利工程和地下水工程，还可以按照系统概化的思想将其捆绑成整体，并通过所在单元的特性参数控制这类概化元素中的水量传输转化过程。

3）系统元素相互关系

确定系统主要元素后，还需明晰系统中各类元素的水量传递转化过程，反映天然水循环和人工侧支循环的耦合过程。水量传输转化路径是概化系统中的各类元素的基本关系，其中既包括不同类别元素之间的水力关系，也包括同类元素之间的水量关系。

（1）以计算单元为中心的关系

计算单元是系统模拟的中心环节，由用水形成的水资源供用耗排在计算单元内部完成。计算单元作为传输水量的源头或作为水量接受方。

（2）以地表工程为中心的关系

地表工程是模拟中联系天然水循环和人工用水循环的桥梁，以其为中心主要有入流、供水、弃水、蒸发、渗漏、蓄水等水量传输转换关系。由于计算单元内部也包含了部分概化的地表工程及河网，地表水资源量的输入应当具有一致性。

（3）以调水工程为中心的关系

对应系统模拟而言，调水工程是指从系统模拟范围之外调入水量的水利工程，而在模拟系统范围内存在的各种跨区域水量调配均认为是区域内部工程对单元的供水关系。外调水工程根据实际情况和计算要求，可以概化为通过各类地表工程实现水量的调配，也可以简化为工程直接对用水户供水。

（4）以水汇为中心的关系

水汇是系统非消耗水量的最终归宿点，与水汇相关的各类水量传输关系已在计算单元和工程部分做了说明。模拟计算中，水汇的功能主要是接受各类排入水量并做累加计算。

（5）水力关系线

水力关系线是上述各种不同点元素完成水量交换的中介，是系统完成水平方向的水量传输的桥梁。实际中水量传输必然存在各种损耗，水力关系线根据接收的水量计算出相应的水量损失和下游端口的应得水量，体现了系统模拟中的水量"线平衡"。水力关系线主要有天然排水线路、人工水量传递关系。

4）概化系统网络图

以上述水资源系统概化元素及其间相互关系为基础，可以建立描述系统水资源供用、耗排和其他各种水源传递与转换关系图，也就是系统网络节点图。

系统网络图中不同元素以有向弧线连接，表示水量在各基本元素间的传输转化。不同的水量转换关系以不同类别的弧线表示。系统网络图是进行水资源配置的工作基础，通过水资源系统网络图可以明确各水源、用水户、水利工程的相互关系，建立系统供用耗排等各种水量传输转化关系，指导水资源配置模型编制。

3.3.3 研究区域水资源系统概化

《淮河区水资源综合规划》考虑了流域水资源条件的地区差别，流域与行政区域有机结合，保持了行政区域和流域分区的统分性、组合性与完整性，并充分考虑了水资源管理的要求，对淮河区进行分区。淮河区（全国 1 个一级区）共划分 5 个二级区、14 个三级区、86 个三级区套地（市）分区（见表 3.15）。其中，淮河水系洪泽湖以上三级区共分为王家坝以上北岸、王家坝以上南岸、王蚌区间北岸、王蚌区间南岸、蚌洪区间北岸、蚌洪区间南岸等 6 个，三级区套地（市）分区共 42 个（见图 3.24）。

表 3.15 研究区域用水单元与水资源调配计算分区对应表

序号	计算单元编号	计算单元名	序号	计算单元编号	计算单元名
1	1	王北平顶山	27	23	王蚌北蚌埠片
2	2	王北漯河片	28	24	王蚌南信阳片
3	3p1	王北驻马店沿淮（清水河流域）片	29	25	王蚌南安庆片
4	3p2	王北驻马店洪汝河片	30	26p1	王蚌南六安史河片
5	4	王北信阳片	31	26p2	王蚌南六安淠河河片
6	5	王北阜阳片	32	26p3	王蚌南六安瓦埠湖片
7	6	王南随州片	33	26p4	王蚌南六安城西湖城东湖片
8	7	王南孝感片	34	27p1	王蚌南合肥瓦埠湖片
9	8	王南南阳片	35	27p2	王蚌南合肥高塘湖片
10	9p1	王南信阳息县以上	36	28	王蚌南淮南片
11	9p2	王南信阳息县-王家坝区间	37	29	王蚌南滁州片
12	10	王蚌北洛阳片	38	30	王蚌南蚌埠片
13	11	王蚌北郑州片	39	31	蚌洪北商丘片
14	12p1	王蚌北开封贾鲁河片	40	32	蚌洪北亳州片

续表 3.15

序号	计算单元编号	计算单元名	序号	计算单元编号	计算单元名
15	12p2	王蚌北开封涡河片	41	33	蚌洪北淮北片
16	13	王蚌北商丘片	42	34p1	蚌洪北宿州沱河片
17	14	王蚌北平顶山片	43	34p2	蚌洪北宿州濉河片
18	15	王蚌北许昌片	44	35	蚌洪北蚌埠片
19	16	王蚌北漯河片	45	36p1	蚌洪北徐州濉河片
20	17	王蚌北南阳片	46	36p2	蚌洪北徐州徐洪河片
21	18	王蚌北驻马店片	47	37	蚌洪北宿迁片
22	19p1	王蚌北周口颍河片	48	38	蚌洪北淮安片
23	19p2	王蚌北周口涡河片	49	39	蚌洪南合肥片
24	20	王蚌北阜阳	50	40	蚌洪南滁州片
25	21	王蚌北亳州片	51	41	蚌洪南蚌埠片
26	22	王蚌北淮南片	52	42	蚌洪南淮安片

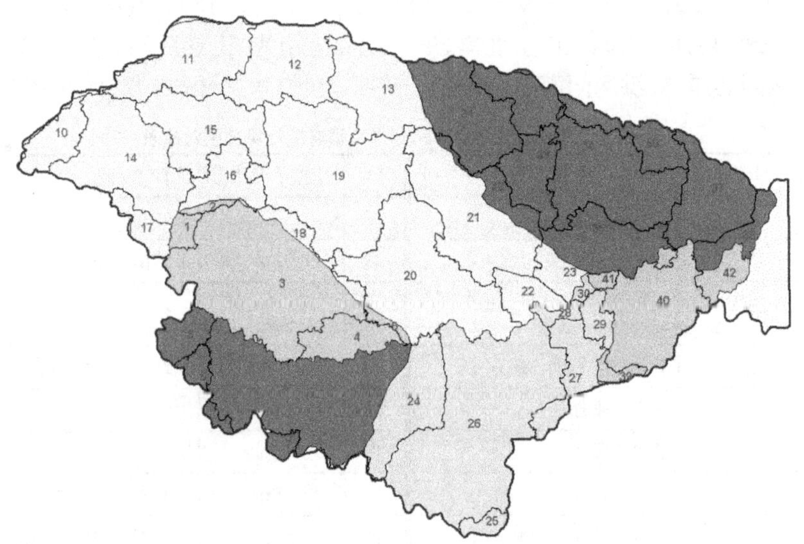

图 3.24　淮河水系洪泽湖以上三级区套地(市)分区

根据前面所述的水资源系统概化的基本原理和方法,考虑到淮河水系水资源三级分区套地市分区的实际情况及描述流域自然水循环的分布式水文模型中子流域的划分情况,将淮河洪泽湖以上流域水资源系统概化为如图 3.25 所示的网络图。

图 3.25 中,方框表示用水单元,与水资源调配计算分区相对应。每个分区用水单元的水源可以包括大中型水库、湖泊、河道等水源和复合水源(包括中小型水库及塘坝集合、地下水源等),其中复合水源在图中省略。

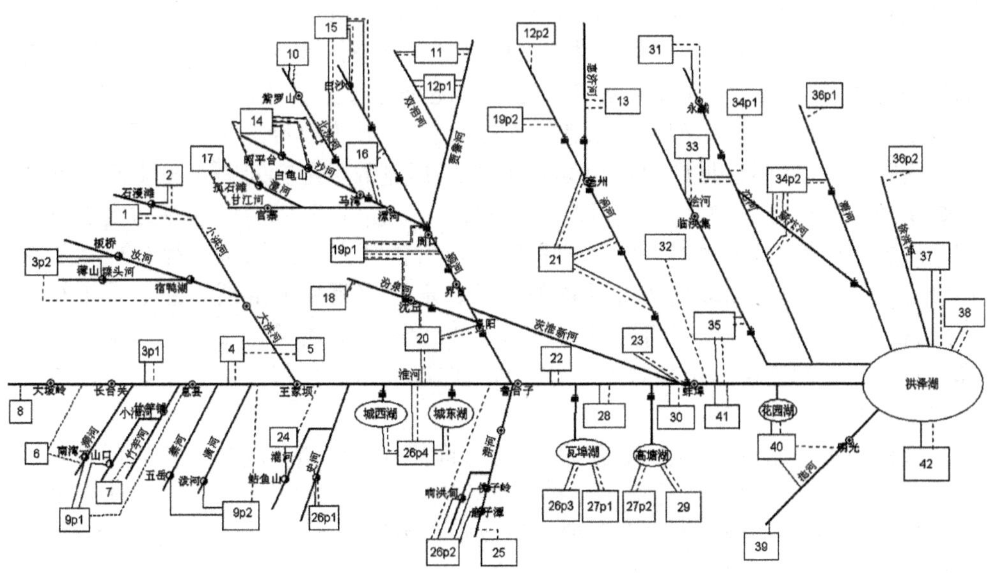

图 3.25 淮河洪泽湖以上流域水资源系统概化网络图

3.3.4 需水预测模拟

1）需水预测概述

需水预测是对未来水资源供需态势的前瞻认识，是在现状用水调查与用水水平分析的基础上，依据水资源高效利用和统筹安排生活、生产、生态用水的原则，根据经济发展趋势的预测成果，进行不同水平年、不同保证率和不同方案的需水量预测。需水预测涉及经济、社会以及生态环境等各个方面，具有一定的复杂性和不确定性且又是水资源配置模型分析计算的必备输入条件，对水资源配置结果会产生重要影响。因此，对区域经济社会和生态环境需水量预测方法进行研究是十分必要。

需水预测需对用水量进行分类，包括生活用水、生产用水和生态用水。其中生活用水分为农村居民用水和城镇居民用水；生产用水分为种植业灌溉用水、林牧渔业用水、电力工业用水、一般工业用水、建筑业和第三产业用水；生态用水分为河道内生态用水和河道外用水。

需水预测按照计算单元进行计算，计算结果按照行政分区汇总。需水预测与社会经济发展规划相结合，反映了本地区社会经济可持续发展的要求。

需水预测是根据用水量的历史资料，充分考虑现实条件中经济社会和环境因素的变化，运用适当的技术与方法，对未来需水量进行的估计和推测。由于用水系统的复杂性，无法建立一个确定模型对它进行描述，所以绝大多数预测方法都是建立在对历史数据的统计分析基础上，不同的只是数据处理方法特点。

根据需水预测的性质，可将其分为定性预测、定量预测和综合预测三类。定性预测是建立在经验判断、逻辑思维和逻辑推理基础之上的，主要特点是利用直观的材料、个人的经验进行综合分析，对需水量未来状况进行预测。常用的定性预测有抽样调查法、类推法、主观频率法等。定量预测是通过分析用水量各项因素、属性的数量关系，运用数学模型预测未来需水量的方法，其主要特点是根据历史数据找出其内在规律，运用连贯性原则和类推性原则，通过数学运算对需水量未来状况进行数量预测。综合预测是指两种以上方法组合运用。这种综合常表现为定性方法和定量方法的综合，但也有可能是两种以上定量预测方法的综合。综合预测兼有多种方法的长处，可以取得较好的预测结果。定性预测和定量预测并不是相互孤立的，在实际预测中往往是将两者结合起来，以提高预测的精确度。任何定量预测都离不开定性的逻辑分析和判断，而进行定性预测时，为取得准确的结论也常常需要定量分析。

根据需水预测目的、预测对象的特点，可将其分为短期预测和中长期预测。短期预测一般是为用水系统实施优化控制而进行的日预测和时预测，这种预测要求精确度高、速度快。中长期预测一般是指以水资源规划为目的的年预测，预测周期较长、考虑因素较多，预测结果要完全准确是比较困难的。

根据对数据处理方式的不同，需水预测的方法可以分为：时间序列法、结构分析法和系统方法。时间序列法是通过研究用水量自身的发展过程和演变规律进行预测的，所用数据单一，操作简便，如移动平均法、指数平滑法等。结构分析法是通过研究用水量影响因素的比例演变关系进行需水预测的，如弹性系数法、指标分析法等。系统方法是通过分析用水系统，收集多种用水数据后建立起来的，在用水系统未发生很大变化的条件下，也能进行预测，如灰色预测方法、神经网络方法等。一般来说，各种预测方法的预测误差都会随着预测期的增加而增加。定量预测、中长期预测和短期预测所采用的方法主要也是以上几种。

需水预测结果的准确性不仅与所采用的预测方法有关，也与一些相关的影响因素有直接关系，如资料的准确与可靠性、经济社会的发展状况以及生态环境的演变等都会对预测结果产生影响。

另外，在需水预测中应考虑一些政策措施的影响。如节约用水，它是水资源优化配置工作的重要组成部分，与需水有着密切的关系，节水量相当于供水量，它已成为满足未来用水需求的必不可少的措施。

根据《全国水资源综合利用规划技术细则》，结合淮河流域的实际情况，需水预测按照用水户的不同可分为生活、生产和生态三大类。

需水预测宜采用多种方法，一般以定额法为基本方法，用趋势法、机理预测法、人均综合用水量预测法、弹性系数法等进行复核。在进行预测时根据研究区域的需要和条件，可再进行更细的分类。

指标法（定额法）需水法是根据用水量的主要影响因素的变化趋势，确定相应的用水指标及用水定额，然后根据用水定额和长期服务人口（或工业产值等）计算出远期的需水量。该方法通常将用水部门进行划分(如划分成生活、工业、农业、环境等用水部门),然后对各部门的用水影响因素(如人口、工业产值、灌溉面积等)及用水定额进行预测,再分别预测各部门的需水量,总需水量为各部分之和。

利用指标法进行需水预测计算需要的指标主要有以下几项:城镇/农村用水人口、城镇/农村某水平年年人均用水定额;一般工业与高用水工业(火电行业)发展指标(如增加值(万元)、装机容量(万 kW)等)、一般工业与高用水工业取水定额(万元增加值取水量,也可为单位产品(如装机容量)取水量)、建筑业工业发展指标(如增加值)、建筑业取水定额、第三产业发展指标、第三产业取水定额、规划水平年工业供水系统水利用系数;研究区规划水平年作物种类总数、研究区规划水平年某作物灌溉面积、研究区规划水平年某作物灌溉定额、规划水平年综合灌区渠系水利用系数、研究区作物灌溉制度、研究区林地和牧场灌溉面积、研究区林地和牧场灌溉定额、研究区林地和牧场渠系水利用系数、研究区鱼塘面积、研究区鱼塘亩均补水定额、禽畜养殖头数、禽畜需水定额、禽畜生长周期;城镇绿地面积、城镇绿地灌溉定额、城镇市区面积、城镇市区单位面积的环境卫生需水定额(采用历史资料和现状调查法确定)、研究区林草植被种类总数、研究区某林草植被面积、研究区某林草植被灌溉定额。

2) 生活需水预测

生活需水在一定范围内的增长速度是比较有规律的,因而可以用定额法推求未来需水量。对总需水量的估算,考虑因素主要是用水人口和用水定额。生活需水分为城市生活需水和农村生活需水两部分来进行预测。本次生活需水预测考虑到经济社会发展条件下的人口及城市化水平,采用用水定额法进行预测。

(1) 人口预测

对人口增长进行预测的方法主要有趋势法、人口自然增长率法、灰色系统模型 $GM(1,1)$方法等。根据《淮河区水资源综合规划》,得到 2020 年与 2030 年淮河水系各分区人口预测结果,如表 3.16。

表 3.16 淮河流域各分区人口预测结果统计

序号	水资源分区	地级行政区	水平年	总人口(万人)	城镇人口(万人)	农村人口(万人)	水平年	总人口(万人)	城镇人口(万人)	农村人口(万人)
1	王家坝以上北岸	平顶山	2020	34.7	25.3	9.4	2030	35.2	30.2	5
2	王家坝以上北岸	漯河	2020	24.3	15	9.2	2030	28.5	19	9.5
3	王家坝以上北岸	驻马店	2020	735.7	266.8	468.9	2030	766.6	338.5	428.1
4	王家坝以上北岸	信阳	2020	127.1	45.9	81.2	2030	135.3	59.6	75.8
5	王家坝以上北岸	阜阳	2020	28.5	8.8	19.6	2030	29.6	11.9	17.7
6	王家坝以上南岸	随州	2020	11	2.7	8.3	2030	11.6	3.3	8.3
7	王家坝以上南岸	孝感	2020	16.2	3	13.2	2030	17.1	3.6	13.5
8	王家坝以上南岸	南阳	2020	39.2	22.1	17.1	2030	42.2	28.1	14.2

续表 3.16

序号	水资源分区	地级行政区	水平年	总人口（万人）	城镇人口（万人）	农村人口（万人）	水平年	总人口（万人）	城镇人口（万人）	农村人口（万人）
9	王家坝以上南岸	信阳	2020	432	248.8	183.2	2030	439.6	311.3	128.3
10	王蚌区间北岸	洛阳	2020	51.3	19.7	31.6	2030	51.5	24.9	26.6
11	王蚌区间北岸	郑州	2020	714.2	596	118.2	2030	792.8	717.8	75
12	王蚌区间北岸	开封	2020	477.1	242	235.1	2030	502.3	309.4	192.9
13	王蚌区间北岸	商丘	2020	458.1	184	274.1	2030	480.4	240.8	239.7
14	王蚌区间北岸	平顶山	2020	530.6	301.8	228.8	2030	556.3	363.5	192.8
15	王蚌区间北岸	许昌	2020	464.7	208.6	256	2030	479.5	260.4	219.2
16	王蚌区间北岸	漯河	2020	244.1	129.6	114.5	2030	252.3	165.5	86.8
17	王蚌区间北岸	南阳	2020	40.4	7.1	33.3	2030	38.2	9.4	28.8
18	王蚌区间北岸	驻马店	2020	65.5	8.5	57	2030	62	11.2	50.9
19	王蚌区间北岸	周口	2020	1159.5	382.4	777.1	2030	1 215.4	510	705.4
20	王蚌区间北岸	阜阳	2020	864.7	373.4	491.3	2030	900	464.2	435.8
21	王蚌区间北岸	亳州	2020	479.3	207	272.3	2030	498.8	266.5	232.3
22	王蚌区间北岸	淮南	2020	123.2	65.7	57.5	2030	128.2	81.6	46.6
23	王蚌区间北岸	蚌埠	2020	71.6	45	26.6	2030	74.6	48.6	26
24	王蚌区间南岸	信阳	2020	178.43	69.71	108.72	2030	186.33	91.02	95.31
25	王蚌区间南岸	安庆	2020	7.7	2.2	5.5	2030	8	3.2	4.8
26	王蚌区间南岸	六安	2020	519.5	212.9	306.6	2030	540.6	261.3	279.4
27	王蚌区间南岸	合肥	2020	92.1	34	58.1	2030	95.8	45.2	50.6
28	王蚌区间南岸	淮南	2020	104.5	99	5.5	2030	108.7	104.8	3.9
29	王蚌区间南岸	滁州	2020	38.7	14	24.7	2030	40.3	18.0	21.4
30	王蚌区间南岸	蚌埠	2020	90.3	81.7	8.6	2030	94	87	7
31	蚌洪区间北岸	商丘	2020	403.8	102.3	301.5	2030	423.2	141.7	281.4
32	蚌洪区间北岸	亳州	2020	87.5	30.4	57.1	2030	91.1	41.9	49.1
33	蚌洪区间北岸	淮北	2020	209.6	139.8	69.8	2030	218.1	161.4	56.7
34	蚌洪区间北岸	宿州	2020	591.6	217.6	374	2030	615.7	294.3	321.4
35	蚌洪区间北岸	蚌埠	2020	186.9	104	82.9	2030	194.5	128.6	65.9
36	蚌洪区间北岸	徐州	2020	266.6	161.3	105.3	2030	282.7	191.9	90.8
37	蚌洪区间北岸	宿迁	2020	239.3	127.4	111.8	2030	260.2	161.7	98.4
38	蚌洪区间北岸	淮安	2020	52.1	20.7	31.5	2030	54.9	26.3	28.6
39	蚌洪区间南岸	合肥	2020	43.6	14.5	29.1	2030	45.4	19.8	25.6
40	蚌洪区间南岸	滁州	2020	178.4	81.8	96.7	2030	185.7	99.5	86.2
41	蚌洪区间南岸	蚌埠	2020	18.1	5.4	12.7	2030	18.8	7.9	11
42	蚌洪区间南岸	淮安	2020	39.9	28.5	11.4	2030	42	33.5	8.6

(2) 用水定额

用水定额是以现状调查数字为基础，分析定额的历年变化情况来拟定不同水平年的用水定额，得到淮河水系各分区生活用水定额预测结果，如表 3.17。

表 3.17 淮河流域各分区生活用水定额预测结果

序号	水资源分区	地级行政区	水平年	城镇生活用水定额(L/(人·d))	农村生活用水定额(L/(人·d))	水平年	城镇生活用水定额(L/(人·d))	农村生活用水定额(L/(人·d))
1	王家坝以上北岸	平顶山	2020	116	75	2030	125	85
2	王家坝以上北岸	漯河	2020	116	75	2030	125	85
3	王家坝以上北岸	驻马店	2020	114	75	2030	123	85
4	王家坝以上北岸	信阳	2020	118	80	2030	128	90
5	王家坝以上北岸	阜阳	2020	119	75	2030	126	84
6	王家坝以上南岸	随州	2020	124	83	2030	130	90
7	王家坝以上南岸	孝感	2020	130	83	2030	130	90
8	王家坝以上南岸	南阳	2020	120	80	2030	130	90
9	王家坝以上南岸	信阳	2020	119	80	2030	127	90
10	王蚌区间北岸	洛阳	2020	112	75	2030	121	85
11	王蚌区间北岸	郑州	2020	136	75	2030	143	85
12	王蚌区间北岸	开封	2020	120	75	2030	125	85
13	王蚌区间北岸	商丘	2020	119	75	2030	125	85
14	王蚌区间北岸	平顶山	2020	120	75	2030	129	85
15	王蚌区间北岸	许昌	2020	117	75	2030	125	85
16	王蚌区间北岸	漯河	2020	124	75	2030	134	85
17	王蚌区间北岸	南阳	2020	108	80	2030	117	90
18	王蚌区间北岸	驻马店	2020	97	75	2030	107	85
19	王蚌区间北岸	周口	2020	109	75	2030	118	85
20	王蚌区间北岸	阜阳	2020	116	83	2030	123	87
21	王蚌区间北岸	亳州	2020	123	86	2030	131	89
22	王蚌区间北岸	淮南	2020	141	81	2030	152	87
23	王蚌区间北岸	蚌埠	2020	130	79	2030	142	87
24	王蚌区间南岸	信阳	2020	121	80	2030	130	90
25	王蚌区间南岸	安庆	2020	113	77	2030	121	87
26	王蚌区间南岸	六安	2020	121	84	2030	128	86
27	王蚌区间南岸	合肥	2020	125	78	2030	131	88

续表 3.17

序号	水资源分区	地级行政区	水平年	城镇生活用水定额(L/(人·d))	农村生活用水定额(L/(人·d))	水平年	城镇生活用水定额(L/(人·d))	农村生活用水定额(L/(人·d))
28	王蚌区间南岸	淮南	2020	139	79	2030	147	87
29	王蚌区间南岸	滁州	2020	130	80	2030	142	88
30	王蚌区间南岸	蚌埠	2020	130	79	2030	142	87
31	蚌洪区间北岸	商丘	2020	110	75	2030	119	85
32	蚌洪区间北岸	亳州	2020	119	77	2030	128	88
33	蚌洪区间北岸	淮北	2020	143	85	2030	152	88
34	蚌洪区间北岸	宿州	2020	125	84	2030	132	87
35	蚌洪区间北岸	蚌埠	2020	128	82	2030	137	88
36	蚌洪区间北岸	徐州	2020	151	98	2030	162	110
37	蚌洪区间北岸	宿迁	2020	149	98	2030	165	105
38	蚌洪区间北岸	淮安	2020	152	103	2030	162	110
39	蚌洪区间南岸	合肥	2020	128	82	2030	134	87
40	蚌洪区间南岸	滁州	2020	135	82	2030	147	87
41	蚌洪区间南岸	蚌埠	2020	130	82	2030	142	87
42	蚌洪区间南岸	淮安	2020	153	103	2030	163	110

(3) 需水预测

采用用水定额法进行预测,公式如下:

$$W_l = n_l \cdot K_i$$

式中,W_i——某水平年城镇/农村生活需水量(m^3/d);

n_i——需水人数(人);

K_i——某水平年拟定的人均用水综合定额($m^3/(人 \cdot d)$)。

根据以上方法计算可得到淮河水系各分区生活需水预测结果,如表 3.18、表 3.19。

表 3.18　2020 年淮河流域各分区生活需水预测结果

序号	水资源分区	地级行政区	水平年	城镇生活用水(m^3/d)	农村生活用水(m^3/d)	城乡生活需水合计(m^3/d)
1	王家坝以上北岸	平顶山	2020	29 348	7 050	36 398
2	王家坝以上北岸	漯河	2020	17 400	6 900	24 300
3	王家坝以上北岸	驻马店	2020	30 4152	351 675	655 827
4	王家坝以上北岸	信阳	2020	54 162	64 960	119 122

续表 3.18

序号	水资源分区	地 级 行政区	水平年	城镇生活用水 (m^3/d)	农村生活用水 (m^3/d)	城乡生活需水 合计(m^3/d)
5	王家坝以上北岸	阜阳	2020	10 472	14 700	25 172
6	王家坝以上南岸	随州	2020	3 348	6 889	10 237
7	王家坝以上南岸	孝感	2020	3 900	10 956	14 856
8	王家坝以上南岸	南阳	2020	26 520	13 680	40 200
9	王家坝以上南岸	信阳	2020	296 072	146 560	442 632
10	王蚌区间北岸	洛阳	2020	22 064	23 700	45 764
11	王蚌区间北岸	郑州	2020	810 560	88 650	899 210
12	王蚌区间北岸	开封	2020	290 400	176 325	466 725
13	王蚌区间北岸	商丘	2020	218 960	205 575	424 535
14	王蚌区间北岸	平顶山	2020	362 160	171600	533 760
15	王蚌区间北岸	许昌	2020	244 062	192 000	436 062
16	王蚌区间北岸	漯河	2020	160 704	85 875	246 579
17	王蚌区间北岸	南阳	2020	7 668	26 640	34 308
18	王蚌区间北岸	驻马店	2020	8 245	42 750	50 995
19	王蚌区间北岸	周口	2020	416 816	582 825	999 641
20	王蚌区间北岸	阜阳	2020	433 144	407 779	840 923
21	王蚌区间北岸	亳州	2020	254 610	234 178	488 788
22	王蚌区间北岸	淮南	2020	92 637	46 575	139 212
23	王蚌区间北岸	蚌埠	2020	58 500	21 014	79 514
24	王蚌区间南岸	信阳	2020	84 349.1	86 976	171 325.1
25	王蚌区间南岸	安庆	2020	2 486	4 235	6 721
26	王蚌区间南岸	六安	2020	257 609	257 544	515 153
27	王蚌区间南岸	合肥	2020	42 500	45 318	87 818
28	王蚌区间南岸	淮南	2020	137 610	4 345	141 955
29	王蚌区间南岸	滁州	2020	18 200	19 760	37 960
30	王蚌区间南岸	蚌埠	2020	106 210	6 794	113 004
31	蚌洪区间北岸	商丘	2020	112 530	226 125	338 655
32	蚌洪区间北岸	亳州	2020	36 176	43 967	80 143
33	蚌洪区间北岸	淮北	2020	199 914	59 330	259 244
34	蚌洪区间北岸	宿州	2020	272 000	314 160	586 160
35	蚌洪区间北岸	蚌埠	2020	133 120	67 978	201 098

续表 3.18

序号	水资源分区	地 级 行政区	水平年	城镇生活用水 (m^3/d)	农村生活用水 (m^3/d)	城乡生活需水 合计(m^3/d)
36	蚌洪区间北岸	徐州	2020	243 563	103 194	346 757
37	蚌洪区间北岸	宿迁	2020	189 826	109 564	299 390
38	蚌洪区间北岸	淮安	2020	31 464	32 445	63 909
39	蚌洪区间南岸	合肥	2020	18 560	23 862	42 422
40	蚌洪区间南岸	滁州	2020	110 430	79 294	189 724
41	蚌洪区间南岸	蚌埠	2020	7 020	10 414	17 434
42	蚌洪区间南岸	淮安	2020	43 605	11 742	55 347

表 3.19　2030 年淮河流域各分区生活需水预测结果

序号	水资源分区	地 级 行政区	水平年	城镇生活用水 (m^3/d)	农村生活用水 (m^3/d)	城乡生活需水 合计(m^3/d)
1	王家坝以上北岸	平顶山	2030	37 750	4 250	42 000
2	王家坝以上北岸	漯河	2030	23 750	8 075	31 825
3	王家坝以上北岸	驻马店	2030	416 355	363 885	780 240
4	王家坝以上北岸	信阳	2030	76 288	68 220	144 508
5	王家坝以上北岸	阜阳	2030	14 994	14 868	29 862
6	王家坝以上南岸	随州	2030	4 290	7 470	11 760
7	王家坝以上南岸	孝感	2030	4 680	12 150	16 830
8	王家坝以上南岸	南阳	2030	36 530	12 780	49 310
9	王家坝以上南岸	信阳	2030	395 351	115 470	510 821
10	王蚌区间北岸	洛阳	2030	30 129	22 610	52 739
11	王蚌区间北岸	郑州	2030	1 026 454	63 750	1 090 204
12	王蚌区间北岸	开封	2030	386 750	163 965	550 715
13	王蚌区间北岸	商丘	2030	301 000	203 745	504 745
14	王蚌区间北岸	平顶山	2030	468 915	163 880	632 795
15	王蚌区间北岸	许昌	2030	325 500	186 320	511 820
16	王蚌区间北岸	漯河	2030	221 770	73 780	295 550
17	王蚌区间北岸	南阳	2030	10 998	25 920	36 918
18	王蚌区间北岸	驻马店	2030	11 984	43 265	55 249
19	王蚌区间北岸	周口	2030	601 800	599 590	1 201 390
20	王蚌区间北岸	阜阳	2030	570 966	379 146	950 112
21	王蚌区间北岸	亳州	2030	349 115	206 747	555 862

续表 3.19

序号	水资源分区	地　级 行政区	水平年	城镇生活用水 (m^3/d)	农村生活用水 (m^3/d)	城乡生活需水 合计(m^3/d)
22	王蚌区间北岸	淮南	2030	124 032	40 542	164 574
23	王蚌区间北岸	蚌埠	2030	69 012	22 620	91 632
24	王蚌区间南岸	信阳	2030	118 326	85 779	204 105
25	王蚌区间南岸	安庆	2030	3 872	4176	8 048
26	王蚌区间南岸	六安	2030	334 464	240 284	574 748
27	王蚌区间南岸	合肥	2030	59 212	44 528	103 740
28	王蚌区间南岸	淮南	2030	154 056	3 393	157 449
29	王蚌区间南岸	滁州	2030	26 838	18 832	45 670
30	王蚌区间南岸	蚌埠	2030	123 540	6 090	129 630
31	蚌洪区间北岸	商丘	2030	168 623	239 190	407 813
32	蚌洪区间北岸	亳州	2030	53 632	43 208	96 840
33	蚌洪区间北岸	淮北	2030	245 328	49 896	295 224
34	蚌洪区间北岸	宿州	2030	388 476	279 618	668 094
35	蚌洪区间北岸	蚌埠	2030	176 182	57 992	234 174
36	蚌洪区间北岸	徐州	2030	310 878	99 880	410 758
37	蚌洪区间北岸	宿迁	2030	266 805	103 320	370 125
38	蚌洪区间北岸	淮安	2030	42 606	31 460	74 066
39	蚌洪区间南岸	合肥	2030	26 532	22 272	48 804
40	蚌洪区间南岸	滁州	2030	146 265	74 994	221 259
41	蚌洪区间南岸	蚌埠	2030	11 218	9 570	20 788
42	蚌洪区间南岸	淮安	2030	54 605	9 460	64 065

3）城镇生产需水预测

城镇生产包括工业、建筑业和第三产业，而工业又分为一般工业和火电业。由于火电厂用水量较大，而消耗水量较小，故对火电厂用水量和一般工业用水量分别预测。

(1) 预测方法

① 一般工业需水

$$W^t=\frac{X^t \cdot A^t}{g^t}$$

式中：t——规划水平年序号；

W^t——t 规划水平年工业总需水量(亿 m^3)；

X^t——t 规划水平年工业发展指标(如增加值(万元)、装机容量(万 kW)等)；

A^t——t 规划水平年工业取水定额(万元增加值取水量、也可为单位产品(如装机容量)取水量、第三产业人均净用水量)；

g^t——t 规划水平年工业供水系统水利用系数(本次计算取 0.95)。

② 火电行业需水预测

火电行业主要采用循环式供水，水资源重复利用率达到 95%。根据单位千瓦净需水量、发电量、5%的管网漏失率可确定各规划水平年各镇区火电行业需水量。

计算公式形式与一般工业需水预测公式相同。

③ 建筑业和第三产业需水预测

建筑业需水量采用单位万元增加值需水量法进行预测。根据各分区建筑业净需水定额确定建筑业需水量。

第三产业包括商饮业和服务业。根据各分区产业发展规划成果，结合用水现状分析，预测各规划水平年的需水量。

计算公式形式与一般工业需水预测公式相同。

④ 工业发展预测

工业预测包括一般工业和建筑业预测两部分。预测方法是在对工业的时间序列数据进行分析的基础上，得出各分区长期时间序列数据，遵从固定不变的增长率发展趋势，通过回归分析方法求出一定时期内工业经济指标年均增长速度，用以预测规划水平年内研究区工业经济指标的发展状况。

第三产业受政策影响较大，政策因素将直接影响第三产业的发展速度，应根据研究区政府制定的发展规划预测第三产业经济指标的发展状况。

(2) 预测结果

首先对淮河水系各分区城镇工业、建筑业、第三产业用水定额和城镇生产各行业增加值进行分析预测，在此基础上，对淮河水系各分区城镇生产需水进行分析预测，预测结果如表 3.20～表 3.25。

表 3.20　2020 年淮河流域各分区城镇生产需水预测结果

序号	水资源分区	地级行政区	水平年	高用水工业用水定额(m^3/万元)	一般工业用水定额(m^3/万元)	建筑业用水定额(m^3/万元)	第三产业用水定额(m^3/万元)
1	王家坝以上北岸	平顶山	2020	53	32	12	8
2	王家坝以上北岸	漯河	2020	47	32	12	8
3	王家坝以上北岸	驻马店	2020	53	37	12	8
4	王家坝以上北岸	信阳	2020	47	37	12	8
5	王家坝以上北岸	阜阳	2020	273	43	21	7

续表 3.20

序号	水资源分区	地级行政区	水平年	高用水工业用水定额（m^3/万元）	一般工业用水定额（m^3/万元）	建筑业用水定额（m^3/万元）	第三产业用水定额（m^3/万元）
6	王家坝以上南岸	随州	2020		86		14
7	王家坝以上南岸	孝感	2020		269		9
8	王家坝以上南岸	南阳	2020	37	26	12	8
9	王家坝以上南岸	信阳	2020	47	37	12	8
10	王蚌区间北岸	洛阳	2020	53	32	12	8
11	王蚌区间北岸	郑州	2020	42	32	12	8
12	王蚌区间北岸	开封	2020	58	42	12	8
13	王蚌区间北岸	商丘	2020	42	32	12	8
14	王蚌区间北岸	平顶山	2020	53	32	12	8
15	王蚌区间北岸	许昌	2020	26	21	12	8
16	王蚌区间北岸	漯河	2020	47	32	12	8
17	王蚌区间北岸	南阳	2020	37	26	12	8
18	王蚌区间北岸	驻马店	2020	53	37	12	8
19	王蚌区间北岸	周口	2020	42	32	12	8
20	王蚌区间北岸	阜阳	2020	243	67	17	8
21	王蚌区间北岸	亳州	2020	229	70	20	6
22	王蚌区间北岸	淮南	2020	272	42	17	10
23	王蚌区间北岸	蚌埠	2020	232	71	17	12
24	王蚌区间南岸	信阳	2020	47	37	12	8
25	王蚌区间南岸	安庆	2020	0	0	0	12
26	王蚌区间南岸	六安	2020	257	102	20	13
27	王蚌区间南岸	合肥	2020	260	53	22	36
28	王蚌区间南岸	淮南	2020	228	81	17	21
29	王蚌区间南岸	滁州	2020	157	30	17	10
30	王蚌区间南岸	蚌埠	2020	235	72	18	36
31	蚌洪区间北岸	商丘	2020	42	32	12	8
32	蚌洪区间北岸	亳州	2020	220	73	28	6
33	蚌洪区间北岸	淮北	2020	162	42	16	15
34	蚌洪区间北岸	宿州	2020	241	58	22	13
35	蚌洪区间北岸	蚌埠	2020	244	71	18	14

续表 3.20

序号	水资源分区	地级行政区	水平年	高用水工业用水定额（m³/万元）	一般工业用水定额（m³/万元）	建筑业用水定额（m³/万元）	第三产业用水定额（m³/万元）
36	蚌洪区间北岸	徐州	2020	88	53	6	7
37	蚌洪区间北岸	宿迁	2020	125	62	8	5
38	蚌洪区间北岸	淮安	2020	115	67	10	9
39	蚌洪区间南岸	合肥	2020	253	101	13	8
40	蚌洪区间南岸	滁州	2020	161	35	17	11
41	蚌洪区间南岸	蚌埠	2020	265	68	17	13
42	蚌洪区间南岸	淮安	2020	105	36	7	9

表 3.21　2030 年淮河流域各分区城镇生产用水定额预测结果

序号	水资源分区	地级行政区	水平年	高用水工业用水定额（m³/万元）	一般工业用水定额（m³/万元）	建筑业用水定额（m³/万元）	第三产业用水定额（m³/万元）
1	王家坝以上北岸	平顶山	2030	32	21	8	5
2	王家坝以上北岸	漯河	2030	26	19	8	5
3	王家坝以上北岸	驻马店	2030	32	21	8	5
4	王家坝以上北岸	信阳	2030	32	21	8	5
5	王家坝以上北岸	阜阳	2030	197	23	15	6
6	王家坝以上南岸	随州	2030		65		9
7	王家坝以上南岸	孝感	2030		203		5
8	王家坝以上南岸	南阳	2030	21	16	8	5
9	王家坝以上南岸	信阳	2030	32	21	8	5
10	王蚌区间北岸	洛阳	2030	32	19	8	5
11	王蚌区间北岸	郑州	2030	26	19	8	5
12	王蚌区间北岸	开封	2030	37	26	8	5
13	王蚌区间北岸	商丘	2030	26	19	8	5
14	王蚌区间北岸	平顶山	2030	32	21	8	5
15	王蚌区间北岸	许昌	2030	16	11	8	5
16	王蚌区间北岸	漯河	2030	26	19	8	5
17	王蚌区间北岸	南阳	2030	21	16	8	5
18	王蚌区间北岸	驻马店	2030	32	21	8	5
19	王蚌区间北岸	周口	2030	26	19	8	5

续表 3.21

序号	水资源分区	地级行政区	水平年	高用水工业用水定额（m^3/万元）	一般工业用水定额（m^3/万元）	建筑业用水定额（m^3/万元）	第三产业用水定额（m^3/万元）
20	王蚌区间北岸	阜阳	2030	176	39	13	6
21	王蚌区间北岸	亳州	2030	165	41	14	4
22	王蚌区间北岸	淮南	2030	196	25	11	7
23	王蚌区间北岸	蚌埠	2030	167	41	11	8
24	王蚌区间南岸	信阳	2030	32	21	8	5
25	王蚌区间南岸	安庆	2030	0	0	0	8
26	王蚌区间南岸	六安	2030	185	59	14	8
27	王蚌区间南岸	合肥	2030	188	31	16	15
28	王蚌区间南岸	淮南	2030	165	47	11	11
29	王蚌区间南岸	滁州	2030	114	17	11	7
30	王蚌区间南岸	蚌埠	2030	169	42	11	15
31	蚌洪区间北岸	商丘	2030	26	19	8	5
32	蚌洪区间北岸	亳州	2030	159	42	17	4
33	蚌洪区间北岸	淮北	2030	117	25	11	9
34	蚌洪区间北岸	宿州	2030	174	34	16	9
35	蚌洪区间北岸	蚌埠	2030	176	42	11	10
36	蚌洪区间北岸	徐州	2030	58	37	4	5
37	蚌洪区间北岸	宿迁	2030	82	40	5	3
38	蚌洪区间北岸	淮安	2030	76	43	7	5
39	蚌洪区间南岸	合肥	2030	183	58	11	5
40	蚌洪区间南岸	滁州	2030	117	20	11	7
41	蚌洪区间南岸	蚌埠	2030	192	40	11	8
42	蚌洪区间南岸	淮安	2030	69	23	4	5

表 3.22 2020 年淮河流域各分区城镇生产各行业增加值预测结果

序号	水资源分区	地级行政区	水平年	工业(万元)	建筑业(万元)	三产(万元)
1	王家坝以上北岸	平顶山	2020	303 368	29 041	232 059
2	王家坝以上北岸	漯河	2020	427 146	26 893	136 212
3	王家坝以上北岸	驻马店	2020	4 975 772	611 104	3 782 780
4	王家坝以上北岸	信阳	2020	410 179	105074	501 694
5	王家坝以上北岸	阜阳	2020	15 608	4 799	61 867

续表 3.22

序号	水资源分区	地级行政区	水平年	工业(万元)	建筑业(万元)	三产(万元)
6	王家坝以上南岸	随州	2020	95 046	0	37 683
7	王家坝以上南岸	孝感	2020	115 511	0	94 893
8	王家坝以上南岸	南阳	2020	319 712	27 138	201 173
9	王家坝以上南岸	信阳	2020	3 020 364	979 938	3 636 639
10	王蚌区间北岸	洛阳	2020	136 681	57 534	226 584
11	王蚌区间北岸	郑州	2020	14 469 883	2 747 462	17 111 933
12	王蚌区间北岸	开封	2020	3 431 848	531 958	3 680 677
13	王蚌区间北岸	商丘	2020	2 432 828	660 683	2 640 802
14	王蚌区间北岸	平顶山	2020	6 251 459	424 307	4 636 623
15	王蚌区间北岸	许昌	2020	9 506 642	615 386	5 846 344
16	王蚌区间北岸	漯河	2020	5 266 713	262 388	3 050 539
17	王蚌区间北岸	南阳	2020	144 568	20 345	219 884
18	王蚌区间北岸	驻马店	2020	258 748	27 956	225 780
19	王蚌区间北岸	周口	2020	7 417 739	1 058 840	5 474 457
20	王蚌区间北岸	阜阳	2020	3 483 182	580 985	4 104 254
21	王蚌区间北岸	亳州	2020	2 558 933	171 071	2 996 269
22	王蚌区间北岸	淮南	2020	556 262	500 206	1 097 518
23	王蚌区间北岸	蚌埠	2020	674 421	134 527	582 177
24	王蚌区间南岸	信阳	2020	765 873	272 057	835 407
25	王蚌区间南岸	安庆	2020	0	0	8 059
26	王蚌区间南岸	六安	2020	2 007 926	392 395	2 390 659
27	王蚌区间南岸	合肥	2020	589 967	40 563	107 204
28	王蚌区间南岸	淮南	2020	2 570 531	294 667	2 232 814
29	王蚌区间南岸	滁州	2020	267 284	21 694	217 730
30	王蚌区间南岸	蚌埠	2020	2 965 721	511 845	972 764
31	蚌洪区间北岸	商丘	2020	2 078 020	374 152	1 949 162
32	蚌洪区间北岸	亳州	2020	184 960	1 164	277 233
33	蚌洪区间北岸	淮北	2020	3 820 002	486 172	2 378 986
34	蚌洪区间北岸	宿州	2020	1828196	556 136	3675 084
35	蚌洪区间北岸	蚌埠	2020	775 893	128 423	905 271
36	蚌洪区间北岸	徐州	2020	4 703 031	657 473	3 866 177
37	蚌洪区间北岸	宿迁	2020	1 263 465	321 566	1 014 297

续表 3.22

序号	水资源分区	地级行政区	水平年	工业(万元)	建筑业(万元)	三产(万元)
38	蚌洪区间北岸	淮安	2020	235 325	45 927	251 185
39	蚌洪区间南岸	合肥	2020	54 628	1 152	154 060
40	蚌洪区间南岸	滁州	2020	2 415 362	426 229	1 837 538
41	蚌洪区间南岸	蚌埠	2020	23 959	352	44 135
42	蚌洪区间南岸	淮安	2020	520 031	101 492	555 079

表 3.23　2030 年淮河流域各分区城镇生产各行业增加值预测结果

序号	水资源分区	地级行政区	水平年	工业(万元)	建筑业(万元)	三产(万元)
1	王家坝以上北岸	平顶山	2030	491 131	47 015	429 462
2	王家坝以上北岸	漯河	2030	825 455	51 971	322 583
3	王家坝以上北岸	驻马店	2030	8 395 655	1 031 120	7 479 941
4	王家坝以上北岸	信阳	2030	684 179	175 264	1 002 683
5	王家坝以上北岸	阜阳	2030	25 915	7 100	136 960
6	王家坝以上南岸	随州	2030	183 762	0	69 774
7	王家坝以上南岸	孝感	2030	207 386	0	175 696
8	王家坝以上南岸	南阳	2030	540 390	45 871	403 054
9	王家坝以上南岸	信阳	2030	5 321 152	1 726 414	7 550 964
10	王蚌区间北岸	洛阳	2030	209 271	88 090	389 193
11	王蚌区间北岸	郑州	2030	27 610 384	5 242 507	35 858 582
12	王蚌区间北岸	开封	2030	6 059 499	939 261	6 915 441
13	王蚌区间北岸	商丘	2030	4 490 153	1 219 390	5 291 771
14	王蚌区间北岸	平顶山	2030	10 626 564	721 260	8 885 560
15	王蚌区间北岸	许昌	2030	18 259 666	1 181 989	13 088 400
16	王蚌区间北岸	漯河	2030	10 306 384	513 465	7 052 223
17	王蚌区间北岸	南阳	2030	224 780	31 633	389 747
18	王蚌区间北岸	驻马店	2030	438 639	47 393	400 976
19	王蚌区间北岸	周口	2030	13 690 560	1 954 250	11 081 740
20	王蚌区间北岸	阜阳	2030	6 027 752	906 177	8 632 784
21	王蚌区间北岸	亳州	2030	4 318 107	267 785	6 339 737
22	王蚌区间北岸	淮南	2030	953 450	786 168	2 337 738
23	王蚌区间北岸	蚌埠	2030	1 160 312	211 530	1 240 968
24	王蚌区间南岸	信阳	2030	1 282 671	455 636	1 693 735

续表 3.23

序号	水资源分区	地级行政区	水平年	工业(万元)	建筑业(万元)	三产(万元)
25	王蚌区间南岸	安庆	2030	0	0	14 479
26	王蚌区间南岸	六安	2030	2 917 434	613 958	5 054 596
27	王蚌区间南岸	合肥	2030	1 052 619	63 696	228 009
28	王蚌区间南岸	淮南	2030	4 237 550	463 125	4 755 945
29	王蚌区间南岸	滁州	2030	510 285	34 264	467 559
30	王蚌区间南岸	蚌埠	2030	5 154 409	804 823	2 073 543
31	蚌洪区间北岸	商丘	2030	3 835 300	690 554	4 061 664
32	蚌洪区间北岸	亳州	2030	336 915	1 822	586590
33	蚌洪区间北岸	淮北	2030	6 800 183	767 897	5 108 699
34	蚌洪区间北岸	宿州	2030	2 942 980	869 372	7 758 768
35	蚌洪区间北岸	蚌埠	2030	1 314 310	201 932	1 929 676
36	蚌洪区间北岸	徐州	2030	8 410 949	969 871	7 382 619
37	蚌洪区间北岸	宿迁	2030	2 235 697	478 960	2 206 340
38	蚌洪区间北岸	淮安	2030	397 568	67 750	516 681
39	蚌洪区间南岸	合肥	2030	88 648	1 809	327 666
40	蚌洪区间南岸	滁州	2030	4 156 316	673 218	3 945 978
41	蚌洪区间南岸	蚌埠	2030	41 182	554	94 078
42	蚌洪区间南岸	淮安	2030	878 563	149 716	1 141 785

表 3.24　2020 年淮河流域各分区城镇生产需水预测结果

序号	水资源分区	地级行政区	水平年	工业需水量(万 m^3)	建筑业需水量(万 m^3)	三产需水量(万 m^3)	城镇生产需水量(万 m^3)
1	王家坝以上北岸	平顶山	2020	1 213.47	36.68	195.42	1 445.57
2	王家坝以上北岸	漯河	2020	1 708.58	33.97	114.7	1 857.26
3	王家坝以上北岸	驻马店	2020	23 569.45	771.92	3185.5	27 526.87
4	王家坝以上北岸	信阳	2020	1 986.13	132.73	422.48	2 541.34
5	王家坝以上北岸	阜阳	2020	100.22	10.61	45.59	156.42
6	王家坝以上南岸	随州	2020	650.31	0	55.53	705.85
7	王家坝以上南岸	孝感	2020	2 480.45	0	89.9	2 570.35
8	王家坝以上南岸	南阳	2020	1 076.92	34.28	169.41	1 280.61
9	王家坝以上南岸	信阳	2020	14 624.92	1 237.82	3 062.43	18 925.17
10	王蚌区间北岸	洛阳	2020	575.5	72.67	190.81	838.98

续表 3.24

序号	水资源分区	地级行政区	水平年	工业需水量（万 m^3）	建筑业需水量（万 m^3）	三产需水量（万 m^3）	城镇生产需水量（万 m^3）
11	王蚌区间北岸	郑州	2020	59 402.68	3 470.48	14 410.05	77 283.21
12	王蚌区间北岸	开封	2020	18 423.61	671.95	3 099.52	22 195.07
13	王蚌区间北岸	商丘	2020	9 987.4	834.55	2 223.83	13 045.78
14	王蚌区间北岸	平顶山	2020	25 005.84	535.97	3 904.52	29 446.33
15	王蚌区间北岸	许昌	2020	26 018.18	777.33	4 923.24	31 718.75
16	王蚌区间北岸	漯河	2020	21 066.85	331.44	2 568.87	23 967.17
17	王蚌区间北岸	南阳	2020	502.18	25.7	185.17	713.05
18	王蚌区间北岸	驻马店	2020	1 225.65	35.31	190.13	1 451.09
19	王蚌区间北岸	周口	2020	29 670.96	1 337.48	4 610.07	35 618.51
20	王蚌区间北岸	阜阳	2020	30 432.01	1 039.66	3 456.21	34 927.89
21	王蚌区间北岸	亳州	2020	23 973.16	360.15	1 892.38	26 225.69
22	王蚌区间北岸	淮南	2020	3 279.02	895.11	1 155.28	5 329.41
23	王蚌区间北岸	蚌埠	2020	6 247.27	240.73	735.38	7 223.38
24	王蚌区间南岸	信阳	2020	3 708.44	343.65	703.5	4 755.59
25	王蚌区间南岸	安庆	2020	0	0	10.18	10.18
26	王蚌区间南岸	六安	2020	35 508.59	826.09	3 271.43	39 606.1
27	王蚌区间南岸	合肥	2020	5 340.75	93.94	406.25	5 840.94
28	王蚌区间南岸	淮南	2020	36 528.6	527.3	4 935.69	41 991.59
29	王蚌区间南岸	滁州	2020	1 463.03	38.82	229.19	1 731.04
30	王蚌区间南岸	蚌埠	2020	37 149.56	969.81	3 686.26	41 805.63
31	蚌洪区间北岸	商丘	2020	8 312.08	472.61	1641.4	10 426.09
32	蚌洪区间北岸	亳州	2020	2 277.93	3.43	175.09	2 456.45
33	蚌洪区间北岸	淮北	2020	28 549.49	818.82	3 756.29	33 124.6
34	蚌洪区间北岸	宿州	2020	20 591.26	1 287.89	5 029.06	26 908.21
35	蚌洪区间北岸	蚌埠	2020	9 882.43	243.33	1 334.08	11 459.84
36	蚌洪区间北岸	徐州	2020	17 822.01	415.25	2 848.76	21 086.02
37	蚌洪区间北岸	宿迁	2020	5 585.85	270.79	533.84	6 390.48
38	蚌洪区间北岸	淮安	2020	1 089.93	48.34	237.96	1 376.23
39	蚌洪区间南岸	合肥	2020	960.3	1.58	129.73	1 091.62
40	蚌洪区间南岸	滁州	2020	15 254.92	762.73	2 127.68	18 145.32
41	蚌洪区间南岸	蚌埠	2020	297.6	0.63	60.4	358.62
42	蚌洪区间南岸	淮安	2020	1 204.28	74.78	525.86	1 804.93

表 3.25 2030 年淮河流域各分区城镇生产需水预测结果

序号	水资源分区	地级行政区	水平年	工业需水量（万 m^3）	建筑业需水量（万 m^3）	三产需水量（万 m^3）	城镇生产需水量（万 m^3）
1	王家坝以上北岸	平顶山	2030	1 344.15	39.59	226.03	1 609.77
2	王家坝以上北岸	漯河	2030	1 998.47	43.77	169.78	2 212.02
3	王家坝以上北岸	驻马店	2030	22 977.58	868.31	3 936.81	27 782.7
4	王家坝以上北岸	信阳	2030	1 944.51	147.59	527.73	2 619.83
5	王家坝以上北岸	阜阳	2030	109.12	11.21	86.5	206.83
6	王家坝以上南岸	随州	2030	1 063.89	0	66.1	1 129.99
7	王家坝以上南岸	孝感	2030	3 754.78	0	92.47	3 847.25
8	王家坝以上南岸	南阳	2030	1 137.66	38.63	212.13	1 388.43
9	王家坝以上南岸	信阳	2030	15 123.27	1 453.82	3 974.19	20 551.29
10	王蚌区间北岸	洛阳	2030	572.74	74.18	204.84	851.76
11	王蚌区间北岸	郑州	2030	72 658.91	4 414.74	18 872.94	95 946.59
12	王蚌区间北岸	开封	2030	21 048.79	790.96	3 639.71	25 479.45
13	王蚌区间北岸	商丘	2030	11 816.19	1 026.85	2 785.14	15 628.19
14	王蚌区间北岸	平顶山	2030	29 083.23	607.38	4 676.61	34 367.22
15	王蚌区间北岸	许昌	2030	26 908.98	995.36	6 888.63	34 792.97
16	王蚌区间北岸	漯河	2030	24 952.3	432.39	3 711.7	29 096.39
17	王蚌区间北岸	南阳	2030	496.88	26.64	205.13	728.65
18	王蚌区间北岸	驻马店	2030	1 200.49	39.91	211.04	1 451.44
19	王蚌区间北岸	周口	2030	34 586.68	1 645.68	5 832.49	42 064.80
20	王蚌区间北岸	阜阳	2030	39 973.51	1 240.03	5 452.28	46 665.83
21	王蚌区间北岸	亳州	2030	30 908.56	394.63	2 660.36	33 072.55
22	王蚌区间北岸	淮南	2030	45 16.34	910.3	1 722.54	7 149.19
23	王蚌区间北岸	蚌埠	2030	8 183.25	244.93	1 045.03	9 473.21
24	王蚌区间南岸	信阳	2030	3 645.49	383.69	891.44	4 920.62
25	王蚌区间南岸	安庆	2030	0	0	12.19	12.19
26	王蚌区间南岸	六安	2030	32 245.32	904.78	4 256.5	37406.61
27	王蚌区间南岸	合肥	2030	5 650.9	107.28	360.01	6 118.19
28	王蚌区间南岸	淮南	2030	37 022.81	536.25	5 506.88	43 065.94
29	王蚌区间南岸	滁州	2030	1 718.85	39.67	344.52	2 103.05
30	王蚌区间南岸	蚌埠	2030	38 522.43	931.9	3 274.02	42 728.34

续表 3.25

序号	水资源分区	地级行政区	水平年	工业需水量（万 m^3）	建筑业需水量（万 m^3）	三产需水量（万 m^3）	城镇生产需水量（万 m^3）
31	蚌洪区间北岸	商丘	2030	8 074.32	581.52	2 137.72	10 793.55
32	蚌洪区间北岸	亳州	2030	2 518	3.26	246.99	2 768.24
33	蚌洪区间北岸	淮北	2030	31 495.58	889.14	4 839.82	37 224.55
34	蚌洪区间北岸	宿州	2030	21 375.33	1 464.21	7 350.41	30 189.95
35	蚌洪区间北岸	蚌埠	2030	10 376.13	233.82	2 031.24	12 641.19
36	蚌洪区间北岸	徐州	2030	19 477.99	408.37	3 885.59	23 771.94
37	蚌洪区间北岸	宿迁	2030	5 648.08	252.08	696.74	6 596.9
38	蚌洪区间北岸	淮安	2030	1 088.08	49.92	271.94	1 409.94
39	蚌洪区间南岸	合肥	2030	979.79	2.09	172.46	1 154.34
40	蚌洪区间南岸	滁州	2030	16 625.26	779.52	2 907.56	20 312.34
41	蚌洪区间南岸	蚌埠	2030	325.12	0.64	79.22	404.99
42	蚌洪区间南岸	淮安	2030	1 202.24	63.04	600.94	1 866.22

4）农村生产需水预测

根据淮河流域自身的特点，将淮河水系农村生产需水分为灌溉需水和林牧渔畜需水两大部分。

（1）灌溉需水

农田灌溉需水量预测主要考虑以下指标：① 灌溉面积的发展速度；② 不同保证率情况下的不同灌溉方式（灌溉制度）；③ 不同作物组成及灌溉定额；④ 渠系水利用系数。

其中，净灌溉定额是关键指标之一，通常采用典型调查法及水量平衡法来进行计算。农田灌溉需水量具体计算公式如下：

$$W_{毛}^{t}=\frac{W_{净}^{t}}{h^{t}}=\frac{\sum_{j=1}^{m}w_{j}^{t}A_{j}^{t}}{h^{t}}$$

式中：$W_{毛}^{t}$——研究区毛灌溉用水总量（亿 m^3）；

$W_{净}^{t}$——研究区净灌溉用水总量（亿 m^3）；

m——t 规划水平年作物种类总数；

A_{j}^{t}——某作物灌溉面积（hm^2）；

W_{j}^{t}——t 规划水平年第 j 类作物灌水定额（亿 m^3/hm^2）；

h^{t}——t 规划水平年综合灌区渠系水利用系数。

根据有关参考文献和实测资料分析得淮河水系各分区农田灌溉定额、农田灌溉面积、灌溉水利用系数，在此基础上得到农田灌溉需水量如表3.26～表3.31。

表3.26　2020年淮河流域各分区农田灌溉需水量预测结果

序号	水资源分区	地级行政区	水平年	$P=50\%$ 水田灌溉定额(m³/亩)	$P=50\%$ 水浇地灌溉定额(m³/亩)	$P=50\%$ 菜田灌溉定额(m³/亩)	$P=75\%$ 水田灌溉定额(m³/亩)	$P=75\%$ 水浇地灌溉定额(m³/亩)	$P=75\%$ 菜田灌溉定额(m³/亩)	$P=90\%$ 水田灌溉定额(m³/亩)	$P=90\%$ 水浇地灌溉定额(m³/亩)	$P=90\%$ 菜田灌溉定额(m³/亩)
1	王北	平顶山	2020	329	77	296	336	100	302	348	103	314
2	王北	漯河	2020	334	87	301	338	108	304	340	111	306
3	王北	驻马店	2020	240	58	216	279	94	251	316	97	285
4	王北	信阳	2020	192	22	173	230	21	207	230	29	115
5	王北	阜阳	2020	381	74	267	486	77	340	487	77	341
6	王北	随州	2020	325	118	293	373	112	336	378	110	340
7	王北	孝感	2020	390	129	351	433	173	390	454	170	409
8	王北	南阳	2020	180	60	162	212	69	191	214	103	193
9	王北	信阳	2020	195	107	176	230	123	207	240	126	216
10	王蚌北	洛阳	2020	285	85	257	369	103	332	371	107	333
11	王蚌北	郑州	2020	265	141	239	358	167	322	370	167	333
12	王蚌北	开封	2020	346	147	311	356	176	321	366	177	330
13	王蚌北	商丘	2020	255	89	229	307	110	276	317	111	285
14	王蚌北	平顶山	2020	310	83	279	315	104	284	320	108	288
15	王蚌北	许昌	2020	305	109	275	321	139	289	336	145	302
16	王蚌北	漯河	2020	321	93	289	331	120	298	336	125	302
17	王蚌北	南阳	2020	291	74	262	311	94	280	325	97	293
18	王蚌北	驻马店	2020	315	100	283	324	122	291	350	126	315
19	王蚌北	周口	2020	334	95	301	348	117	313	365	121	328
20	王蚌北	阜阳	2020	300	93	270	392	95	353	420	96	378
21	王蚌北	亳州	2020	300	122	270	350	141	315	382	142	344
22	王蚌北	淮南	2020	172	38	155	205	66	185	215	77	194
23	王蚌北	蚌埠	2020	262	81	236	295	122	266	297	131	267
24	王蚌南	信阳	2020	180	108	162	218	181	196	219	194	197
25	王蚌南	安庆	2020	195	73	176	242	125	218	243	133	219
26	王蚌南	六安	2020	215	79	194	258	147	232	260	143	234
27	王蚌南	合肥	2020	211	110	190	264	149	238	264	151	238
28	王蚌南	淮南	2020	270	146	243	278	220	250	286	225	257

续表 3.26

序号	水资源分区	地级行政区	水平年	P=50%水田灌溉定额(m³/亩)	P=50%水浇地灌溉定额(m³/亩)	P=50%菜田灌溉定额(m³/亩)	P=75%水田灌溉定额(m³/亩)	P=75%水浇地灌溉定额(m³/亩)	P=75%菜田灌溉定额(m³/亩)	P=90%水田灌溉定额(m³/亩)	P=90%水浇地灌溉定额(m³/亩)	P=90%菜田灌溉定额(m³/亩)
29	王蚌南	滁州	2020	215	63	194	250	128	225	255	156	230
30	王蚌南	蚌埠	2020	265	67	239	310	68	279	310	83	279
31	蚌洪北	商丘	2020	290	95	261	303	116	273	310	117	279
32	蚌洪北	亳州	2020	298	117	268	319	131	287	370	125	333
33	蚌洪北	淮北	2020	346	112	311	364	127	327	369	127	332
34	蚌洪北	宿州	2020	310	125	279	355	145	320	355	145	320
35	蚌洪北	蚌埠	2020	222	101	200	275	87	248	283	90	255
36	蚌洪北	徐州	2020	284	38	256	318	70	286	360	119	324
37	蚌洪北	宿迁	2020	338	57	304	362	95	326	425	110	383
38	蚌洪北	淮安	2020	307	105	276	340	194	306	393	243	354
39	蚌洪南	合肥	2020	195	92	176	240	140	216	245	146	221
40	蚌洪南	滁州	2020	178	76	160	243	94	219	222	327	200
41	蚌洪南	蚌埠	2020	245	131	221	279	170	251	298	116	268
42	蚌洪南	淮安	2020	325	149	293	344	224	310	450	151	405

表 3.27 2030 年淮河流域各分区农田灌溉定额预测结果

序号	水资源分区	地级行政区	水平年	P=50%水田灌溉定额(m³/亩)	P=50%水浇地灌溉定额(m³/亩)	P=50%菜田灌溉定额(m³/亩)	P=75%水田灌溉定额(m³/亩)	P=75%水浇地灌溉定额(m³/亩)	P=75%菜田灌溉定额(m³/亩)	P=90%水田灌溉定额(m³/亩)	P=90%水浇地灌溉定额(m³/亩)	P=90%菜田灌溉定额(m³/亩)
1	王北	平顶山	2030	325	74	293	333	97	299	343	101	309
2	王北	漯河	2030	331	87	298	334	108	301	336	112	303
3	王北	驻马店	2030	238	57	214	276	94	248	313	97	282
4	王北	信阳	2030	190	57	171	228	63	205	228	69	114
5	王北	阜阳	2030	380	74	266	485	77	340	486	76	340
6	王北	随州	2030	325	127	293	372	127	335	377	125	339
7	王北	孝感	2030	390	129	351	433	173	390	454	170	409
8	王北	南阳	2030	178	61	160	210	69	189	213	99	192
9	王北	信阳	2030	195	124	176	230	143	207	240	146	216
10	王蚌北	洛阳	2030	285	86	257	369	105	332	371	109	333

续表 3.27

序号	水资源分区	地级行政区	水平年	$P=50\%$ 水田灌溉定额(m³/亩)	$P=50\%$ 水浇地灌溉定额(m³/亩)	$P=50\%$ 菜田灌溉定额(m³/亩)	$P=75\%$ 水田灌溉定额(m³/亩)	$P=75\%$ 水浇地灌溉定额(m³/亩)	$P=75\%$ 菜田灌溉定额(m³/亩)	$P=90\%$ 水田灌溉定额(m³/亩)	$P=90\%$ 水浇地灌溉定额(m³/亩)	$P=90\%$ 菜田灌溉定额(m³/亩)
11	王蚌北	郑州	2030	255	142	229	347	167	312	359	167	323
12	王蚌北	开封	2030	344	146	310	354	175	319	364	175	328
13	王蚌北	商丘	2030	252	90	227	304	110	274	314	112	282
14	王蚌北	平顶山	2030	304	84	274	309	107	278	314	110	282
15	王蚌北	许昌	2030	302	108	272	317	139	286	332	145	299
16	王蚌北	漯河	2030	317	93	286	328	120	295	333	125	299
17	王蚌北	南阳	2030	288	73	259	308	93	277	322	96	290
18	王蚌北	驻马店	2030	312	100	280	320	123	288	347	127	312
19	王蚌北	周口	2030	317	95	286	344	118	310	361	121	325
20	王蚌北	阜阳	2030	299	91	269	390	92	351	415	94	374
21	王蚌北	亳州	2030	289	121	260	347	137	312	378	138	340
22	王蚌北	淮南	2030	160	34	144	190	62	171	200	70	180
23	王蚌北	蚌埠	2030	260	79	234	293	119	264	296	125	266
24	王蚌南	信阳	2030	180	116	162	218	193	196	219	205	197
25	王蚌南	安庆	2030	197	60	177	243	122	219	244	131	220
26	王蚌南	六安	2030	222	73	194	265	145	239	268	137	241
27	王蚌南	合肥	2030	210	126	189	260	176	234	260	178	234
28	王蚌南	淮南	2030	269	157	242	276	234	248	284	239	256
29	王蚌南	滁州	2030	220	58	198	257	105	231	261	151	235
30	王蚌南	蚌埠	2030	271	65	244	316	69	284	318	78	286
31	蚌洪北	商丘	2030	286	96	257	300	118	270	307	119	276
32	蚌洪北	亳州	2030	295	102	265	315	115	284	366	109	329
33	蚌洪北	淮北	2030	342	107	308	360	121	324	365	121	328
34	蚌洪北	宿州	2030	305	127	275	350	147	315	350	147	315
35	蚌洪北	蚌埠	2030	220	55	198	274	28	247	280	35	252
36	蚌洪北	徐州	2030	281	43	253	316	72	284	358	121	322
37	蚌洪北	宿迁	2030	315	88	284	360	106	324	413	133	372
38	蚌洪北	淮安	2030	304	140	274	333	248	299	393	276	354
39	蚌洪南	合肥	2030	200	92	180	248	136	223	252	145	227

续表 3.27

序号	水资源分区	地级行政区	水平年	P=50%水田灌溉定额(m³/亩)	P=50%水浇地灌溉定额(m³/亩)	P=50%菜田灌溉定额(m³/亩)	P=75%水田灌溉定额(m³/亩)	P=75%水浇地灌溉定额(m³/亩)	P=75%菜田灌溉定额(m³/亩)	P=90%水田灌溉定额(m³/亩)	P=90%水浇地灌溉定额(m³/亩)	P=90%菜田灌溉定额(m³/亩)
40	蚌洪南	滁州	2030	176	140	158	243	157	219	221	401	199
41	蚌洪南	蚌埠	2030	242	162	218	275	208	248	294	155	265
42	蚌洪南	淮安	2030	324	168	292	340	256	306	442	201	398

表 3.28 淮河流域各分区农田灌溉面积预测结果

序号	水资源分区	地级行政区	水平年	水田（万亩）	水浇地（万亩）	菜田（万亩）	水平年	水田（万亩）	水浇地（万亩）	菜田（万亩）
1	王北	平顶山	2020	0	14.9	1.4	2030	0	14.6	1.8
2	王北	漯河	2020	0	10.4	0.2	2030	0	10.4	0.2
3	王北	驻马店	2020	31.1	528.8	11	2030	31.7	561.4	13.9
4	王北	信阳	2020	62.7	49	1.6	2030	62.7	73.6	2
5	王北	阜阳	2020	5	9.8	3.2	2030	5	9.8	3.2
6	王北	随州	2020	5.9	1.5	1.1	2030	5.9	1.5	1.1
7	王北	孝感	2020	7.5	1.4	0.5	2030	7.5	1.4	0.5
8	王北	南阳	2020	17.8	4	0.9	2030	17.8	3.7	1.1
9	王北	信阳	2020	264.6	62.3	11.6	2030	264.6	59.5	14.5
10	王蚌北	洛阳	2020	0	18.1	0.8	2030	0	21.2	1
11	王蚌北	郑州	2020	13.9	196.2	26	2030	14.5	197.9	33.7
12	王蚌北	开封	2020	9.9	440.5	11.1	2030	10.6	486.8	14.7
13	王蚌北	商丘	2020	0	398.9	8.5	2030	0	396.8	10.5
14	王蚌北	平顶山	2020	0	308.6	13.9	2030	0	350.3	19
15	王蚌北	许昌	2020	0	339.5	10.5	2030	0	336.9	13.1
16	王蚌北	漯河	2020	0	202.1	8	2030	0	200.1	10
17	王蚌北	南阳	2020	0.5	15.7	0.7	2030	0.5	15.5	0.8
18	王蚌北	驻马店	2020	0	76.3	0.7	2030	0	76.1	0.9
19	王蚌北	周口	2020	0	859.5	15.3	2030	0	855.8	19
20	王蚌北	阜阳	2020	103.8	356.3	76.3	2030	105	360.5	77.2
21	王蚌北	亳州	2020	27.1	264	66.8	2030	27.2	264.5	67
22	王蚌北	淮南	2020	91.7	22.4	3.8	2030	85.3	20.9	3.5
23	王蚌北	蚌埠	2020	49	17.2	8.5	2030	49.9	17.5	8.7

续表 3.28

序号	水资源分区	地级行政区	水平年	水田（万亩）	水浇地（万亩）	菜田（万亩）	水平年	水田（万亩）	水浇地（万亩）	菜田（万亩）
24	王蚌南	信阳	2020	127.6	60.3	3	2030	127.6	59.6	3.7
25	王蚌南	安庆	2020	3.1	0.4	0.2	2030	3.1	0.4	0.2
26	王蚌南	六安	2020	374.4	122.1	21.8	2030	374.4	122.1	21.8
27	王蚌南	合肥	2020	90.2	37.1	5.1	2030	90.2	37.1	5.1
28	王蚌南	淮南	2020	4.9	6.1	2.6	2030	4.9	6.1	2.6
29	王蚌南	滁州	2020	43.2	3.1	3.5	2030	43.2	3.1	3.5
30	王蚌南	蚌埠	2020	13.4	5.7	4.9	2030	13.4	5.7	4.9
31	蚌洪北	商丘	2020	0	429.8	5.1	2030	0	438.4	6.5
32	蚌洪北	亳州	2020	4.8	50	10.9	2030	4.5	46.5	10.1
33	蚌洪北	淮北	2020	5.2	100.4	8.7	2030	5.1	98.4	8.5
34	蚌洪北	宿州	2020	37.2	482.7	22.2	2030	38.3	497	22.9
35	蚌洪北	蚌埠	2020	91.5	46.9	26.8	2030	86.4	44.3	25.3
36	蚌洪北	徐州	2020	78	50	20	2030	78	50	19
37	蚌洪北	宿迁	2020	87	103	13	2030	85	102	13
38	蚌洪北	淮安	2020	22	8	7	2030	22	8	7
39	蚌洪南	合肥	2020	41.6	20	3.2	2030	41.6	20	3.2
40	蚌洪南	滁州	2020	191.8	22.7	15.9	2030	191.8	22.7	15.9
41	蚌洪南	蚌埠	2020	11	3.7	3.3	2030	11	3.7	3.3
42	蚌洪南	淮安	2020	21	7	5	2030	21	7	5

表 3.29　淮河流域各分区灌溉水利用系数预测结果

序号	水资源分区	地级行政区	水平年	田间水利用系数	渠系水利用系数	水平年	田间水利用系数	渠系水利用系数
1	王家坝以上北岸	平顶山	2020	0.95	0.67	2030	0.95	0.69
2	王家坝以上北岸	漯河	2020	0.95	0.73	2030	0.95	0.75
3	王家坝以上北岸	驻马店	2020	0.95	0.68	2030	0.95	0.69
4	王家坝以上北岸	信阳	2020	0.95	0.58	2030	0.95	0.59
5	王家坝以上北岸	阜阳	2020	0.95	0.62	2030	0.95	0.63
6	王家坝以上南岸	随州	2020	0.76	0.81	2030	0.76	0.82
7	王家坝以上南岸	孝感	2020	0.76	0.79	2030	0.76	0.8
8	王家坝以上南岸	南阳	2020	0.95	0.58	2030	0.95	0.59
9	王家坝以上南岸	信阳	2020	0.95	0.56	2030	0.95	0.58

续表 3.29

序号	水资源分区	地级行政区	水平年	田间水利用系数	渠系水利用系数	水平年	田间水利用系数	渠系水利用系数
10	王蚌区间北岸	洛阳	2020	0.95	0.58	2030	0.95	0.6
11	王蚌区间北岸	郑州	2020	0.95	0.69	2030	0.95	0.72
12	王蚌区间北岸	开封	2020	0.95	0.67	2030	0.95	0.68
13	王蚌区间北岸	商丘	2020	0.95	0.72	2030	0.95	0.74
14	王蚌区间北岸	平顶山	2020	0.95	0.61	2030	0.95	0.64
15	王蚌区间北岸	许昌	2020	0.95	0.81	2030	0.95	0.83
16	王蚌区间北岸	漯河	2020	0.95	0.73	2030	0.95	0.75
17	王蚌区间北岸	南阳	2020	0.95	0.66	2030	0.95	0.68
18	王蚌区间北岸	驻马店	2020	0.95	0.76	2030	0.95	0.78
19	王蚌区间北岸	周口	2020	0.95	0.74	2030	0.95	0.76
20	王蚌区间北岸	阜阳	2020	0.95	0.64	2030	0.95	0.65
21	王蚌区间北岸	亳州	2020	0.95	0.64	2030	0.95	0.65
22	王蚌区间北岸	淮南	2020	0.95	0.62	2030	0.95	0.63
23	王蚌区间北岸	蚌埠	2020	0.95	0.62	2030	0.95	0.63
24	王蚌区间南岸	信阳	2020	0.95	0.56	2030	0.95	0.58
25	王蚌区间南岸	安庆	2020	0.9	0.57	2030	0.9	0.58
26	王蚌区间南岸	六安	2020	0.9	0.59	2030	0.9	0.61
27	王蚌区间南岸	合肥	2020	0.9	0.59	2030	0.9	0.61
28	王蚌区间南岸	淮南	2020	0.9	0.59	2030	0.9	0.61
29	王蚌区间南岸	滁州	2020	0.9	0.57	2030	0.9	0.6
30	王蚌区间南岸	蚌埠	2020	0.9	0.59	2030	0.9	0.61
31	蚌洪区间北岸	商丘	2020	0.95	0.74	2030	0.95	0.76
32	蚌洪区间北岸	亳州	2020	0.95	0.62	2030	0.95	0.64
33	蚌洪区间北岸	淮北	2020	0.95	0.63	2030	0.95	0.65
34	蚌洪区间北岸	宿州	2020	0.95	0.63	2030	0.95	0.65
35	蚌洪区间北岸	蚌埠	2020	0.95	0.62	2030	0.95	0.63
36	蚌洪区间北岸	徐州	2020	0.92	0.68	2030	0.92	0.7
37	蚌洪区间北岸	宿迁	2020	0.91	0.67	2030	0.91	0.69
38	蚌洪区间北岸	淮安	2020	0.93	0.64	2030	0.93	0.66
39	蚌洪区间南岸	合肥	2020	0.9	0.59	2030	0.9	0.61
40	蚌洪区间南岸	滁州	2020	0.9	0.58	2030	0.9	0.61
41	蚌洪区间南岸	蚌埠	2020	0.9	0.59	2030	0.9	0.61
42	蚌洪区间南岸	淮安	2020	0.94	0.66	2030	0.94	0.68

表 3.30　2020 年淮河流域各分区农田灌溉需水量预测结果

序号	水资源分区	地级行政区	水平年	50%保证率下农田灌溉需水量(万 m^3)	75%保证率下农田灌溉需水量(万 m^3)	90%保证率下农田灌溉需水量(万 m^3)
1	王家坝以上北岸	平顶山	2020	2 453.57	3 005.18	3 101.81
2	王家坝以上北岸	漯河	2020	1 391.49	1 707.28	1 752.85
3	王家坝以上北岸	驻马店	2020	62 709.6	94 651.86	99 467.8
4	王家坝以上北岸	信阳	2020	24 307.08	28 641.02	29 085.3
5	王家坝以上北岸	阜阳	2020	5 916.13	7 253.99	7 267.91
6	王家坝以上南岸	随州	2020	3 925.93	4 448.18	4 498.38
7	王家坝以上南岸	孝感	2020	5 464.86	6 137.08	6 408.23
8	王家坝以上南岸	南阳	2020	6 515.06	7 661.52	7 976.23
9	王家坝以上南岸	信阳	2020	113 354.7	133 312.22	138 833.46
10	王蚌区间北岸	洛阳	2020	3 165.34	3 865.52	3 998.37
11	王蚌区间北岸	郑州	2020	57 302.36	70 348.74	71 039.51
12	王蚌区间北岸	开封	2020	112 538.88	132 938.73	133 943.28
13	王蚌区间北岸	商丘	2020	54 749.42	67 580.41	68 275.44
14	王蚌区间北岸	平顶山	2020	50 891.98	62 195	64 421.05
15	王蚌区间北岸	许昌	2020	51 842.76	65 269.66	68 094.22
16	王蚌区间北岸	漯河	2020	30 435.9	38 408.07	39 911.32
17	王蚌区间北岸	南阳	2020	2 377.51	2 914.35	3 015.15
18	王蚌区间北岸	驻马店	2020	10 842.24	13 174.93	13 620.91
19	王蚌区间北岸	周口	2020	122 699.57	149 858.32	155 075.25
20	王蚌区间北岸	阜阳	2020	139 600.16	166 894.74	175 398.36
21	王蚌区间北岸	亳州	2020	96 009.87	111 432.57	116 479.28
22	王蚌区间北岸	淮南	2020	29 223.43	35 619.52	37 652.8
23	王蚌区间北岸	蚌埠	2020	27 567.4	31 942.95	32 386.59
24	王蚌区间南岸	信阳	2020	56 327.82	73 908.08	75 627.07
25	王蚌区间南岸	安庆	2020	1 303.9	1 644.83	1 657.5
26	王蚌区间南岸	六安	2020	177 723.35	225 238.23	225 810.73
27	王蚌区间南岸	合肥	2020	45 352.54	57 541.43	5 7681.17
28	王蚌区间南岸	淮南	2020	5 358.57	6 316.76	6 482.3
29	王蚌区间南岸	滁州	2020	19 809.55	23 361.21	23 985.58
30	王蚌区间南岸	蚌埠	2020	9 612.05	11 127.5	11 288.51
31	蚌洪区间北岸	商丘	2020	59 974.54	72 900.57	73 555.48

续表 3.30

序号	水资源分区	地　级 行政区	水平年	50%保证率下农田灌溉需水量(万 m^3)	75%保证率下农田灌溉需水量(万 m^3)	90%保证率下农田灌溉需水量(万 m^3)
32	蚌洪区间北岸	亳州	2020	17 320.2	19 031.41	19 788.96
33	蚌洪区间北岸	淮北	2020	26 315.29	29 220.55	29 336.68
34	蚌洪区间北岸	宿州	2020	130 431.58	150 879.7	150 879.7
35	蚌洪区间北岸	蚌埠	2020	51 629.71	60 932.43	62 732.6
36	蚌洪区间北岸	徐州	2020	46 630.43	54 386.19	64 753.84
37	蚌洪区间北岸	宿迁	2020	64 341.48	74 654.75	87 393.8
38	蚌洪区间北岸	淮安	2020	16 004.7	18 773.52	21 955.65
39	蚌洪区间南岸	合肥	2020	19 802.64	25 377.02	26 024.86
40	蚌洪区间南岸	滁州	2020	73 581.61	100 044.64	101 882.18
41	蚌洪区间南岸	蚌埠	2020	7 361.58	8 524.11	8 647.08
42	蚌洪区间南岸	淮安	2020	15 043.52	16 669.89	20 199.87

表 3.31　2030 年淮河流域各分区农田灌溉需水量预测结果

序号	水资源分区	地　级 行政区	水平年	50%保证率下农田灌溉需水量(万 m^3)	75%保证率下农田灌溉需水量(万 m^3)	90%保证率下农田灌溉需水量(万 m^3)
1	王家坝以上北岸	平顶山	2030	2 452.78	2 981.54	3 098.09
2	王家坝以上北岸	漯河	2030	1 353.54	1 660.91	1 719.86
3	王家坝以上北岸	驻马店	2030	64 864.99	99 112.13	104 191.76
4	王家坝以上北岸	信阳	2030	29 349.15	34 509.19	34 972.35
5	王家坝以上北岸	阜阳	2030	5 808.52	7 130.49	7 122.47
6	王家坝以上南岸	随州	2030	3 899.71	4 418.81	4 468.39
7	王家坝以上南岸	孝感	2030	5 430.76	6 094.90	6 364.97
8	王家坝以上南岸	南阳	2030	6 369.49	7 495.45	7 794.65
9	王家坝以上南岸	信阳	2030	111 664.25	131 339.38	136 702.36
10	王蚌区间北岸	洛阳	2030	3 649.47	4 487.72	4 638.25
11	王蚌区间北岸	郑州	2030	57 772.81	71 045.61	71 841.96
12	王蚌区间北岸	开封	2030	122 718.58	144 940.71	145 309.60
13	王蚌区间北岸	商丘	2030	54 189.90	66 180.65	67 429.02
14	王蚌区间北岸	平顶山	2030	56 959.21	70 335.69	72 189.14
15	王蚌区间北岸	许昌	2030	50 663.79	64 141.66	66 921.24
16	王蚌区间北岸	漯河	2030	30 132.35	37 841.40	39 301.75
17	王蚌区间北岸	南阳	2030	2 295.20	2 812.85	2 911.76

续表 3.31

序号	水资源分区	地级行政区	水平年	50%保证率下农田灌溉需水量(万 m^3)	75%保证率下农田灌溉需水量(万 m^3)	90%保证率下农田灌溉需水量(万 m^3)
18	王蚌区间北岸	驻马店	2030	10 609.99	12 981.78	13 421.73
19	王蚌区间北岸	周口	2030	120 131.58	148 025.48	151 976.18
20	王蚌区间北岸	阜阳	2030	137 598.87	163 908.02	172 202.11
21	王蚌区间北岸	亳州	2030	92 769.72	107 820.08	112 651.98
22	王蚌区间北岸	淮南	2030	24 833.08	30 244.44	32 001.67
23	王蚌区间北岸	蚌埠	2030	27 388.97	31 746.03	32 200.67
24	王蚌区间南岸	信阳	2030	55 319.42	72 676.59	74 212.89
25	王蚌区间南岸	安庆	2030	1 283.72	1 620.50	1 633.72
26	王蚌区间南岸	六安	2030	175 335.70	222 460.29	222 806.38
27	王蚌区间南岸	合肥	2030	44 773.22	56 785.06	56 920.22
28	王蚌区间南岸	淮南	2030	5 291.44	6 237.89	6 402.73
29	王蚌区间南岸	滁州	2030	19 216.30	22 660.00	23 270.00
30	王蚌区间南岸	蚌埠	2030	9 467.21	10 964.12	11 124.23
31	蚌洪区间北岸	商丘	2030	60 605.12	74 080.61	74 741.83
32	蚌洪区间北岸	亳州	2030	14 386.51	15 844.41	16 510.53
33	蚌洪区间北岸	淮北	2030	24 114.98	26 714.82	26 811.17
34	蚌洪区间北岸	宿州	2030	131 332.79	151 704.45	151 704.45
35	蚌洪区间北岸	蚌埠	2030	44 200.33	52 068.67	53 664.33
36	蚌洪区间北岸	徐州	2030	44 836.96	52 242.24	62 254.66
37	蚌洪区间北岸	宿迁	2030	62 817.33	72 661.25	85 215.80
38	蚌洪区间北岸	淮安	2030	15 845.55	18 577.71	21 720.43
39	蚌洪区间南岸	合肥	2030	19 555.56	25 046.27	25 700.55
40	蚌洪区间南岸	滁州	2030	71 852.46	97 729.33	99 553.01
41	蚌洪区间南岸	蚌埠	2030	7 251.00	8 402.55	8 528.23
42	蚌洪区间南岸	淮安	2030	14 768.46	16 367.33	19 835.73

(2) 林牧渔业需水

灌溉林地和牧场需水量预测采用灌溉定额预测方法,其计算步骤类似于农田灌溉需水量。根据灌溉水源和供水系统,分别确定田间水利用系数和各级渠系水利用系数,结合林果地与牧场发展面积预测指标,进行林地和牧场灌溉需水量预测。

鱼塘补水量为维持鱼塘一定水面面积和相应水深所需要补充的水量,采用亩均补水定额方法计算，亩均补水定额则根据鱼塘渗漏量及水面蒸发量、降水量的差值加以确定。

畜牧业需水量按照以下公式计算：

$$W_{禽畜}=N_{禽畜}\cdot S\cdot \alpha$$

式中：$W_{禽畜}$——禽畜养殖需水量；

$N_{禽畜}$——禽畜养殖头数；

S——禽畜净需水定额；

α——禽畜生长周期。

根据有关参考文献和实测资料分析得到淮河水系各分区林牧渔畜生产指标，在此基础上，对林牧渔业需水量进行预测，结果如表 3.32～表 3.34。

表 3.32　2020 年淮河各分区林牧渔业需水量

序号	水资源分区	地级行政区	灌溉林果地（万亩）	鱼塘面积（万亩）	大牲畜（万头）	小牲畜（万只）
1	王家坝以上北岸	平顶山	5.1	0.4	11	33.6
2	王家坝以上北岸	漯河	0	0.2	0.8	14.6
3	王家坝以上北岸	驻马店	1.4	24.5	152.9	915.7
4	王家坝以上北岸	信阳	0	9.6	16.9	79.9
5	王家坝以上北岸	阜阳	0	0	3.1	9.1
6	王家坝以上南岸	随州	0.5	0.4	2.5	5.8
7	王家坝以上南岸	孝感	0	0.2	2.7	5.9
8	王家坝以上南岸	南阳	0.3	2.6	8.9	35.5
9	王家坝以上南岸	信阳	0	50.7	60	322
10	王蚌区间北岸	洛阳	2.8	0.1	9.6	38.4
11	王蚌区间北岸	郑州	7.8	7.5	26.3	229.4
12	王蚌区间北岸	开封	8.3	4.7	43.5	477.6
13	王蚌区间北岸	商丘	0	3.6	58.1	546.5
14	王蚌区间北岸	平顶山	4.1	3.9	71.3	362.9
15	王蚌区间北岸	许昌	0.8	3.2	67.5	424.2
16	王蚌区间北岸	漯河	0	2.5	16.9	215.5
17	王蚌区间北岸	南阳	0.5	0.7	21.6	53.1
18	王蚌区间北岸	驻马店	0.3	2	13.2	56.9
19	王蚌区间北岸	周口	0	13.1	157.1	971
20	王蚌区间北岸	阜阳	20.2	2.5	134.9	470.9
21	王蚌区间北岸	亳州	16.1	1.7	124.8	256.6

续表 3.32

序号	水资源分区	地级行政区	灌溉林果地(万亩)	鱼塘面积(万亩)	大牲畜(万头)	小牲畜(万只)
22	王蚌区间北岸	淮南	1.1	0	19.5	41.4
23	王蚌区间北岸	蚌埠	1.1	0	10.4	30.4
24	王蚌区间南岸	信阳	0	22.7	17.4	141.2
25	王蚌区间南岸	安庆	0	0	0.6	2.9
26	王蚌区间南岸	六安	15.4	47.2	36.1	383.3
27	王蚌区间南岸	合肥	0.8	4.3	7.7	33.7
28	王蚌区间南岸	淮南	0	0	1.1	3.8
29	王蚌区间南岸	滁州	0	3.7	6.3	27.9
30	王蚌区间南岸	蚌埠	0.9	0	0.1	0.3
31	蚌洪区间北岸	商丘	0	5.3	79.6	469.4
32	蚌洪区间北岸	亳州	2.1	0.6	23.2	51.4
33	蚌洪区间北岸	淮北	4.2	12.4	9.7	80.8
34	蚌洪区间北岸	宿州	51.6	20.3	174.6	419.2
35	蚌洪区间北岸	蚌埠	3.3	0	32.3	105.9
36	蚌洪区间北岸	徐州	4	4	3	159
37	蚌洪区间北岸	宿迁	12	7	4	176
38	蚌洪区间北岸	淮安	1	4	1	48
39	蚌洪区间南岸	合肥	0.3	2.5	2.9	20.8
40	蚌洪区间南岸	滁州	0	4.8	25.3	129.5
41	蚌洪区间南岸	蚌埠	0.4	0	2.2	9.4
42	蚌洪区间南岸	淮安	1	3	1	28

表 3.33　2030 年淮河流域各分区林牧渔畜生产指标预测

序号	水资源分区	地级行政区	灌溉林果地(万亩)	鱼塘面积(万亩)	大牲畜(万头)	小牲畜(万只)
1	王家坝以上北岸	平顶山	5.9	0.5	10.9	35.3
2	王家坝以上北岸	漯河	0	0.2	0.7	15.3
3	王家坝以上北岸	驻马店	1.7	27	151.4	962.5
4	王家坝以上北岸	信阳	0	10.6	16.7	84
5	王家坝以上北岸	阜阳	0	0	3.3	9.6
6	王家坝以上南岸	随州	0.5	0.4	2.5	5.8
7	王家坝以上南岸	孝感	0	0.2	2.7	5.9
8	王家坝以上南岸	南阳	0.4	2.9	8.8	37.3

续表 3.33

序号	水资源分区	地级行政区	灌溉林果地（万亩）	鱼塘面积（万亩）	大牲畜（万头）	小牲畜（万只）
9	王家坝以上南岸	信阳	0	56	59.4	338.4
10	王蚌区间北岸	洛阳	3.3	0.1	9.5	40.4
11	王蚌区间北岸	郑州	9	8.2	26	241.1
12	王蚌区间北岸	开封	9.6	5.1	43.1	502
13	王蚌区间北岸	商丘	0	4	57.5	574.4
14	王蚌区间北岸	平顶山	4.8	4.3	70.6	381.5
15	王蚌区间北岸	许昌	1	3.6	66.9	445.9
16	王蚌区间北岸	漯河	0	2.8	16.8	226.5
17	王蚌区间北岸	南阳	0.6	0.7	21.4	55.8
18	王蚌区间北岸	驻马店	0.4	2.2	13.1	59.8
19	王蚌区间北岸	周口	0.1	14.5	155.5	1 020.7
20	王蚌区间北岸	阜阳	20.2	2.5	142.9	499.2
21	王蚌区间北岸	亳州	16.1	1.7	132.3	272
22	王蚌区间北岸	淮南	1.1	0	20.7	43.9
23	王蚌区间北岸	蚌埠	1.1	0	11	32.2
24	王蚌区间南岸	信阳	0	25.1	17.2	148.4
25	王蚌区间南岸	安庆	0	0	0.7	3
26	王蚌区间南岸	六安	15.4	47.2	38.3	406.3
27	王蚌区间南岸	合肥	0.8	4.3	8.1	35.8
28	王蚌区间南岸	淮南	0	0	1.2	4
29	王蚌区间南岸	滁州	0	3.7	6.7	29.6
30	王蚌区间南岸	蚌埠	0.9	0	0.1	0.3
31	蚌洪区间北岸	商丘	0	5.8	78.8	493.4
32	蚌洪区间北岸	亳州	2.1	0.6	24.6	54.5
33	蚌洪区间北岸	淮北	4.2	12.4	10.2	85.6
34	蚌洪区间北岸	宿州	51.6	20.3	185	444.4
35	蚌洪区间北岸	蚌埠	3.3	0	34.2	112.3
36	蚌洪区间北岸	徐州	5	4	3	202
37	蚌洪区间北岸	宿迁	13	7	3	224
38	蚌洪区间北岸	淮安	1	4	1	63
39	蚌洪区间南岸	合肥	0.3	2.5	3.1	22.1

续表 3.33

序号	水资源分区	地级行政区	灌溉林果地（万亩）	鱼塘面积（万亩）	大牲畜（万头）	小牲畜（万只）
40	蚌洪区间南岸	滁州	0	4.8	26.8	137.3
41	蚌洪区间南岸	蚌埠	0.4	0	2.3	9.9
42	蚌洪区间南岸	淮安	1	3	1	36

表 3.34　淮河流域各分区林牧渔畜需水量

序号	水资源分区	地级行政区	2020 年林牧渔畜需水(万 m^3)	2030 年林牧渔畜需水(万 m^3)
1	王家坝以上北岸	平顶山	693.00	796.95
2	王家坝以上北岸	漯河	134.40	154.56
3	王家坝以上北岸	驻马店	14 920.67	17 157.77
4	王家坝以上北岸	信阳	3 898.90	4 483.73
5	王家坝以上北岸	阜阳	154.00	177.10
6	王家坝以上南岸	随州	536.02	616.44
7	王家坝以上南岸	孝感	343.98	395.58
8	王家坝以上南岸	南阳	1 183.95	1 361.57
9	王家坝以上南岸	信阳	19 607.02	22 547.52
10	王蚌区间北岸	洛阳	746.88	858.92
11	王蚌区间北岸	郑州	7 720.11	8 878.18
12	王蚌区间北岸	开封	7 939.66	9 130.67
13	王蚌区间北岸	商丘	6 883.41	7 915.97
14	王蚌区间北岸	平顶山	6 330.91	7 280.60
15	王蚌区间北岸	许昌	6 083.89	6 996.51
16	王蚌区间北岸	漯河	3 113.43	3 580.47
17	王蚌区间北岸	南阳	1 209.82	1 391.30
18	王蚌区间北岸	驻马店	1 692.26	1 946.12
19	王蚌区间北岸	周口	16 753.74	19 263.92
20	王蚌区间北岸	阜阳	6 830.94	7 855.63
21	王蚌区间北岸	亳州	3 994.57	4 593.79
22	王蚌区间北岸	淮南	463.07	532.53
23	王蚌区间北岸	蚌埠	310.16	356.69
24	王蚌区间南岸	信阳	13 229.93	15 214.63
25	王蚌区间南岸	安庆	20.56	23.65
26	王蚌区间南岸	六安	15 768.02	18 133.47

续表 3.34

序号	水资源分区	地级行政区	2020 年林牧渔畜需水(万 m^3)	2030 年林牧渔畜需水(万 m^3)
27	王蚌区间南岸	合肥	1 570.21	1 805.77
28	王蚌区间南岸	淮南	74.71	85.92
29	王蚌区间南岸	滁州	381.55	438.79
30	王蚌区间南岸	蚌埠	85.10	97.87
31	蚌洪区间北岸	商丘	7 799.38	8 969.37
32	蚌洪区间北岸	亳州	858.86	989.70
33	蚌洪区间北岸	淮北	1 852.04	2 129.87
34	蚌洪区间北岸	宿州	9 265.32	10 655.22
35	蚌洪区间北岸	蚌埠	1 028.93	1 183.28
36	蚌洪区间北岸	徐州	8 200.36	9 430.50
37	蚌洪区间北岸	宿迁	12 891.52	14 825.39
38	蚌洪区间北岸	淮安	5 291.94	6 085.79
39	蚌洪区间南岸	合肥	908.23	1 044.46
40	蚌洪区间南岸	滁州	1 861.46	2 140.68
41	蚌洪区间南岸	蚌埠	88.57	101.86
42	蚌洪区间南岸	淮安	4 401.74	5 062.00

5) 河道外生态需水预测

河道外生态环境需水量，是指保护、修复或建设某区域的生态环境需要人工补充的绿化、环境卫生需水量和为维持一定水面的湖泊、沼泽、湿地补水量，按城镇生态环境需水和农村湖泊沼泽湿地生态环境补水分别分析计算。

(1) 城镇生态需水预测

城镇生态需水量是指为保持城镇良好的生态环境所需要的水量，主要包括城镇绿地建设需水量和城镇环境卫生需水量。

① 城镇绿地生态需水量采用定额法进行预测。

$$W_G = S_G \cdot q_G$$

式中：W_G——绿地生态需水量(m^3)；

S_G——绿地面积(hm^2)；

q_G——绿地灌溉定额(m^3/hm^2)。

② 城镇环境卫生需水量按照定额法计算。

$$W_{ch} = S_c \cdot q_c$$

式中：W_{ch}——环境卫生需水量(m^3)；

S_c——城镇市区面积(m^2)；

q_c——单位面积的环境卫生需水定额(采用历史资料和现状调查法确定)(m^3/m^2)。

(2) 农村生态需水预测

农村生态需水主要包括湖泊、沼泽、湿地补水量，林草植被建设需水量，地下水回灌量。结合淮河水系特点，主要考虑林草植被建设需水，采用面积定额法计算。

$$W^t = \sum_{i=1}^{n} W_i^t = \frac{\sum_{i=1}^{n} X_i^t \times A_i^t}{g^t}$$

式中：W^t——植被生态需水量(m^3)；

X_i^t——第 i 种植被灌水定额(hm^2)；

A_i^t——第 i 种植被面积，无资料地区可参考条件相似地区确定(m^3/hm^2)。

计算可得河道外生态环境需水量预测结果如表 3.35。

表 3.35　河道外生态环境需水量预测结果

序号	水资源分区	地　级行政区	2020 城镇生态需水(万 m^3)	2020 农村生态需水(万 m^3)	2030 城镇生态需水(万 m^3)	2030 农村生态需水(万 m^3)
1	王家坝以上北岸	平顶山	95.58	0	141.91	0
2	王家坝以上北岸	漯河	44.72	0	66.4	0
3	王家坝以上北岸	驻马店	1 694.89	0	2 516.34	0
4	王家坝以上北岸	信阳	352.81	0	523.81	0
5	王家坝以上北岸	阜阳	50.18	31.33	623.49	31.33
6	王家坝以上南岸	随州	16.71	0	21.39	0
7	王家坝以上南岸	孝感	8.29	0	10.61	0
8	王家坝以上南岸	南阳	233.64	0	346.88	0
9	王家坝以上南岸	信阳	1 782.87	0	2 646.96	0
10	王蚌区间北岸	洛阳	298.87	0	443.72	0
11	王蚌区间北岸	郑州	817.85	0	1 214.23	0
12	王蚌区间北岸	开封	797.64	0	1 184.23	0
13	王蚌区间北岸	商丘	737.35	0	1 094.71	0
14	王蚌区间北岸	平顶山	1 084.19	0	1 609.66	0
15	王蚌区间北岸	许昌	755.19	0	1121.2	0
16	王蚌区间北岸	漯河	364.98	0	541.88	0
17	王蚌区间北岸	南阳	199.16	0	295.69	0
18	王蚌区间北岸	驻马店	165.64	0	245.92	0

续表 3.35

序号	水资源分区	地 级 行政区	2020 城镇生态需水(万 m^3)	2020 农村生态需水(万 m^3)	2030 城镇生态需水(万 m^3)	2030 农村生态需水(万 m^3)
19	王蚌区间北岸	周口	1 817.47	0	2 698.33	0
20	王蚌区间北岸	阜阳	1 469.16	917.09	18 253.18	917.09
21	王蚌区间北岸	亳州	1 058.76	660.9	13 154.23	660.9
22	王蚌区间北岸	淮南	243.22	151.83	3 021.89	151.83
23	王蚌区间北岸	蚌埠	178.77	111.59	2 221.11	111.59
24	王蚌区间南岸	信阳	651.68	0	967.53	0
25	王蚌区间南岸	安庆	94.93	59.26	1179.45	59.26
26	王蚌区间南岸	六安	2 349.64	1 466.71	29 192.47	1 466.71
27	王蚌区间南岸	合肥	393.72	245.77	4891.66	245.77
28	王蚌区间南岸	淮南	75.04	46.84	932.28	46.84
29	王蚌区间南岸	滁州	142.78	89.13	1 773.92	89.13
30	王蚌区间南岸	蚌埠	36.48	22.77	453.25	22.77
31	蚌洪区间北岸	商丘	819.46	0	1216.62	0
32	蚌洪区间北岸	亳州	220.95	137.92	2 745.11	137.92
33	蚌洪区间北岸	淮北	402.05	250.97	4995.16	250.97
34	蚌洪区间北岸	宿州	14 40.19	899	17 893.23	899
35	蚌洪区间北岸	蚌埠	600.02	374.55	7 454.86	374.55
36	蚌洪区间北岸	徐州	523.19	713.8	701.18	713.8
37	蚌洪区间北岸	宿迁	939.16	1 281.31	1 258.66	1 281.31
38	蚌洪区间北岸	淮安	261.11	356.24	349.94	356.24
39	蚌洪区间南岸	合肥	76.19	47.56	946.58	47.56
40	蚌洪区间南岸	滁州	969.13	604.96	12 040.75	604.96
41	蚌洪区间南岸	蚌埠	79.8	49.81	991.42	49.81
42	蚌洪区间南岸	淮安	266.54	363.64	357.22	363.64

6）需水总量及过程分配

对各分区生活需水、生产需水、生态需水预测结果进行汇总，得到淮河水系不同规划水平年不同保证率需水量。

在取得各分区生活需水、生产需水、生态需水预测结果的情况下，必须将年需水量分配到逐月、逐旬里去。根据槐店闸(1972—1989、1994—1998 年)、泼河水库(1971—1988 年、1995—1998 年)多年平均灌溉水量资料，概化成淮北、淮南地区需水过程线。根据有关资料分析，拟定工业和生活需水过程线。概化的需水过程线结果如表 3.36。

表 3.36 淮河地区需水量过程线

月份	淮南灌溉过程(%)	淮北灌溉过程(%)	工业需水过程(%)	城镇生活需水过程(%)
1	0	6.24	7.6	6
2	0.43	5.09	6.4	6
3	0.79	5.29	6.6	6
4	8.87	7.88	6.7	7
5	25.54	11.15	7.8	8
6	26.31	9.65	10.0	10
7	18.78	9.13	10.0	10
8	15.05	14.07	12.4	10
9	3.08	12.7	9.6	10
10	0.96	6.83	7.6	10
11	0	5.54	7.6	9
12	0.19	6.43	7.7	8

7) 河道内生态需水计算

河道内生态需水是指维持河流最基本的功能,如为水生生物提供最基本的栖息地,在允许范围内的自净功能,防止河道断流、保持河道形态的水量。按照不同生态环境功能可将河道内生态需水分为生态基流、防止河道断流干涸的生态需水量、输沙需水量以及改善河流水质的环境生态需水量,最后可去外包得到河道内生态需水。

目前国外关于河道生态需水的计算方法很多,大致可分为 4 类:水文学法、水力学法、栖息地法和整体分析法。其中水文学法和水力学法需要长系列和高精度信息;栖息地法需要大量野外工作,耗时长、难以保证数据的精确性;整体分析法需要多学科的资料,如鱼类生态学、湖泊学、植物学等,在实际水资源规划中很难获得这些资料,不适于规划层次河流生态需水的估算。近 5 年来,许多学者在原有生态需水计算方法的基础上进行了改进与推广,例如生态模型法、人工神经网络模型法等。与国外相比,中国生态需水问题的严重程度、涉及的深度和要求有所不同,更侧重研究防止生态退化、恢复水生态及解决生态危机方面,计算方法的研究还不够深入、具体,大都停留在定性分析水平上,定量分析计算比较简单。现阶段水文学和水力学方法最适合于中国河流研究。实际工作中,应根据河流水系和资料的实际情况,选择不同的计算方法。

本项研究中,取生态基流量作为河道内生态需水量。生态基流量是指维持河流的基本形态和水生物的正常生长、繁殖所需要的水量。对于季节性河流而言,维持河流的功能就是要保证河流在非汛期不断流，水生物正常生长；在汛期河流能为水生物的繁殖提供良好的条件。水文学方法能较方便地估算河道生态需水量，具有操作简单，计算速度快的优点。常用的水文学方法有 Tennant 法、逐月频率法、最小月实测径流量法和枯水季节最小流量法等。

（1）Tennant 法

Tennant 法是以历史流量为基础确定河道的生态需水量的水文学方法，也常用来作为其他计算方法的检验。Tennant 法认为年平均流量的 10%是河流生境得以维持的最小流量。河道内不同流量百分比和与之对应的生态与环境状况见表 3.37。

表 3.37　Tennant 法中不同流量百分比对应的河道内生态环境状况

流量等级描述	推荐的基流百分比标志		流量等级描述	推荐的基流百分比标志	
	多水期	少水期		多水期	少水期
最大流量	200	200	良好	20	40
最佳流量	60～100	60～100	中等或差	10	30
极好	40	60	最小	10	10
很好	30	50	极差	<10	<10

（2）逐月频率法

最小生态径流逐月频率法对全年按春、夏、秋、冬 4 个季节分别取不同的频率。该法既能反映河道生态需水是一个与自然径流过程相适应的有丰有枯的年内变化过程，又能将生态需水细化为不同等级。具体步骤如下：

① 根据系列水文资料，对天然月径流量按照从小到大的顺序进行排列；

② 春秋季、冬季和夏季依次取 75%、80%和 50%保证率，计算各季节不同保证率下所对应的天然流量；

③ 在不同的季节保证率前提下，参考国际河流流量推荐值下限和上限（天然径流量的 10%和 60%），同时取中间值 30%作为河道生态需水量的等级，分别计算不同保证率、不同等级下的生态需水量。当月最小生态需水量占天然径流量的百分比小于 10%时，取月天然径流量的 10%作为最小生态需水。

（3）最小月平均实测径流量法

最小月平均实测径流量法采用河流最小月平均实测径流量的多年平均值作为河流的基本需水量，河流出现断流的情况将会使其计算值偏小。

（4）枯水季节最小流量法

枯水季节最小流量法是针对中国北方河流季节性明显这一特点提出的，但它采用多年枯季径流量的最小值作为枯水季的河道生态需水量（取值偏小），可能难以满足河道实际需水。

根据淮河水系实际情况，采用 Tennant 法计算河道生态基流，结果见表 3.38。

表 3.38　淮河干支流主要控制断面生态基流量

河流	控制断面	集水面积(km^2)	年平均流量(m^3/s)	生态基流(m^3/s)
淮河	息县	10 190	136.0	8.28
淮河	淮滨	16 005	192.9	19.29
淮河	蚌埠	121 330	966.8	49.02
洪河	班台	11 280	87.5	2.66
颍河	界首	29 290	106.2	8.50
泉河	沈丘	3 094	11.2	0.90
黑茨河	邢老家	824	3.0	0.24
涡河	亳县	10 575	38.3	3.06
浍河	临涣集	2 560	7.8	0.62
沱河	永城	2 237	6.8	0.54
淠河	横排头	4 370	107.5	10.90
史河	蒋家集	5 930	100.2	10.15
池河	明光	3 470	27.3	0.83

3.3.5　耗水和排水分析

耗水量是指在输、用水过程中，通过蒸腾蒸发、土壤吸收、产品带走、居民和牲畜饮用等形式消耗掉而不能回归到地表水体或地下含水层的水量。

灌溉耗水量包括支渠以下(不含支渠)渠系和田间的蒸腾、蒸发量。工业和城镇生活用水集中，消耗的水量相对较少，大部分水量化为废污水排放掉；农村住宅分散，一般没有供排水设施，居民生活和牲畜用水量的巨大部分被消耗掉。

耗水率为耗水量与用水量之比，是反映一个国家或地区用水水平的重要特征指标。耗水率可根据灌溉试验、灌区水量平衡、工厂水量平衡测试、废污水排放量监测和典型调查等有关资料估算。根据有关资料分析得淮河水系各分区耗水率，见表 3.39。

表 3.39　淮河水系各分区耗水率

序号	水资源分区	地级行政区	农田灌溉(%)	林牧渔畜(%)	工业(%)	城镇生活(%)	农村生活(%)	建筑三产(%)	生态环境(%)
1	王北	平顶山	60.00	77.26	20.00	20.00	100.00	44.16	70.00
2	王北	漯河	80.00	99.63	31.51	20.00	100.00	31.35	75.00
3	王北	驻马店	76.83	61.41	28.88	20.00	100.00	40.30	70.00
4	王北	信阳	46.07	51.34	21.79	20.00	100.00	39.65	30.00
5	王北	阜阳	77.18	100.00	26.00	22.00	88.00	33.44	90.00
6	王南	随州	53.95	86.63	32.20	22.80	100.00	34.39	100.00
7	王南	孝感	57.26	62.64	34.00	22.30	100.00	35.33	100.00
8	王南	南阳	52.84	58.86	23.70	20.00	100.00	36.39	75.00

续表 3.39

序号	水资源分　区	地　级行政区	农田灌溉(%)	林牧渔畜(%)	工业(%)	城镇生活(%)	农村生活(%)	建筑三产(%)	生态环境(%)
9	王南	信阳	46.07	51.34	21.79	20.00	100.00	39.65	30.00
10	王蚌北	洛阳	72.74	72.97	34.23	20.00	100.00	51.47	80.00
11	王蚌北	郑州	67.54	43.93	28.87	20.00	100.00	40.00	81.92
12	王蚌北	开封	68.67	63.29	26.83	22.00	100.00	39.02	70.00
13	王蚌北	商丘	87.43	55.69	21.90	20.00	100.00	38.75	70.00
14	王蚌北	平顶山	59.63	83.30	20.00	20.00	100.00	45.47	70.00
15	王蚌北	许昌	83.08	83.08	22.21	20.00	100.00	41.02	55.00
16	王蚌北	漯河	80.00	99.63	20.00	20.00	100.00	31.35	75.00
17	王蚌北	南阳	70.18	69.81	26.22	20.00	100.00	36.52	75.00
18	王蚌北	驻马店	85.00	59.30	25.00	20.00	100.00	36.52	75.00
19	王蚌北	周口	78.19	47.95	23.13	20.00	100.00	43.89	100.00
20	王蚌北	阜阳	77.84	87.96	30.00	20.00	90.00	29.43	90.00
21	王蚌北	亳州	89.10	89.86	24.30	21.00	90.00	31.48	91.00
22	王蚌北	淮南	76.85	71.62	25.91	22.00	87.00	49.52	90.00
23	王蚌北	蚌埠	72.44	84.96	27.64	20.00	87.00	33.44	92.00
24	王蚌南	信阳	46.09	48.53	21.58	20.00	100.00	37.93	92.00
25	王蚌南	安庆	68.82	66.00	25.00	21.00	89.00	44.17	92.00
26	王蚌南	六安	70.37	77.91	25.88	21.00	87.00	44.17	91.00
27	王蚌南	合肥	73.41	80.32	24.00	21.00	88.00	44.17	89.00
28	王蚌南	淮南	76.85	71.62	25.91	22.00	87.00	49.52	90.00
29	王蚌南	滁州	71.46	80.14	26.00	21.00	88.00	29.37	90.00
30	王蚌南	蚌埠	72.44	84.96	27.64	20.00	87.00	33.44	92.00
31	蚌洪北	商丘	87.43	55.69	21.90	20.00	100.00	38.75	70.00
32	蚌洪北	亳州	89.10	89.86	24.30	21.00	90.00	31.48	91.00
33	蚌洪北	淮北	89.53	77.35	39.73	22.00	89.00	33.72	91.00
34	蚌洪北	宿州	89.89	89.77	30.00	21.00	88.00	47.59	90.00
35	蚌洪北	蚌埠	72.44	84.96	27.64	20.00	87.00	33.44	92.00
36	蚌洪北	徐州	83.54	97.01	22.00	22.00	90.00	31.74	95.00
37	蚌洪北	宿迁	81.58	99.37	21.00	21.00	90.00	23.84	95.00
38	蚌洪北	淮安	86.72	99.68	21.00	20.00	87.00	30.02	95.00
39	蚌洪南	合肥	73.41	80.32	24.00	21.00	88.00	44.17	89.00

续表 3.39

序号	水资源分　区	地　级行政区	农田灌溉(%)	林牧渔畜(%)	工业(%)	城镇生活(%)	农村生活(%)	建筑三产(%)	生态环境(%)
40	蚌洪南	滁州	71.46	80.14	26.00	21.00	88.00	29.37	90.00
41	蚌洪南	蚌埠	72.44	84.96	27.64	20.00	87.00	33.44	92.00
42	蚌洪南	淮安	86.72	99.68	21.00	20.00	87.00	30.02	95.00

上游地区从河湖水库中取水后，一部分用水被消耗掉，剩余部分又被排回到下游河湖水库中，成为径流的组成部分，有可能又成为下游地区的取水量组成部分。

3.3.6　系统开发

编写人工水循环模拟程序，构建洪泽湖以上流域人工水循环模拟系统框架(具体见第6章)。采用构建的人工水循环模拟系统进行水平年为2020年的需水量预测，典型分区需水流量过程线见图3.26～图3.29。

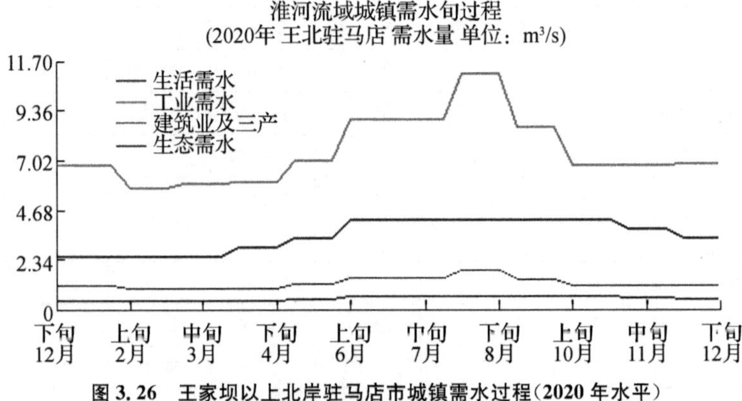

图 3.26　王家坝以上北岸驻马店市城镇需水过程(2020年水平)

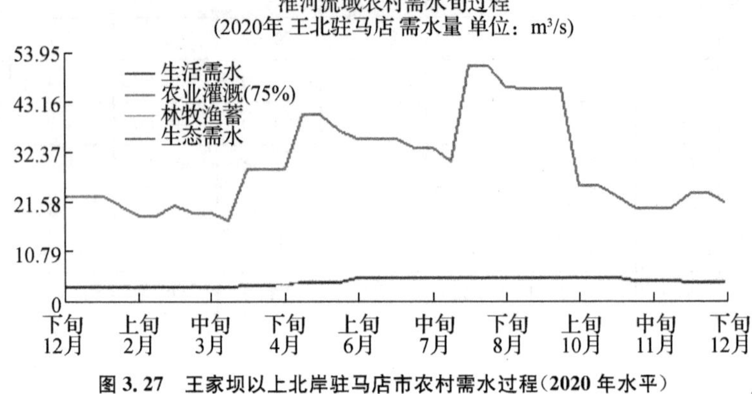

图 3.27　王家坝以上北岸驻马店市农村需水过程(2020年水平)

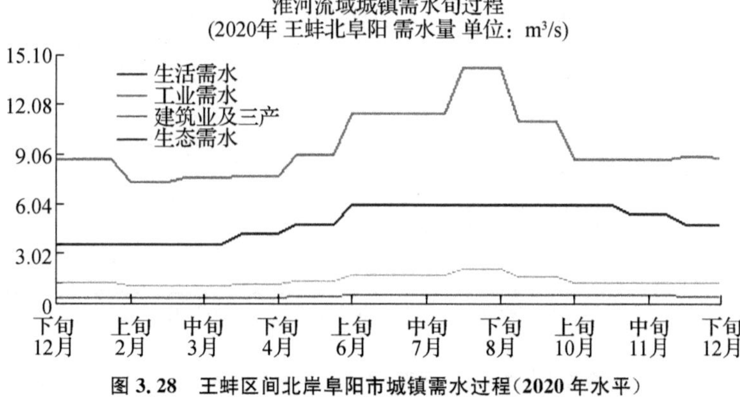

图 3.28　王蚌区间北岸阜阳市城镇需水过程(2020 年水平)

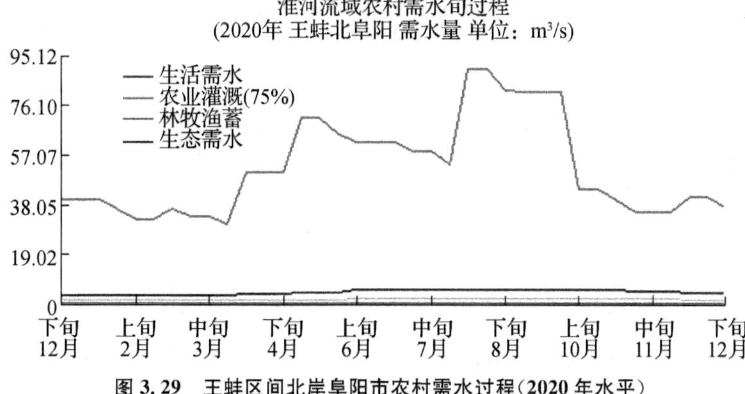

图 3.29　王蚌区间北岸阜阳市农村需水过程(2020 年水平)

采用构建的人工水循环模拟系统对 1997—2006 年降水系列对应的丰枯情形进行水平年为 2020 年的需水量预测。典型分区需水流量过程线如图 3.30～图 3.33。

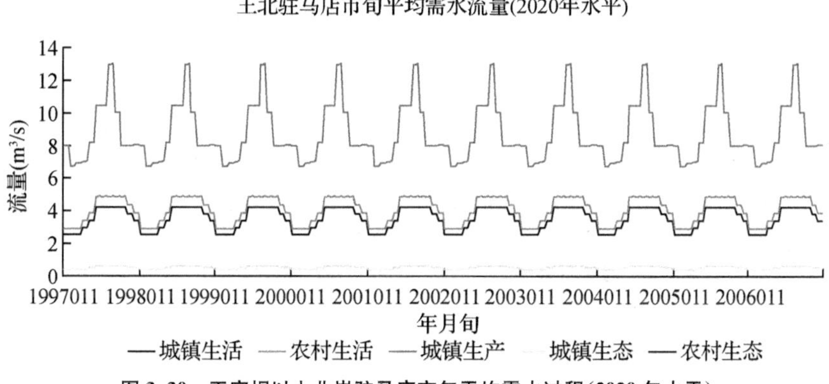

图 3.30　王家坝以上北岸驻马店市旬平均需水过程(2020 年水平)

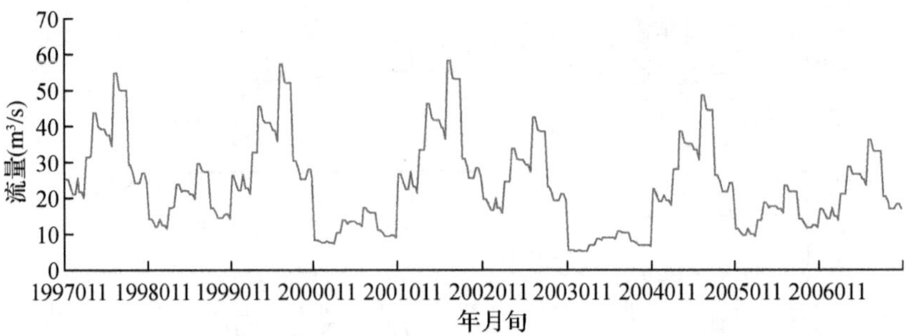

图 3.31　王家坝以上北岸驻马店市农村生产旬平均需水过程(2020 年水平)

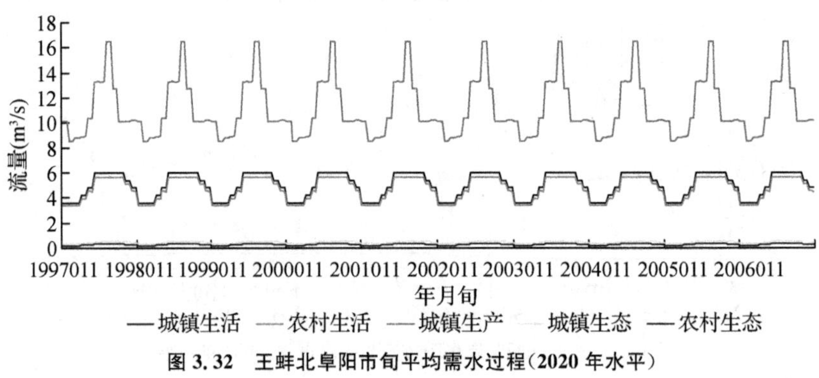

图 3.32　王蚌北阜阳市旬平均需水过程(2020 年水平)

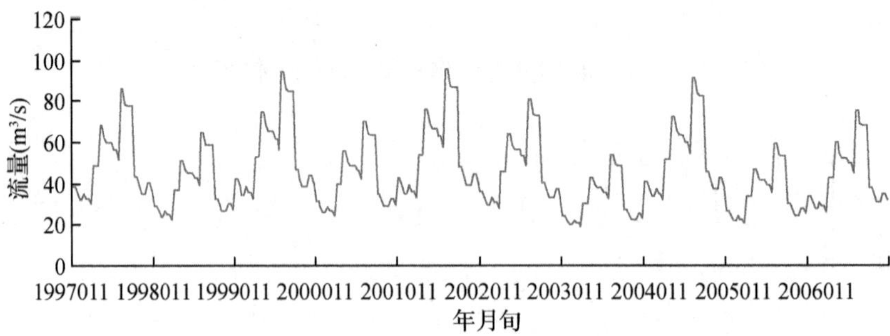

图 3.33　王蚌北阜阳市农村生产旬平均需水过程(2020 年水平)

3.4 二元水循环耦合模拟

"自然—人工"二元水循环系统的信息是交互式的,"自然—人工"水循环系统存在着时间和空间尺度上的耦合。对"自然—人工"二元水循环系统进行耦合模拟首先需要对数据信息进行分解,将大尺度的信息和资料分解到划分好的计算单元上,再根据"自然—人工"二元水循环系统信息交互的特点对计算单元的"自然—人工"二元水循环系统进行模拟计算,得到模拟结果,之后再将各个计算单元的模拟结果聚合到水资源调配模型中进行求解计算,从而得到整个系统的水量供需平衡结果。因此,"自然—人工"二元水循环耦合包括分布式水循环模拟模型模拟结果的时空尺度聚合与集总式水资源调配模拟模型模拟结果的时空展布两个过程。

淮河水系水资源调配模型设计的目标是:以淮河水系(洪泽湖以上)为范围,以自然水循环及人工水循环二元耦合模拟为基础,通过自然人工水循环模拟得到产水过程和需水过程,建立水资源调配模型,对流域水资源系统进行模拟,并进一步进行水量供需平衡分析模拟,得出供需方案,为淮河水系水资源配置决策提供科学依据。

为实现上述目标,模拟模型的任务是:在建立自然—人工二元模拟模型、水量供需平衡模型理论基础上,应用 GIS 技术、智能优化技术等,分析建立自然主循环和人工侧支循环的具体耦合关系,构建流域水资源调配模型,并进行水资源系统模拟。模拟模型是以注重"信息-经验-反馈"之间的联系;采用智能优化算法;完整性、适宜性、开放性与可扩展性相结合;采用模块化、面向对象的模型结构等为设计原则,从分布式水循环模拟模型模拟结果的时空尺度聚合与集总式水资源调配模拟模型结果的时空展布两个方面来分析"自然—人工"二元水循环耦合关系的。

3.4.1 信息分解

集总式水资源调配模拟模型结果的时空展布或信息分解主要是大时空尺度调配结果向小时空尺度水循环模拟模型的分解过程,以模拟水资源调配结果的水循环响应。主要数据信息为水资源调配的供、用水信息和污水排放信息。

1) 生活供、用水

生活用水分为城镇生活用水和农村生活用水。生活用水空间分布与人口分布直接相关,将研究区城市人口和农村人口空间化,根据城市和农业人口数量和用水定额,进而得到每个计算单元内的城市人口和农村人口数量,得到该网格单元的生活用水量。生活耗水量根据城镇生活耗水量和农村生活耗水量分别计算,一般认为农村生活用水全部消耗,城镇生活耗水根据生活耗水率计算。

2) 工业供、用水

工业用水分为一般工业用水和重点工业用水,重点工业用水将在水循环计算单元明确标明、单独计算;一般工业用水将根据各行政区的工业用水量分解水循环单元。工业耗水根据工业耗水率计算，随着工业用水情况变化而调整。工业地下水的使用考虑深层承压水和潜水开采。工业地表水使用根据调查和未来规划的工业地表水集中供水量分解到水循环单元。

3）农业供、用水

需要将实际灌溉使用的地表水、地下水使用量真实客观的分配到每一个计算单元上，才能够真实可靠的进行水循环过程模拟。在进行研究区历史水循环模拟时，采用引水干渠逐日实际引水资料，以及各灌域对应计算单元的实际灌溉面积、种植结构、灌溉制度等信息，得到水循环单元作物日尺度的灌溉水量。规划水平年水资源合理配置方案，根据水循环模拟土壤墒情信息，预测田间需灌水量，根据灌域对应计算单元的实际灌溉面积和种植结构等信息，分解水循环单元日尺度的灌溉水量。农田灌溉地下水实际使用量和规划开采量，根据灌区农用机井分布分解到各个网格单元。

3.4.2 信息聚合

分布式模拟结果的时空尺度聚合或信息耦合，主要是将小空间、短时段尺度的水循环模拟信息结果聚合到大空间、长时段的水资源合理调配上去，即是将水循环模拟的详细结果，如计算单元的耗水、排水、各类蒸散发、河道径流等小尺度的信息聚合到水资源合理调配模型中，以供水资源合理调配参数检验和模型调控。

3.4.3 信息交互

水资源调配模拟模型和水循环模拟模型的信息传递是交互式的，两个模型之间存在着时间和空间尺度上的耦合。

水资源调配模型通常以月或旬为时间尺度，以大空间尺度为调配单元。水循环模拟以日为时间尺度，以调配单元套灌域、土地利用和种植结构为空间尺度。因此，二者之间存在着信息分解、耦合与交互的过程。水资源调配模型需要将大尺度的生活、工业、农业和生态供水量，不同类型水源的用水量，污水排放量等信息分解到小尺度的水循环模拟模型；水循环模拟模型需要将小尺度的耗水量、土壤水变化量、河道径流量、天然湖泊水量、地下水位等信息聚合到大尺度的水资源调配模型。

3.4.4 模型设计

为了更好地满足生活、工农业生产以及生态等的用水需求，水资源调配模拟的目标为相对缺水量最小。

$$\min \sum_{j=1}^{J} \sum_{k=1}^{K} \sum_{t=1}^{T} \alpha_{jk} \left[\frac{D_{jkt} - \sum_{i=1}^{I} Q_{ijkt}}{D_{jkt}} \right]^2$$

式中：D_{jkt}——第 j 分区第 k 用水部门第 t 时段的需水量（万 m^3）；

Q_{ijkt}——第 i 供水水源给第 j 分区第 k 用水部门第 t 时段的供水量（万 m^3）；

α_{jk}——第 j 分区第 k 用水部门相对其他用水部门优先得到供给水资源的重要程度系数。

约束条件如下：

1）可供水量约束

$$\sum_{j=1}^{J}\sum_{k=1}^{K}Q_{ijkt} \leqslant W_{it} \qquad (i=1,2,\cdots,I;t=1,2,\cdots,T)$$

式中：W_{it}——规划水平年内第 i 个供水水源第 t 时段的可供水量。

2）需水量约束

$$\sum_{i=1}^{I}Q_{ijkt} \leqslant D_{jkt} \qquad (j=1,2,\cdots,J;k=1,2,\cdots,K;t=1,2,\cdots,T)$$

即供水量不应多于需水量。

3）供水能力约束

$$\sum_{k=1}^{K}Q_{ijkt} \leqslant QM_{ij} \qquad (i=1,2,\cdots,I;j=1,2,\cdots,J;t=1,2,\cdots,T)$$

式中：QM_{ij}——第 i 供水水源对第 j 分区的输水工程供水能力。即供水水源对各分区各用水部门的供水量不应大于其最大输水能力。

4）工程运行可行域约束

对于特定的水源，其供水应在调节计算的约束域内进行，如水库运行的水位限制等。

水资源系统调配模型的求解方法为：根据水资源系统概化图，将模型在空间上按水资源分区及水库的供水范围进行分解，在时间上以月为时段，以缺水量最小为目标，对城镇生活、农村生活、城镇生产、城镇生态、农村生产、农村生态等 6 部门用水，按生活优先、城镇优先的顺序，进行水资源系统调配计算。

对于 1997—2006 年实测水文气象观测系列进行实例计算，计算得 2020 年规划水平年各用水单元各类需水量。以相对缺水量最小为目标进行水资源系统调配模型的求解，结果如表 3.40、表 3.41。

表 3.40　各分区城镇 2020 年多年平均需、供水量及相对缺水率

水资源分区	地级行政区	城镇生活			城镇生产			城镇生态		
		需水量（万 m³）	供水量（万 m³）	相对缺水率	需水量（万 m³）	供水量（万 m³）	相对缺水率	需水量（万 m³）	供水量（万 m³）	相对缺水率
王家坝以上北岸	平顶山	1 089	1 089	0%	1 469	1 469	0%	96	95	1%
王家坝以上北岸	漯河	647	647	0%	1 850	1 831	1%	45	43	4%

续表 3.40

水资源分区	地级行政区	城镇生活			城镇生产			城镇生态		
		需水量（万 m^3）	供水量（万 m^3）	相对缺水率	需水量（万 m^3）	供水量（万 m^3）	相对缺水率	需水量（万 m^3）	供水量（万 m^3）	相对缺水率
王家坝以上北岸	驻马店	11 345	11 345	0%	27 498	26 674	3%	1 695	1644	3%
王家坝以上北岸	信阳	2 023	2 023	0%	2 543	2 492	2%	353	335	5%
王家坝以上南岸	南阳	988	988	0%	1289	1 263	2%	234	227	3%
王家坝以上南岸	信阳	11 057	11 057	0%	18 961	18 582	2%	1 783	1 694	5%
王蚌区间北岸	洛阳	820	820	0%	852	852	0%	299	299	0%
王蚌区间北岸	郑州	30 246	30 246	0%	78 302	78 302	0%	818	785	4%
王蚌区间北岸	开封	10 851	10 851	0%	22 475	22 026	2%	798	726	9%
王蚌区间北岸	商丘	8 157	8 157	0%	13 203	13 071	1%	737	715	3%
王蚌区间北岸	平顶山	13 428	13 428	0%	29 864	29 864	0%	1 084	1 073	1%
王蚌区间北岸	许昌	9 116	9 116	0%	31 736	31 419	1%	755	725	4%
王蚌区间北岸	漯河	5 998	5 998	0%	24 132	23 891	1%	365	350	4%
王蚌区间北岸	南阳	284	284	0%	729	714	2%	199	193	3%
王蚌区间北岸	驻马店	306	306	0%	1 455	1 411	3%	166	161	3%
王蚌区间北岸	周口	15 577	15 577	0%	36 204	35 842	1%	1 817	1 781	2%
王蚌区间南岸	信阳	3 128	3 128	0%	4 751	4 656	2%	652	619	5%
蚌洪区间北岸	商丘	4 202	4 202	0%	10 440	10 336	1%	819	795	3%
王家坝以上北岸	阜阳	366	366	0%	159	156	2%	50	48	4%
王蚌区间北岸	阜阳	15 176	15 176	0%	35 196	34 492	2%	1 469	1 396	5%
王蚌区间北岸	亳州	8 913	8 913	0%	26 168	25 645	2%	1 059	1 006	5%
王蚌区间北岸	淮南	3 229	3 229	0%	5 330	5 170	3%	243	221	9%
王蚌区间北岸	蚌埠	2 042	2 042	0%	7 174	7 103	1%	179	173	3%
王蚌区间南岸	安庆	86	86	0%	0	0	0%	95	95	0%
王蚌区间南岸	六安	8 989	8 989	0%	39 697	39 697	0%	2 350	2 350	0%
王蚌区间南岸	合肥	1 476	1 476	0%	5 829	5 771	1%	394	386	2%
王蚌区间南岸	淮南	4 812	4 812	0%	41 907	40 650	3%	75	68	9%
王蚌区间南岸	滁州	634	634	0%	1 728	1 710	1%	143	141	1%
王蚌区间南岸	蚌埠	3 707	3 707	0%	41 679	41 262	1%	36	35	3%
蚌洪区间北岸	亳州	1 266	1 266	0%	2 442	2 393	2%	221	210	5%
蚌洪区间北岸	淮北	6 974	6 974	0%	33 320	33 320	0%	402	402	0%
蚌洪区间北岸	宿州	9 491	9 491	0%	26 988	26 988	0%	1 440	1 426	1%

续表 3.40

水资源分区	地级行政区	城镇生活			城镇生产			城镇生态		
		需水量（万 m³）	供水量（万 m³）	相对缺水率	需水量（万 m³）	供水量（万 m³）	相对缺水率	需水量（万 m³）	供水量（万 m³）	相对缺水率
蚌洪区间北岸	蚌埠	4 667	4 667	0%	11 489	11 374	1%	600	582	3%
蚌洪区间南岸	合肥	648	648	0%	1 086	1 075	1%	76	75	1%
蚌洪区间南岸	滁州	3 864	3 864	0%	18 175	17 993	1%	969	959	1%
蚌洪区间南岸	蚌埠	245	245	0%	355	351	1%	80	77	4%
蚌洪区间北岸	徐州	8 613	8 613	0%	21 174	21 174	0%	523	513	2%
蚌洪区间北岸	宿迁	6 745	6 745	0%	6 394	6 394	0%	939	939	0%
蚌洪区间北岸	淮安	1 110	1 110	0%	1 372	1 372	0%	261	261	0%
蚌洪区间南岸	淮安	1 540	1 540	0%	1 822	1 822	0%	267	267	0%
王家坝以上南岸	随州	144	144	0%	703	696	1%	17	15	12%
王家坝以上南岸	孝感	167	167	0%	2 569	2466	4%	8	8	0%
合计		224 168	224 168	0%	640 510	633 769	1%	24 610	23 913	3%

表 3.41 各分区农村 2020 年多年平均需、供水量及相对缺水率

水资源分区	地级行政区	农村生活			75%保证率下农村生产、生态		
		需水量（万 m³）	供水量（万 m³）	相对缺水率	需水量（万 m³）	供水量（万 m³）	相对缺水率
王家坝以上北岸	平顶山	257	257	0%	3 005	2 705	10%
王家坝以上北岸	漯河	252	252	0%	1 707	1 554	9%
王家坝以上北岸	驻马店	12 836	12 836	0%	94 652	84 240	11%
王家坝以上北岸	信阳	2 370	2 370	0%	28 641	25 491	11%
王家坝以上南岸	南阳	500	500	0%	7 662	6 819	11%
王家坝以上南岸	信阳	5 350	5 350	0%	133 312	118 648	11%
王蚌区间北岸	洛阳	865	865	0%	3 866	3 750	3%
王蚌区间北岸	郑州	3 235	3 235	0%	70 349	61 907	12%
王蚌区间北岸	开封	6 435	6 435	0%	132 939	93 057	30%
王蚌区间北岸	商丘	7 503	7 503	0%	67 580	48 658	28%
王蚌区间北岸	平顶山	6 265	6 265	0%	62 195	55 976	10%
王蚌区间北岸	许昌	7 009	7 009	0%	65 270	54 827	16%
王蚌区间北岸	漯河	3 134	3 134	0%	38 408	34 951	9%
王蚌区间北岸	南阳	972	972	0%	2 914	2 594	11%
王蚌区间北岸	驻马店	1 560	1 560	0%	13 175	11 726	11%
王蚌区间北岸	周口	21 274	21 274	0%	149 858	125 881	16%
王蚌区间南岸	信阳	3 175	3 175	0%	73 908	65 778	11%

续表 3.41

水资源分区	地级行政区	农村生活			75%保证率下农村生产生态		
		需水量（万 m^3）	供水量（万 m^3）	相对缺水率	需水量（万 m^3）	供水量（万 m^3）	相对缺水率
蚌洪区间北岸	商丘	8 254	8 254	0%	72 901	52 488	28%
王家坝以上北岸	阜阳	557	557	0%	7 254	6 166	15%
王蚌区间北岸	阜阳	15 422	15 422	0%	166 895	141 861	15%
王蚌区间北岸	亳州	8 857	8 857	0%	111 433	86 917	22%
王蚌区间北岸	淮南	1 762	1 762	0%	35 620	28 139	21%
王蚌区间北岸	蚌埠	796	796	0%	31 943	28 110	12%
王蚌区间南岸	安庆	160	160	0%	1 645	1 645	0%
王蚌区间南岸	六安	9 739	9 739	0%	225 238	213 976	5%
王蚌区间南岸	合肥	1 714	1 714	0%	57 541	51 212	11%
王蚌区间南岸	淮南	163	163	0%	6 317	4 990	21%
王蚌区间南岸	滁州	748	748	0%	23 361	21 960	6%
王蚌区间南岸	蚌埠	256	256	0%	11 128	9 792	12%
蚌洪区间北岸	亳州	1 662	1 662	0%	19 031	14 844	22%
蚌洪区间北岸	淮北	2 244	2 244	0%	29 221	25 714	12%
蚌洪区间北岸	宿州	11 880	11 880	0%	150 880	138 809	8%
蚌洪区间北岸	蚌埠	2 572	2 572	0%	60 932	53 621	12%
蚌洪区间南岸	合肥	903	903	0%	25 377	22 586	11%
蚌洪区间南岸	滁州	2 999	2 999	0%	100 045	94 042	6%
蚌洪区间南岸	蚌埠	394	394	0%	8 524	7 501	12%
蚌洪区间北岸	徐州	4 337	4 337	0%	54 386	47 310	13%
蚌洪区间北岸	宿迁	4 608	4 608	0%	74 655	73 162	2%
蚌洪区间北岸	淮安	1 363	1 363	0%	18 774	18 774	0%
蚌洪区间南岸	淮安	495	495	0%	16 670	16 670	0%
王家坝以上南岸	随州	259	259	0%	4 448	4 270	4%
王家坝以上南岸	孝感	412	412	0%	6 137	4 848	21%
合计		165 549	165 549	0%	2 269 795	1 967 972	13%

3.5 本章小结

随着可持续发展理念深入人心与构建和谐社会活动的开展，走水资源保护、节约与高效利用之路已是必然。开展基于二元水循环的淮河流域水资源系统模拟研究，模拟以自然水循环与人工取用水—蒸散发—引用水回归为主要特征的人工侧支水循环相耦合的二元水循环过程，全面揭示强烈人类活动干扰下的流域降水、地表水、土壤水和地下水之间的循环转化规律，对于淮河流域水资源优化配置和可持续利用具有重要意义。

针对淮河水系水资源相对缺乏、时空分布不匀和人类活动影响水循环的特点，在“自然—人工”二元水循环的框架下，分析研究了淮河水系的水循环特性及径流时空分布规律；构建了淮北平原概念性水文模型以及基于淮北平原水文模型和新安江模型的自然水循环模型，进行了全流域的水文循环模拟分析；进行了流域人工水循环系统的需求预测分析、耗水和排水分析，构建了洪泽湖以上流域人工水循环模拟系统框架；从分布式模拟结果的时空尺度聚合与集总式模拟结果的时空展布两个方面入手，进行了“自然—人工”二元水循环耦合关系分析，构建了淮河水系水资源系统模拟模型。

本章研究的创新之处是提出了淮北平原概念性水文模型和基于淮北平原水文模型和新安江模型的自然水循环模型。

淮北平原概念性水文模型将包气带概化为两层，即透水性能良好的上层（耕作层）和透水性能相对弱些的下层（非耕作层），用蓄满产流原理分别模拟上土层的产流和下土层的产流，用变动渗漏面积模拟上层自由水对地下水的大孔隙直接下渗，用下渗率曲线模拟上层自由水蓄量对下土层的下渗及对地下水的稳定入渗，用两层蒸发计算模型和阿维里扬诺夫公式分别考虑上土层蒸发、下土层蒸发和潜水蒸发，用地下水反馈参数考虑地下水对地表水的反馈。模型考虑了大孔隙下渗、潜水蒸发和地下水和上层自由水之间的转化，结构简单、概念清楚。

基于淮北平原水文模型和新安江模型的自然水循环模型考虑到淮河水系下垫面特征及与水资源调配模型耦合的需要，采用自然子流域—水文响应单元划分法，将整个流域划分为若干个天然子流域，根据不同的产流特性，将淮河水系土地覆盖分为水面、水田（需灌溉）、旱地（包括菜地，需灌溉）、非耕地（包括荒地、草地、林地等，不需灌溉）、城镇道路（不透水面积比重较大）等 5 类水文响应单元。分别为五类水文响应单元建立了产流模型。其中，用新安江模型蓄满产流的概念和方法计算淮河水系西南部山地和丘陵山区旱地和非耕地水文响应单元的产流量，用淮北平原流域水文模型原理计算淮北平原旱地和非耕地水文响应单元的产流量。

4 水工程系统联合运行模拟仿真

4.1 水工程系统概况

4.1.1 大型水库

淮河流域洪泽湖以上整个研究区域范围内水工程系统包括蓄水工程、引水工程、提水工程、调水工程以及机电井工程等。根据工程规模特点、径流调节作用及其在淮河流域内的重要性，本书水工程模拟主要考虑对系统范围内的大型及重要中型水库、闸坝以及河道(淮干息县～洪泽湖段及重要支流)、湖泊等各类水工程的运行进行模拟。结合实际资料条件和课题研究重点，确定主要对径流调节作用较大的 17 座大型水库、5 座湖泊及 2 座闸坝进行水工程联合运行模拟；对于一些中小水库和中小闸坝，以综合概化方法进行考虑。

本次研究的系统模拟范围内涉及的 17 座大型水库工程分别是：南湾水库、石山口水库、五岳水库、泼河水库、鲶鱼山水库、梅山水库、响洪甸水库、佛子岭水库、磨子坛水库、宿鸭湖水库、薄山水库、石漫滩水库、板桥水库、孤石滩水库、白沙水库、昭平台水库、白龟山水库。17 座大型水库工程的主要工程特性如表 4.1。

4.1.2 大型湖泊

模拟中考虑的调蓄作用较大的 5 座湖泊分别是：城东湖、城西湖、高塘湖、瓦埠湖、花园湖。5 座湖泊的总兴利库容为 37.89 亿 m^3，其中，城东湖正常蓄水位 20.00 m，相应库容 2.80 亿 m^3，设计洪水位 25.50 m，相应库容 15.80 亿 m^3；城西湖正常蓄水位 19.00 m，相应库容 0.90 亿 m^3，设计洪水位 16.50 m，相应库容 28.80 亿 m^3；花园湖正常蓄水位 15.00～16.00 m，相应库容 1.45～2.30 亿 m^3，设计洪水位 19.90 m，相应库容 7.70 亿 m^3；瓦埠湖正常蓄水位 18.00 m，相应库容 2.20 亿 m^3，设计洪水位 22.00 m，相应库容 12.90 亿 m^3；洪泽湖正常蓄水位 12.50 m，相应库容 30.11 亿 m^3，设计洪水位 16.00 m，相应库容 82.45 亿 m^3。5 座湖泊的主要特征详见表 4.1。

结合实际资料综合分析考虑，城东湖、城西湖、高塘湖、瓦埠湖、花园湖做单独蓄水工程考虑，其他众多小型湖泊做综合概化处理。

4.1.3 大型闸坝

据初步调查统计，目前研究区内的淮河干流、颍河、新汴河、涡河、浍河等主要河道上有大中型拦河闸共 19 座，其中大型 14 座，中型 5 座；总库容约 15.991 亿 m^3，兴利库容约 8.34 亿 m^3；设计灌溉面积 2 720 km^2，实际灌溉面积约 880 km^2。按管理权限分，市管的有蚌埠闸、颍上闸、阜阳闸 6 等座，国管的有涡阳闸、宿县闸等 9 座，其他为县管。

参考闸坝的资料并经过调查分析，最终确定调蓄作用较大的 2 座闸坝工程，即蚌埠闸和阜阳闸，作为单独考虑的蓄水闸坝工程。其他闸坝型蓄水工程做总体概化的简化处理。其中蚌埠枢纽位于蚌埠市西的淮河上，由节制闸、分洪道、船闸、电站等组成。作用是抬高淮河枯季水位，以利灌溉、供水和通航。设有 28 扇宽 10 m、高 7.5 m 的闸门，泄洪能力 10140 m^3/s。运用水位为 16.0～18.0 m。分洪道设计流量 2 860 m^3/s。据淮干上中游及主要支流下游主要控制闸坝 1978—1997 年历年末蓄水量统计，淮河干流蚌埠闸的年末拦蓄水量以 1988 年最多，为 3.12 亿 m^3；1984 年最少，为 2.04 亿 m^3；多年平均年末蓄水量为 2.73 亿 m^3。蚌埠闸和阜阳闸的工程特征详见表 4.1。

4.2 系统模拟研究任务

本次水工程系统联合运行模拟研究的主要任务包括：

(1) 根据淮河水资源开发利用和水工程分布情况，重点分析和确定流域内大型及重要中型水库、闸坝、泵站以及河道(淮干息县～洪泽湖段及重要支流)、湖泊等各类水工程特性、功能、供水范围和供水对象；

(2) 对淮河流域各县级供水对象的城镇、农村需水进行分类和估算，分解到县(区)级子单元范围；

(3) 研究建立淮河水工程系统运行模拟模型，包括：单一水工程模拟模型，流域水工程系统联合运行模拟模型，以及水动力模拟模型和水质模拟模型；

(4) 根据实际资料进行模拟计算，进而分析不同规划水平年的长期水资源供需平衡和配置情况，以及实际预报条件下的短期动态水力水质变化情况。

在针对以上模拟研究任务进行具体建模时，根据模拟的目的和资料条件等因素，按以下两种情况考虑：

① 对于规划水平年的水工程系统联合运行模拟，计算分析对象有二：

一是以淮河洪泽湖以上的整个研究区域范围为对象进行具体的模拟计算分析，且主要对该范围内径流调节作用较大的 17 座大型水库、5 座湖泊及 2 座闸坝，进行水工程联合运行模拟。其中 17 座大型水库工程为南湾水库、石山口水库、五岳水库、泼河水库、鲶鱼山水库、梅山水库、响洪甸水库、佛子岭水库、磨子坛水库、宿鸭湖水库、薄山水库、石漫滩水库、板桥水库、孤石滩水库、白沙水库、昭平台水库、白龟山水库；5 座湖泊为城东湖、城西湖、高塘湖、瓦埠湖、花园湖；2 座闸坝工程是蚌埠闸和阜阳闸。这些大型水工程的主要工程特性如表 4.1。对于其中的中小型水库和中小型闸坝，模拟中以综合概化方法进行考虑。

表 4.1　系统模拟范围内大型水工程特性表

序号	工程名称	水系河流	地理位置	流域面积（km^2）	总库容（亿 m^3）	设计标准	校核标准	设计水位（m）	校核水位（m）	兴利库容（亿 m^3）	兴利水位（m）	死水位（m）	汛限水位（m）
1	南湾	狮河	河南信阳	1 100	13.55	1 000	PMF*	108.90	112.80	6.7	103.50	88.00	103.3～103.5
2	石山口	小潢河	河南罗山	306	3.72	100	PMF	80.60	84.52	1.69	79.50	71.00	78.5～79.5
3	五岳	砦河	河南光山	102	1.2	100	10 000	89.88	91.38	0.73	89.30	75.00	88.3～89.0
4	泼河	泼陂河	河南光山	222	2.35	100	10 000	83.45	86.72	1.5	82.00	70.00	80.8～82.0
5	鲇鱼山	灌河	河南商城	924	9.16	100	5 000	111.40	114.50	5.12	107.00	84.00	105.8～107.0
6	薄山	汝河	河南确山	580	6.2	100	PMF	121.30	128.20	2.8	116.60	92.00	113.8
7	板桥	汝河	河南驻马店	768	6.75	100	PMF	117.50	119.35	2.56	111.50	101.00	109.8～111.3
8	宿鸭湖	汝河	河南汝南	4 498	16.56	100	1 000	57.75	58.87	2.66	53.00	50.50	52.00
9	孤石滩	沙河	河南叶县	285	1.85	100	2 000	157.07	160.69	0.661	152.50	141.00	145.00
10	昭平台	沙河	河南鲁山	1 430	7.13	100	1 000	177.50	180.60	3.94	174.00	159.00	167.0～172.0
11	白龟山	沙河	河南平顶山	2 740	7.31	100	1 000	105.65	107.81	3.02	103.00	97.50	101.0～103.0
12	白沙	颍河	河南禹州	985	2.95	100	2 000	231.85	235.16	1.22	225.00	207.00	223.0～225.0
13	石漫滩	洪河	河南舞钢	230	1.2	100	1 000	110.65	112.05	0.68	107.00	95.00	106.8～107.0
14	响洪甸	淠河	安徽金寨	1 431	26.32	1000	10 000	139.10	143.60	14.13	128.00	108.00	125
15	梅山	史河	安徽金寨	1 970	23.37	1000	10 000	139.17	140.77	12.45	126.00	107.10	125.27～126
16	佛子岭	淠河	安徽霍山	1 840	4.91	100	1 000	125.65	129.83	3.65	124.00	108.76	117.56～119.56
17	磨子潭	淠河	安徽霍山	570	3.47	100	1 000	201.19	203.93	1.9	187.00	163.00	179.0～180.0
18	城西湖	沣河	安徽霍邱	—	—	—	—	—	—	5.8	21	18	20
19	城东湖	汲河	安徽霍邱	—	—	—	—	—	—	1.695	19.5	18	19
20	瓦埠湖	瓦埠河	安徽寿县、长丰	—	—	—	—	—	—	2.2	18	16	17
21	高塘湖	窑河	安徽淮南	—	—	—	—	—	—	0.85	17.5	16	17
22	花园湖	小溪河	安徽凤阳	—	—	—	—	—	—	0.8	14	13	13
23	阜阳闸	颍河	安徽阜阳	—	—	—	—	—	—	0.685	28	26	27
24	蚌埠闸	淮干	安徽蚌埠	—	—	—	—	—	—	2.7	17.5	15	17

* PMF：可能最大暴雨洪水。

二是将洪汝河流域抽取出来，作为独立的研究对象，进行水工程系统联合运行模拟计算，所得相关成果可为稍后的典型区水量水质联合调度模型研究提供分析比较的基础。典型区包括洪河、汝河两条淮河支流，主要分布在河南省境内，涉及驻马店、平顶山和漯河等 3 个地级市的行政区划，具体包括驻马店市的驿城区、确山县、遂平县、西平县、上蔡县、汝南县、平舆县、新蔡县、泌阳县、正阳县，平顶山市的舞钢市，以及漯河市的舞阳县等共 12 个县级行政区。典型区水工程系统联合运行模拟主要针对宿鸭湖水库、薄山水库、石漫滩水库、板桥水库等 4 座大型水库进行；对于中小型水库和中小型闸坝亦以综合概化方法进行考虑。

通过对以上述的"整个研究区域范围"和"典型区"为对象进行水工程系统联合运行模拟计算，可以得到两个对象系统在各种来水条件、需水过程和运行方式下具体的运行过程，并据以分析不同水平年的长期水资源供需平衡和配置情况。为此，根据资料条件，取 1997 年 1 月至 2006 年 12 月共 10 年为模拟计算期限，模拟计算以逐月、逐旬为时段单位。

② 对于水动力模拟和水质模拟，分别以流量资料及河道断面资料等资料条件相对较好的淮河干流"王家坝—鲁台子"河段（总长度约 158 km）以及洪汝河流域"石漫滩水库坝址—入淮口"河段（总长度约 290 km）为对象进行模拟计算，以分析实际预报条件下两个河段的短期动态水力、水质变化情况。为此，水动力模拟和水质模拟计算的时间尺度细化到小时级的时段单位，模拟计算期限根据实际预报条件等因素确定。

4.3 模拟子单元划分

模拟子单元划分应该综合考虑供水水源的基本单元和用水方的基本单元，从供水水源的角度看，淮河流域自然流域产水单元是一个基本单位，水工程经过调节进行供水是另一个基本单位。从用水方的角度看，供水对象跟供水水源的基本单位不同，用水方的基本单位依行政区划更为合理。在确定供水水源的最小单位和供水对象的最小单位的基础上，两者综合得到模拟子单元的最小单位。

供需分析是系统模拟子单元划分的重要基础，需要结合水源、用水户以及水利工程和各种可行供排水线路所构成的系统网络模拟水源在各种约束下的运移转换。实际中不同类别的水源往往有相应的用水户和水量供给措施。在确定系统计算单元和工程等基本元素的基础上，有必要对计算单元的用水户和水源作进一步的划分，明晰不同水量到各类用户的配置关系。对于水源，根据系统用户对水质的不同要求、系统概化结构及对实际状况模拟的精细程度等需要，可以作进一步的细分，以便更接近实际。对于用水户，可以根据其对水源的不同要求、供求方式上存在的差别以及资料的可获得程度，在满足同类用户对水源供给要求和供水保证程度一致的原则下进一步划分。

就整个洪泽湖以上淮河流域的研究区域范围而言，单元划分的依据主要是水源和供水对象。

首先,就水源来说,水源单位既包括自然流域分区,也包括工程供水范围分区。自然流域分区主要以 83 个自然产水单元为依据(见图 4.1),工程供水范围分区以 17 座大型重点水库工程、5 座湖泊和 2 座闸坝供水范围为依据,合计为 24 个工程供水范围分区,其他中小水库、湖泊、水闸等以综合概化方法计算。自然流域分区和水工程供水范围分区两部分覆盖空间上有重叠,但在水资源供需模拟计算时是相对独立的。两种水源总共划分成 107 个模拟子单元。

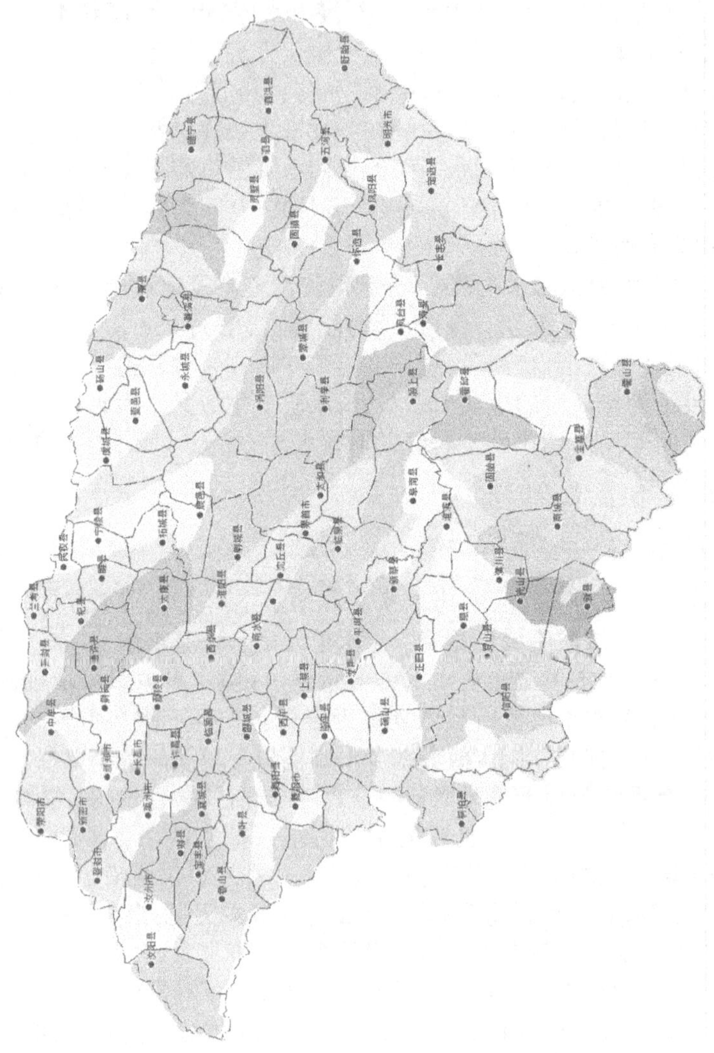

图 4.1　淮河流域水工程系统模拟分区示意图

因既要考虑供水水源基本单位,又要考虑用水行政区划基本单位,为了同时满足两种边界划分的要求,经研究提出单元划分方法如下:将 83 个供水水源分区图与县级以上行政区划图进行叠加，发现涉及县级以上行政区（含部分地级市及市区）118 个，经绘图作业和分析，分割最小多边形单位 314 个，将其作为模拟子单元划分的依据。经调查分析后，就近将这些子单元划归适当的水工程供水覆盖区。最后得到的模拟最小单元共 314 个，这是用水的最小单位，也是供水的最小单位。

314 个模拟单元的供水水源按从属关系由 83 个产水单元提供。依据就近原则分析，其中 49 个模拟单元可同时就近得到 24 座水工程之一的供水。

综上所述，最后确定模拟子单元共 314 个，每个子单元既是某个县域的一部分，也是某个水文产水分区的一部分。模拟子单元作为最小供水对象，即需水单位，其需水量由所属县级行政区的需水量按合适比例分摊所得。模拟子单元是最小水源单位，进行单元内供水，其可用水量由所属产水单元按合适比例分摊所得。模拟子单元是某工程供水对象之一，根据就近原则和合理配置原则分析。

模拟子单元作为最小供水对象单位，需水还要划分成城镇生活、城镇生产、城镇生态、农村生活、农村生产、农村生态等六类用水部门。

确定了单元划分后，需建立系统概化图。各类水源作为系统输入在工程、节点与用水户等实体间完成相应的传输转化并影响系统总体状态。各类实体在不同过程中承担着控制和影响水量运动进程的作用，其物理特征和决策者的期望反映了该实体在系统承担的角色。对系统的概化就是选取、提炼与模拟过程相关元素的特征参数，以点线概念对整个系统作模式化处理，构建模拟框架并规范数据处理要求，为建立简洁的概念化水资源模拟模型奠定基础。

系统模拟子单元及供水对象划分情况见图 4.2 和表 4.2。

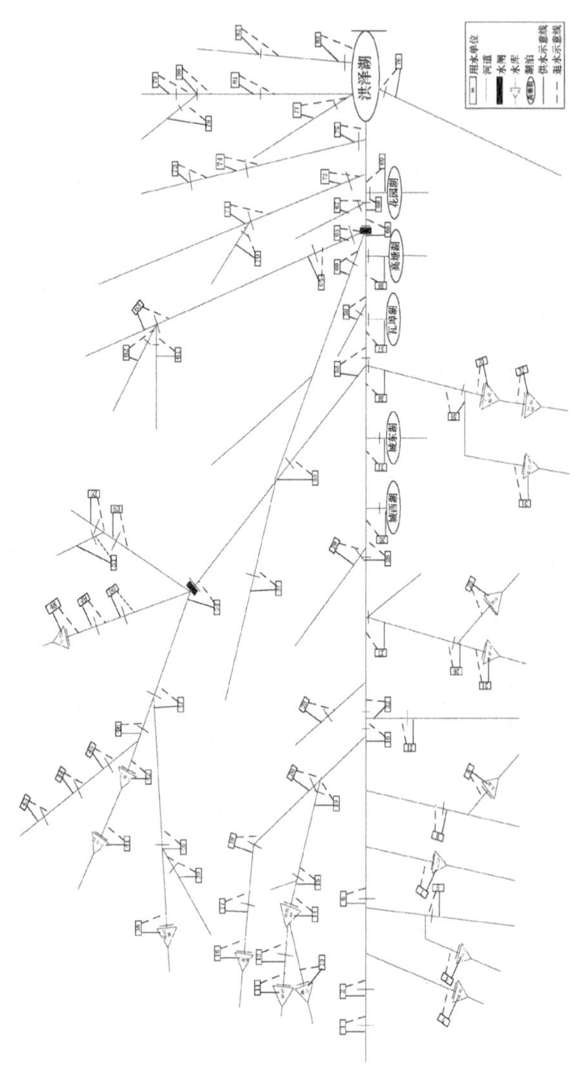

图 4.2　淮河流域水工程系统模拟概化图

表 4.2　系统模拟子单元及供水对象表

分区编号	划分依据	供水对象											
1	自然流域	随州市区	桐柏县										
2	自然流域	随州市区	信阳市区										
3	自然流域	信阳市区											
4	自然流域	罗山县											
5	自然流域	罗山县	光山县	大悟县	新县								
6	自然流域	信阳市区	罗山县	光山县	确山县	正阳县	息县						
7	自然流域	新县											
8	自然流域	新县											
9	自然流域	光山县	新县	潢川县									
10	自然流域	新县	光山县	潢川县	息县	正阳县	淮滨县						
11	自然流域	泌阳县											
12	自然流域	驻马店市	泌阳县	确山县	遂平县								
13	自然流域	确山县											
14	自然流域	驻马店市区	确山县	遂平县	汝南县	正阳县							
15	自然流域	正阳县	遂平县	西平县	上蔡县	汝南县	平舆县						
16	自然流域	舞钢市											
17	自然流域	遂平县	西平县	舞钢市	舞阳县								
18	自然流域	漯河市区	西平县										
19	自然流域	正阳县	新蔡县	息县									
20	自然流域	上蔡县	汝南县	平舆县	新蔡县								
21	自然流域	新县	潢川县	商城县	固始县								
22	自然流域	淮滨县	固始县	新蔡县									
23	自然流域	新蔡县	临泉县	阜南县									
24	自然流域	商城县											
25	自然流域	金寨县											
26	自然流域	六安市区	商城县	金寨县	固始县								
27	自然流域	六安市区	固始县	霍邱县									

续表 4.2

分区编号	划分依据	供水对象											
28	自然流域	新蔡县	固始县	临泉县	阜南县	霍邱县							
29	自然流域	阜南县	临泉县	颍上县									
30	自然流域	霍邱县											
31	自然流域	六安市区	金寨县	霍邱县									
32	自然流域	岳西县											
33	自然流域	岳西县	霍山县										
34	自然流域	金寨县	霍山县										
35	自然流域	霍山县											
36	自然流域	六安市区	寿县										
37	自然流域	漯河市区	上蔡县	平舆县	临泉县	沈丘县	项城市	商水县	界首市				
38	自然流域	方城县	叶县										
39	自然流域	方城县	叶县										
40	自然流域	叶县	舞阳县										
41	自然流域	鲁山县											
42	自然流域	鲁山县											
43	自然流域	汝阳县											
44	自然流域	汝州市											
45	自然流域	平顶山市区	汝州市	郏县	禹州市	襄城县	宝丰县						
46	自然流域	平顶山市区	叶县	舞阳县	襄城县								
47	自然流域	漯河市区	舞阳县										
48	自然流域	登封市											
49	自然流域	襄城县	禹州市	许昌县									
50	自然流域	漯河市区	许昌市区	襄城县	许昌县	临颍县	新郑市	禹州市	长葛市	西华县	鄢陵县	扶沟县	
51	自然流域	新密市											
52	自然流域	郑州市	新郑市	荥阳县	中牟县								
53	自然流域	新郑市	长葛市	鄢陵县	扶沟县	中牟县	尉氏县	开封县					
54	自然流域	漯河市区	西华县	扶沟县	商水县								

续表 4.2

分区编号	划分依据	供水对象											
55	自然流域	周口市	阜阳市区	沈丘县	西华县	商水县	太康县						
56	自然流域	阜阳市区	阜南县	霍邱县	颍上县	寿县							
57	自然流域	六安市区	寿县	长丰县	肥西县								
58	自然流域	阜阳市区	颍上县	利辛县	凤台县								
59	自然流域	淮南市区	长丰县	定远县									
60	自然流域	亳州市区	阜阳市区	淮南市区	淮阳县	郸城县	界首市	太和县	利辛县	凤台县	涡阳县	蒙城县	怀远县
61	自然流域	扶沟县	中牟县	开封县	太康县	淮阳县	通许县	杞县	睢县	柘城县	鹿邑县		
62	自然流域	开封市区	开封县	杞县	睢县	柘城县	兰考县	民权县	宁陵县				
63	自然流域	商丘市区	亳州市区	柘城县	鹿邑县	民权县	宁陵县						
64	自然流域	亳州市区	郸城县	利辛县	蒙城县	鹿邑县	涡阳县						
65	自然流域	蒙城县	怀远县										
66	自然流域	淮南市区	蚌埠市区	寿县	凤台县	长丰县	定远县	怀远县	凤阳县				
67	自然流域	蚌埠市区	蒙城县	怀远县	涡阳县	濉溪县	固镇县	五河县					
68	自然流域	蚌埠市区	定远县	五河县	凤阳县								
69	自然流域	定远县	凤阳县										
70	自然流域	宿州市区	蒙城县	怀远县	涡阳县	濉溪县	固镇县						
71	自然流域	亳州市区	商丘市区	宿州市区	涡阳县	濉溪县	固镇县	虞城县	夏邑县	永城市			
72	自然流域	固镇县	五河县										
73	自然流域	商丘市区	濉溪县	虞城县	夏邑县	永城市	砀山县	萧县					
74	自然流域	宿州市区	濉溪县										
75	自然流域	宿州市区	固镇县	五河县	灵璧县	泗县							
76	自然流域	定远县	肥东县	明光市									
77	自然流域	宿州市区	灵璧县	泗县									
78	自然流域	宿州市区	淮北市区	徐州市区	濉溪县	砀山县	萧县						
79	自然流域	宿州市区	徐州市区	萧县									
80	自然流域	宿州市区	徐州市区	灵璧县	睢宁县								
81	自然流域	灵璧县	泗县										

续表 4.2

分区编号	划分依据	供水对象											
82	自然流域	灵璧县	睢宁县	泗县	泗洪县	宿豫县							
83	自然流域	五河县	泗县	泗洪县	明光市	盱眙县	泗阳县	宿豫县					
84	南湾水库	信阳市区	正阳	罗山县									
85	石山口水库	罗山县											
86	五岳水库	光山县	潢川县	息县									
87	泼河水库	光山县	潢川县										
88	板桥水库	遂平县	驻马店市区										
89	薄山水库	确山县	驻马店市区										
90	宿鸭湖水库	汝南县	正阳县	新蔡县	平舆县								
91	石漫滩水库	舞钢市	舞阳县	西平县									
92	鲶鱼山水库	商城县	固始县										
93	梅山水库	固始县	金寨县										
94	磨子潭水库	六安市	肥西县	霍山县									
95	佛子岭水库	六安市	肥东县										
96	响洪甸水库	六安市	肥西县										
97	孤石滩水库	叶县											
98	昭平台水库	平顶山市区	宝丰县	鲁山县									
99	白龟山水库	平顶山市	叶县										
100	白沙水库	禹州市	许昌县	许昌市区									
101	城西湖	霍邱县											
102	城东湖	寿县											
103	阜阳闸	阜阳市区	颍上县										
104	瓦埠湖	淮南市区	寿县										
105	高塘湖	怀远县											
106	蚌埠闸	蚌埠市区	淮南市区	怀远县	凤台县	寿县							
107	花园湖	五河县											

4.4　模拟单元来水、需水分析

淮河水工程系统运行模拟计算的基础输入资料包括天然来水和需水资料。

4.4.1　来水计算

本次研究中，天然来水是通过自然水循环模拟计算得到的。具体地，根据各模拟单元的自然条件，分别应用新安江模型和淮北平原坡水区模型进行自然水循环模拟研究，构建水循环模拟子系统(参见本书第 2 章)。输入各模拟单元的降水资料，经水循环模拟子系统计算，得到各单元逐日产(来)水流量过程，经统计汇总得到逐旬、逐月的流量过程。本次研究中，输入的降水资料系列为 1997 年 1 月至 2006 年 12 月共 10 年，相应地，用于水工程系统运行模拟的来水系列为该 10 年期间各模拟单元的流量过程。

4.4.2　需水分析

需水过程是以社会经济资料为依据通过预测分析得到的。需水预测需对用水进行分类，包括生活用水、生产用水和生态用水。其中生活用水分为农村居民用水和城镇居民用水；生产用水分为种植业灌溉用水、林牧渔业用水、电力工业用水、一般工业用水、建筑业和第三产业用水；生态用水分为河道内生态用水和河道外用水。需水预测按照计算单元进行计算，计算结果按照行政分区汇总(参见本书第 3 章)。

将 107 个供水模拟单元与县级行政区划的叠加，供水对象的最小单元细分为 314 个。对各供水对象所属市、县(市、区)级行政区域，以现状(2010 年)、中期(2020 年)、远期(2030 年)等三个水平年的面积、人口、生产发展水平等为依据进行需水预测，并经适当分配，最后确定各个供水对象单元的生活、生产、生态需水量及逐月逐旬需水过程。其中，各供水对象的城镇生活用水和农村生活用水主要按人口比例进行需水量分配；城镇生产用水主要按 GDP 比例分配；城镇生态用水主要按面积比例分配；农村生产用水主要按耕地面积比例分配。关于需水过程的确定，除农业灌溉用水按与水文年型相应的农业灌溉制度分配到月、旬外，其他用水基本上按各时段平均分配确定。

4.5　单一水工程运行模拟研究

水工程系统是由若干个单一工程结合在一起形成的有机整体。单一水工程的运行模拟是整个水工程系统运行模拟的基础。前已提及，本次研究区域范围的单一水工程主要包括 17 座大型水库、5 座湖泊和 2 座水闸，其主要工程特性见表 4.1。由于这些工程都具有一定的径流调蓄功能，故可作为蓄水工程进行分析。此外，河道也承担一定的供水任务。因此，单一水工程模拟主要是对大型水库、湖泊、水闸等蓄水工程及河道的运行情况进行模拟分析。

单一工程(水库)模拟计算时，若遇到缺水，应按一定优先次序控制不同用水部门的缺水量，对缺水深度进行协调控制，供水优先次序大致排序为：城市生活用水、农村生活用水、城市生产用水、城市生态用水、农村生态用水、农村生产用水。

单一工程运行模拟的来水过程与上游地区水资源供需平衡和上游工程运用情况有关，根据上游来水处理方式不同分为两种情况：① 考虑该工程断面以上流域范围所有分区的产水过程、所有供水对象的需水过程的情况下，先从流域最上游端开始进行模拟，自上而下做工程模拟和供需量计算，直到确定该工程来水过程；② 对某些水工程(如计算分区最上一级工程)，可仅考虑该工程的入库流量过程和该工程承担供水对象的需水过程，进行该工程独立的、局部的模拟。

通过单一工程运行模拟，可以得到以下结果：① 该工程调节运用的水位变化过程线；② 工程综合供水量、需水量和水量保证程度；③ 工程供水对象的供水量、需水量和水量保证程度；④ 六类用水部门的供水保证率、缺水深度等指标。

4.5.1 蓄水工程模拟模型

如前所述，由于水库、湖泊及大型水闸都具有一定程度的径流调蓄功能，故可作为蓄水工程进行分析。其模拟模型如下：

1) 水量平衡方程式

$$V_{i,j+1}=V_{ij}+I_{ij}-T_{ij}-E_{ij}-C_{ij}-q_{ij}$$

式中：

$$I_{ij}=Wq_{ij}+Wx_{ij}-Tq_{ij}$$
$$E_{ij}=F_{ij}\times h_{ij}\times a$$

式中，i——第 i 个蓄水工程(水库、湖泊及大型水闸，下同)；

j——第 j 个时段；

$V_{i,j+1}$——第 i 个蓄水工程第 j 个时段末的蓄水工程蓄水量(m^3)；

V_{ij}——第 i 个蓄水工程第 j 个时段初的蓄水工程蓄水量(m^3)；

I_{ij}——第 i 个蓄水工程第 j 个时段内的入库水量(m^3)；

T_{ij}——第 i 个蓄水工程第 j 个时段内向各用水部门提供的水量(m^3)；

E_{ij}——第 i 个蓄水工程第 j 个时段内的蒸发损失；

C_{ij}——第 i 个蓄水工程第 j 个时段内的渗漏损失；

q_{ij}——第 i 个蓄水工程第 j 个时段内的下泄水量；

Wx_{ij}——第 i 个蓄水工程第 j 个时段内上游水工程泄流量(m^3)；

Wq_{ij}——第 i 个蓄水工程第 j 个时段内区间天然来水量(m^3)；

Tq_{ij}——第 i 个蓄水工程第 j 个时段内区间河道供水量(m^3)；

F_{ij}——第 i 个蓄水工程第 j 个时段内平均蓄水工程水面面积(km^2)；

h_{ij}——第 i 个蓄水工程第 j 个时段内蓄水工程蒸发损失深度(mm)；

a——蓄水工程当地蒸发折算系数。

2）库容约束

$$V_{死i} \leqslant V_{ij} \leqslant V_{正i} \cdots\cdots\cdots\cdots 非汛期$$
$$V_{死i} \leqslant V_{ij} \leqslant V_{限i} \cdots\cdots\cdots\cdots 汛期$$

式中：$V_{死i}$——第 i 个蓄水工程的死库容；

$V_{正i}$——第 i 个蓄水工程的正常蓄水位所对应的库容；

$V_{限i}$——第 i 个蓄水工程的防洪限制水位所对应的库容。

3）蓄水工程供水量 T_{ij} 约束条件

$$0 \leqslant T_{ij} \leqslant T''_{ij}$$

式中：T''_{ij}——第 i 个蓄水工程第 j 个时段的最大供水能力。

4）下泄流量约束

$$0 \leqslant Q \leqslant \min(Q_{xy}, Q_{zk})$$

式中：Q_{xy}——蓄水工程下游河道的安全过流能力（m^3/s）；

Q_{zk}——蓄水工程泄水设备的最大下泄能力（m^3/s）。

5）供水优先顺序

蓄水工程供水量应根据其供水对象单元内各部门的用水需求，并考虑供水优先顺序等因素分析确定。各蓄水工程的供水对象参见表 4.2，其向各用水部门应提供的水量应按一定的供水优先顺序规则分析确定。供水优先顺序规则主要包括：

（1）供水对象顺序：空间上的优先顺序采取离供水对象先近后远、蓄水工程调蓄能力先小后大的原则。

（2）用水部门顺序：一般情况下，蓄水工程对每个供水对象的各用水部门供水时，其供水的先后顺序是城镇生活供水、农村生活供水、城镇生产供水、城镇生态供水、农村生产供水、农村生态供水，6 个用水部门的供水优先次序控制流程图如图 4.3。若遇到缺水情况，需根据实际情况，按一定优先次序控制不同用水部门的缺水量，对缺水深度进行协调控制。

（3）水源顺序：就特定供水对象单元而言，除供水工程外，可能还有多个水源，其供水顺序一般为当地地表水、地下水、外调水、其他水源，各水源向各部门供水的优先顺序为城市生活、生产、生态用水及农村生活、生产、生态用水。

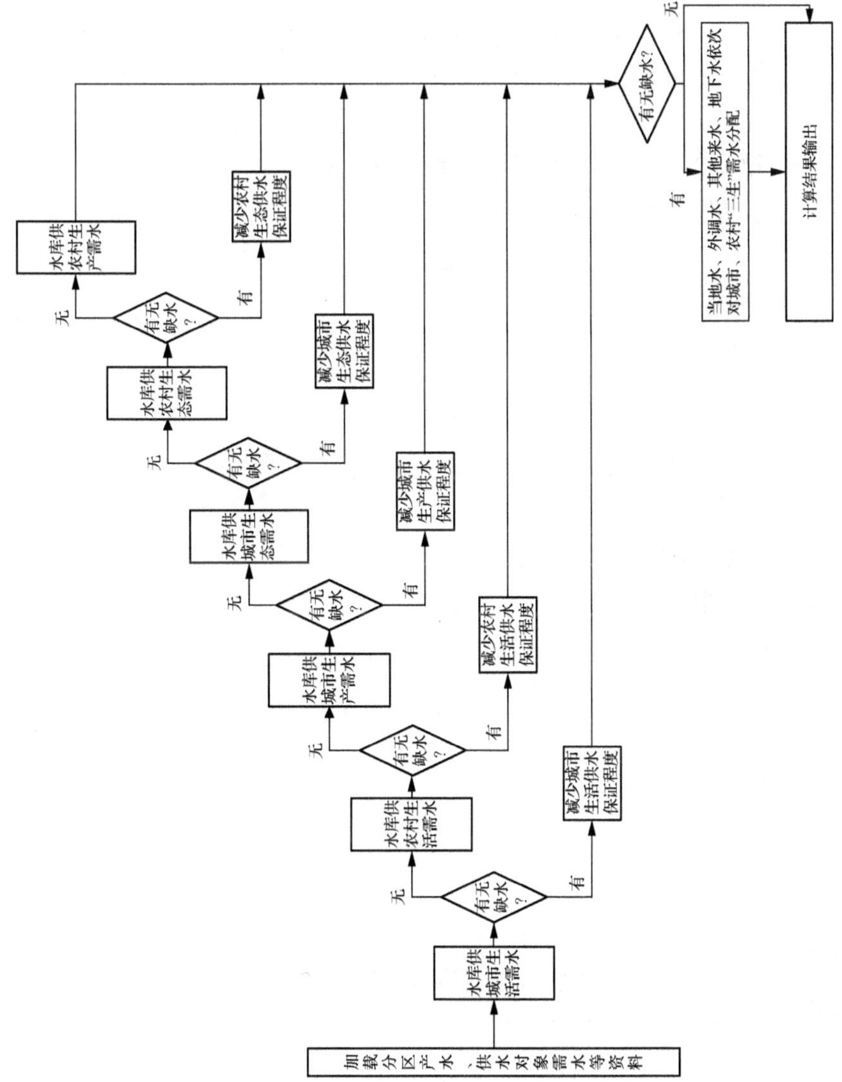

图 4.3 水工程系统运行模拟的供水优先次序控制计算流程图

4.5.2 河道运行模拟模型

1）以月(旬)为时段的河道模拟

(1) 河道水量平衡公式

$$Q_{ij}=q_{ij}+x_{ij}-T_{ij}-E_{ij}$$

式中：i——第 i 个断面；$i=1,2,3,\cdots$；

j——第 j 个时段；$j=1,2,3,\cdots$；

x_{ij}——第 i 个断面，第 j 个时段内上游水工程断面下泄量(m^3)；

q_{ij}——第 i 个断面，第 j 个时段内区间天然来水量(m^3)；

T_{ij}——第 i 个断面，第 j 个时段内区间河道供水量(m^3)；

Q_{ij}——第 i 个断面，第 j 个时段末的断面下泄水量(m^3)；

E_{ij}——第 i 个断面，第 j 个时段内的蒸发损失。

(2) 河道供水约束

$$T_{ij} \leqslant T''_{ij}$$

式中：T''_{ij}——河道最大供水能力。

(3) 河道内水位约束

$$Z^t_{\min} \leqslant Z^t_i$$

式中：$Z^t_{\min}$——t 时刻河道内满足生态等方面需求的最低水位(m)；

Z^t_i——t 时刻河道内水位(m)。

2) 以日为时段的河道模拟

河道运行模拟可应用马斯京根方法进行，其基本方程为

水量平衡方程

$$\frac{1}{2}(I_1+I_2)\Delta t-\frac{1}{2}(O_1+O_2)\Delta t=W_2-W_1$$

槽蓄方程

$$W=K[xI+(1-x)O]$$

式中：O_1、O_2——分别为 Δt 时段初、末的河段出流量(m^3/s)；

I_1、I_2——分别为 Δt 时段初、末的河段入流量(m^3/s)；

K——河段水量的传播时间(s)；

x——河段流量比重因数。

联立这两个方程，得河道运行模拟的流量演算模式如下：

$$O_2=C_0 I_2+C_1 I_1+C_2 O_1$$

式中：O_1、O_2——分别为 Δt 时段初、末的河段出流量(m^3/s)；

I_1、I_2——分别为 Δt 时段初、末的河段入流量(m^3/s)；

$$C_0=\frac{0.5\Delta t-Kx}{0.5\Delta t+K-Kx};$$

$$C_1=\frac{0.5\Delta t+Kx}{0.5\Delta t+K-Kx};$$

$$C_2=\frac{-0.5\Delta t+K-Kx}{0.5\Delta t+K-Kx}$$

式中：

$$C_0+C_1+C_2=1,\qquad \Delta t\in[2Kx,2K-2Kx]$$

式中：K——河段水量的传播时间；

x——河段流量比重因数。

当计算时段以月为单位时，河道模拟的计算模式可简化为水量平衡方程：

$$W_{i+1,j}=W_{ij}+q_{ij}-T_{ij}-E_{ij}$$

式中：i——第 i 个断面；

j——第 j 个时段；

$W_{i+1,j}$——第 $i+1$ 断面，第 j 时段的断面过水量(m^3)；

W_{ij}——第 i 断面，第 j 时段的断面过水量(m^3)；

q_{ij}——第 i 河段区间第 j 时段内的天然来水量(m^3)；

T_{ij}——第 i 河段区间第 j 时段内向各用水部门提供的水量(m^3)；

E_{ij}——第 i 河段区间第 j 时段内的蒸发损失。

对时段更短的小时级别的河道模拟，需要考虑非恒定流河网模拟模型。

4.5.3 湖泊运行模拟模型

1）湖泊特性

湖泊的运行与水库既有相同之处又有所区别。二者同样具有一定的调蓄能力，具有对流量削峰填谷的作用；但水库作为人类活动的产物，具有很强的目的性和可控性；湖泊往往是天然形成，与河道连通客观上具有调蓄能力，但其水位往往受各出入河道流量水位等天然因素影响较大，因此周边情况复杂，可控程度可能低于水库，其利用目标与方式也与水库有所区别。

2）湖泊水量平衡约束

$$V_{i,j+1}=V_{ij}+I_{ij}-T_{ij}-E_{ij}-q_{ij}$$
$$I_{ij}=Wq_{ij}+Wx_{ij}-Tq_{ij}$$
$$E_{ij}=F_{ij}\times h_{ij}\times a$$

式中：i——第 i 个湖泊；$i=1,4,6,7$；

j——第 j 个时段；

$V_{i,j+1}$——第 i 个湖泊，第 j 个时段末的湖泊蓄水量(m^3)；

V_{ij}——第 i 个湖泊，第 j 个时段初的湖泊蓄水量(m^3)；

I_{ij}——第 i 个湖泊，第 j 个时段内的入库水量(m^3)；

T_{ij}——第 i 个湖泊,第 j 个时段内向各用水部门提供的水量(m^3);
E_{ij}——第 i 个湖泊,第 j 个时段内的蒸发损失;
C_{ij}——第 i 个湖泊,第 j 个时段内的渗漏损失;
q_{ij}——第 i 个湖泊,第 j 个时段内的弃水量(m^3);
Wx_{ij}——第 i 个湖泊,第 j 个时段内上游水工程泄流量(m^3);
Wq_{ij}——第 i 个湖泊,第 j 个时段内区间天然来水量(m^3);
Tq_{ij}——第 i 个湖泊,第 j 个时段内区间河道供水量(m^3);
F_{ij}——第 i 个湖泊,第 j 个时段内平均湖泊水面面积(km^2);
h_{ij}——第 i 个湖泊,第 j 个时段内湖泊蒸发损失深度(mm);
a——为湖泊当地蒸发折算系数。

3)库容约束

$$V_{死i} \leqslant V_{ij} \leqslant V_{正i} \cdots\cdots\cdots\cdots 非汛期$$
$$V_{死i} \leqslant V_{ij} \leqslant V_{限i} \cdots\cdots\cdots\cdots 汛期$$

式中:$V_{死i}$——第 i 个湖泊的死库容;
$V_{正i}$——第 i 个湖泊的正常蓄水位所对应的库容;
$V_{限i}$——第 i 个湖泊的防洪限制水位所对应的库容。

4)湖泊供水量约束

$$0 \leqslant T_{ij} \leqslant V_{ij}$$
$$V_{ij} = I_{ij} + V_{1ij} - E_{ij}$$

式中:V_{1ij}——第 i 个湖泊,第 j 个时段初的湖泊蓄水量;
I_{ij}——第 i 个湖泊,第 j 个时段内的入库水量。

5)下泄流量约束

$$0 \leqslant Q \leqslant \min(Q_{xy}, Q_{zk})$$

式中:Q_{xy}——湖泊下游河道的安全过流能力(m^3/s);
Q_{zk}——湖泊泄水设备的最大下泄能力(m^3/s)。

6)水位约束

$$Z_{\min j} \leqslant Z_{ij} \leqslant Z_{\max j}$$

式中:Z_{ij}——第 i 个湖泊第 j 个时段水位;
$Z_{\min j}$——第 j 个时段湖泊的水位下限;
$Z_{\max j}$——第 j 个时段湖泊的水位上限。

4.5.4　单一工程运行模拟研究成果

针对水库、水闸等蓄水工程和河道等输水工程，建立单一工程模拟模型，在模型基础上，进行单一工程运行模拟系统的开发，能够计算蓄水工程在一定运用方式下，任一工程供水范围内供需水平衡成果，并检验本范围可达到的水量保证程度，判断是否缺水及缺水程度。

单一工程运行模拟系统能够从天然水循环和人工侧支水循环的计算成果中读取天然水资源计算成果和需水计算成果，根据工程所处的流域位置，自上游向下游演算本工程的入库流量过程，通过协调蓄水工程的运用方式，提高当地的供水保证程度，计算供需平衡成果；可以对一些模型参数(如水库等蓄水工程的起调水位等)进行设置，通过参数的调整实现对模拟方案的调整，提供了友好的人机界面，提高模型、程序的适用性；此外，还可对该工程的输入输出资料进行查询，并有可视化显示的功能，如水库水位变化曲线画图、水库需-供水量变化过程曲线画图、河道断面流量曲线画图、市/县需-供水量变化过程曲线画图、模拟计算结果查询等，参见图 4.4～图 4.6。

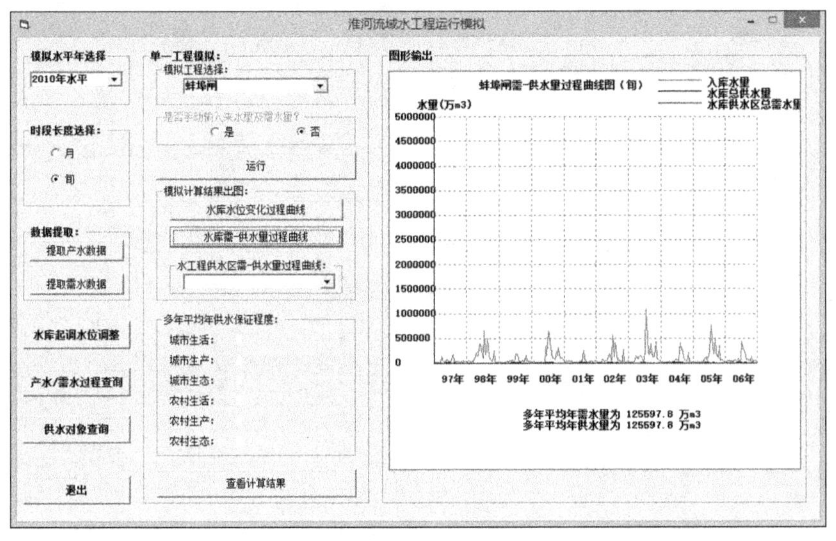

图 4.4　单一工程运行模拟程序

蚌埠闸模拟输入资料（旬）

1	时间	入库水量	蒸发深度	蚌埠市区当地水量	蚌埠市区地下水量
1	时间	入库水量	蒸发深度	蚌埠市区当地水量	蚌埠市区地下水量
2	"1997-1-上旬"	47.307	0.007	158.8474983	158.8474983
3	"1997-1-中旬"	873.716	0.007	158.8474983	158.8474983
4	"1997-1-下旬"	1043.7	0.007	158.8474983	158.8474983
5	"1997-2-上旬"	622.046	0.007	158.8474983	158.8474983
6	"1997-2-中旬"	149.899	0.007	158.8474983	158.8474983
7	"1997-2-下旬"	1528.83	0.007	158.8474983	158.8474983
8	"1997-3-上旬"	1278.013	0.013	158.8474983	158.8474983
9	"1997-3-中旬"	16335.979	0.013	158.8474983	158.8474983
10	"1997-3-下旬"	1467.027	0.013	158.8474983	158.8474983
11	"1997-4-上旬"	6006.811	0.017	158.8474983	158.8474983
12	"1997-4-中旬"	1262.108	0.017	158.8474983	158.8474983
13	"1997-4-下旬"	798.809	0.017	158.8474983	158.8474983
14	"1997-5-上旬"	4063.495	0.02	158.8474983	158.8474983
15	"1997-5-中旬"	5556.353	0.02	158.8474983	158.8474983
16	"1997-5-下旬"	853.032	0.02	158.8474983	158.8474983
17	"1997-6-上旬"	5227.656	0.023	158.8474983	158.8474983
18	"1997-6-中旬"	953.637	0.023	158.8474983	158.8474983
19	"1997-6-下旬"	913.648	0.023	158.8474983	158.8474983
20	"1997-7-上旬"	7064.66	0.02	158.8474983	158.8474983
21	"1997-7-中旬"	19892.29	0.02	158.8474983	158.8474983

Record: 1

开始编辑　添加　删除　关闭(C)

图 4.5　单一工程运行模拟资料输入程序

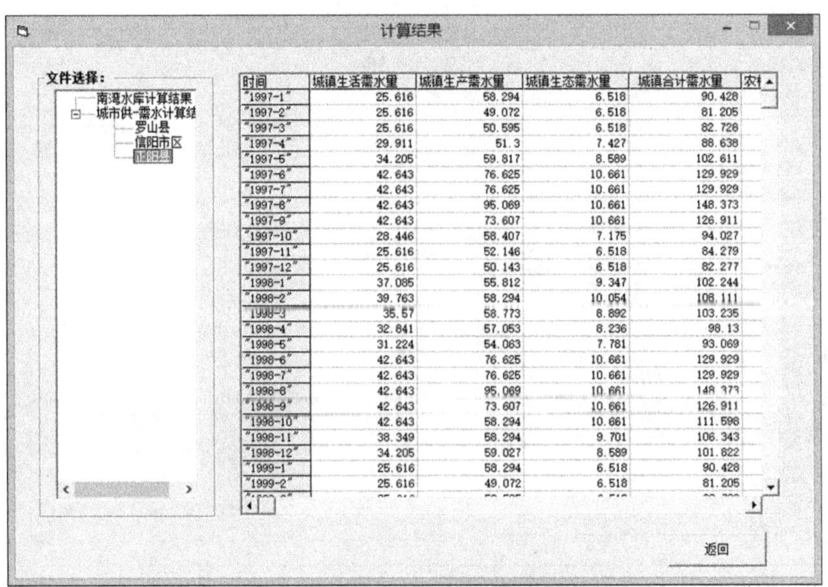

时间	城镇生活需水量	城镇生产需水量	城镇生态需水量	城镇合计需水量
"1997-1"	25.616	58.294	6.518	90.428
"1997-2"	25.616	49.072	6.518	81.205
"1997-3"	25.616	50.595	6.518	82.728
"1997-4"	29.911	51.3	7.427	88.638
"1997-5"	34.205	59.817	8.589	102.611
"1997-6"	42.643	76.625	10.661	129.929
"1997-7"	42.643	76.625	10.661	129.929
"1997-8"	42.643	95.069	10.661	148.373
"1997-9"	42.643	73.607	10.661	126.911
"1997-10"	28.446	58.407	7.175	94.027
"1997-11"	25.616	52.146	6.518	84.279
"1997-12"	25.616	50.143	6.518	82.277
"1998-1"	37.085	55.812	9.347	102.244
"1998-2"	39.763	58.294	10.054	108.111
"1998-3"	35.57	58.773	8.892	103.235
"1998-4"	32.841	57.053	8.236	98.13
"1998-5"	31.224	54.063	7.781	93.069
"1998-6"	42.643	76.625	10.661	129.929
"1998-7"	42.643	76.625	10.661	129.929
"1998-8"	42.643	95.069	10.661	148.373
"1998-9"	42.643	73.607	10.661	126.911
"1998-10"	42.643	58.294	10.661	111.596
"1998-11"	38.349	58.294	9.701	106.343
"1998-12"	34.205	59.027	8.589	101.822
"1999-1"	25.616	58.294	6.518	90.428
"1999-2"	25.616	49.072	6.518	81.205

图 4.6　单一工程运行模拟计算结果表格

4.6　水工程系统联合运行模拟研究

4.6.1　基本思路

将水库、湖泊、闸坝、河道的运行作为一个有机整体，构成水工程系统，将单一工程运行模拟模型相互耦合衔接起来，考虑各个节点上下游、干支流之间的水力、水利联系，建立相应的约束条件，即成为水工程系统联合运行模拟模型。当以月或旬为模拟时段时，不考虑时段内的水动力学过程，水库群之间联合运行模拟简化为水量平衡方程。

4.6.2　串联水库

串联水库水量平衡用以下公式表示：

$$W_{k+1,t}=G_{k,t}+Q_{k,t}+Y_{k,t}$$

式中：$W_{k+1,t}$——串联下游水库第 t 时段内入库水量(m^3)；

$G_{k,t}$——串联上游水库第 t 时段的出库水量(m^3)；

$Q_{k,t}$——串联水库之间第 t 时段的区间来水量(m^3)；

$Y_{k,t}$——串联水库之间第 t 时段的区间用水量(m^3)。

4.6.3　并联水库

并联水库水量平衡用以下公式表示：

$$S_{k+2,t}=G_{k,t}+G_{k+1,t}+Q_{k,t}+Q_{k+1,t}-Y_{k,t}-Y_{k+1,t}$$

式中：$S_{k+2,t}$——并联水库下游汇合断面第 t 时段内过水量(m^3)；

$G_{k,t}$——并联水库左支第 t 时段的出库水量(m^3)；

$G_{k+1,t}$——并联水库右支第 t 时段的出库水量(m^3)；

$Q_{k,t}$——并联水库左支第 t 时段的区间来水量(m^3)；

$Q_{k+1,t}$——并联水库右支第 t 时段的区间来水量(m^3)；

$Y_{k,t}$——并联水库左支第 t 时段的区间用水量(m^3)；

$_{k+1,t}$——并联水库右支第 t 时段的区间用水量(m^3)。

4.6.4　供水优先顺序

并联水库供水对象在空间上的优先顺序仍采取离供水对象先近后远、水库调蓄能力先小后大的原则。

六类需水供水的先后顺序依次是城镇生活供水、农村生活供水、城镇生产供水、城镇生态供水、农村生产供水、农村生态供水。

当地水、地下水、外调水、其他水源的供给对象及使用顺序为：

① 当地水供给优先次序为城市生活、生产、生态及农村生活、生产、生态用水；

② 地下水供给优先次序为城市生活、生产、生态及农村生活、生产、生态用水；

③ 外调水源供给优先次序为城市生活、生产、生态及农村生活、生产、生态用水；

④ 其他水源供给优先次序为城市生活、生产、生态及农村生活、生产、生态用水。

4.6.5　水工程系统联合运行模拟研究成果

1）典型区水工程系统联合运行模拟

典型区洪汝河流域水工程系统主要包括石漫滩水库、板桥水库、薄山水库、宿鸭湖水库四座水库。这些水库具有上下游串并联的关系，上游的下泄水量会影响到下游水库的入库水量。供水对象包括驻马店市的驻马店市区、确山县、遂平县、上蔡县、新蔡县、西平县、平舆县、汝南县、泌阳县、正阳县，平顶山市的舞钢市，漯河市的舞阳县 12 个市、县。通过以上典型区水工程联合运行模拟，可以得到洪汝河流域各水库运用过程和供水量—需水量、水量保证程度、供水破坏深度等指标。

在模拟计算程序开发中，计算过程按水库先上游后下游的模拟顺序和供水对象在空间距离上先近后远的供水顺序进行。首先，对石漫滩水库、宿鸭湖水库、板桥水库、薄山水库分别进行来水资料处理、供水对象需水资料处理，明确划分供水对象；然后，对模型可控参数进行合理性调整，并依据上面介绍的水库水量平衡方程及各约束条件设定的水库模拟计算模块进行计算；最后，对计算结果进行整理、分析、输出，得到按水库综合分析及按供水对象综合分析的供水量、需水量、水量保证程度以及供水破坏深度等指标，并输出包括水库水位调节过程、供水保证程度、河道控制断面流量过程等结果的图表，参见图 4.7。

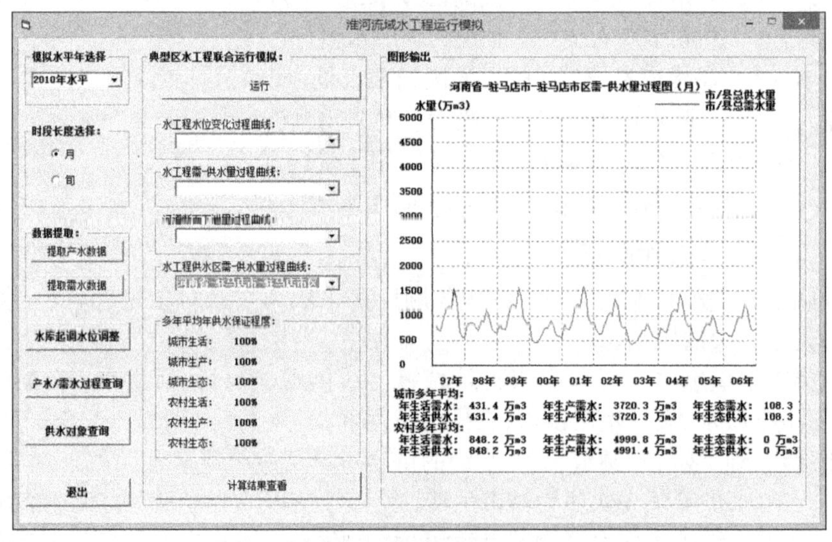

图 4.7　典型区水工程联合运行模拟结果

2）流域水工程系统运行模拟

流域共计 107 个供水水源子单元和 314 个供水对象子单元。同样地，模拟计算程序开发中，计算过程按水库先上游后下游的模拟顺序和供水对象在空间距离上先近后远的供水顺序进行。通过对流域供水单元和供水对象之间的供需平衡计算,结合 24 座水工程调蓄过程的模拟,可以得到流域各水库运用过程,按水库综合分析及按供水对象综合分析的供水量、需水量、水量保证程度、供水破坏深度等指标。最后,对模拟所得的计算结果进行整理、分析、输出,并输出包括水库水位调节过程、供水保证程度、河道控制断面流量过程等结果的图表,参见图 4.8、图 4.9。

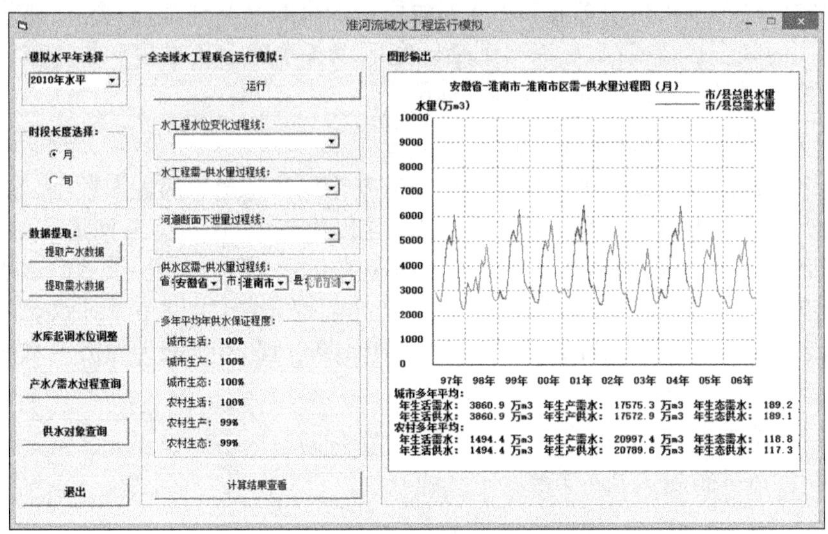

图 4.8　全研究区域水工程联合运行模拟成果

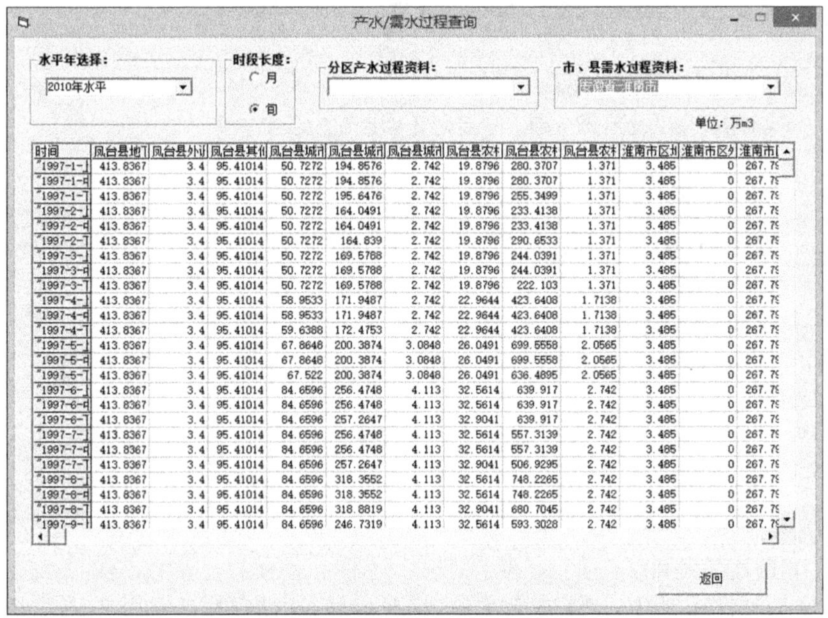

时间	凤台县地	凤台县外	凤台县其	凤台县城	凤台县城	凤台县城	凤台县农	凤台县农	凤台县农	淮南市区	淮南市区	淮南市
"1997-1-	413.8367	3.4	95.41014	50.7272	194.8576	2.742	19.8796	280.3707	1.371	3.485	0	267.7
"1997-1-	413.8367	3.4	95.41014	50.7272	194.8576	2.742	19.8796	280.3707	1.371	3.485	0	267.7
"1997-1-	413.8367	3.4	95.41014	50.7272	195.6476	2.742	19.8796	255.3499	1.371	3.485	0	267.7
"1997-2-	413.8367	3.4	95.41014	50.7272	164.0491	2.742	19.8796	233.4138	1.371	3.485	0	267.7
"1997-2-	413.8367	3.4	95.41014	50.7272	164.0491	2.742	19.8796	233.4138	1.371	3.485	0	267.7
"1997-2-	413.8367	3.4	95.41014	50.7272	164.839	2.742	19.8796	290.6533	1.371	3.485	0	267.7
"1997-3-	413.8367	3.4	95.41014	50.7272	169.5788	2.742	19.8796	244.0391	1.371	3.485	0	267.7
"1997-3-	413.8367	3.4	95.41014	50.7272	169.5788	2.742	19.8796	244.0391	1.371	3.485	0	267.7
"1997-3-	413.8367	3.4	95.41014	50.7272	169.5788	2.742	19.8796	222.103	1.371	3.485	0	267.7
"1997-4-	413.8367	3.4	95.41014	58.9533	171.9487	2.742	22.9644	423.6408	1.7138	3.485	0	267.7
"1997-4-	413.8367	3.4	95.41014	58.9533	171.9487	2.742	22.9644	423.6408	1.7138	3.485	0	267.7
"1997-4-	413.8367	3.4	95.41014	59.6388	172.4753	2.742	22.9644	423.6408	1.7138	3.485	0	267.7
"1997-5-	413.8367	3.4	95.41014	67.8648	200.3874	3.0848	26.0491	699.5558	2.0565	3.485	0	267.7
"1997-5-	413.8367	3.4	95.41014	67.8648	200.3874	3.0848	26.0491	699.5558	2.0565	3.485	0	267.7
"1997-5-	413.8367	3.4	95.41014	67.522	200.3874	3.0848	26.0491	636.4895	2.0565	3.485	0	267.7
"1997-6-	413.8367	3.4	95.41014	84.6596	256.4748	4.113	32.5614	639.917	2.742	3.485	0	267.7
"1997-6-	413.8367	3.4	95.41014	84.6596	256.4748	4.113	32.5614	639.917	2.742	3.485	0	267.7
"1997-6-	413.8367	3.4	95.41014	84.6596	257.2647	4.113	32.9041	639.917	2.742	3.485	0	267.7
"1997-7-	413.8367	3.4	95.41014	84.6596	256.4748	4.113	32.5614	557.3139	2.742	3.485	0	267.7
"1997-7-	413.8367	3.4	95.41014	84.6596	256.4748	4.113	32.5614	557.3139	2.742	3.485	0	267.7
"1997-7-	413.8367	3.4	95.41014	84.6596	257.2647	4.113	32.9041	506.9295	2.742	3.485	0	267.7
"1997-8-	413.8367	3.4	95.41014	84.6596	318.3552	4.113	32.5614	748.2265	2.742	3.485	0	267.7
"1997-8-	413.8367	3.4	95.41014	84.6596	318.3552	4.113	32.5614	748.2265	2.742	3.485	0	267.7
"1997-8-	413.8367	3.4	95.41014	84.6596	318.8819	4.113	32.9041	680.7045	2.742	3.485	0	267.7
"1997-9-	413.8367	3.4	95.41014	84.6596	246.7319	4.113	32.5614	593.3028	2.742	3.485	0	267.7

图 4.9　水工程模拟的产水需水过程查询

4.7 水工程系统模拟仿真

淮河流域洪泽湖以上整个研究区域范围内共计107个供水水源子单元和314个用水子单元，其水利、水力联系和供需关系，构成一个流域水工程系统。通过对整个研究区域范围内供水单元和供水对象之间的供需平衡计算，结合24座水工程调蓄作用的联合运行模拟，可以得到全研究区域各水库运用过程和供水量—需水量、水量保证程度、供水破坏深度等指标值。

4.7.1 河网水动力模拟仿真

河道水动力模型是为了描述河网中水流变化规律而建立的数学模型。应用河网水动力模拟模型，可以为模拟河网水质变化提供基础，还可为河网地区的防洪、排涝、治污等水灾害防治和水环境治理工作提供依据。严格来说，天然河道水流运动的状态和水力要素都是随时间和空间的变化而变化的，也就是三维状态下的非恒定流态问题。但是在实际计算中，为了简化计算过程，常常把天然河道水流状态作为一维流动来考虑。

1）一维非恒定流模型

(1) 一维非恒定流基本方程

$$B_T\frac{\partial Z}{\partial t}+\frac{\partial Q}{\partial x}=q$$

$$\frac{\partial Q}{\partial t}+\frac{\partial}{\partial t}\left(\alpha\frac{\partial Q^2}{A}\right)+gA\frac{\partial Z}{\partial x}+gA\frac{|Q|Q}{K^2}=qV_x$$

式中：x、t——距离(m)、时间(s)；

q——均匀旁侧入流(m^3/s)，入流为正，出流为负；

B_T——当量河宽(m)；

Z——断面水位(m)；

Q——断面流量(m^3/s)；

A——过水面积(m^2)；

α——动力校正系数；

K——流量模数(m^3/s)；

g——重力加速度(m/s^2)；

V_x——入流沿水流方向的速度(m/s)，一般情况下旁侧入流垂直于主流方向，$V_x=0$。

(2) 节点水位方程

① 节点连接条件

在平原地区水系中，河道交叉连接，情况各异，这使得实际的节点形式很多，但其均必须满足两个衔接条件，即流量衔接条件和动力衔接条件。

a. 流量衔接条件

每一节点的流量必须满足水量平衡原理，即每一时刻进出节点的流量和等于节点蓄水量的变化，

$$\sum_{j=1}^{N} Q_i^j = A_i \frac{\mathrm{d}Z_0^i}{\mathrm{d}t}$$

式中：Q_i^j——河道 j 汇入(流出)节点 i 的流量(m^3/s)；

A_i——节点 i 的蓄水面积(m^2)；

Z_0^i——节点 i 的平均水位(m)；

t——时间(s)；

N——进出节点 i 的河道数。

若将节点概化为一个几何点，或节点面积很小，则可简化为：

$$\sum_{j=1}^{N} Q_i^j = 0$$

b. 动力衔接条件

对于任一节点，各连接河道断面的水位、流量与节点平均水位之间必须符合实际的动力衔接条件，要求满足 Bernoulli 方程。

若将节点概化为一个几何点，出入节点水位平缓，不存在水位突变，则汇于该节点的所有河道相应断面的水位应相等，且等于该节点的平均水位，即

$$Z_1^i = Z_2^i = \cdots = Z_N^i = Z_0^i$$

式中：Z_j^i——与节点 i 相连的河道 j 相应断面的水位(m)，$i=1,2,\cdots,N$。

若各断面过水面积相差悬殊，流速有明显差别，且不计节点局部损失，则有：

$$Z_1^i + \frac{(u_1^i)^2}{2g} = Z_2^i + \frac{(u_2^i)^2}{2g} = \cdots = Z_N^i + \frac{(u_N^i)^2}{2g}$$

式中：u_j^i——与节点 i 相连的河道 j 相应断面的平均流速(m/s)；

g——重力加速度(m/s^2)。

② 节点水位方程的建立

得到与节点 i 相邻的节点水位为未知量的线性代数方程：

$$f_i(Z_{i,j}) = 0$$

式中：$Z_{i,j}$ 为与节点 i 相邻节点水位的集合。

(3) 主要边界条件

① 堰闸过流

堰闸过流情况如图 4.10 所示。与堰闸过流边界相对应的工程即水闸、船闸等水工建筑物，通常有三种出入流情况：

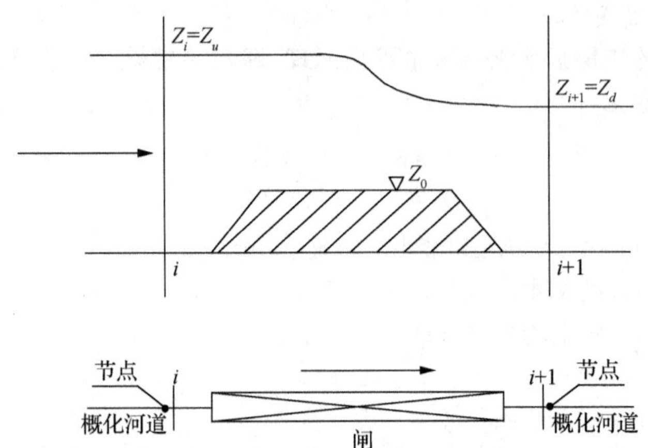

图 4.10 堰闸过流示意图

a. 关闸

$$Q=0$$

b. 开闸引水($Z_d>Z_u$)

若$(Z_u-Z_0)\leqslant\frac{2}{3}(Z_d-Z_0)$,则为自由出流:$Q=\mu B\sqrt{2g}(Z_d-Z_0)^{3/2}$;若$(Z_u-Z_0)>\frac{2}{3}(Z_d-Z_0)$,则为淹没出流:$Q=\Phi B\sqrt{2g}(Z_u-Z_0)\sqrt{Z_d-Z_u}$。

c. 开闸排水($Z_d<Z_u$)

若$(Z_d-Z_0)\leqslant\frac{2}{3}(Z_u-Z_0)$,则为自由出流:$Q=\mu B\sqrt{2g}(Z_u-Z_0)^{3/2}$;若$(Z_d-Z_0)>\frac{2}{3}(Z_u-Z_0)$,则为淹没出流:$Q=\Phi B\sqrt{2g}(Z_d-Z_0)\sqrt{Z_u-Z_d}$。

式中:μ——自由出流系数;
Φ——淹没出流系数;
B——闸门开启总净宽(m);
Q——过闸流量(m^3/s);
Z_u——闸上游水位(m);
Z_d——闸下游水位(m);
Z_0——闸底高程(m)。

② 集中旁侧入流

如果支流比较陡,支流的出流量不受干流顶托的影响,或断面处有较大的排水站、抽水站等,可作为旁侧入流的内边界来处理(见图 4.11),旁侧入流内边界应满足:

$$Q_{i+1}^{j+1}=Q_i^{j+1}+Q_{集}^{j+1}$$
$$Z_{i+1}^{j+1}=Z_i^{j+1}$$

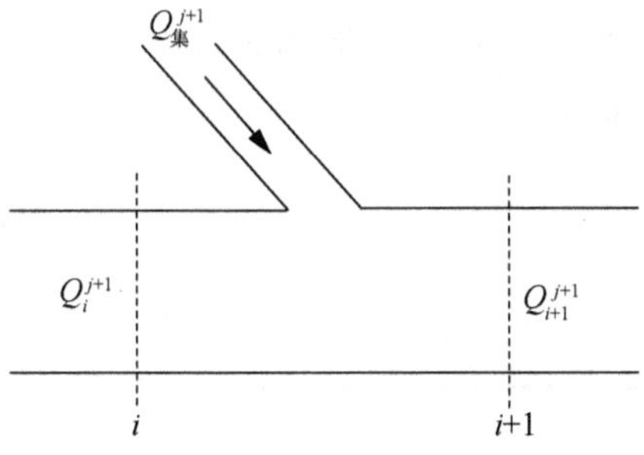

图 4.11　集中旁侧入流示意图

③ 骨干河道连通湖泊

对于骨干河道连通湖泊(见图 4.12),假设湖泊水面呈水平且与骨干河道水位相同,则有:

$$Q_{i+1}^{j+1}=Q_i^{j+1}+Q_{蓄}^{j+1}$$
$$Z_{i+1}^{j+1}=Z_i^{j+1}$$

对于湖泊,应该满足简单的水量平衡,即满足:

$$[A_{蓄}(Z_i^{j+1})+A_{蓄}(Z_i^j)]\times(Z_i^{j+1}-Z_i^j)+(Q_{蓄}^{j+1}+Q_{蓄}^j)\Delta t=0$$

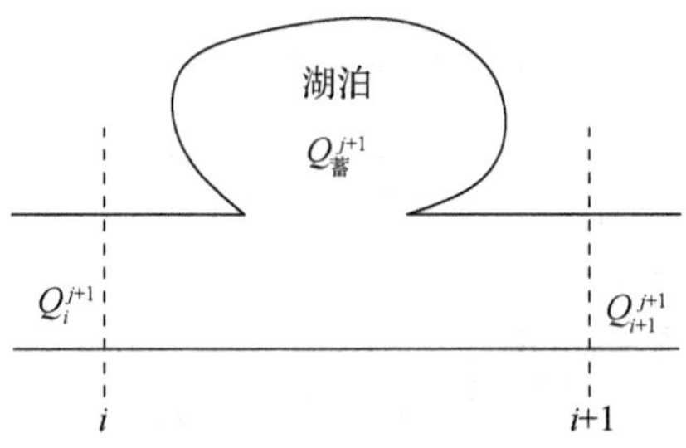

图 4.12　骨干河道连通湖泊示意图

2) 水动力参数及边界条件确定

水动力模拟计算首先要对有关水系河网进行概化,在考虑现状水利工程的同时,又要考虑各阶段规划的河道及水利工程布设,具有可扩展性。

考虑到现有水文资料和河道断面资料条件,本次研究选择淮河干流上的王家坝-鲁台子河段和洪汝河上的石漫滩坝址-入淮口河段作为水动力模拟仿真研究的典型河段进行具体分析。

(1) 淮河干流王家坝-鲁台子河段

淮河干流王家坝-鲁台子河段,总长度约 158 km,平均坡降为 1∶30 000,考虑到现仅有该河段 16 个河道断面资料,在水动力模拟计算中,拟取单位河段距离为 1 km。该河段主要有 6 条支流,可作为旁侧入流处理,另有一座调控闸。据此,该典型河段的模拟概化图如图 4.13。

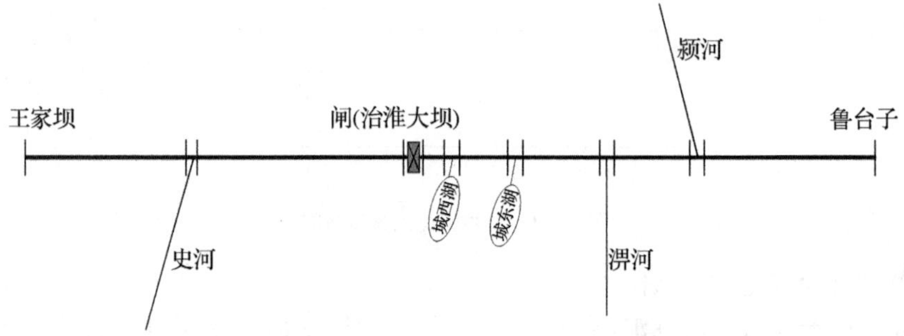

图 4.13　淮干王家坝-鲁台子河段水动力模拟概化图

① 边界条件确定

为进行水动力模拟分析,尚需模拟河段控制断面的实测流量资料。现有 2004 年该河段王家坝、润河集、鲁台子三个控制断面的实测流量和水位资料,但因实测资料的时间间隔为一天,故拟通过对实测的流量和水位资料进行线性差分处理,得到满足模拟所需要的各种时间间隔的实测资料,并结合模拟结果进行验证和调试。

② 初始条件确定

由于模拟计算时单位河段取为 1 km,除控制断控制,其余模拟断面无较合适的流量初始实测资料。另一方面,考虑到初始条件对长时段水动力模拟的影响较小,因此在模拟过程中以恒定均匀流的流态考虑各个断面的初始条件,并可在模拟过程中根据计算情况进行调整。

③ 各旁侧入流内边界条件确定

因缺乏各条旁侧入流支流的实测流量资料,故进行如下概化处理:根据干流控制断面实测流量和水位资料,考虑汇入点位置等因素,通过合理插值的方法推求。

④ 干流控制闸内边界条件确定

考虑到平原河网中的控制闸的出流形式一般为堰流,故在闸内边界条件处理时,对闸的出流方式考虑三种情况:关闸状况、堰流的自由出流形式和堰流的淹没出流形式。

对于一些较小的河道未进入概化水系的河道,不考虑其输水能力,但考虑其调蓄功能。

河道糙率是水动力模拟计算所需的重要参数,其选择受很多因素的影响,例如河床表面覆盖物的材质、河道的整体形态和走势、水位的高低以及河道中人工建造的整治建筑物。对糙率的选定最好能够依据实测水位、水流资料进行推算得到。本次研究因无详细的实测资料，拟参照水力、几何等特征情况较相似的河道的糙率或参考经验公式进行确定。

(2) 典型区洪汝河石漫滩坝址-入淮口河段

典型区河道水动力模拟从石漫滩水库下游到洪河入淮口，总长度约 290 km，单位河段距离为 1 km，坡降为 1∶7 000，根据已知资料中的 6 个河道断面进行线性差分得到模拟所需各断面尺寸形状。典型区所选河道形状比较简单，仅考虑一条旁侧入流。模拟概化图见图 4.14。

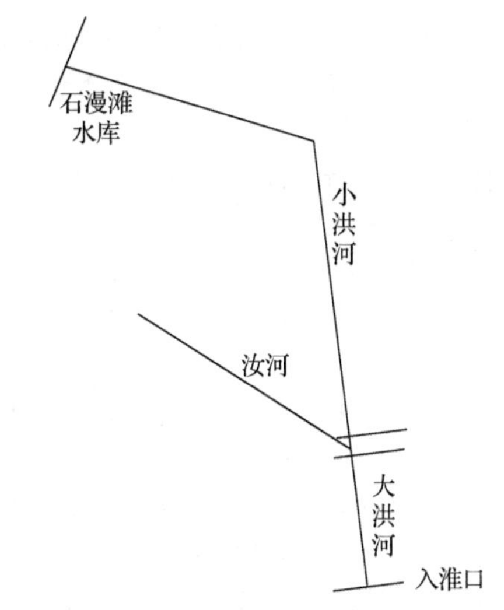

图 4.14 典型区洪汝河石漫滩坝址-入淮口水动力模拟概化图

① 边界条件确定

根据已知实测资料，共有班台、新蔡、杨庄、五沟营、桂李、苗湾 6 个点的实测流量和水位资料，由于实测资料的时间间隔为一天，故对实测的流量和水位资料进行线性差分考虑，从而得到满足模拟所需要的各种时间间隔的实测资料，并结合模拟结果进行验证和调试。

② 初始条件确定

由于各模拟断面划分较细，暂无较合适的实测初始资料，考虑到初始条件对长时段水动力模拟的影响较小，因此在模拟过程中以恒定均匀流的流态考虑各个断面的初始条件，并在模拟过程中进行调整。

③ 各旁侧入流内边界条件确定

因缺乏各条旁侧入流支流的实测流量资料，故进行如下概化处理：根据干流实测流量和水位资料，考虑距离和时间的差距进行合理差值得到。

④ 干流控制闸内边界条件确定

考虑到平原河网中的控制闸的出流形式一般为堰流，故在闸内边界条件处理时，对闸的出流方式考虑三种情况：关闸状况、堰流的自由出流形式和堰流的淹没出流形式。

对于一些较小的河道未进入概化水系的河道，虽然不考虑其输水能力，但考虑其调蓄功能。

河道糙率是水动力模拟计算所需的重要参数，其选择受很多因素的影响，例如河床表面覆盖物的材质、河道的整体形态和走势、水位的高低以及河道中人工建造的整治建筑物。对糙率的选定最好能够依据实测水位、水流资料进行推算得到。本次研究因无详细的实测资料，拟参照水力、几何等特征情况较相似的河道的糙率或参考经验公式进行确定。

3）有限差分法求解

对水动力模拟模型，有两类基本的求解方法：一是基于该方程的特征线形式的特征线法；二是基于最初导出的偏微分方程的有限差分法。经分析确定应用有限差分方法求解。具体地，考虑到 Preissmann 四点隐式差分格式具有计算相对稳定且收敛快的特点，因此采用它求解。具体步骤是：

(1) 数据准备

① 节点编码：对于河道的端点统一编码，顺序可以任意。

② 河道编码：对于河道统一编码，编码代表计算的序号，原则是：先支流，后干流；先上游，后下游。

③ 断面编码：从上游向下游递增的原则，增加的方向代表流向。

④ 计算河道边界信息：确定计算河道边界条件类型，水位型边界条件 IB=0，流量型边界条件 IB=1。对于最外一级河道，以实际的边界条件确定，对于其他河道，一律以流量型边界条件计算。

⑤ 河道计算信息：根据节点编码和断面编码，确定河道计算的首节点号、末节点号、首断面号、末断面号。

⑥ 计算河道的基本地形资料。

(2) 计算编程

① 边界条件初始化，边界条件累加器置初值，将已知的外节点边界 PB、VB 置已知值，对未知的内节点边界 PB、VB 置零。

② 对可调蓄节点，将蓄水量的变化表达成流量与水位的线性关系，并作为对相应节点边界流量的贡献，迭加到 PB、VB 中。

③ 根据河道编码的顺序，依次对各河道的追赶系数进行计算。

④ 首断面边界条件：PL1＝VB(首节点)，VL1＝VB(首节点)(L1 表示该河道的首断面号)。

⑤ 按单一河道计算各断面追赶系数 P、V、S、T。

⑥ 由末断面追赶系数 PL2、VL2 计算对末节点的边界流量的贡献，迭加到相应节点的 PB、VB 中。

$$IB=0 \quad PB=PB+\frac{P_{L2}}{V_{L2}} \quad VB=VB+\frac{1}{V_{L2}}$$

$$IB=1 \quad PB=PB+P_{L2} \quad VB=VB+V_{L2}$$

⑦ 按计算追赶系数的逆顺序，回代出各河道断面的水位和流量。

⑧ 由最后一条河道的边界条件，计算出节点水位。

⑨ ZL2＝ZZ(末节点)，由 P、V、S、T 回代出断面的水位和流量。

⑩ 将 ZL1 赋到对应的首节点的水位 ZZ(首节点)中。

水动力计算流程见图 4.15，水动力模拟仿真输出的河道纵剖面水面线动态变化过程如图 4.16 和图 4.17 所示。

<table>
<tr><td colspan="2">计算框图</td></tr>
<tr><td colspan="2">开始</td></tr>
<tr><td colspan="2">数组说明：NO 节点数，NR 河道数，NS 断面数。
节点数组：边界条件 PV、VB，水位 ZZ。
河道数组：首节点 NCB，末节点 NCE，首断面 NSB，末断面 NSE，边界类型 IB。
断面数组：追赶系数 PP、VV、SS、TT，水位 Z，流量 Q。</td></tr>
<tr><td colspan="2">断面资料，外边界条件等基本数组。</td></tr>
<tr><td colspan="2">基本数据输入</td></tr>
<tr><td colspan="2">初始条件输入</td></tr>
<tr><td colspan="2">时间循环</td></tr>
<tr><td colspan="2">边界条件初始化(将数组 PB、VB 赋零，可调蓄节点对方程的贡献赋值)</td></tr>
<tr><td rowspan="4">按河道顺序循环</td><td>N_1＝NCB　N2＝NCE　L1＝NSB　L2＝NSE</td></tr>
<tr><td>P_{L1}＝PB(N1)　V_{L1}＝VB(N1)</td></tr>
<tr><td>计算 L1＋1 到 L2 的 PP、VV、SS、TT</td></tr>
<tr><td>把 P_{L2}、V_{L2} 向 PP(N2)、VB(N2)累加</td></tr>
<tr><td colspan="2">由第 NR 条河道的外边界计算该节点水位 ZZ</td></tr>
<tr><td rowspan="4">按河道逆序循环</td><td>N1＝NCB　N2＝NCE　L1＝NSB　L2＝NSE</td></tr>
<tr><td>Z_{L2}＝ZZ(N2)</td></tr>
<tr><td>计算 L2－1 到 L1 各断面的 Z、Q</td></tr>
<tr><td>ZZ(N1)＝Z_{L1}</td></tr>
<tr><td colspan="2">输出计算结果</td></tr>
<tr><td colspan="2">是否到计算终止时间</td></tr>
<tr><td>是：结束</td><td>否：继续时间循环</td></tr>
</table>

图 4.15　树状河网水动力计算流程

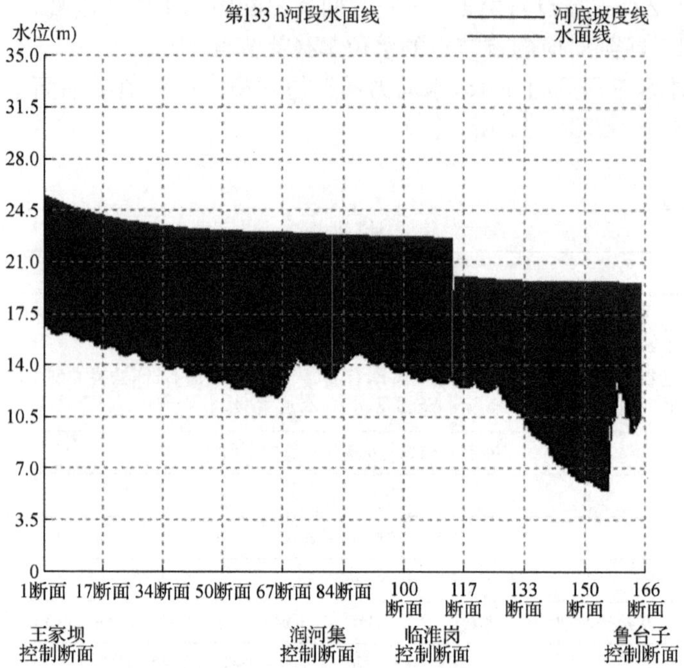

图 4.16 淮干王家坝-鲁台子水动力模拟仿真水面线演化过程示意图

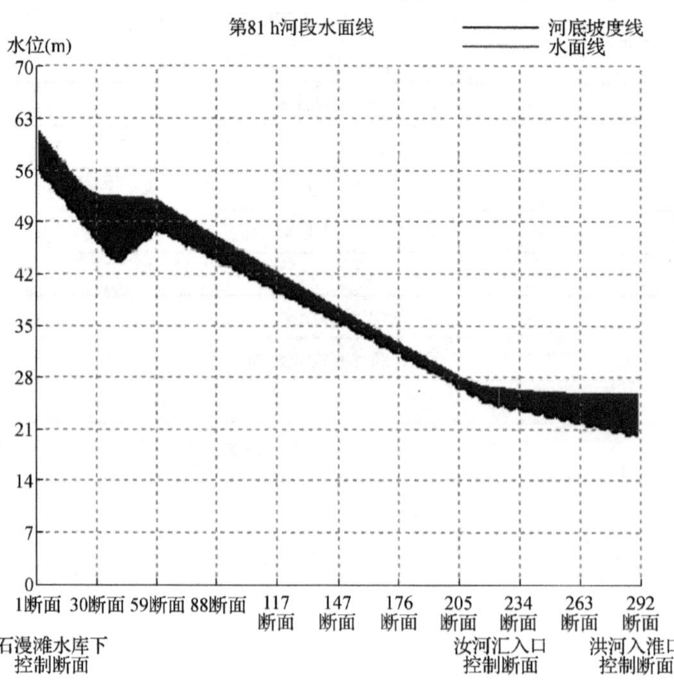

图 4.17 小洪河水动力模拟仿真水面线演化过程示意图

4）水动力模拟研究成果

水动力模拟研究的主要内容和成果如下：

(1) 针对典型河网水系，分析了一维非恒定流模型的原理和应用条件，针对实际需要建立了堰闸过流、旁侧入流、连接湖泊等不同节点的河网计算处理方法。

(2) 针对典型水系河网建立了的水动力模拟概化图，分析了实际边界条件和初始条件，确定应用有限差分法求解，并进行了数据准备，拟定了计算步骤。

(3) 对有限差分求解方法进行软件设计，建立了资料输入、求解计算、表格输出和图形仿真输出系统，针对 2010 年实际流量资料，输入有关资料，并利用有限差分计算程序对目标河段进行水动力模拟计算，计算结果符合实际情况，证明所用方法的正确有效性。

4.7.2 水质模拟仿真

1）污染物在河流中的混合输移过程

污染物质在水体中的输移、转化、累积过程都对水质的影响很大，它是分析河流水质动态变化过程的几个关键因素。

污染物质在水体中的输移过程主要包括随流迁移与稀释混合两种不同的形式。随流迁移是指污染物质随着水体的流动而运动的输移过程。稀释混合是污染物质由于浓度差而运动的输移过程。在三维流动空间，就瞬时而言，随流迁移是主要的输移过程，稀释混合则仅仅在分子扩散级上进行。

一般情况下，排入河流的城市和工业废水中的污染物主要是溶解状态和胶体状态。这类物质所形成的微小水团，它们的动力学特性与河流中水的质点特性是完全相同的。当污染物排入河流后，按照它们与水体的混合状态，可以分为以下三个阶段：

(1) 垂向混合区

从排污口到污染物在水深方向充分混合称为垂向混合区。这个阶段的混合过程比较复杂，涉及排出水与河水之间的密度差引起的浮力作用，是三维变量问题。对于浮力为中性、非射流排放的情况，垂向混合的长度与水深是成正比的，大致为排放水深的几十倍到一百倍。由于天然河道水深一般很浅，所以垂向混合长度相对很短，一般不必考虑。

(2) 横向混合区

从垂向充分混合起到河流横向开始充分混合止，是二维变量问题。天然河道的河床都是宽而浅的，宽深比一般都大于 10。横向混合所需要的长度比垂向混合所需要的长度大得多。

(3) 纵向混合区

横断面上开始充分混合以后的区域。在这个阶段，河流某断面上各点水质的浓度偏差比各横断面间的断面平均浓度偏差要小。因此，一般只需要考虑断面平均浓度沿河流纵向的变化情况就可以了,属于一维变量问题。

河流中之所以存在上述的混合现象,是由于水体的不同迁移过程造成的。污染物质在河流中的迁移可以分为两类:推流和非推流。推流也称平流,是由于水流的平移作用所形成,推流过程中,各层水流都以相同的顺序通过,相互间不发生任何的混合和干扰,或者说河流中横断面上各点的流速处处相等。非推流的运动是存在着质点和水流之间相互混合的两种作用:扩散作用和弥散作用。完全混合则是非推流运动的极端情况。

扩散作用是指流体中分子或质点的随机运动所产生的分散现象,又分为分子扩散和湍流扩散两种作用。分子扩散是分子的无规则运动所产生的分散现象。湍流扩散则是湍流流场中各变量的瞬时值与平均值之间的随机脉动而产生的分散现象。

分子扩散过程服从 Fick 第一定律,即以扩散方式通过单位截面积的质量率与扩散物质的浓度梯度成正比。

$$J_x = -E_M \frac{\partial C}{\partial x},\quad J_y = -E_M \frac{\partial C}{\partial y},\quad J_z = -E_M \frac{\partial C}{\partial z}$$

式中:C——分子扩散所传递物质的浓度;

x,y,z——坐标方向的距离;

J_x,J_y,J_z——分子扩散在 x,y,z 方向上的质量通量($1/(\mathrm{mL}^2\cdot\mathrm{T})$);

E_M——分子扩散系数($1/(\mathrm{L}^2\cdot\mathrm{T})$)。

湍流扩散过程也可采用类似 Fick 扩散公式表达:

$$I_x = -D_x \frac{\partial \bar{C}}{\partial x},\quad I_y = -D_y \frac{\partial \bar{C}}{\partial y},\quad I_z = -D_z \frac{\partial \bar{C}}{\partial z}$$

式中:C——为湍流扩散所传递物质的时均浓度;

I_x,I_y,I_z——湍流扩散在 x,y,z 方向上的质量通量($1/(\mathrm{mL}^2\cdot\mathrm{T})$);

D_x,D_y,D_z——x,y,z 方向上湍流扩散系数($1/(\mathrm{L}^2\cdot\mathrm{T})$)。

分子扩散系数是只随温度而变化的常数,约为 $10^{-9}\sim10^{-10}\ \mathrm{m}^2/\mathrm{s}$,而湍流扩散系数约为 $10^{-4}\sim10^{-6}\ \mathrm{m}^2/\mathrm{s}$,前者比后者小得多。因此一般河流中污染物的分子扩散作用可以忽略不计。

弥散作用是由于横断面上各点的实际流速不等引起的。它可以定义为空间各点处,变量的湍流时平均值与湍流时平均值的空间平均值的系统差别所产生的分散现象。弥散过程也可以采用类似 Fick 扩散公式表达:

$$k_x = -E_x \frac{\partial \hat{C}}{\partial x},\quad k_y = -E_y \frac{\partial \hat{C}}{\partial y},\quad k_z = -E_z \frac{\partial \hat{C}}{\partial z}$$

式中:$\hat{C}$——湍流时平均浓度的空间平均值;

k_x, k_y, k_z——弥散作用在 x,y,z 方向上的质量通量($1/(mL^2 \cdot T)$)；

E_x, E_y, E_z——x,y,z 方向上的弥散系数($1/(L^2 \cdot T)$)。弥散系数的量级大致为湍流扩散系数的 $10^2 \sim 10^4$ 倍。

2) 水质模型的概念及建立步骤

河流水质模型是描述河流中污染物随时间和空间迁移转化规律的数学方法。由于不同混合阶段有相应的混合特点，因此需要采用不同的河流水质模型。水质模型的建立可以为污染物排放与河水水质提供定量关系，从而为评价、预测和选择污染控制方案以及水质标准、排污规定提供依据。河流、河口、湖泊、地下水和海洋等天然水体都有各自的水质模型，建立水质数学模型的基本依据是质量守恒原理。水质模型有两种基本类型：一类是简单的一级衰变模型，用来描述水环境中发生衰变的污染物的模型，如 BOD、D0、氨氮、亚硝酸盐、氮、硫化物以及各种有机物在水体中的衰变模型；另一类是衰变和恢复相结合的水质模型，用来描述在水体中由于多种因素引起的水质变化，例如溶解氧浓度在水体中平衡过程模型。

水质模型建立的主要步骤如下：

(1) 资料的收集和分析

数学模型模拟的基本依据是河流污染的实际情况，因此建立模型之前，必须先取得较完整而系统的水文、水质等方面的资料，其中一部分来自历年长期观测的记录，一部分来自野外现场实测和实验室的分析。实验设计的目的就是设法利用尽可能少的人力、物力，取得尽可能多的数据资料。实验设计和内容，包括实验河段的选取、分析项目、方法以及采样频率的确定等。

(2) 模型结构识别

所谓模型结构的识别，也就是确定模型的函数结构。根据所取得的资料数据，进行初步的分析和判别，然后建立水质模型，并对它进行识别和检验，看它是否能代表系统动态的真实情况，如不能代表，则必须对其结构做出某些修改。

(3) 参数确定

水质模型中有许多重要的参数，这些参数的正确与否，直接关系到水质模型能否正确反映实际情况。测定和估计这些参数，在建立水质模型的整个过程中是一项十分重要的工作。实际上，水质模拟过程也就是对系统模型进行识别，对模型参数进行估计，再用观测值进行检验、调整的反复试验过程。

(4) 模型的验证和灵敏度分析

模型的检验是在模型结构识别与参数估计后，再利用另一组独立的数据，将其中要输入的数据代入已经建立的模型，看其模拟计算的输出结果与现场观测的有关数据是否相符，以检验模型是否正确。只有经检验正确的模型才可以应用它来进行河流水质状况模拟。否则就必须再收集资料，重复进行模型结构识别与参数估计，并检验，直到模型结果与实测数据相符为止。

灵敏度分析是指模型参数变动时造成的影响。首先变动一个参数,其余参数保持不变,然后检查目标函数的变化程度,如果变化不大,就说明目标函数对这个参数不灵敏,对这个参数估计不准确。如果特别不灵敏,说明这个参数是多余的,可以将其从模型中剔除。通过对模型的灵敏度分析可以估计模型计算结果的偏差。同时,灵敏度分析还有助于建立低灵敏度系统,这种系统在运行上比较可靠。

3) 水质模型的选择

在选择水质模型时,基于以下简化假定:

(1) 污染物在整个深度上均匀掺混。对大多数宽深比例较大的河流来说,这一点近乎正确。

(2) 流速仅指向下游,即忽略由于次生环流所引起的横向速度。

(3) 污染物不与床面物进行交换。即暂不考虑淤积问题,如果需要则可以把交换过程加入表达式中。

(4) 污染物是守恒的,因此只有稀释才能改变浓度。

(5) 水流不随时间变化。这个假定在大多数污染问题中是满足的,在这些问题中毒物逸散的时间尺度通常比年流量过程线的时间尺度小得多。

(6) 纵向速度的横向分布是已知的,或者可以通过阻力公式,如谢才公式或曼宁公式来计算。

(7) 水体在各河流断面上充分混合;污水排放不改变河道水流的水力学特性。

选择使用水质模型时,需遵循以下原则:

(1) 问题的合理概化。把河流问题进行合理概化,选择主要因素和变量,突出主要矛盾,分析各个变量之间的逻辑关系,建立水质模型的结构。

(2) 合适的模型维数。水质模型的维数指的是空间维数,即 x,y,z 空间方向,零维指的是空间完全均匀混合的水体,只考虑物质随时间的变化;一维情况,对于河流、河口类水体,常指的是河流纵向,即 x 方向上的浓度变化,对于湖泊、水库指的是 z 方向,即垂向上的浓度变化;二维通常指的是 x 方向和 y 方向。不同维数的模型都存在稳态和非稳态两类模型,在具体问题中,要针对模拟的目标要求选择模型的维数。

(3) 模型的有效性。每类水质模型都有其适用的条件和范围。每种模型都只能够在一定条件、一定精度下解决问题,所以选择水质模型,首先要弄清水质目标要求和计算范围,然后根据各个水质模型的适应性和特点选择使用。

(4) 合理的参数匹配。有了好的模型,还需要合理的参数匹配才能得到正确的计算结果。在实际应用中,要根据现有的有效资料种类和数量,从比较复杂的环境条件中提炼出主要因素,然后概化到模型的参数中。模型的资料要求非常严格,尤其是资料的来源和目标的匹配性及数据和参数的时间同步性。模型是否恰当应用关键在于能否合理确定参数,而合理参数确定的基础是大量可靠的实测数据资料。

水质模型可分为稳态和非稳态两类，两者的区别在于水文情况和排污条件是否随时间变化。由于水动力学部分采用的圣维南方程是一维非恒定流方程，得到的水位和流量结果是随时间变化的，故采用非稳态水质模型。

非稳态的情况采用有限差分水质模型。对于典型区和淮干的水质模拟选用一维非稳态对流扩散方程，水动力学方程得到的动态水位流量结果为水质模型提供水动力条件，用精度较高的隐式差分法进行离散求解，从而在一定程度上缓解了流速的误差传递对水质模型结果的影响。

4）河流一维水质基本模型

对于一般的河流，其深度和宽度相对于它的长度是非常小的，排入河流的污染物，经过距排污口很短的一段距离，就可以在断面上混合均匀。因此绝大多数河流水质的计算常常可以简化为一维水质问题，即假设污染浓度在断面上均匀一致，只随流程的方向变化。

根据质量守恒原理，经过推导得河流一维水质基本模型如下：

$$\frac{\partial(AC)}{\partial t}+\frac{\partial(QC)}{\partial x}=\frac{\partial}{\partial x}\left(E_x A\,\frac{\partial C}{\partial x}\right)+AS$$

式中：C——断面平均浓度（mg/L）；

Q——断面平均流量（m^3/s）；

t——时间间隔（s）；

x——河水的流动距离（m）；

u——河段水流的平均流速（m/s）；

A——过水断面面积（m^2）；

E_x——弥散系数，即分子扩散系数、紊动扩散系数和离散系数之和（m^2/s）；

S——各种源和汇的代数和。

5）求解河流一维水质模型的有限差分法

有限差分法是微分方程数值解法中发展比较成熟的一种，它的基本思想是先把问题的定义域进行网格剖分，然后在网格点上，用差分商近似代替方程中的微分商，从而把原问题离散化为差分格式，

建立相应的差分方程，进而求出数值解，基本步骤如图 4.18 所示。

对于河流一维水质基本模型，先将时间和空间坐标进行离散化，如果对时间和空间都进行等距剖分，则时间、距离坐标分别为 $t=j\cdot\Delta t$，$x=i\Delta x$，用 C_i^j 表示 t_j 时刻 x_i 处的污染物浓度，将第 t_j 时刻各点的浓度称为第 j 层，如图 4.19 所示。

选取不同的差分格式来代替微分商，就得到了不同的差分体系，本书主要采用后向隐式差分体系，可得到如下差分方程：

$$\frac{C_i^{j+1}-C_i^j}{\Delta t}+u\,\frac{C_i^j-C_{i-1}^j}{\Delta x}=E\,\frac{C_{i+1}^{j+1}-2C_i^{j+1}+C_{i-1}^{j+1}}{\Delta x^2}-\frac{1}{2}K_i(C_i^{j+1}+C_{i-1}^{j+1})$$

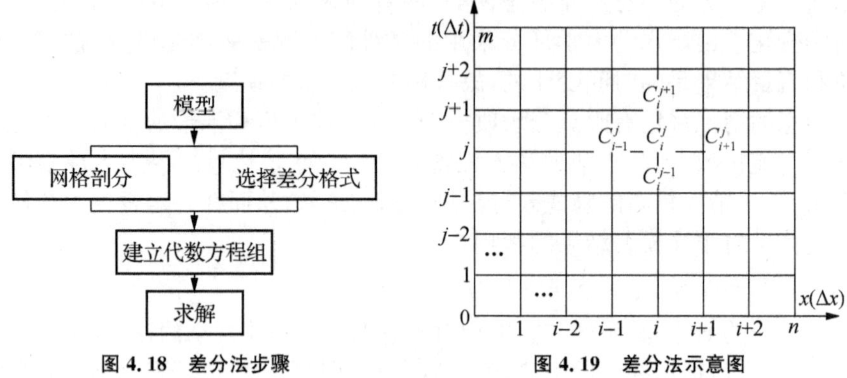

图 4.18　差分法步骤　　　　图 4.19　差分法示意图

整理后变为：

$$\alpha_i C_{i-1}^{j+1}+\beta_i C_i^{j+1}+\gamma_i C_{i+1}^{j+1}=\delta_i, \qquad (i=1,2,3,\cdots,n)$$

式中：

$$\alpha_i=-\frac{E}{\Delta x^2},\quad \beta_i=\frac{1}{\Delta t}+\frac{2E}{\Delta x^2}+\frac{K_1}{2},$$

$$\gamma_i=-\frac{E}{\Delta x^2},\quad \delta_i=C_i^j\left(\frac{1}{\Delta t}-\frac{u}{\Delta x}\right)+C_{i-1}^j\left(\frac{u}{\Delta x}-\frac{K_1}{2}\right)$$

采用追赶法（Thomas 方法）对差分方程进行求解。此时，就河流的空间特性来讲，就是将河流抽象为一条线。此方程是一个抛物线方程，对此微分方程的求解主要是通过有限差分法进行离散，然后定义时间层和初始条件及边界条件，再逐层计算，得到相应各个时间点上沿河流各个断面上污染物的浓度值，可以总体上把握污染物扩散动态变化趋势。

后向隐式差分体系是收敛且绝对稳定的，但若 Δt 和 Δx 的取值不协调，实际应用时也仍然存在一些缺点，如数值弥散、伪震荡等。当 $u\cdot\Delta t/\Delta x>1$ 时，可能会引起计算结果不符合实际的波动，即出现伪震荡；而当 $u\cdot\Delta t/\Delta x<1$ 时，可能会引起数值弥散，它是在对水质基本方程离散化时引入的，它的表现形式相当于弥散（离散）作用。但是，对于河流的弥散系数本来就比较大的情形，数值弥散相对于河流水质本身的弥散，产生的影响就不很明显。当 $u\cdot\Delta t/\Delta x=1$ 时，即 $\Delta x=u\cdot\Delta t$，正好反映迁移的真实过程，将不会引起伪震荡和数值弥散。因此，实际计算中，Δt 和 Δx 的取值应尽可能使 $u\cdot\Delta t/\Delta x$ 小于或接近于 1。

6）水质模拟概化、边界条件及参数

在对有关水系河网进行水质模拟概化时，概化方式同水动力模拟一致。水质模拟以水动力模拟提供的动态流量、水位为基础，依据目标河段内现有的水质监测成果和水文情势，建立一维水质数学模型，并利用水力、水质模型体系对目标河段不同水文条件下的污染物迁移情况加以模拟计算。

(1) 淮河干流王家坝—鲁台子河段

淮河干流段模拟从王家坝到鲁台子,总长度约 158 km,单位河段距离为 1 km,坡降为 1∶30 000,模拟过程考虑 6 条旁侧入流的支流和一座调控闸,根据已知资料中王家坝—鲁台子断面及 6 条旁侧入流末断面的氨氮、高锰酸盐指数等水质监测数据进行污染物迁移情况模拟计算。淮干水质模拟概化图同水动力模拟概化图一致,如图 4.13 所示。

① 边界条件确定

水质模拟通常只受上边界影响,上游断面的水质基本不受下游断面的水质影响,故可令传递边界作为下边界条件。根据实际资料,选取王家坝、颍上两个点的实测氨氮和高锰酸盐浓度资料。由于实测资料的时间间隔为一个月,故对实测的浓度资料进行线性差分考虑,从而得到满足模拟所需要的各种时间间隔的实测水质资料,并结合模拟结果进行验证和调试。

② 初始条件确定

由于各模拟断面划分较细,暂无较合适的实测初始资料,考虑到初始条件对长时段水质模拟的影响较小,因此在模拟过程中以人为的假定浓度作为初始条件,并依据人机对话方式在模拟过程中进行人为的调整。

③ 各旁侧入流内边界条件确定

根据实测的旁侧入流末断面水质资料,差分得到的水质数据及污染物质量守恒原理确定,并依据人机对话方式在模拟过程中对旁侧入流的支流末断面水质浓度进行人为的调整。

(2) 典型区洪汝河石漫滩水库下—入淮口河段

典型区河道段模拟从石漫滩水库下游到洪河入淮口,总长度约 290 km,单位河段距离为 1 km,坡降为 1∶7 000。典型区仅考虑一条旁侧入流,根据水动力模拟提供的流量、水位等水动力数据及已知资料中石漫滩水库、沙口、方集等断面及断面的氨氮,高锰酸盐指数等水质监测数据进行污染物迁移情况模拟计算。水质模拟概化图同水动力模拟概化图一致,如图 4.14。

① 边界条件确定

根据实际资料,选取石漫滩水库、沙口、方集三个点的实测氨氮和高锰酸盐浓度资料,由于实测资料的时间间隔为一个月,故对实测的浓度资料进行线性差分考虑,从而得到满足模拟所需要的各种时间间隔的实测水质资料,并结合模拟结果进行验证和调试。

② 初始条件确定

由于各模拟断面划分较细,暂无较合适的实测初始资料,考虑到初始条件对长时段水质模拟的影响较小,因此在模拟过程中以人为的假定浓度作为初始条件,并依据人机对话方式在模拟过程中进行人为的调整。

③ 各旁侧入流内边界条件确定

根据实测的旁侧入流末断面水质资料，差分得到的水质数据及污染物质量守恒原理确定，并依据人机对话方式在模拟过程中对旁侧入流的支流末断面水质浓度进行人为的调整。

经过水动力模型和水质模型计算，得到水污染浓度演变过程如图 4.20 和图 4.21。

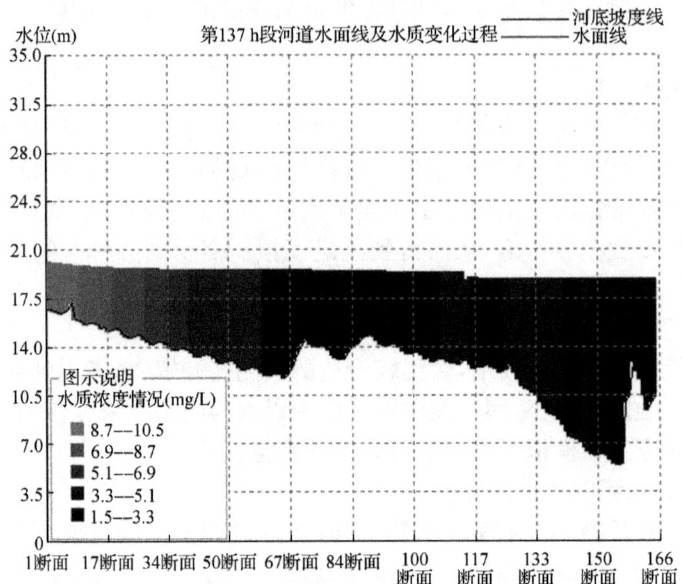

图 4.20 淮干王家坝～鲁台子污染物浓度演变动力过程图

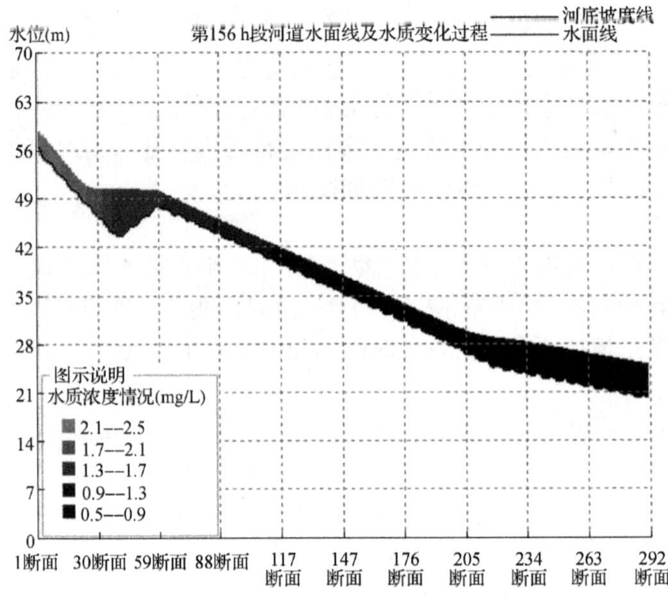

图 4.21 典型区石漫滩下游污染物浓度演变动力过程图

7）水质模拟研究成果

水质模拟研究的主要内容和成果如下：

(1) 针对典型河道，分析了污染物质在水体中的输移、转化、累积过程，以及水质动态变化过程的关键因素，分析了水质模拟模型的原理和应用条件，选取并建立河流一维水质基本模型和有限差分求解方法。

(2) 对典型水系河网建立了的水质模拟概化图，分析了边界条件和初始条件，对有限差分求解方法进行了软件设计，实现了资料输入、求解计算、表格输出和图形仿真输出等软件功能。

(3) 针对 2010 年实际流量资料和水质资料，依据目标河段内现有的水质监测成果和水文情势，输入有关资料，并利用水动力、水质模型对目标河段的污染物迁移情况加以模拟计算，计算结果符合实际情况，证明所用方法的正确性和有效性。

4.8 水工程运行模拟计算及成果分析

根据前面所建的水工程系统联合运行模拟模型，以及一般的工程运行调节规则和供水控制规则，对本项目研究区域范围自上游到下游，依次进行调节模拟计算，得到 1997—2006 年系列在 2010 年、2020 年、2030 年水平下，水库运用的逐月、逐旬过程，以及各个用水单元的供水—用水过程。模拟程序框图见图 4.22。

在此基础上，对各用水单元的供水—用水过程模拟计算结果按县级行政区进行汇总统计，可计算得到常规方案下各县(区、市)各用水部门的多年平均需水量、供水量以及水量保证程度等指标。

计算成果按照地级市行政区统计汇总参见表 4.3～表 4.5。按照县级行政区汇总见表 4.6～表 4.8。

按县级行政区统计的水量保证程度分析专题图见图 4.23～图 4.25；按地级行政区统计的水量保证程度分析专题图见图 4.26～图 4.28。

分析模拟计算成果，从供需水总量来说，在根据一般水库运用规则进行调配，利用各种水源，适当发挥水工程调节作用的前提下，淮河流域水工程联合运行模拟结果如下：

(1) 在充分利用各种水源和充分发挥水工程调节作用的前提下，整个研究区域范围总体上在 2010 年、2020 年、2030 年规划水平年总需水量分别为 284.17 亿 m^3、301.90 亿 m^3、329.24 亿 m^3，总供水量分别为 261.46 亿 m^3、273.50 亿 m^3、295.62 亿 m^3，水量保证程度约为 90%～92%，缺水率小于 10%。

(2) 生活用水：在规划情况下，无论是 2010 年现状、2020 年中期或 2030 年远期水平年，各地的城镇生活用水和农村生活用水都能够充分保证，水量保证程度靠近 100%。

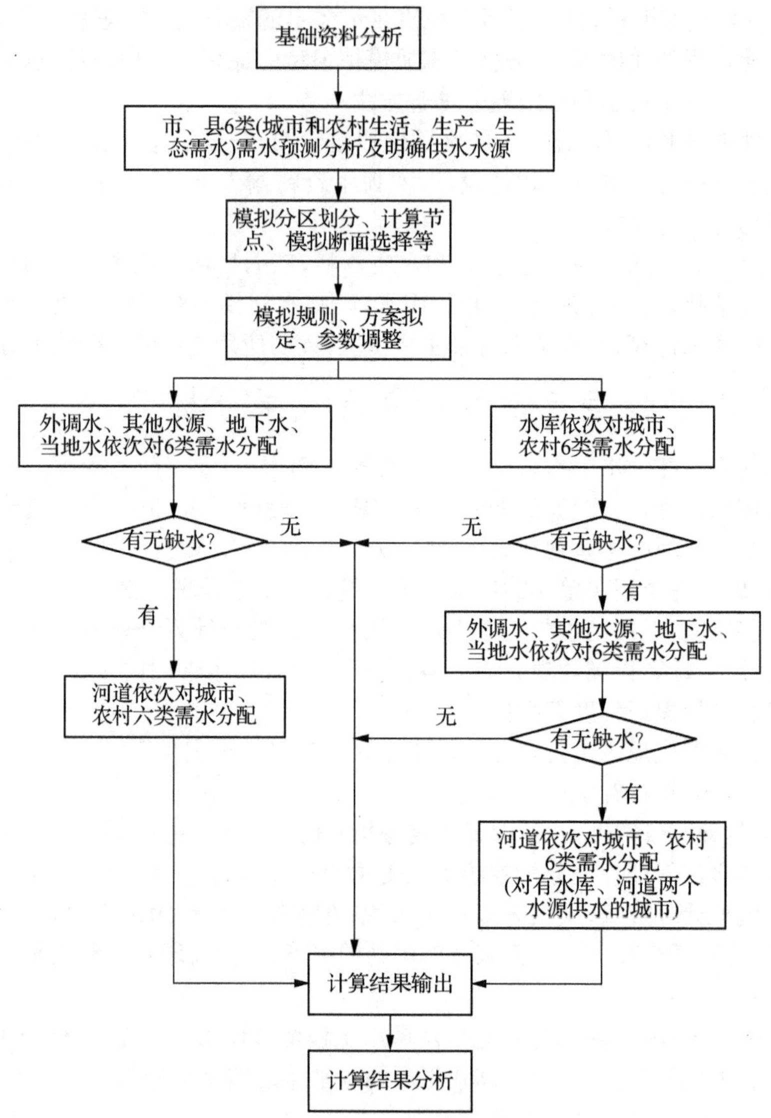

图 4.22　水工程运行模拟过程框图

(3) 城镇生产用水和生态用水：总体上也能得到充分保证，其中，城镇生产用水保证程度几乎全部达到 95％以上；城镇的生态用水基本上能够保证，大多数超过 95％。

(4) 农村生产供水：需水量在总需水量中占比较大，在供水优先次序上靠后，其水量保证率要求亦相对低一些。模拟结果表明，同一地区的农村生产用水的水量保证程度近期水平年高于中期、远期水平年，但总体上相差不大；在同一规划水平年，各地农村生产用水的水量保证程度有一定差异，主要与各地水资源状况及供水条件有关，以对用水需求最高的远期水平年为例，除个别地市在60%～70%，其他地区均在75%以上。

由以上计算结果来看，供水量、水量保证程度及地区分布趋势基本符合实际。表明所提出的淮河流域水工程模拟模型及计算分析方法是可信的、有效的，可应用于评估流域水资源开发利用状况及规划方案的效果，为进行流域水资源优化配置和优化调度奠定了基础。

针对淮河流域水工程系统的庞大和复杂性，对全研究区域天然来水量进行统一、联合、系统的框架下的全面深入的研究，形成了流域整体运行调度方案，检验了工程运用的功能效益，发挥了水工程体系的整体补偿调节能力，提高了流域供水安全保障程度。

所建立的水工程联合运行模拟模型和算法可以检验评价流域水工程系统的功能作用，评价流域水资源保障度水平，为进行方案评价和优化调度提供了参照标准；水动力模拟仿真和水质动力模拟仿真则建立了短期局部时空条件下的河道模拟模型和方法，为水量水质短期模拟预报奠定了基础。

4.9　本章小结

本章在分析洪泽湖以上淮河流域的水工程系统各类水工程的服务功能、技术特性和运行特征的基础上，分析了产水单元、水工程单元、用水单元的相互关系，并进行了流域水工程运行模拟系统概化和单元划分，构建了单一水工程和流域水工程系统联合运行模拟模型，并对现状、近期、远期规划水平年进行了模拟计算，得到流域水资源供需平衡结果；还对典型河段进行了一维非恒定流模拟和一维水质模拟研究，并实现了建模、数值模拟和仿真计算(见图4.23～图4.28)。

表 4.3　各地市 2010 年水平多年平均需、供水量及水量保证程度　　(万 m^3)

省份	市	城镇生活			城镇生产			城镇生态			农村生活			农村生产生态			合计		
		需水量	供水量	保证程度	需水量	供水量	保证程度	需水量	供水量	保证程度	需水量	供水量	保证程度	需水量	供水量	保证程度	需水量	供水量	保证程度
河南省	合计	88 369	88 356	100%	253 733	252 977	100%	12 526	12 429	99%	96 565	96 494	100%	918 615	844 685	92%	1 369 808	1 294 942	95%
	开封市	7 164	7 164	100%	18 121	18 121	100%	778	778	100%	7 269	7 269	100%	111 341	103 470	93%	144 673	136 802	95%
	洛阳市	518	518	100%	828	761	92%	290	263	91%	988	962	97%	3 980	3 255	82%	6 605	5 760	87%
	漯河市	4 366	4 366	100%	22 006	21 985	100%	404	403	100%	4 006	4 006	100%	34 637	32 317	93%	65 419	63 075	96%
	南阳市	791	791	100%	1 843	1 812	98%	433	421	97%	1 639	1 638	100%	11 337	9 656	85%	16 043	14 319	89%
	平顶山市	9 965	9 965	100%	28 569	28 504	100%	1 166	1 157	99%	7 831	7 831	100%	56 610	48 735	86%	104 142	96 192	92%
	商丘市	8 172	8 172	100%	19 765	19 765	100%	1 534	1 534	100%	14 545	14 545	100%	13 2242	117 045	89%	176 258	161 060	91%
	信阳市	10 585	10 572	100%	22 062	21 909	99%	2 748	2 716	99%	13 226	13 184	100%	221 218	203 995	92%	269 840	252 376	94%
	许昌市	6 232	6 232	100%	24 827	24 827	100%	746	746	100%	7 683	7 683	100%	57 694	54 121	94%	97 182	93 609	96%
	郑州市	22 774	22 774	100%	63 072	62 655	99%	809	795	98%	4 980	4 979	100%	61 339	55 667	91%	152 974	146 869	96%
	周口市	10 505	10 505	100%	29 154	29 154	100%	1 784	1 784	100%	20 052	20 052	100%	143 650	135 441	94%	205 144	196 935	96%
	驻马店市	7 297	7 297	100%	23 486	23 486	100%	1 833	1 832	100%	14 347	14 347	100%	84 566	80 984	96%	131 529	127 946	97%
湖北省	合计	228	227	99%	2 650	2 574	97%	21	21	100%	539	532	99%	9 423	8 257	88%	12 861	11 611	90%
	随州市	101	101	100%	583	575	99%	21	21	100%	205	203	99%	4 320	4 071	94%	5 230	4 971	95%
	孝感市	127	126	99%	2 067	1 999	97%	0	0	100%	334	329	98%	5 103	4 186	82%	7 631	6 640	87%
安徽省	合计	51 109	51 080	100%	163 235	162 645	100%	9 738	9 654	99%	71 226	71 120	100%	930 966	799 045	86%	1 226 274	1 093 544	89%
	安庆市	44	44	99%	0	0	100%	98	97	99%	176	174	99%	1 353	1 351	100%	1 672	1 666	100%
	蚌埠市	7 212	7 212	100%	31 720	31 547	99%	881	855	97%	6 255	6 255	100%	100 197	80 335	80%	146 265	126 204	86%
	亳州市	6 537	6 537	100%	17 832	17 792	100%	1 252	1 246	100%	11 498	11 498	100%	120 585	99 494	83%	157 704	136 566	87%
	滁州市	2 678	2 676	100%	9 678	9 645	100%	1 090	1 086	100%	4 374	4 364	100%	91 231	76 145	83%	109 051	93 917	86%
	阜阳市	10 376	10 376	100%	22 676	22 668	100%	1 506	1 505	100%	17 669	17 669	100%	154 892	143 334	93%	207 118	195 552	94%
	合肥市	1 138	1 134	100%	3 427	3 378	99%	465	455	98%	3071	3052	99%	65 134	55 913	86%	73 234	63 932	87%
	淮北市	5 041	5 041	100%	15 967	15 967	100%	391	391	100%	3 013	3 013	100%	29 349	23 790	81%	53 761	48 202	90%
	淮南市	6 400	6 400	100%	25 280	25 238	100%	314	313	100%	2 477	2 477	100%	35 001	33 164	95%	69 472	67 591	97%
	六安市	5 899	5 876	100%	22 861	22 616	99%	2 318	2 282	98%	10 485	10 411	99%	186 392	166 311	89%	227 956	207 496	91%
	宿州市	5 784	5 784	100%	13 795	13 795	100%	1 423	1 423	100%	12 207	12 207	100%	146 832	119 209	81%	180 041	152 417	85%
江苏省	合计	10 885	10 885	100%	28 114	27 850	99%	1 965	1 941	99%	10 231	10 231	100%	181 522	163 601	90%	232 716	214 508	92%
	淮安市	1 605	1 605	100%	3 221	3 221	100%	518	518	100%	1 695	1 695	100%	43 270	43 270	100%	50 310	50 310	100%
	宿迁市	3 878	3 878	100%	6 343	6 343	100%	928	928	100%	4 442	4 442	100%	81 361	80 651	99%	96 952	96 242	99%
	徐州市	5 402	5 402	100%	18 549	18 286	99%	518	495	96%	4 094	4 094	100%	56 891	39 680	70%	85 454	67 956	80%
全流域	合计	150 591	150 547	100%	447 731	446 047	100%	24 250	24 045	99%	178 560	178 377	100%	20 405 26	1 815 588	89%	2 841 658	2 614 604	92%

* 注：农村生态需水量在多数地区(河南、湖北)无统计口径(即无特殊需求)，且在安徽江苏占比很小，所以与农村生产合并成农村生产生态指标。(下同)

表 4.4 各地市 2020 年水平多年平均需、供水量及水量保证程度 (万 m^3)

省份	市	城镇生活			城镇生产			城镇生态			农村生活			农村生产生态			合计		
		需水量	供水量	保证程度	需水量	供水量	保证程度	需水量	供水量	保证程度	需水量	供水量	保证程度	需水量	供水量	保证程度	需水量	供水量	保证程度
河南省	合计	124 777	124 721	100%	300 862	299 275	99%	12 526	12 359	99%	90 000	89 883	100%	902 783	807 803	89%	1 430 949	1 334 041	93%
	开封市	10 454	10 454	100%	21 891	21 891	100%	778	778	100%	6 347	6 347	100%	116 106	104 276	90%	155 576	143 746	92%
	洛阳市	797	795	100%	835	758	91%	290	259	89%	855	817	96%	3 759	3 043	81%	6 537	5 673	87%
	漯河市	6 416	6 416	100%	25 471	25 396	100%	404	401	99%	3 355	3 355	100%	33 571	30 533	91%	69 217	66 101	95%
	南阳市	1 236	1 236	100%	1 967	1 909	97%	433	415	96%	1 446	1 436	99%	10 794	9 077	84%	15 877	14 072	89%
	平顶山市	14 094	14 093	100%	30 470	30 260	99%	1 166	1 134	97%	6 439	6 435	100%	58 049	47 870	82%	110 218	99 792	91%
	商丘市	11 939	11 939	100%	23 153	23 135	100%	1 534	1 530	100%	15 542	15 542	100%	123 920	106 206	86%	176 088	158 350	90%
	信阳市	15 638	15 602	100%	25 853	25 615	99%	2 748	2 708	99%	10 733	10 681	100%	220 364	200 564	91%	275 336	255 170	93%
	许昌市	8 790	8 790	100%	31 279	31 279	100%	746	746	100%	6 909	6 909	100%	55 493	50 503	91%	103 217	98 227	95%
	郑州市	29 179	29 162	100%	76 225	75 321	99%	809	774	96%	3 192	3 180	100%	62 186	51 674	83%	171 590	160 111	93%
	周口市	15 001	15 001	100%	35 127	35 124	100%	1 784	1 783	100%	20 987	20 987	100%	133 862	123 944	93%	206 760	196 839	95%
	驻马店市	11 233	11 233	100%	28 591	28 588	100%	1 833	1 831	100%	14 196	14 196	100%	84 679	80 113	95%	140 533	135 961	97%
湖北省	合计	259	257	99%	3 239	3 114	96%	21	20	98%	651	640	98%	9 917	8 457	85%	14 087	12 488	89%
	随州市	127	126	99%	702	686	98%	21	20	98%	259	257	99%	4 298	4 033	94%	5 408	5 122	95%
	孝感市	132	131	99%	2 537	2 428	96%	0	0	100%	391	383	98%	5 619	4 424	79%	8 679	7 366	85%
安徽省	合计	78 883	78 800	100%	294 318	290 410	99%	9 738	9 415	97%	59 802	59 661	100%	900 819	739 824	82%	1 343 560	1 178 112	88%
	安庆市	83	82	99%	0	0	100%	98	97	98%	158	156	99%	1 306	1 299	99%	1 645	1 634	99%
	蚌埠市	10 983	10 983	100%	60 018	58 148	97%	881	779	88%	3 821	3 821	100%	95 288	73 218	77%	170 990	146 949	86%
	亳州市	10 454	10 454	100%	28 287	28 034	99%	1 252	1 218	97%	10 019	10 016	100%	115 618	90 248	78%	165 630	139 971	85%
	滁州市	4 625	4 618	100%	19 611	19 488	99%	1 090	1 072	98%	3 554	3 545	100%	91 863	73 486	80%	120 742	102 210	85%
	阜阳市	15 981	15 981	100%	34 606	34 554	100%	1 506	1 499	100%	15 202	15 202	100%	148 539	134 110	90%	215 833	201 346	93%
	合肥市	2 193	2 177	99%	6 843	6 632	97%	465	443	95%	2 492	2 464	99%	64 885	53 920	83%	76 878	65 635	85%
	淮北市	7 195	7 195	100%	32 672	32 252	99%	391	356	91%	2 132	2 132	100%	27 585	16 629	60%	69 976	58 564	84%
	淮南市	8 299	8 299	100%	46 672	46 487	100%	314	310	99%	1 840	1 840	100%	34 144	30 973	91%	91 268	87 909	96%
	六安市	9 277	9 218	99%	39 069	38 374	98%	2 318	2 248	97%	9 271	9 172	99%	185 908	162 594	87%	245 842	221 606	90%
	宿州市	9 793	9 793	100%	26 540	26 442	100%	1 423	1 392	98%	11 313	11 313	100%	135 685	103 346	76%	184 755	152 287	82%
江苏省	合计	18 303	18 303	100%	30 225	29 380	97%	1 965	1 910	97%	9 241	9 241	100%	170 660	151 460	89%	230 394	210 294	91%
	淮安市	2 710	2 710	100%	3 129	3 129	100%	518	518	100%	1 587	1 587	100%	40 111	40 111	100%	48 057	48 057	100%
	宿迁市	6 826	6 826	100%	6 299	6 299	100%	928	928	100%	3 939	3 939	100%	76 335	75 583	99%	94 327	93 575	99%
	徐州市	8 767	8 767	100%	20 796	19 951	96%	518	464	89%	3 715	3 715	100%	54 213	35 766	66%	88 011	68 663	78%
全流域	合计	222 223	222 081	100%	628 645	622 180	99%	24 250	23 705	98%	159 694	159 426	100%	1 984 179	1 707 545	86%	3 018 990	2 734 936	91%

表 4.5　各地市 2030 年水平多年平均需、供水量及水量保证程度

（万 m^3）

省份	市	城镇生活			城镇生产			城镇生态			农村生活			农村生产生态			合计		
		需水量	供水量	保证程度	需水量	供水量	保证程度	需水量	供水量	保证程度	需水量	供水量	保证程度	需水量	供水量	保证程度	需水量	供水量	保证程度
河南省	合计	167 728	167 644	100%	347 499	344 573	99%	18 629	18 297	98%	88 002	87 883	100%	920 519	804 326	87%	1 542 377	1 422 722	92%
	开封市	13 921	13 921	100%	25 131	25 131	100%	1 167	1 167	100%	5 908	5 908	100%	126 188	109 692	87%	172 315	155 819	90%
	洛阳市	1 087	1 075	99%	845	781	92%	439	401	91%	809	782	97%	4 232	3 428	81%	7 412	6 467	87%
	漯河市	8 845	8 845	100%	30 879	30 779	100%	613	607	99%	2 941	2 941	100%	33 329	30 579	92%	76 607	73 751	96%
	南阳市	1 707	1 707	100%	2 089	2 031	97%	632	609	96%	1 400	1 385	99%	10 579	8 822	83%	16 407	14 554	89%
	平顶山市	18 243	18 241	100%	35 487	35 156	99%	1 718	1 666	97%	6 058	6 054	100%	63 940	52 430	82%	125 446	113 547	91%
	商丘市	16 919	16 919	100%	26 064	26 044	100%	2 278	2 266	99%	15 953	15 953	100%	12 4329	106 180	85%	185 544	167 362	90%
	信阳市	21 246	21 217	100%	27 717	27 306	99%	4 084	3 996	98%	9 693	9 632	99%	222 720	196 069	88%	285 460	258 220	90%
	许昌市	11 719	11 719	100%	34 322	34 321	100%	1 112	1 112	100%	6 709	6 709	100%	54 442	49 466	91%	108 304	103 327	95%
	郑州市	36 947	36 906	100%	94 635	92 730	98%	1 198	1 101	92%	2 293	2 280	99%	62 770	46 778	75%	197 843	179 795	91%
	周口市	21 672	21 672	100%	41 492	41 476	100%	2 667	2 661	100%	21 586	21 586	100%	131 435	119 727	91%	218 852	207 121	95%
	驻马店市	15 422	15 422	100%	28 838	28 817	100%	2 720	2 712	100%	14 653	14 653	100%	86 555	81 154	94%	148 188	142 758	96%
湖北省	合计	326	326	100%	4 914	4 712	96%	23	23	97%	698	692	99%	9 827	8 074	82%	15 788	13 826	88%
	随州市	158	158	100%	1 121	1 099	98%	23	23	97%	259	259	100%	4 273	3 924	92%	5 835	5 463	94%
	孝感市	168	168	100%	3 793	3 613	95%	0	0	100%	439	432	99%	5 553	4 150	75%	9 953	8 363	84%
安徽省	合计	103 575	103 565	100%	328 976	323 537	98%	121 081	114 438	95%	54 658	54 592	100%	875 459	695 165	79%	1 483 748	1 291 296	87%
	安庆市	132	132	100%	3	3	100%	1 165	1 160	100%	150	150	100%	1 286	1 228	95%	2 736	2 673	98%
	蚌埠市	13 674	13 674	100%	64 336	62 033	96%	10 960	9 361	85%	3 448	3 448	100%	87 837	66 085	75%	180 255	154 601	86%
	亳州市	14 494	14 494	100%	36 234	35 723	99%	15 680	14 510	93%	8 998	8 998	100%	109 818	82 779	75%	185 225	156 504	84%
	滁州市	6 232	6 232	100%	22 107	22 009	100%	13 630	13 340	98%	3 372	3 372	100%	89 661	71 285	80%	135 002	116 238	86%
	阜阳市	21 098	21 098	100%	46 227	46 099	100%	18 623	18 426	99%	14 189	14 189	100%	146 869	128 105	87%	247 005	227 917	92%
	合肥市	3 084	3 084	100%	7 165	6 940	97%	5 767	5 414	94%	2 414	2 407	100%	64 112	52 019	81%	82 542	69 863	85%
	淮北市	8 824	8 824	100%	36 712	35 815	98%	4 925	4 080	83%	1 795	1 795	100%	25 502	13 482	61%	77 759	63 997	82%
	淮南市	10 006	10 006	100%	49 518	49 283	100%	3 893	3 822	98%	1 585	1 585	100%	29 880	26 754	90%	94 882	91 449	96%
	六安市	12 041	12 031	100%	36 893	36 163	98%	28 791	27 671	96%	8 640	8 582	99%	183 612	155 173	85%	269 976	239 620	89%
	宿州市	13 990	13 990	100%	29 780	29 470	99%	17 648	16 655	94%	10 066	10 066	100%	136 882	98 255	72%	208 366	168 436	81%
江苏省	合计	21 129	21 129	100%	44 445	43 228	97%	2 268	2 173	96%	9 589	9 589	100%	173 072	152 273	88%	250 503	228 392	91%
	淮安市	3 505	3 505	100%	3 223	3 223	100%	700	700	100%	1 476	1 476	100%	39 721	39 721	100%	48 624	48 624	100%
	宿迁市	6 431	6 431	100%	17 776	17 776	100%	874	872	100%	4 516	4 516	100%	80 796	78 517	97%	110 392	108 112	98%
	徐州市	11 192	11 192	100%	23 447	22 230	95%	695	601	87%	3 598	3 598	100%	52 555	34 036	65%	91 487	71 656	78%
全流域	合计	292 757	292 663	100%	725 835	716 050	99%	142 001	134 931	95%	152 947	152 755	100%	1 978 876	1 659 838	84%	3 292 416	2 956 237	90%

表 4.6 各县区 2010 年水平多年平均需、供水量及水量保证程度

（万 m^3）

省份	地市	县市	城镇生活			城镇生产			城镇生态			农村生活			农村生产生态			合计		
			需水量	供水量	保证程度	需水量	供水量	保证程度	需水量	供水量	保证程度	需水量	供水量	保证程度	需水量	供水量	保证程度	需水量	供水量	保证程度
河南省	合计		88 369	88 356	100%	253 733	252 873	100%	12 526	12 419	99%	96 565	96 492	100%	918 615	833 054	91%	1 369 808	1 283 194	94%
	开封市	小计	7 164	7 164	100%	18 121	18 121	100%	778	778	100%	7 269	7 269	100%	111 341	102 160	92%	144 673	135 491	94%
		开封市区	608	608	100%	3 770	3 770	100%	66	66	100%	617	617	100%	9 454	9 454	100%	14 516	14 516	100%
		开封县	1 385	1 385	100%	3 679	3 679	100%	150	150	100%	1 405	1 405	100%	21 523	18 815	87%	28 142	25 434	90%
		兰考县	855	855	100%	3 029	3 029	100%	93	93	100%	868	868	100%	13 290	12 836	97%	18 135	17 681	97%
		杞县	1 457	1 457	100%	2 580	2 580	100%	158	158	100%	1 478	1 478	100%	22 644	21 310	94%	28 317	26 984	95%
		通许县	1 615	1 615	100%	2 861	2 861	100%	175	175	100%	1 639	1 639	100%	25 106	20 486	82%	31 396	26 777	85%
		尉氏县	1 243	1 243	100%	2 202	2 202	100%	135	135	100%	1 262	1 262	100%	19 324	19 258	100%	24 166	24 100	100%
	洛阳市	小计	518	518	100%	828	754	91%	290	260	90%	988	960	97%	3 980	3 129	79%	6 605	5 622	85%
		汝阳县	518	518	100%	828	754	91%	290	260	90%	988	960	97%	3 980	3 129	79%	6 605	5 622	85%
	漯河市	小计	4 366	4 366	100%	22 006	21 982	100%	404	403	100%	4 006	4 006	100%	34 637	31 817	92%	65 419	62 572	96%
		漯河市区	1 726	1 726	100%	8 699	8 699	100%	160	160	100%	1 583	1 583	100%	13 692	13 038	95%	25 860	25 206	97%
		临颍县	1 357	1 357	100%	6 841	6 841	100%	126	126	100%	1 245	1 245	100%	10 768	9 369	87%	20 337	18 938	93%
		舞阳县	1 283	1 283	100%	6 466	6 442	100%	119	117	98%	1 177	1 177	100%	10 177	9 410	92%	19 222	18 428	96%
	南阳市	小计	791	791	100%	1 843	1 811	98%	433	420	97%	1 639	1 638	100%	11 337	9 377	83%	16 043	14 038	88%
		方城县	391	391	100%	911	903	99%	214	208	97%	810	810	100%	5 605	4 359	78%	7 932	6 672	84%
		桐柏县	400	400	100%	932	908	97%	219	212	97%	829	828	100%	5 731	5 019	88%	8 110	7 366	91%
	平顶山市	小计	9 965	9 965	100%	28 569	28 503	100%	1 166	1 157	99%	7 831	7 831	100%	56 610	47 694	84%	104 142	95 150	91%
		宝丰县	914	914	100%	2 657	2 657	100%	107	107	100%	718	718	100%	5 191	5 188	100%	9 586	9 584	100%
		郏县	920	920	100%	2 675	2 675	100%	108	108	100%	723	723	100%	5 227	4 325	83%	9 653	8 751	91%
		鲁山县	3 045	3 045	100%	4 427	4 427	100%	356	356	100%	2 393	2 393	100%	17 298	12 869	74%	27 519	23 090	84%
		平顶山市区	530	530	100%	6 938	6 938	100%	62	62	100%	417	417	100%	3 012	3 012	100%	10 959	10 959	100%
		汝州市	1 991	1 991	100%	5 788	5 788	100%	233	233	100%	1 564	1 564	100%	11 309	9 864	87%	20 885	19 441	93%
		舞钢市	810	810	100%	3 532	3 482	99%	95	87	92%	637	637	100%	4 601	3 112	68%	9 675	8 128	84%
		叶县	1 755	1 755	100%	2 552	2 537	99%	205	204	99%	1 379	1 379	100%	9 972	9 322	93%	15 864	15 197	96%
	商丘市	小计	8 172	8 172	100%	19 765	19 765	100%	1 534	1 534	100%	14 545	14 545	100%	132 242	114 827	87%	176 258	158 842	90%
		民权县	973	973	100%	1 785	1 785	100%	183	183	100%	1 731	1 731	100%	15 741	14 116	90%	20 413	18 788	92%
		宁陵县	626	626	100%	1 148	1 148	100%	117	117	100%	1 114	1 114	100%	10 125	9 821	97%	13 130	12 826	98%
		商丘市区	950	950	100%	3 489	3 489	100%	178	178	100%	1 692	1 692	100%	15 381	14 248	93%	21 690	20 557	95%
		睢县	732	732	100%	1 344	1 344	100%	138	138	100%	1 303	1 303	100%	11 851	10 259	87%	15 368	13 776	90%
		夏邑县	1 170	1 170	100%	2 148	2 148	100%	220	220	100%	2 083	2 083	100%	18 936	16 426	87%	24 556	22 046	90%
		永城市	1 646	1 646	100%	6 043	6 043	100%	309	308	100%	2 930	2 930	100%	26 639	20 740	78%	37 567	31 667	84%
		虞城县	1 240	1 240	100%	2 276	2 276	100%	233	233	100%	2 207	2 207	100%	20 069	16 531	82%	26 026	22 487	86%
		柘城县	834	834	100%	1 531	1 531	100%	157	157	100%	1 485	1 485	100%	13 500	12 687	94%	17 507	16 694	95%

续表 4.6

省份	地市	县市	城镇生活			城镇生产			城镇生态			农村生活			农村生产生态			合计		
			需水量	供水量	保证程度	需水量	供水量	保证程度	需水量	供水量	保证程度	需水量	供水量	保证程度	需水量	供水量	保证程度	需水量	供水量	保证程度
河南省	信阳市	小计	10 585	10 572	100%	22 062	21 876	99%	2 748	2 713	99%	13 226	13 184	100%	221 218	201 122	91%	269 840	249 467	92%
		固始县	2 073	2 072	100%	3 051	3 045	100%	538	537	100%	2 590	2 588	100%	43 321	41 334	95%	51 572	49 576	96%
		光山县	1 287	1 287	100%	2 367	2 325	98%	334	326	98%	1 608	1 602	100%	26 895	23 350	87%	32 492	28 890	89%
		淮滨县	851	851	100%	1 565	1 563	100%	221	219	99%	1 063	1 063	100%	17 778	16 696	94%	21 478	20 391	95%
		潢川县	1 152	1 152	100%	2 120	2 085	98%	299	293	98%	1 440	1 433	100%	24 087	20 501	85%	29 099	25 466	88%
		罗山县	1 453	1 453	100%	2 673	2 666	100%	377	376	100%	1 815	1 815	100%	30 366	29 768	98%	36 684	36 078	98%
		商城县	1 490	1 485	100%	2 740	2 715	99%	387	382	99%	1 861	1 851	99%	31 130	28 581	92%	37 608	35 014	93%
		息县	1 292	1 292	100%	2 377	2 357	99%	335	331	99%	1 614	1 614	100%	26 998	23 996	89%	32 616	29 590	91%
		新县	929	922	99%	1 710	1 661	97%	241	232	96%	1 161	1 144	99%	19 424	15 679	81%	23 465	19 638	84%
		信阳市区	58	58	100%	3 459	3 459	100%	15	15	100%	73	73	100%	1 221	1218	100%	4 826	4 824	100%
	许昌市	小计	6 232	6 232	100%	24 827	24 827	100%	746	746	100%	7 683	7 683	100%	57 694	53 243	92%	97 182	92 731	95%
		长葛市	815	815	100%	2 795	2 795	100%	98	98	100%	1 005	1 005	100%	7 545	7 086	94%	12 257	11 798	96%
		襄城县	1 126	1 126	100%	3 863	3 863	100%	135	135	100%	1 389	1 389	100%	10 427	9 588	92%	16 940	16 101	95%
		许昌市区	111	111	100%	5 836	5 836	100%	13	13	100%	136	136	100%	1 023	1 023	100%	7 119	7 119	100%
		许昌县	1 258	1 258	100%	4 315	4 315	100%	151	151	100%	1 551	1 551	100%	11 648	11 412	98%	18 923	18 687	99%
		鄢陵县	1 087	1 087	100%	2 984	2 984	100%	130	130	100%	1 341	1 341	100%	10 067	9 090	90%	15 609	14 632	94%
		禹州市	1 835	1 835	100%	5 034	5 034	100%	220	220	100%	2 262	2 262	100%	16 984	15 045	89%	26 333	24 395	93%
	郑州市	小计	22 774	22 774	100%	63 072	62 595	99%	809	792	98%	4 980	4 979	100%	61 339	54 820	89%	152 974	145 960	95%
		登封市	4 650	4 650	100%	11 681	11 681	100%	165	165	100%	1 017	1 017	100%	12 525	10 205	81%	30 038	27 717	92%
		新密市	3 816	3 816	100%	9 584	9 584	100%	135	135	100%	834	834	100%	10 277	10 114	98%	24 646	24 483	99%
		新郑市	3 328	3 328	100%	11 144	11 144	100%	118	118	100%	728	728	100%	8 962	8 274	92%	24 280	23 591	97%
		荥阳市	2 769	2 769	100%	6 955	6 955	100%	98	98	100%	605	605	100%	7 457	7 321	98%	17 885	17 748	99%
		郑州市区	3 964	3 964	100%	16 595	16 595	100%	141	141	100%	867	867	100%	10 677	9 973	93%	32 244	31 540	98%
		中牟县	4 248	4 248	100%	7 113	6 637	93%	151	134	89%	929	928	100%	11 441	8 934	78%	23 881	20 881	87%
	周口市	小计	10 505	10 505	100%	29 154	29 154	100%	1 784	1 784	100%	20 052	20 052	100%	143 650	134 010	93%	205 144	195 504	95%
		郸城县	1 289	1 289	100%	2 775	2 775	100%	219	219	100%	2 461	2 461	100%	17 633	16 409	93%	24 378	23 154	95%
		扶沟县	1 028	1 028	100%	2 213	2 213	100%	175	175	100%	1 963	1 963	100%	14 061	12 863	91%	19 439	18 241	94%
		淮阳县	1 233	1 233	100%	2 655	2 655	100%	209	209	100%	2 354	2 354	100%	16 865	16 325	97%	23 317	22 777	98%
		鹿邑县	1 085	1 085	100%	2 336	2 336	100%	184	184	100%	2 071	2 071	100%	14 840	14 491	98%	20 516	20 167	98%
		商水县	1 152	1 152	100%	2 479	2 479	100%	196	196	100%	2 199	2 199	100%	15 751	14 936	95%	21 776	20 961	96%
		沈丘县	947	947	100%	2 038	2 038	100%	161	161	100%	1 807	1 807	100%	12 946	12 624	98%	17 898	17 576	98%
		太康县	1 542	1 542	100%	3 319	3 319	100%	262	262	100%	2 943	2 943	100%	21 085	17 414	83%	29 150	25 480	87%
		西华县	1 047	1 047	100%	2 253	2 253	100%	178	178	100%	1 998	1 998	100%	14 312	13 861	97%	19 787	19 336	98%
		项城市	949	949	100%	4 087	4 087	100%	161	161	100%	1 812	1 812	100%	12 982	11 911	92%	19 991	18 921	95%
		周口市区	232	232	100%	5 000	5 000	100%	39	39	100%	443	443	100%	3 177	3 177	100%	8 892	8 892	100%

续表 4.6

省份	地市	县市	城镇生活			城镇生产			城镇生态			农村生活			农村生产生态			合计		
			需水量	供水量	保证程度	需水量	供水量	保证程度	需水量	供水量	保证程度	需水量	供水量	保证程度	需水量	供水量	保证程度	需水量	供水量	保证程度
河南省	驻马店市	小计	7 297	7 297	100%	23 486	23 485	100%	1 833	1 832	100%	14 347	14 347	100%	84 566	80 855	96%	131 529	127 816	97%
		泌阳县	469	469	100%	1 684	1 684	100%	118	118	100%	922	922	100%	5 433	5 195	96%	8 626	8 388	97%
		平舆县	720	720	100%	2 587	2 587	100%	181	181	100%	1 416	1 416	100%	8 344	8 093	97%	13 247	12 996	98%
		确山县	999	999	100%	1 795	1 795	100%	251	251	100%	1 964	1 964	100%	11 577	10 563	91%	16 586	15 572	94%
		汝南县	732	732	100%	2 629	2 629	100%	184	184	100%	1 439	1 439	100%	8 480	8 126	96%	13 464	13 109	97%
		上蔡县	851	851	100%	2 445	2 445	100%	214	214	100%	1 672	1 672	100%	9 857	9 708	98%	15 038	14 889	99%
		遂平县	606	606	100%	2 176	2 176	100%	152	152	100%	1 191	1 191	100%	7 019	6 702	95%	11 144	10 826	97%
		西平县	615	615	100%	2 210	2 210	100%	154	154	100%	1 210	1 210	100%	7 130	6 432	90%	11 319	10 622	94%
		新蔡县	808	808	100%	2 322	2 322	100%	203	203	100%	1 588	1 588	100%	9 363	9 129	98%	14 285	14 051	98%
		正阳县	1 067	1 067	100%	1 917	1 916	100%	268	267	100%	2 097	2 097	100%	12 363	11 920	96%	17 712	17 267	97%
		驻马店市区	431	431	100%	3 720	3 720	100%	108	108	100%	848	848	100%	5 000	4 987	100%	10 108	10 096	100%
湖北省	合计		228	227	99%	2 650	2 559	97%	21	21	100%	539	532	99%	9 423	8 012	85%	12 861	11 350	88%
	随州市	小计	101	101	100%	583	573	98%	21	21	100%	205	203	99%	4 320	4 017	93%	5 230	4 915	94%
		随州市区	101	101	100%	583	573	98%	21	21	100%	205	203	99%	4 320	4 017	93%	5 230	4 915	94%
	孝感市	小计	127	126	99%	2 067	1 986	96%	0	0	100%	334	329	98%	5 103	3 995	78%	7 631	6 435	84%
		大悟县	127	126	99%	2 067	1 986	96%	0	0	100%	334	329	98%	5 103	3 995	78%	7 631	6 435	84%
安徽省	合计		47 248	47 219	100%	145 659	145 027	100%	9 549	9 451	99%	69 731	69 619	100%	909 850	762 850	84%	1 182 037	1 034 165	87%
	安庆市	小计	44	44	99%	0	0	100%	98	97	99%	176	174	99%	1 353	1 350	100%	1 672	1 665	100%
		岳西县	44	44	99%	0	0	100%	98	97	99%	176	174	99%	1 353	1 350	100%	1 672	1 665	100%
	蚌埠市	小计	7 212	7 212	100%	31 720	31 498	99%	881	847	96%	6 255	6 255	100%	100 197	78 416	78%	146 265	124 228	85%
		蚌埠市区	761	761	100%	10 029	10 029	100%	93	93	100%	660	660	100%	10 579	10 579	100%	22 122	22 122	100%
		固镇县	1 650	1 650	100%	7 905	7 823	99%	202	195	97%	1 432	1 432	100%	22 930	15 916	69%	34 119	27 015	79%
		怀远县	2 887	2 887	100%	6 913	6 781	98%	353	326	93%	2 504	2 504	100%	40 107	26 652	66%	52 764	39 150	74%
		五河县	1 913	1 913	100%	6 873	6 865	100%	234	233	100%	1 659	1 659	100%	26 581	25 270	95%	37 260	35 941	96%
	亳州市	小计	6 537	6 537	100%	17 832	17 790	100%	1 252	1 245	99%	11 498	11 498	100%	120 585	96 875	80%	157 704	133 945	85%
		亳州市区	1 704	1 704	100%	7 373	7 355	100%	326	325	100%	2 997	2 996	100%	31 426	27 484	87%	43 826	39 864	91%
		利辛县	1 533	1 533	100%	3 317	3 300	99%	294	292	100%	2 696	2 696	100%	28 279	22 502	80%	36 120	30 324	84%
		蒙城县	1 644	1 644	100%	3 557	3 551	100%	315	312	99%	2 891	2 891	100%	30 324	23 000	76%	38 731	31 399	81%
		涡阳县	1 656	1 656	100%	3 584	3 583	100%	317	316	99%	2 914	2 914	100%	30 556	23 889	78%	39 028	32 358	83%
	滁州市	小计	2 678	2 676	100%	9 678	9 645	100%	1 090	1 086	100%	4 374	4 364	100%	91 231	74 288	81%	109 051	92 059	84%
		定远县	1 103	1 101	100%	3 599	3 583	100%	449	447	100%	1 801	1 794	100%	37 557	26 762	71%	44 509	33 688	76%
		凤阳县	717	717	100%	2 341	2 336	100%	292	291	100%	1 171	1 169	100%	24 422	20 704	85%	28 943	25 216	87%
		明光市	859	858	100%	3 738	3 726	100%	349	348	100%	1 403	1 401	100%	29 252	26 822	92%	35 600	33 155	93%

续表 4.6

省份	地市	县市	城镇生活			城镇生产			城镇生态			农村生活			农村生产生态			合计		
			需水量	供水量	保证程度	需水量	供水量	保证程度	需水量	供水量	保证程度	需水量	供水量	保证程度	需水量	供水量	保证程度	需水量	供水量	保证程度
安徽省	阜阳市	小计	10 376	10 376	100%	22 676	22 668	100%	1 506	1 505	100%	17 669	17 669	100%	154 892	141 597	91%	207 118	193 816	94%
		阜南县	2 017	2 017	100%	3 051	3 051	100%	293	293	100%	3 434	3 434	100%	30 103	28 396	94%	38 897	37 190	96%
		阜阳市区	1 913	1 913	100%	7 235	7 232	100%	278	277	100%	3 258	3 258	100%	28 558	26 446	93%	41 242	39 126	95%
		界首市	698	698	100%	3 694	3 690	100%	101	101	100%	1 188	1 188	100%	10 414	9 830	94%	16 094	15 506	96%
		临泉县	1 901	1 901	100%	2 875	2 875	100%	276	276	100%	3 236	3 236	100%	28 371	25 270	89%	36 659	33 557	92%
		太和县	1 905	1 905	100%	2 881	2 881	100%	276	276	100%	3 243	3 243	100%	28 434	24 768	87%	36 740	33 074	90%
		颍上县	1 943	1 943	100%	2 940	2 940	100%	282	282	100%	3 309	3 309	100%	29 011	26 888	93%	37 486	35 363	94%
	合肥市	小计	1 138	1 134	100%	3 427	3 368	98%	465	453	97%	3 071	3 050	99%	65 134	55 002	84%	73 234	63 007	86%
		长丰县	448	444	99%	1 348	1 290	96%	183	171	93%	1 208	1 188	98%	25 631	16 861	66%	28 818	19 954	69%
		肥东县	248	248	100%	748	748	100%	101	101	100%	670	670	100%	14 221	14 164	100%	15 989	15 932	100%
		肥西县	442	442	100%	1330	1 330	100%	180	180	100%	1 192	1 192	100%	25 283	23 977	95%	28 427	27 121	95%
	淮北市	小计	5 041	5 041	100%	15 967	15 967	100%	391	391	100%	3 013	3 013	100%	29 349	23 253	79%	53 761	47 665	89%
		淮北市区	1 412	1 412	100%	9 720	9 720	100%	110	110	100%	844	844	100%	8 220	7 906	96%	20 305	19 992	98%
		濉溪县	3 629	3 629	100%	6 246	6 246	100%	282	282	100%	2 169	2 169	100%	21 129	15 347	73%	33 456	27 673	83%
	淮南市	小计	6 400	6 400	100%	25 280	25 232	100%	314	313	100%	2 477	2 477	100%	35 001	32 929	93%	69 472	67 351	96%
		凤台县	2 539	2 539	100%	7 705	7 705	100%	124	124	100%	983	983	100%	13 885	12 556	90%	25 236	23 907	95%
		淮南市区	3 861	3 861	100%	17 575	17 527	100%	189	188	100%	1 494	1 494	100%	21 116	20 373	96%	44 236	43 444	98%
	六安市	小计	5 899	5 876	100%	22 861	22 591	99%	2 318	2 278	98%	10 485	10 406	99%	186 392	163 776	88%	227 956	204 928	90%
		霍邱县	1 423	1 422	100%	4 419	4 406	100%	559	557	100%	2 528	2 525	100%	44 945	42 539	95%	53 875	51 448	95%
		霍山县	832	829	100%	2 585	2 565	99%	327	325	99%	1 479	1 472	100%	26 288	24 010	91%	31 510	29 201	93%
		金寨县	1 553	1 540	99%	4 825	4 718	98%	610	597	98%	2 761	2 726	99%	49 076	40 750	83%	58 825	50 332	86%
		六安市区	876	875	100%	7 253	7 250	100%	344	344	100%	1 556	1 556	100%	27 662	27 451	99%	37 691	37 476	99%
		寿县	1 216	1 209	99%	3 778	3 652	97%	478	456	95%	2 161	2 128	98%	38 422	29 026	76%	46 055	36 471	79%
	宿州市	小计	5 784	5 784	100%	13 795	13 795	100%	1 423	1 423	100%	12 207	12 207	100%	146 832	115 737	79%	180 041	148 945	83%
		砀山县	579	579	100%	1 381	1 381	100%	142	142	100%	1 222	1 222	100%	14 698	12 134	83%	18 022	15 458	86%
		灵璧县	1 246	1 246	100%	2 972	2 972	100%	307	307	100%	2 630	2 630	100%	31 632	27 448	87%	38 786	34 602	89%
		泗县	1 084	1 084	100%	2 586	2 586	100%	267	267	100%	2 288	2 288	100%	27 520	25 325	92%	33 744	31 550	93%
		宿州市区	1 740	1 740	100%	4 150	4 150	100%	428	428	100%	3 672	3 672	100%	44 168	30 469	69%	54 157	40 457	75%
		萧县	1 135	1 135	100%	2 707	2 707	100%	279	279	100%	2 395	2 395	100%	28 814	20 360	71%	35 331	26 877	76%
	合计		10 885	10 885	100%	28 114	27 783	99%	1 965	1 936	99%	10 231	10 231	100%	181 522	161 425	89%	232 716	212 259	91%
江苏省	淮安市	小计	1 605	1 605	100%	3 221	3 221	100%	518	518	100%	1 695	1 695	100%	43 270	43 270	100%	50 310	50 310	100%
		盱眙县	1 605	1 605	100%	3 221	3 221	100%	518	518	100%	1 695	1 695	100%	43 270	43 270	100%	50 310	50 310	100%

续表 4.6

省份	地市	县市	城镇生活			城镇生产			城镇生态			农村生活			农村生产生态			合计		
			需水量	供水量	保证程度	需水量	供水量	保证程度	需水量	供水量	保证程度	需水量	供水量	保证程度	需水量	供水量	保证程度	需水量	供水量	保证程度
江苏省	宿迁市	小计	3 878	3 878	100%	6 343	6 343	100%	928	928	100%	4 442	4 442	100%	81 361	80 503	99%	96 952	96 094	99%
		泗洪县	2 724	2 724	100%	4 457	4 457	100%	652	652	100%	3 121	3 121	100%	57 163	56 569	99%	68 116	67 523	99%
		泗阳县	778	778	100%	1 273	1 273	100%	186	186	100%	891	891	100%	16 324	16 324	100%	19 452	19 452	100%
		宿豫县	375	375	100%	614	614	100%	90	90	100%	430	430	100%	7 874	7 610	97%	9 383	9 119	97%
	徐州市	小计	5 402	5 402	100%	18 549	18 218	98%	518	489	94%	4 094	4 094	100%	56 891	37 652	66%	85 454	65 855	77%
		睢宁县	1 570	1 570	100%	5 391	5 391	100%	151	151	100%	1 190	1 190	100%	16 535	14 286	86%	24 836	22 587	91%
		徐州市区	3 832	3 832	100%	13 158	12 827	97%	368	339	92%	2 904	2 904	100%	40 356	23 366	58%	60 618	43 267	71%
全区域			146 730	146 686	100%	430 156	428 242	100%	24 061	23 826	99%	177 066	176 873	100%	2 019 410	1 765 341	87%	2 797 422	2 540 967	91%

表 4.7　各县区 2020 年水平多年平均需、供水量及水量保证程度

（万 m^3）

省份	地市	县市	城镇生活			城镇生产			城镇生态			农村生活			农村生产生态			合计		
			需水量	供水量	保证程度	需水量	供水量	保证程度	需水量	供水量	保证程度	需水量	供水量	保证程度	需水量	供水量	保证程度	需水量	供水量	保证程度
河南省	合计		124 777	124 719	100%	300 862	299 043	99%	12 526	12 337	98%	90 000	89 878	100%	902 783	794 349	88%	1 430 949	1 320 326	92%
	开封市	小计	10 454	10 454	100%	21 891	21 891	100%	778	778	100%	6 347	6 347	100%	116 106	102 582	88%	155 576	142 052	91%
		开封市区	888	888	100%	4 555	4 555	100%	66	66	100%	539	539	100%	9 859	9 859	100%	15 907	15 907	100%
		开封县	2 021	2 021	100%	4 444	4 444	100%	150	150	100%	1 227	1 227	100%	22 444	18 511	82%	30 287	26 354	87%
		兰考县	1 248	1 248	100%	3 659	3 659	100%	93	93	100%	758	758	100%	13 859	12 961	94%	19 616	18 718	95%
		杞县	2 126	2 126	100%	3 117	3 117	100%	158	158	100%	1 291	1 291	100%	23612	21371	91%	30305	28063	93%
		通许县	2 357	2 357	100%	3 456	3 456	100%	175	175	100%	1 431	1 431	100%	26 180	19 891	76%	33 600	27 311	81%
		尉氏县	1 814	1 814	100%	2 660	2 660	100%	135	135	100%	1 102	1 102	100%	2 0151	19 988	99%	25 862	25 699	99%
	洛阳市	小计	797	795	100%	835	751	90%	290	256	88%	855	814	95%	3 759	2 924	78%	6 537	5 540	85%
		汝阳县	797	795	100%	835	751	90%	290	256	88%	855	814	95%	3 759	2 924	78%	6 537	5 540	85%
	漯河市	小计	6 416	6 416	100%	25 471	25 391	100%	404	401	99%	3 355	3 355	100%	33 571	29 916	89%	69 217	65 478	95%
		漯河市区	2 536	2 536	100%	10 069	10 069	100%	160	160	100%	1 326	1 326	100%	13 271	12 362	93%	27 362	26 453	97%
		临颍县	1 995	1 995	100%	7 918	7 918	100%	126	126	100%	1 043	1 043	100%	10 436	8 552	82%	21 517	19 633	91%
		舞阳县	1 885	1 885	100%	7 484	7 404	99%	119	115	97%	986	986	100%	9 864	9 002	91%	20 338	19 392	95%
	南阳市	小计	1 236	1 236	100%	1 967	1 907	97%	433	413	95%	1 446	1 435	99%	10 794	8 776	81%	15 877	13 766	87%
		方城县	611	611	100%	973	949	98%	214	204	95%	715	713	100%	5 337	4 035	76%	7 850	6 512	83%
		桐柏县	625	625	100%	995	958	96%	219	208	95%	731	722	99%	5 457	4 741	87%	8 026	7 254	90%
	平顶山市	小计	14 094	14 093	100%	30 470	30 251	99%	1 166	1 133	97%	6 439	6 435	100%	58 049	46 625	80%	110 218	98 537	89%
		宝丰县	1 292	1 292	100%	2 833	2 833	100%	107	107	100%	590	590	100%	5 323	5 309	100%	10 146	10 132	100%
		郏县	1 301	1 301	100%	2 853	2 853	100%	108	108	100%	594	594	100%	5 360	4 131	77%	10 216	8 988	88%
		鲁山县	4 307	4 307	100%	4 721	4 673	99%	356	343	96%	1 967	1 967	100%	17 738	12 205	69%	29 089	23 495	81%
		平顶山市区	750	750	100%	7 400	7 400	100%	62	62	100%	343	343	100%	3 089	3 087	100%	116 43	11 641	100%
		汝州市	2 816	2 816	100%	6 173	6 168	100%	233	231	99%	1 286	1 286	100%	11 597	9 533	82%	22 105	20 034	91%
		舞钢市	1 146	1 146	100%	3 768	3 630	96%	95	80	84%	523	523	100%	4 718	2 916	62%	10 250	8 295	81%
		叶县	2 483	2 481	100%	2 722	2 693	99%	205	202	98%	1 134	1 130	100%	10 225	9 446	92%	16 769	15 953	95%
	商丘市	小计	11 939	11 939	100%	23 153	23 128	100%	1 534	1 528	100%	15 542	15 542	100%	123 920	104 118	84%	176 088	156 255	89%
		民权县	1 421	1 421	100%	2 091	2 091	100%	183	183	100%	1 850	1 850	100%	14 751	12 904	87%	20 296	18 449	91%
		宁陵县	914	914	100%	1 345	1 345	100%	117	117	100%	1 190	1 190	100%	9 488	9 127	96%	13 054	12 694	97%
		商丘市区	1 389	1 389	100%	4 087	4 086	100%	178	178	100%	1 808	1 808	100%	14 413	13 054	91%	21 874	20 514	94%
		睢县	1 070	1 070	100%	1 575	1 575	100%	138	138	100%	1 393	1 393	100%	11 105	9 269	83%	15 280	13 444	88%
		夏邑县	1 710	1 710	100%	2 516	2 516	100%	220	219	100%	2 225	2 225	100%	17 744	14 905	84%	24 415	21 575	88%
		永城市	2 405	2 405	100%	7 079	7 057	100%	309	305	99%	3 131	3 131	100%	24 963	18 310	73%	37 886	31 208	82%
		虞城县	1 812	1 812	100%	2 667	2 664	100%	233	231	99%	2 359	2 359	100%	18 806	14 855	79%	25 876	21 921	85%
		柘城县	1 219	1 219	100%	1 794	1 794	100%	157	157	100%	1 587	1 587	100%	12 650	11 694	92%	17 406	16 450	95%

续表 4.7

省份	地市	县市	城镇生活			城镇生产			城镇生态			农村生活			农村生产生态			合计		
			需水量	供水量	保证程度	需水量	供水量	保证程度	需水量	供水量	保证程度	需水量	供水量	保证程度	需水量	供水量	保证程度	需水量	供水量	保证程度
河南省	信阳市	小计	15 638	15 601	100%	25 853	25 568	99%	2 748	2 698	98%	10 733	10 679	99%	220 364	197 189	89%	275 336	251 735	91%
		固始县	3 062	3 060	100%	3 575	3 567	100%	538	537	100%	2 102	2 100	100%	43 153	40 958	95%	52 430	50 221	96%
		光山县	1 901	1 898	100%	2 774	2 709	98%	334	323	97%	1 305	1 293	99%	26 791	22 610	84%	33 106	28 834	87%
		淮滨县	1 257	1 257	100%	1 834	1 826	100%	221	219	99%	863	863	100%	17 709	16 529	93%	218 84	20 693	95%
		潢川县	1 703	1 700	100%	2 485	2 434	98%	299	291	97%	1 169	1 157	99%	23 993	19 915	83%	29649	25 496	86%
		罗山县	2 146	2 146	100%	3 132	3 123	100%	377	376	100%	1 473	1 473	100%	30 248	29 590	98%	37 378	36 709	98%
		商城县	2 201	2 189	99%	3 211	3 173	99%	387	380	98%	1 510	1 500	99%	31 010	27 869	90%	38 319	35 111	92%
		息县	1 908	1 908	100%	2 785	2 753	99%	335	330	98%	1 310	1 310	100%	26 894	23 630	88%	33 233	29 931	90%
		新县	1 373	1 356	99%	2 004	1 930	96%	241	229	95%	942	924	98%	19 349	14 877	77%	23 909	19 316	81%
		信阳市区	86	86	100%	4 054	4 054	100%	15	15	100%	59	59	100%	1 216	1 210	100%	5430	5 424	100%
	许昌市	小计	8 790	8 790	100%	31 279	31 279	100%	746	746	100%	6 909	6 909	100%	55 493	49 446	89%	103 217	97 170	94%
		长葛市	1 149	1 149	100%	3 521	3 521	100%	98	98	100%	903	903	100%	7 257	6 613	91%	12 929	12 285	95%
		襄城县	1 589	1 589	100%	4 867	4 867	100%	135	135	100%	1 249	1 249	100%	10 030	8 843	88%	17 869	16 682	93%
		许昌市区	156	156	100%	7 353	7 353	100%	13	13	100%	122	122	100%	984	973	99%	8 629	8 618	100%
		许昌县	1 775	1 775	100%	5 437	5 437	100%	151	151	100%	1 395	1 395	100%	11 204	10 861	97%	19 961	19 618	98%
		鄢陵县	1 534	1 534	100%	3 759	3 759	100%	130	130	100%	1 205	1 205	100%	9 683	8 379	87%	16 312	15 007	92%
		禹州市	2 588	2 588	100%	6 342	6 342	100%	220	220	100%	2 034	2 034	100%	16 336	13 777	84%	27 519	24 959	91%
	郑州市	小计	29 179	29 161	100%	76 225	75 167	99%	809	771	95%	3192	3179	100%	62 186	50 396	81%	171 590	158 674	92%
		登封市	5 958	5 958	100%	14 116	13 983	99%	165	154	93%	652	652	100%	12 698	8 314	65%	33 589	29 061	87%
		新密市	4 889	4 889	100%	11 582	11 582	100%	135	135	100%	535	535	100%	10 418	9 818	94%	27 560	26 960	98%
		新郑市	4 263	4 263	100%	13 468	13 431	100%	118	116	98%	466	466	100%	9 086	7 796	86%	27 403	26 073	95%
		荥阳市	3 548	3 548	100%	8 405	8 405	100%	98	98	100%	388	388	100%	7 560	7 064	93%	19 999	19 503	98%
		郑州市区	5 079	5 079	100%	20 056	20 021	100%	141	138	98%	556	556	100%	10 824	8 853	82%	36 656	34 647	95%
		中牟县	5 442	5 425	100%	8 596	7 744	90%	151	129	85%	595	583	98%	11 599	8 550	74%	26 384	22 431	85%
	周口市	小计	15 001	15 001	100%	35 127	35 124	100%	1 784	1 783	100%	20 987	20 987	100%	133 862	122 422	91%	20 6760	195 317	94%
		郸城县	1 841	1 841	100%	3 344	3 344	100%	219	219	100%	2 576	2 576	100%	16 431	14 957	91%	24 412	22 937	94%
		扶沟县	1 468	1 468	100%	2 667	2 666	100%	175	174	100%	2 054	2 054	100%	13 103	11 697	89%	19 466	18 060	93%
		淮阳县	1 761	1 761	100%	3 199	3 199	100%	209	209	100%	2 464	2 464	100%	15 716	15 083	96%	23 349	22 716	97%
		鹿邑县	1 550	1 550	100%	2 814	2 814	100%	184	184	100%	2 168	2 168	100%	13 829	13 372	97%	20 545	20 088	98%
		商水县	1 645	1 645	100%	2 987	2 987	100%	196	196	100%	2 301	2 301	100%	14 677	13 668	93%	21 806	20 797	95%
		沈丘县	1 352	1 352	100%	2 455	2 455	100%	161	161	100%	1 891	1 891	100%	12 064	11 653	97%	17 923	17 512	98%
		太康县	2 202	2 202	100%	3 999	3 999	100%	262	262	100%	3 080	3 080	100%	19 648	15 510	79%	29 191	25 053	86%
		西华县	1 495	1 495	100%	2 714	2 714	100%	178	178	100%	2 091	2 091	100%	13 337	12 780	96%	19 815	19 258	97%
		项城市	1 356	1 356	100%	4 924	4 922	100%	161	160	100%	1 897	1 897	100%	12 097	10 742	89%	20 435	19076	93%
		周口市区	332	332	100%	6024	6024	100%	39	39	100%	464	464	100%	2960	2960	100%	9 820	9 820	100%

续表 4.7

省份	地市	县市	城镇生活			城镇生产			城镇生态			农村生活			农村生产生态			合计		
			需水量	供水量	保证程度	需水量	供水量	保证程度	需水量	供水量	保证程度	需水量	供水量	保证程度	需水量	供水量	保证程度	需水量	供水量	保证程度
河南省	驻马店市	小计	11 233	11 233	100%	28 591	28 587	100%	1 833	1 831	100%	14 196	14 196	100%	84 679	79 956	94%	140 533	135 803	97%
		泌阳县	722	722	100%	2 051	2 051	100%	118	118	100%	912	912	100%	5 440	5 087	94%	9 242	8 889	96%
		平舆县	1 108	1 108	100%	3 149	3 149	100%	181	181	100%	1 401	1 401	100%	8 355	8 034	96%	14 194	13 873	98%
		确山县	1 538	1 538	100%	2 185	2 185	100%	251	251	100%	1 944	1 944	100%	11 593	10 365	89%	17 510	16 282	93%
		汝南县	1 126	1 126	100%	3 201	3 201	100%	184	184	100%	1 424	1 424	100%	8 492	8 037	95%	14 426	13 972	97%
		上蔡县	1 309	1 309	100%	2 976	2 976	100%	214	214	100%	1 655	1 655	100%	9 870	9 628	98%	16 024	15 782	98%
		遂平县	932	932	100%	2 649	2 649	100%	152	152	100%	1 178	1 178	100%	7 029	6 617	94%	11 941	11 529	97%
		西平县	947	947	100%	2 691	2 691	100%	154	154	100%	1 197	1 197	100%	7 139	6 231	87%	12 129	11 220	93%
		新蔡县	1 244	1 244	100%	2 827	2 827	100%	203	203	100%	1 572	1 572	100%	9 376	9 089	97%	15 222	14 935	98%
		正阳县	1 642	1 642	100%	2 333	2 330	100%	268	267	100%	2 075	2 075	100%	12 380	11 883	96%	18 698	18 198	97%
		驻马店市区	664	664	100%	4 529	4 529	100%	108	108	100%	839	839	100%	5 007	4 984	100%	11 147	11 125	100%
湖北省	合计		259	257	99%	3 239	3 088	95%	21	20	98%	651	640	98%	9 917	8 139	82%	14 087	12 144	86%
	随州市	小计	127	126	99%	702	684	97%	21	20	98%	259	257	99%	4298	3974	92%	5408	5 061	94%
		随州市区	127	126	99%	702	684	97%	21	20	98%	259	257	99%	4 298	3 974	92%	5 408	5 061	94%
	孝感市	小计	132	131	99%	2 537	2 405	95%	0	0	100%	391	383	98%	5 619	4 164	74%	8 679	7 083	82%
		大悟县	132	131	99%	2 537	2 405	95%	0	0	100%	391	383	98%	5 619	4 164	74%	8 679	7 083	82%
安徽省	合计		78 883	78 799	100%	294 313	289 699	98%	9 738	9 355	96%	59 802	59 647	100%	900 819	722 023	80%	1 343 560	1 159 522	86%
	安庆市	小计	83	82	99%	0	0	100%	98	97	98%	158	156	98%	1 306	1 298	99%	1 645	1 633	99%
		岳西县	83	82	99%	0	0	100%	98	97	98%	158	156	98%	1306	1298	99%	1 645	1 633	99%
	蚌埠市	小计	10 983	10 983	100%	60 018	57 780	96%	881	763	87%	3 821	3 821	100%	95 288	71 357	75%	170 990	144 703	85%
		蚌埠市区	1 160	1 160	100%	18 976	18 976	100%	93	93	100%	403	403	100%	10 060	10 060	100%	30 692	30 692	100%
		固镇县	2 514	2 514	100%	14 957	14 099	94%	202	166	82%	874	874	100%	21 807	13 777	63%	40 354	31 429	78%
		怀远县	4 396	4 396	100%	13 081	11 784	90%	353	276	78%	1 529	1 529	100%	38 142	23 794	62%	57 501	41 779	73%
		五河县	2 914	2 914	100%	13 004	12 921	99%	234	229	98%	1 014	1 014	100%	25 279	23 726	94%	42 444	40 803	96%
	亳州市	小计	10 454	10 454	100%	28 287	27 993	99%	1 252	1 211	97%	10 019	10 016	100%	115 618	87 465	76%	165 630	137 140	83%
		亳州市区	2 725	2 725	100%	11 696	11 568	99%	326	316	97%	2 611	2 610	100%	30 132	25 542	85%	47 489	42 760	90%
		利辛县	2 452	2 452	100%	5 262	5 201	99%	294	283	96%	2 350	2 347	100%	27 114	20 150	74%	37 472	30 433	81%
		蒙城县	2 629	2 629	100%	5 643	5 582	99%	315	303	96%	2 519	2 519	100%	29 075	20 430	70%	40 181	31 464	78%
		涡阳县	2 649	2 649	100%	5 686	5 642	99%	317	309	98%	2 539	2 539	100%	29 297	21 344	73%	40 488	32 484	80%
	滁州市	小计	4 625	4 618	100%	19 611	19 462	99%	1 090	1 070	98%	3 554	3 545	100%	91 863	71 255	78%	120 742	99 951	83%
		定远县	1 904	1 900	100%	7 294	7 218	99%	449	435	97%	1 463	1 458	100%	37 817	24 692	65%	48 926	35 703	73%
		凤阳县	1 238	1 237	100%	4 743	4 718	99%	292	289	99%	951	950	100%	24 591	20 127	82%	31 815	27 321	86%
		明光市	1 483	1 482	100%	7 574	7 526	99%	349	345	99%	1 139	1 138	100%	29 454	26 435	90%	40 000	36 926	92%

续表 4.7

省份	地市	县市	城镇生活			城镇生产			城镇生态			农村生活			农村生产生态			合计		
			需水量	供水量	保证程度	需水量	供水量	保证程度	需水量	供水量	保证程度	需水量	供水量	保证程度	需水量	供水量	保证程度	需水量	供水量	保证程度
安徽省	阜阳市	小计	15 981	15 981	100%	34 606	34 545	100%	1 506	1 497	99%	15 202	15 202	100%	148 539	132 203	89%	215 833	199 428	92%
		阜南县	3 106	3 106	100%	4 656	4 655	100%	293	292	100%	2 955	2 955	100%	28 869	26 866	93%	39 877	37 874	95%
		阜阳市区	2 946	2 946	100%	11 042	11 017	100%	278	275	99%	2 803	2 803	100%	27 387	24 621	90%	44 456	41 663	94%
		界首市	1 074	1 074	100%	5 637	5 622	100%	101	101	100%	1 022	1 022	100%	9 987	9 237	92%	17 821	17 056	96%
		临泉县	2 927	2 927	100%	4 388	4 380	100%	276	274	99%	2 785	2 785	100%	27 208	23 446	86%	37 583	33 812	90%
		太和县	2 934	2 934	100%	4 397	4 388	100%	276	274	99%	2 791	2 791	100%	27 267	22 844	84%	37 665	33 230	88%
		颍上县	2 993	2 993	100%	4 487	4 482	100%	282	281	100%	2 847	2 847	100%	27 821	25 190	91%	38 430	35 793	93%
	合肥市	小计	2 193	2 176	99%	6 843	6 603	96%	465	438	94%	2 492	2 459	99%	64 885	52 853	81%	76 878	64 529	84%
		长丰县	863	852	99%	2 693	2 493	93%	183	161	88%	981	955	97%	25 533	15 698	61%	30 252	20 159	67%
		肥东县	479	477	100%	1 494	1 483	99%	101	100	99%	544	540	99%	14 166	13 828	98%	16 785	16 428	98%
		肥西县	851	848	100%	2 656	2 627	99%	180	177	98%	967	963	100%	25 186	23 327	93%	29 841	27 941	94%
	淮北市	小计	7 195	7 195	100%	32 672	32 157	98%	391	347	89%	2 132	2 132	100%	27 585	15 627	57%	69 976	57 458	82%
		淮北市区	2 015	2 015	100%	19 890	19 578	98%	110	97	89%	597	597	100%	7 726	4 871	63%	30 338	27 158	90%
		濉溪县	5 180	5 180	100%	12 782	12 579	98%	282	250	89%	1 535	1 535	100%	19 859	10 756	54%	39 638	30 300	76%
	淮南市	小计	8 299	8 299	100%	46 672	46 453	100%	314	310	99%	1 840	1 840	100%	34 144	30 604	90%	91 268	87 506	96%
		凤台县	3 292	3 292	100%	14 224	14 202	100%	124	123	98%	730	730	100%	13 545	108 32	80%	31 916	29 179	91%
		淮南市区	5 007	5 007	100%	32 447	32 251	99%	189	187	99%	1 110	1 110	100%	20 599	19 772	96%	59 352	58 327	98%
	六安市	小计	9 277	9 217	99%	39 069	38 282	98%	2 318	2 234	96%	9 271	9 162	99%	18 5908	15 9638	86%	24 5842	218 533	89%
		霍邱县	2 237	2 235	100%	7 553	7 511	99%	559	552	99%	2 235	2 233	100%	44 828	42 219	94%	57 413	54 750	95%
		霍山县	1 308	1 300	99%	4 417	4 344	98%	327	321	98%	1 307	1 292	99%	26 219	23 244	89%	33 580	30 500	91%
		金寨县	2 443	2 413	99%	8247	7965	97%	610	580	95%	2 441	2 397	98%	48 948	38 819	79%	62 689	52 174	83%
		六安市区	1 377	1 375	100%	12 396	12 337	100%	344	342	99%	1 376	1 372	100%	27 590	27276	99%	43 082	42 701	99%
		寿县	1 912	1 893	99%	6 456	6 125	95%	478	440	92%	1 911	1 869	98%	38 322	28 081	73%	49 079	38 408	78%
	宿州市	小计	9 793	9 793	100%	26 540	26 424	100%	1 423	1388	98%	11 313	11 313	100%	135 685	99723	73%	184 755	148 641	80%
		砀山县	980	980	100%	2 657	2 657	100%	142	142	100%	1 132	1 132	100%	13 582	10 442	77%	18 494	15 354	83%
		灵璧县	2 110	2 110	100%	5 718	5 711	100%	307	304	99%	2 437	2 437	100%	29 231	24 607	84%	39 802	35 169	88%
		泗县	1 836	1 836	100%	4 974	4973	100%	267	266	100%	2 120	2 120	100%	25 431	22 952	90%	34 628	32 147	93%
		宿州市区	2 946	2 946	100%	7 983	7 888	99%	428	401	94%	3 403	3 403	100%	40 815	25 444	62%	55 575	40 082	72%
		萧县	1 922	1 922	100%	5 208	5 195	100%	279	274	98%	2 220	2 220	100%	26 626	16 278	61%	36 256	25 889	71%
江苏省	合计		18 303	18 303	100%	30 225	29 184	97%	1 965	1 893	96%	9 241	9 241	100%	170 660	149 361	88%	230 394	207 984	90%
	淮安市	小计	2 710	2 710	100%	3 129	3 129	100%	518	518	100%	1 587	1 587	100%	40 111	40 111	100%	48 057	48 057	100%
		盱眙县	2 710	2 710	100%	3 129	3 129	100%	518	518	100%	1 587	1 587	100%	40 111	40 111	100%	48 057	48 057	100%

续表 4.7

省份	地市	县市	城镇生活			城镇生产			城镇生态			农村生活			农村生产生态			合计		
			需水量	供水量	保证程度	需水量	供水量	保证程度	需水量	供水量	保证程度	需水量	供水量	保证程度	需水量	供水量	保证程度	需水量	供水量	保证程度
江苏省	宿迁市	小计	6 826	6 826	100%	6 299	6 299	100%	928	928	100%	3 939	3 939	100%	76 335	75 440	99%	94 327	93 432	99%
		泗洪县	4 796	4 796	100%	4 426	4 426	100%	652	652	100%	2 767	2 767	100%	53 632	53 016	99%	66 272	65 656	99%
		泗阳县	1 369	1 369	100%	1 264	1 264	100%	186	186	100%	790	790	100%	15 316	15 316	100%	18 926	18 926	100%
		宿豫县	661	661	100%	610	610	100%	90	90	100%	381	381	100%	7 388	7 109	96%	9 129	8 850	97%
	徐州市	小计	8 767	8 767	100%	20 796	19 756	95%	518	447	86%	3715	3 715	100%	54 213	33 810	62%	88 011	66 495	76%
		睢宁县	2 548	2 548	100%	6 044	6 041	100%	151	150	100%	1 080	1 080	100%	15 757	13 106	83%	25 579	22 925	90%
		徐州市区	6 219	6 219	100%	14 752	13 715	93%	368	297	81%	2 635	2 635	100%	38 457	20 704	54%	62 431	43 570	70%
全区域			222 223	222 078	100%	628 645	621 015	99%	24 250	23 606	97%	159 694	159 405	100%	1 984 179	1 673 872	84%	3 018 990	2 699 976	89%

表 4.8 各县区 2030 年水平多年平均需、供水量及水量保证程度 （万 m^3）

省份	地市	县市	城镇生活			城镇生产			城镇生态			农村生活			农村生产生态			合计		
			需水量	供水量	保证程度	需水量	供水量	保证程度	需水量	供水量	保证程度	需水量	供水量	保证程度	需水量	供水量	保证程度	需水量	供水量	保证程度
河南省	合计		167 728	167 644	100%	347 499	344 573	99%	18 629	18 297	98%	88 002	87 883	100%	920 519	804 326	87%	1 542 377	1 422 722	92%
	开封市	小计	13 921	13 921	100%	25 131	25 131	100%	1 167	1 167	100%	5 908	5 908	100%	126 188	109692	87%	172 315	155 819	90%
		开封市区	1 182	1 182	100%	5 229	5 229	100%	99	99	100%	502	502	100%	10 715	10 715	100%	17 727	17 727	100%
		开封县	2 691	2 691	100%	5 102	5 102	100%	226	226	100%	1 142	1 142	100%	24 393	19 653	81%	33 554	28813	86%
		兰考县	1 662	1 662	100%	4 200	4 200	100%	139	139	100%	705	705	100%	15 062	13 843	92%	21 769	20 550	94%
		杞县	2 831	2 831	100%	3 578	3 578	100%	237	237	100%	1 202	1 202	100%	25 663	22 656	88%	33 511	30 504	91%
		通许县	3139	3139	100%	3 967	3 967	100%	263	263	100%	1 332	1 332	100%	28 453	21 005	74%	37 155	29 707	80%
		尉氏县	2 416	2 416	100%	3 054	3 054	100%	203	203	100%	1 025	1 025	100%	21 901	21 821	100%	28 599	28 518	100%
	洛阳市	小计	1 087	1 075	99%	845	781	92%	439	401	91%	809	782	97%	4 232	3 428	81%	7 412	6 467	87%
		汝阳县	1087	1075	99%	845	781	92%	439	401	91%	809	782	97%	4 232	3 428	81%	7 412	6 467	87%
	漯河市	小计	8 845	8 845	100%	30 879	30 779	100%	613	607	99%	2 941	2 941	100%	33 329	30 579	92%	76 607	73 751	96%
		漯河市区	3 496	3 496	100%	12 207	12 195	100%	242	241	100%	1 163	1 163	100%	13 175	12 122	92%	30 283	29218	96%
		临颍县	2 750	2 750	100%	9 599	9 599	100%	190	190	100%	914	914	100%	10 361	9 432	91%	23 814	22 886	96%
		舞阳县	2 599	2 599	100%	9 073	8 985	99%	180	175	97%	864	864	100%	9 793	9 024	92%	22 509	21 648	96%
	南阳市	小计	1 707	1 707	100%	2 089	2 031	97%	632	609	96%	1 400	1 385	99%	10 579	8 822	83%	16 407	14 554	89%
		方城县	844	844	100%	1 033	1 003	97%	313	302	96%	692	691	100%	5 231	4 145	79%	8113	6985	86%
		桐柏县	863	863	100%	1 056	1 027	97%	320	307	96%	708	694	98%	5348	4678	87%	8295	7 569	91%
	平顶山市	小计	18 243	18 241	100%	35 487	35 156	99%	1 718	1 666	97%	6 058	6 054	100%	63 940	52 430	82%	125 446	113 547	91%
		宝丰县	1 673	1 673	100%	3 300	3 300	100%	158	158	100%	555	555	100%	5 863	5 808	99%	11 549	11 493	100%
		郏县	1 684	1 684	100%	3 323	3 323	100%	159	159	100%	559	559	100%	5 904	4 763	81%	11 629	10 488	90%
		鲁山县	5 574	5 574	100%	5 499	5 407	98%	525	502	96%	1 851	1 851	100%	19 538	13 906	71%	32 987	27 240	83%
		平顶山市区	971	971	100%	8 618	8 618	100%	91	91	100%	322	322	100%	3 402	3 397	100%	13 405	13 400	100%
		汝州市	3 645	3 645	100%	7 190	7 190	100%	343	343	100%	1 210	1 210	100%	12 773	10 856	85%	25 161	23 243	92%
		舞钢市	1 483	1 483	100%	4 388	4 175	95%	140	113	81%	492	492	100%	5 197	3 109	60%	11 700	9 373	80%
		叶县	3 214	3 211	100%	3 170	3 144	99%	303	299	99%	1 067	1 064	100%	11 263	10 592	94%	19 016	18 310	96%
	商丘市	小计	16 919	16 919	100%	26 064	26 044	100%	2 278	2 266	99%	15 953	15 953	100%	124 329	106 180	85%	185 544	167 362	90%
		民权县	2 014	2 014	100%	2 354	2 354	100%	271	271	100%	1 899	1 899	100%	14 799	13 109	89%	21 338	19 648	92%
		宁陵县	1 295	1 295	100%	1 514	1 514	100%	174	174	100%	1 221	1 221	100%	9 519	9 203	97%	13 725	13 409	98%
		商丘市区	1 968	1 968	100%	4 601	4 601	100%	265	264	99%	1 855	1 855	100%	14 460	13 159	91%	23 149	21 846	94%
		睢县	1 516	1 516	100%	1 773	1773	100%	204	204	100%	1 430	1 430	100%	11 142	9 508	85%	16 064	14 431	90%
		夏邑县	2 423	2 423	100%	2 832	2 832	100%	326	325	100%	2 284	2 284	100%	17 803	15 260	86%	25 668	23 125	90%
		永城市	3 408	3 408	100%	7 969	7 949	100%	459	452	99%	3 214	3 214	100%	25 045	18 753	75%	40 095	33 776	84%
		虞城县	2 568	2 568	100%	3 002	3 002	100%	346	343	99%	2 421	2 421	100%	18 869	15 317	81%	27 205	23 651	87%
		柘城县	1 727	1 727	100%	2 019	2 019	100%	233	233	100%	1 629	1 629	100%	12 692	11 870	94%	18 300	17 477	96%

续表 4.8

省份	地市	县市	城镇生活			城镇生产			城镇生态			农村生活			农村生产生态			合计		
			需水量	供水量	保证程度	需水量	供水量	保证程度	需水量	供水量	保证程度	需水量	供水量	保证程度	需水量	供水量	保证程度	需水量	供水量	保证程度
河南省	信阳市	小计	21 246	21 217	100%	27 717	27 306	99%	4 084	3 996	98%	9 693	9 632	99%	222 720	196 069	88%	285 460	258 220	90%
		固始县	4 160	4 152	100%	3 833	3 787	99%	800	789	99%	1 898	1 887	99%	43 615	39 989	92%	54 306	50 604	93%
		光山县	2 583	2 583	100%	2 974	2 908	98%	497	481	97%	1 178	1 173	100%	27 078	22 649	84%	34 310	29 793	87%
		淮滨县	1 707	1 707	100%	1 966	1 956	99%	328	325	99%	779	779	100%	17 899	16 670	93%	22 680	21 437	95%
		潢川县	2 313	2 311	100%	2 664	2 619	98%	445	434	98%	1 055	1 048	99%	24 250	20 342	84%	30 727	26 754	87%
		罗山县	2 916	2 913	100%	3 358	3 292	98%	561	549	98%	1 331	1 319	99%	30 572	28 599	94%	38 737	36 672	95%
		商城县	2 990	2 978	100%	3 443	3 370	98%	575	562	98%	1 364	1 347	99%	31 341	27 493	88%	39 713	35 750	90%
		息县	2 593	2 593	100%	2 986	2 950	99%	498	489	98%	1 183	1 183	100%	27 181	23 679	87%	34 441	30 893	90%
		新县	1 865	1 863	100%	2 148	2 090	97%	359	345	96%	851	842	99%	19 555	15 453	79%	24 779	20 592	83%
		信阳市区	117	117	100%	4 346	4 335	100%	23	22	98%	53	53	100%	1 229	1 196	97%	5 768	5 724	99%
	许昌市	小计	11 719	117 19	100%	34 322	34 321	100%	1 112	1 112	100%	6 709	6 709	100%	54 442	49466	91%	108 304	103 327	95%
		长葛市	1 533	1 533	100%	3 864	3 864	100%	145	145	100%	877	877	100%	7 119	6 661	94%	13 538	13 080	97%
		襄城县	2 118	2 118	100%	5 340	5 340	100%	201	201	100%	1 213	1 213	100%	9 840	8 872	90%	18 712	17 744	95%
		许昌市区	208	208	100%	8 068	8 068	100%	20	20	100%	119	119	100%	965	949	98%	9 380	9 364	100%
		许昌县	2 366	2 366	100%	5 966	5 966	100%	224	224	100%	1 354	1 354	100%	10 991	10 527	96%	20 902	20 438	98%
		鄢陵县	2 045	2 045	100%	4 125	4 125	100%	194	194	100%	1 171	1 171	100%	9 500	8 573	90%	17 034	16 107	95%
		禹州市	3 450	3 450	100%	6 959	6 959	100%	327	327	100%	1 975	1 975	100%	16 026	13 884	87%	28 737	26 595	93%
	郑州市	小计	36 947	36 906	100%	94 635	92 730	98%	1 198	1 101	92%	2 293	2 280	99%	62 770	46 778	75%	197 843	179 795	91%
		登封市	7 544	7 544	100%	17 526	17 204	98%	245	217	89%	468	468	100%	12 817	6 521	61%	38 600	31 956	83%
		新密市	6 190	6 190	100%	14 380	14 380	100%	201	201	100%	384	384	100%	10 516	9 679	92%	31 671	30 834	97%
		新郑市	5 398	5 398	100%	16 721	16 550	99%	175	164	93%	335	335	100%	9 172	7 798	85%	31 802	30 245	95%
		荥阳市	4 492	4 492	100%	10 435	10 435	100%	146	146	100%	279	279	100%	7 631	6 650	87%	22 983	22 002	96%
		郑州市区	6 431	6 431	100%	24 900	24 684	99%	208	186	89%	399	399	100%	10 926	7 428	68%	42 865	39 128	91%
		中牟县	6 891	6 850	99%	10 673	9 478	89%	223	188	84%	428	414	97%	11 708	8 701	74%	29 923	25 630	86%
	周口市	小计	21 672	21 672	100%	41 492	41 476	100%	2 667	2 661	100%	21 586	21 586	100%	131 435	119 727	91%	218 852	207 121	95%
		郸城县	2 660	2 660	100%	3 950	3 950	100%	327	327	100%	2 650	2 650	100%	16 133	14 639	91%	25 720	24 226	94%
		扶沟县	2 121	2 121	100%	3 150	3 146	100%	261	260	99%	2 113	2 113	100%	12 865	11 620	90%	20 510	19 261	94%
		淮阳县	2 544	2 544	100%	3 778	3 778	100%	313	313	100%	2 534	2 534	100%	15 431	14 737	95%	24 601	23 907	97%
		鹿邑县	2 239	2 239	100%	3 324	3 324	100%	276	276	100%	2 230	2 230	100%	13 578	13 166	97%	21 646	21 235	98%
		商水县	2 376	2 376	100%	3 528	3 528	100%	292	292	100%	2 367	2 367	100%	14 411	13 316	92%	22 975	21 880	95%
		沈丘县	1 953	1 953	100%	2 900	2 900	100%	240	240	100%	1 945	1 945	100%	11 845	11 380	96%	18 884	18 419	98%
		太康县	3 181	3 181	100%	4 723	4 723	100%	391	389	99%	3 168	3 168	100%	19 292	14 851	77%	30 756	26 313	86%
		西华县	2 159	2 159	100%	3 206	3 206	100%	266	266	100%	2 151	2 151	100%	13 095	12 698	97%	20 877	20 479	98%
		项城市	1 958	1 958	100%	5 816	5 803	100%	241	238	99%	1 951	1 951	100%	11 878	10 414	88%	21 844	20 365	93%
		周口市区	479	479	100%	7 116	7 116	100%	59	59	100%	477	477	100%	2 906	2 905	100%	11 038	11 037	100%

续表 4.8

省份	地市	县市	城镇生活			城镇生产			城镇生态			农村生活			农村生产生态			合计		
			需水量	供水量	保证程度	需水量	供水量	保证程度	需水量	供水量	保证程度	需水量	供水量	保证程度	需水量	供水量	保证程度	需水量	供水量	保证程度
河南省	驻马店市	小计	15 422	15 422	100%	28 838	28 817	100%	2 720	2 712	100%	14 653	14 653	100%	86 555	81 154	94%	148 188	142 758	96%
		泌阳县	991	991	100%	2 068	2 068	100%	175	175	100%	941	941	100%	5 561	5 189	93%	9 736	9 365	96%
		平舆县	1 522	1 522	100%	3 176	3 175	100%	268	267	100%	1 446	1 446	100%	8 540	8 138	95%	14 952	14 547	97%
		确山县	2 111	2 111	100%	2 204	2 204	100%	372	372	100%	2 006	2 006	100%	11 850	10 631	90%	18 543	17 324	93%
		汝南县	1 547	1 547	100%	3 228	3 228	100%	273	273	100%	1 469	1 469	100%	8 680	8 209	95%	15 197	14 725	97%
		上蔡县	1 798	1 798	100%	3 002	3 002	100%	317	317	100%	1 708	1 708	100%	10 089	9 713	96%	16 913	16 538	98%
		遂平县	1 280	1 280	100%	2 672	2 671	100%	226	225	100%	1 216	1 216	100%	7 184	6 652	93%	12 579	12 044	96%
		西平县	1 300	1 300	100%	2 714	2 712	100%	229	228	99%	1 235	1 235	100%	7 297	6 345	87%	12 776	11 821	93%
		新蔡县	1 708	1 708	100%	2 852	2 852	100%	301	301	100%	1 622	1 622	100%	9 584	9 243	96%	16 066	15 726	98%
		正阳县	2 255	2 255	100%	2 353	2 336	99%	398	393	99%	2 142	2 142	100%	12 654	11 966	95%	19 802	19 093	96%
		驻马店市区	912	912	100%	4 568	4 568	100%	161	161	100%	866	866	100%	5 117	5 070	99%	11 624	11 577	100%
湖北省	合计		326	326	100%	4 914	4 712	96%	23	23	97%	698	692	99%	9 827	8 074	82%	15 788	13 826	88%
	随州市	小计	158	158	100%	1 121	1 099	98%	23	23	97%	259	259	100%	4 273	3 924	92%	5 835	5 463	94%
		随州市区	158	158	100%	1 121	1 099	98%	23	23	97%	259	259	100%	4 273	3 924	92%	5 835	5 463	94%
	孝感市	小计	168	168	100%	3 793	3 613	95%	0	0	100%	439	432	99%	5 553	4 150	75%	9 953	8 363	84%
		大悟县	168	168	100%	3 793	3 613	95%	0	0	100%	439	432	99%	5 553	4 150	75%	9 953	8 363	84%
安徽省	合计		103 575	103 565	100%	328 976	323 537	98%	121 081	114 438	95%	54 658	54 592	100%	87 5459	695 165	79%	1 483 748	1 291 296	87%
	安庆市	小计	132	132	100%	3	3	100%	1 165	1 160	100%	150	150	100%	1 286	1 228	95%	2 736	2 673	98%
		岳西县	132	132	100%	3	3	100%	1 165	11 60	100%	150	150	100%	1 286	1 228	95%	2 736	2 673	98%
	蚌埠市	小计	13 674	13 674	100%	64 336	62 033	96%	10 960	9 361	85%	3 448	3 448	100%	87 837	66085	75%	180 255	154 601	86%
		蚌埠市区	1 444	1 444	100%	20 341	20 341	100%	1 157	1 157	100%	364	364	100%	9 274	9274	100%	32 580	32 580	100%
		固镇县	3 129	3 129	100%	16 033	15 102	94%	2 508	2 013	80%	789	789	100%	20 102	12 855	64%	42 562	33 888	80%
		怀远县	5 473	5 473	100%	14 022	127 44	91%	4 387	3 361	77%	1 380	1 380	100%	35 160	22 010	63%	60 422	44 969	74%
		五河县	3 627	3 627	100%	13 940	13 846	99%	2 908	2 830	97%	915	915	100%	23 302	21 947	94%	44 691	43 165	97%
	亳州市	小计	14 494	14 494	100%	36 234	35 723	99%	15 680	14510	93%	8 998	8 998	100%	109 818	82 779	75%	185 225	156 504	84%
		亳州市区	3 777	3 777	100%	14 982	14 810	99%	4 086	3 934	96%	2 345	2 345	100%	28 620	24 667	86%	53 811	49 532	92%
		利辛县	3 399	3 399	100%	6 741	6 621	98%	3 677	3 476	95%	2 110	2 110	100%	25 754	19 334	75%	41 681	34 940	84%
		蒙城县	3 645	3 645	100%	7 228	7 087	98%	3 943	3 478	88%	2 263	2 263	100%	27 616	19 020	69%	44 695	35 493	79%
		涡阳县	3 673	3 673	100%	7 284	7 205	99%	3 973	3 622	91%	2 280	2 280	100%	27 828	19 758	71%	45 037	36 539	81%
	滁州市	小计	6 232	6 232	100%	22 107	22 009	100%	13 630	13 340	98%	3 372	3 372	100%	89 661	71 285	80%	135 002	11 6238	86%
		定远县	2 566	2 566	100%	8 222	8 161	99%	5 611	5 394	96%	1 388	1 388	100%	36 911	25 154	68%	54 698	42 663	78%
		凤阳县	1 668	1 668	100%	5 347	5 332	100%	3 649	3 612	99%	903	903	100%	24 002	19 912	83%	35 568	31 427	88%
		明光市	1 998	1 998	100%	8 538	8 516	100%	4 370	4 334	99%	1 081	1 081	100%	28 748	26 219	91%	44 736	42 148	94%

续表 4.8

省份	地市	县市	城镇生活			城镇生产			城镇生态			农村生活			农村生产生态			合计		
			需水量	供水量	保证程度	需水量	供水量	保证程度	需水量	供水量	保证程度	需水量	供水量	保证程度	需水量	供水量	保证程度	需水量	供水量	保证程度
安徽省	阜阳市	小计	21 098	21 098	100%	46 227	46 099	100%	18 623	18 426	99%	14 189	14 189	100%	14 6869	128 105	87%	247 005	227 917	92%
		阜南县	4 100	4 100	100%	6 219	6 216	100%	3 619	3 609	100%	2 758	2 758	100%	28 544	26 201	92%	45 241	42 884	95%
		阜阳市区	3 890	3 890	100%	14 750	14 696	100%	3 434	3 374	98%	2 616	2 616	100%	27 079	24 043	89%	51 768	48 618	94%
		界首市	1 418	1 418	100%	7 530	7 493	100%	1 252	1 236	99%	954	954	100%	9 874	9 109	92%	21 028	20 211	96%
		临泉县	3 864	3 864	100%	5 861	5 848	100%	3 411	3 391	99%	2 599	2 599	100%	26 902	22 538	84%	42 637	38 240	90%
		太和县	3 873	3 873	100%	5 874	5 860	100%	3 419	3 350	98%	2 605	2 605	100%	26 961	21 759	81%	42 731	37 446	88%
		颍上县	3 952	3 952	100%	5 993	5 986	100%	3 488	3 465	99%	2 658	2 658	100%	27 508	24 456	89%	43 599	40 517	93%
	合肥市	小计	3 084	3 084	100%	7 165	6 940	97%	5 767	5 414	94%	2 414	2 407	100%	64 112	52 019	81%	82 542	69 863	85%
		长丰县	1 213	1 213	100%	2 820	2 658	94%	2 269	2 003	88%	950	946	100%	25 229	16 309	65%	32 481	23 131	71%
		肥东县	673	673	100%	1 564	1 559	100%	1 259	1 241	99%	527	527	100%	13 998	13 390	96%	18 021	17 390	96%
		肥西县	1 197	1 197	100%	2 781	2 723	98%	2 239	2 170	97%	937	934	100%	24 886	22 319	90%	32 040	29 343	92%
	淮北市	小计	8 824	8 824	100%	36 712	35 815	98%	4 925	4 080	83%	1 795	1 795	100%	25 502	13 482	61%	77 759	63 997	82%
		淮北市区	24 71	2 471	100%	22 350	21 811	98%	1 379	1 188	86%	503	503	100%	7 142	3 951	60%	33 846	29 924	88%
		濉溪县	6 353	6 353	100%	14 363	14 004	98%	3 546	2 892	82%	1 293	1 293	100%	18 360	9 531	61%	43 913	34 072	78%
	淮南市	小计	10 006	10 006	100%	49 518	49 283	100%	3 893	3 822	98%	1 585	1 585	100%	29 880	26 754	90%	94 882	91 449	96%
		凤台县	3 969	3 969	100%	15 092	15 016	100%	1 544	1 497	97%	629	629	100%	11 853	9 398	79%	33 088	30 510	92%
		淮南市区	6 037	6 037	100%	34 427	34 266	100%	2 349	2 324	99%	956	956	100%	18 026	17 356	96%	61 795	60 939	99%
	六安市	小计	12 041	12 031	100%	36 893	36 163	98%	28 791	27 671	96%	8 640	8 582	99%	183 612	155173	85%	269 976	239 620	89%
		霍邱县	2 903	2 896	100%	7 132	7 001	98%	6 942	6712	97%	2 083	2 062	99%	44 275	40 006	90%	63 336	58 677	93%
		霍山县	1 698	1 698	100%	4 171	4 141	99%	4 061	3 981	98%	1 219	1 219	100%	25 896	22 581	87%	37 044	33 620	91%
		金寨县	3 170	3 169	100%	7787	7610	98%	7580	7300	96%	2275	2258	99%	48344	38564	80%	69 157	58 900	85%
		六安市区	1 787	1 787	100%	11 705	11 588	99%	4 273	4 202	98%	1 282	1 282	100%	27 249	25835	95%	46 297	44 694	97%
		寿县	2 482	2 482	100%	6 097	5 823	96%	5 935	5 475	92%	1781	1762	99%	37 848	28 187	74%	54 143	43 729	81%
	宿州市	小计	13 990	13 990	100%	29 780	29 470	99%	17 648	16 655	94%	10 066	10 066	100%	136 882	98 255	72%	208 366	158 436	81%
		砀山县	14 00	1 400	100%	2 981	2 979	100%	1 767	1 734	98%	1 008	1 008	100%	13 702	10 242	75%	20 858	17 363	83%
		灵璧县	3 014	3 014	100%	6 416	6 392	100%	3 802	3 727	98%	2 169	2 169	100%	29 488	24 619	83%	44 888	39 921	89%
		泗县	2 622	2 622	100%	5 582	5 575	100%	3 308	3 279	99%	1 887	1 887	100%	25 655	22 846	89%	39 053	36 208	93%
		宿州市区	4 208	4 208	100%	8 958	8 752	98%	5 309	4 719	89%	3 028	3 028	100%	41 175	25 116	61%	62 678	45 823	73%
		萧县	2 745	2 745	100%	5 844	5 773	99%	3 463	3 195	92%	1 975	1 975	100%	26 861	15 432	61%	40 889	29 120	71%
	合计		21 129	21 129	100%	44 445	43 228	97%	2 268	2 173	96%	9 589	9 589	100%	173 072	152 273	88%	250 503	228 392	91%
江苏省	淮安市	小计	3 505	3 505	100%	3 223	3 223	100%	700	700	100%	1 476	1 476	100%	39 721	39 721	100%	48 624	48 624	100%
		盱眙县	3 505	3 505	100%	3 223	3 223	100%	700	700	100%	1 476	1 476	100%	39 721	39 721	100%	48 624	48 624	100%

续表 4.8

省份	地市	县市	城镇生活			城镇生产			城镇生态			农村生活			农村生产生态			合计		
			需水量	供水量	保证程度	需水量	供水量	保证程度	需水量	供水量	保证程度	需水量	供水量	保证程度	需水量	供水量	保证程度	需水量	供水量	保证程度
江苏省	宿迁市	小计	6 431	6 431	100%	17 776	17 776	100%	874	872	100%	4 516	4 516	100%	80 796	78 517	97%	110 392	108 112	98%
		泗洪县	6 746	6 746	100%	4 572	4 572	100%	873	873	100%	2 611	2 611	100%	52 701	52 178	99%	67 503	66 980	99%
		泗阳县	1 926	1 926	100%	1 306	1 306	100%	249	249	100%	746	746	100%	15 050	15 050	100%	19 277	19 277	100%
		宿豫县	929	929	100%	630	630	100%	120	120	100%	360	360	100%	7 260	7 064	97%	9 299	9 103	98%
	徐州市	小计	11 192	11 192	100%	23 447	22 230	95%	695	601	87%	3 598	3 598	100%	52 555	34 036	65%	91 487	71 656	78%
		睢宁县	3 253	3 253	100%	6 815	6 807	100%	202	201	99%	1 046	1 046	100%	15 275	12 972	85%	26 590	24 278	91%
		徐州市区	7 939	7 939	100%	16 633	15 423	93%	493	400	81%	2 552	2 552	100%	37 281	21063	61%	64 898	47 378	73%
全区域			29 2757	292 663	100%	725 835	716 050	99%	142 001	134 931	95%	152 947	152 755	100%	1 978 876	1 659 838	84%	3 292 416	2 956 237	90%

(1) 对淮河流域水资源开发利用情况及各类水源工程的主要分布、功能及运行调度特性进行了调查了解，选择 24 座水库、湖泊或闸坝等大型控制性工程为重要节点，对其他中小型调蓄工程进行总体能力概化处理。综合考虑 83 个自然水循环产水分区和 24 座水源工程的节点位置，为 110 个县级行政区供水，将以上地图叠加分割综合，共划分成 314 个最小模拟单元，形成水源和用水户之间的无缝隙、无重叠的匹配关系，据此进行水工程运行模拟系统逻辑概化；

(2) 针对水库、湖泊、闸坝、河道等各类水工程，依据水量平衡原理、水文学原理、水力学原理和水工程的运行规则等，构建了单一水工程运行模拟模型，包括水量平衡方程、工程参数约束、供水量约束、下泄流量约束等；

(3) 在单一水工程模拟模型基础上，进一步考虑流域范围内各水工程之间的水力、水利联系，分析并设计了流域系统概化网络图，构建了流域水工程系统联合运行模拟模型；

(4) 根据以上水工程模拟模型，进行水工程系统联合运行模拟子系统的开发，并对流域 2010 年、2020 年、2030 年等不同规划水平年，进行了流域水工程系统联合运用分析计算，得出流域水资源供需平衡成果；

(5) 针对典型河段，构建了一维河网水动力模拟模型和一维河网水质模拟的模型和算法，研究并实现了水动力模拟仿真和水质模拟仿真的程序设计，为短期水质调度的实现奠定了基础；

(6) 综合分析淮河洪泽湖以上流域水工程系统联合运行模拟成果，结果表明，多年平均流域供水量、水量保证程度、地区分布趋势以及控制断面流量成果基本符合实际。由此可见，所提出的淮河流域水工程模拟模型及计算分析方法是可信的、有效的，可用于评价流域的水资源供需平衡的时空分布和供水安全指标，为流域规划决策提供参考意见，并为进一步进行流域水资源优化配置和优化调度奠定了基础。

近年来，在淮河流域水工程系统运行模拟相关问题的研究方面，已经取得了一定的成果，但是，在这些研究中，有些是针对小范围、局部区域进行的，有些是大范围、粗粒度的研究。而本次是针对淮河流域洪泽湖以上区域这样的大尺度空间进行的水工程系统联合运行模拟研究，在进行系统单元划分时，以水量平衡原理为基础，充分照顾了产水单元和用水单元两方面的完整、统一和无缝连接，建立了包括单水源单用户、单水源多用户、多水源单用户供需关系的拓扑结构，整个系统的模拟单元多达数百个，实现了大尺度与细粒度的有机统一，从而为更好地实现二元耦合条件下水工程运用模拟的研究目标奠定了坚实的基础。

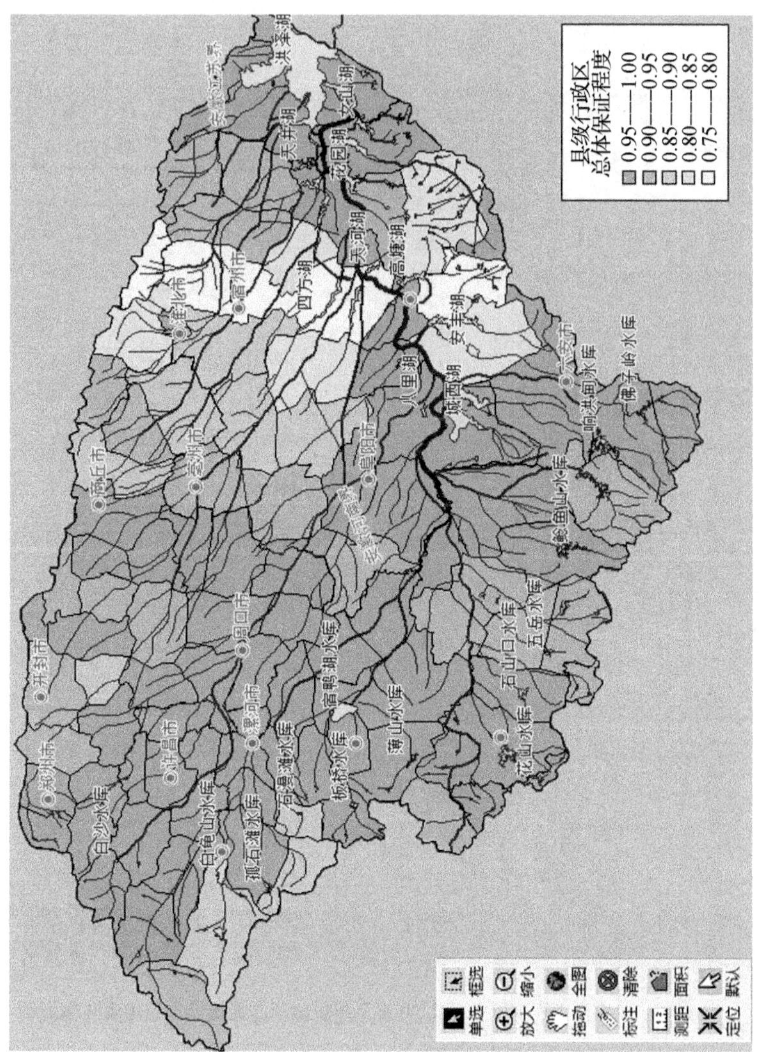

图 4.23 流域水工程模拟各县 2010 水平年供水总水量保证程度地理分布图

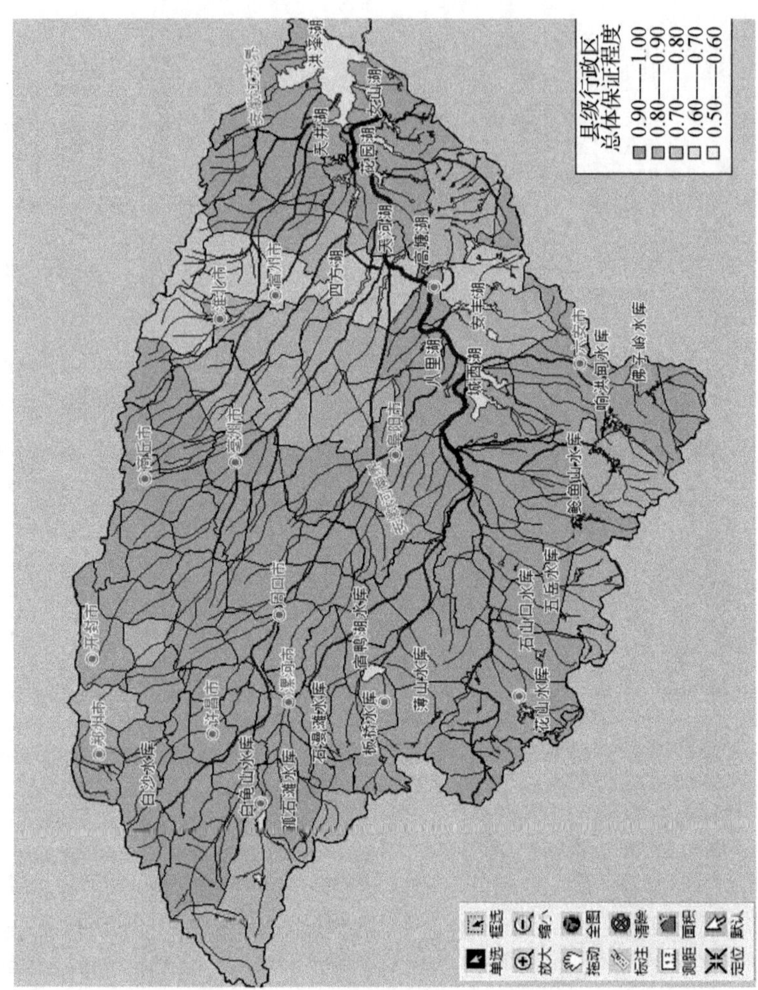

图 4.24 流域水工程模拟各县 2020 水平年供水总水量保证程度地理分布图

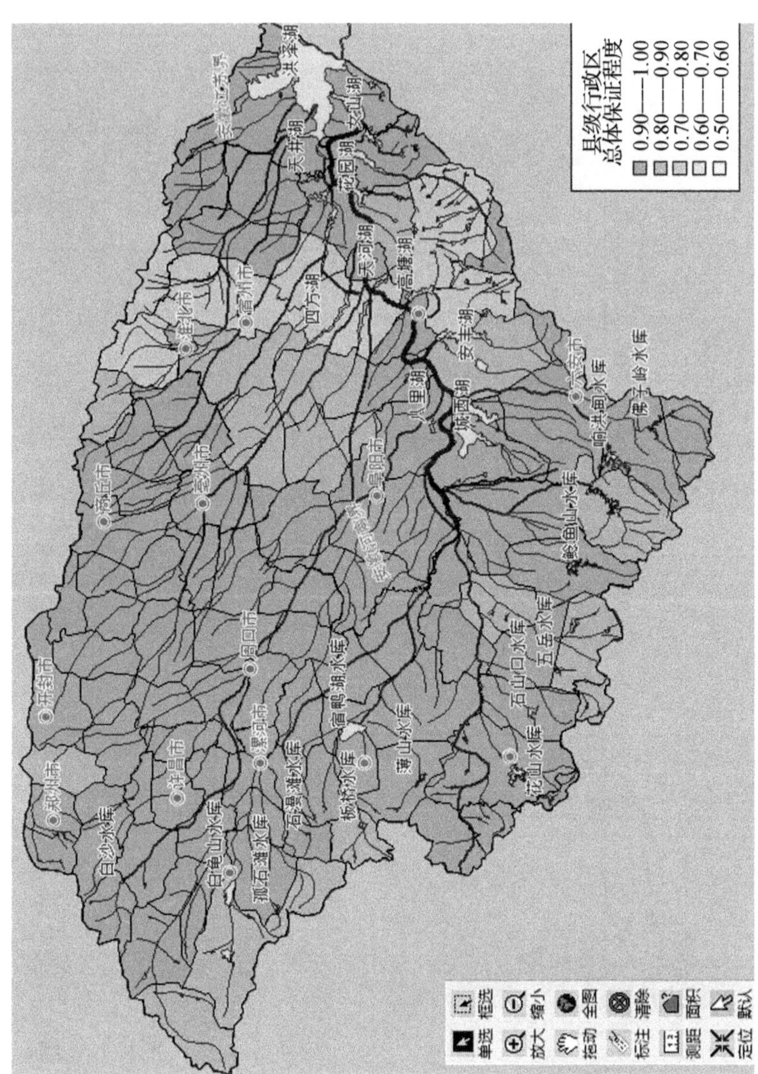

图 4.25 流域水工程模拟各县 2030 水平年供水总水量保证程度地理分布图

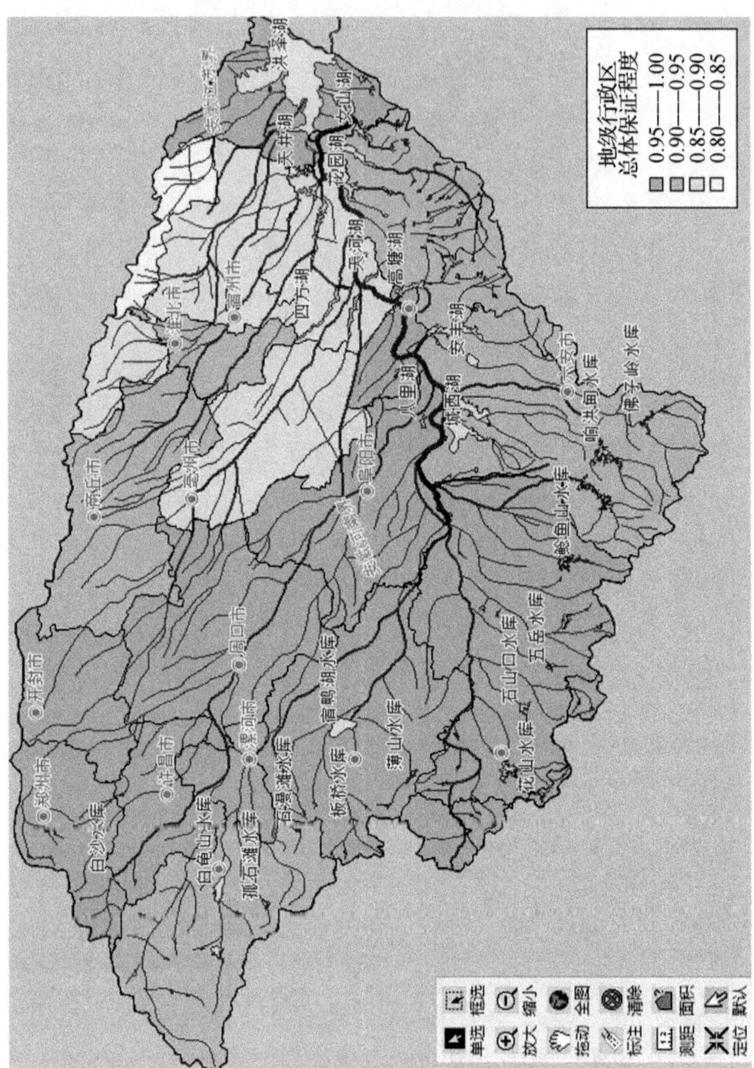

图 4.26　流域水工程模拟各地级市 2010 水平年供水总水量保证程度地理分布图

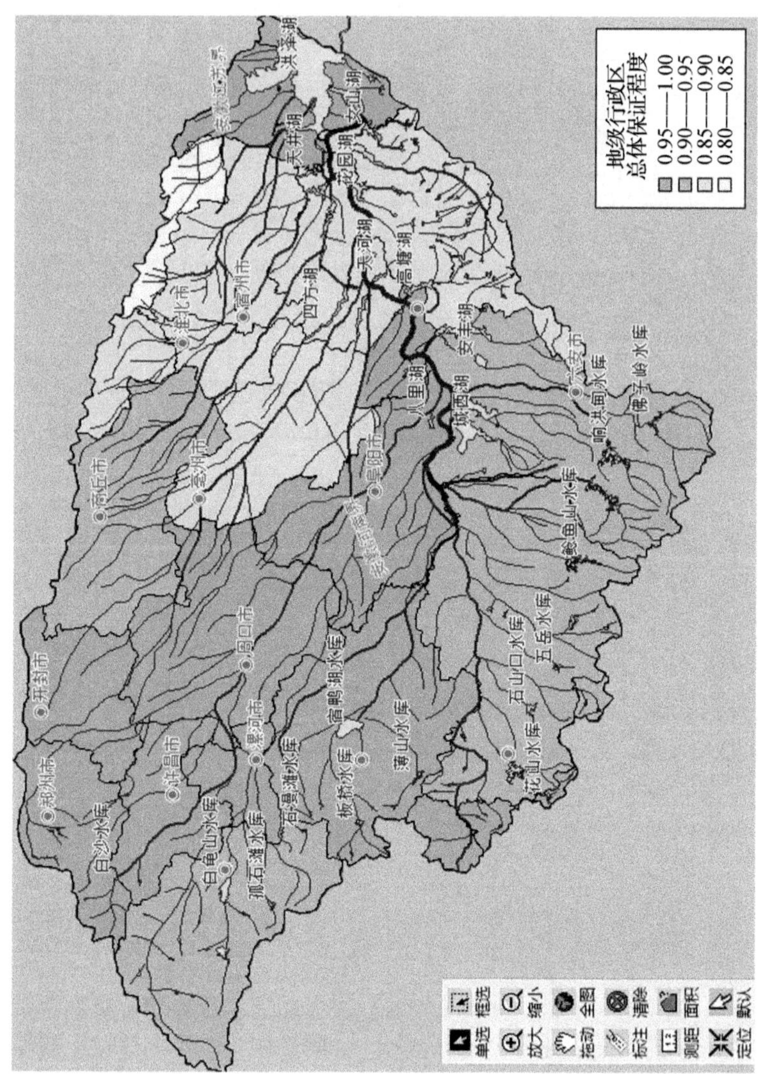

图 4.27 流域水工程模拟各地级市 2020 水平年供水总水量保证程度地理分布图

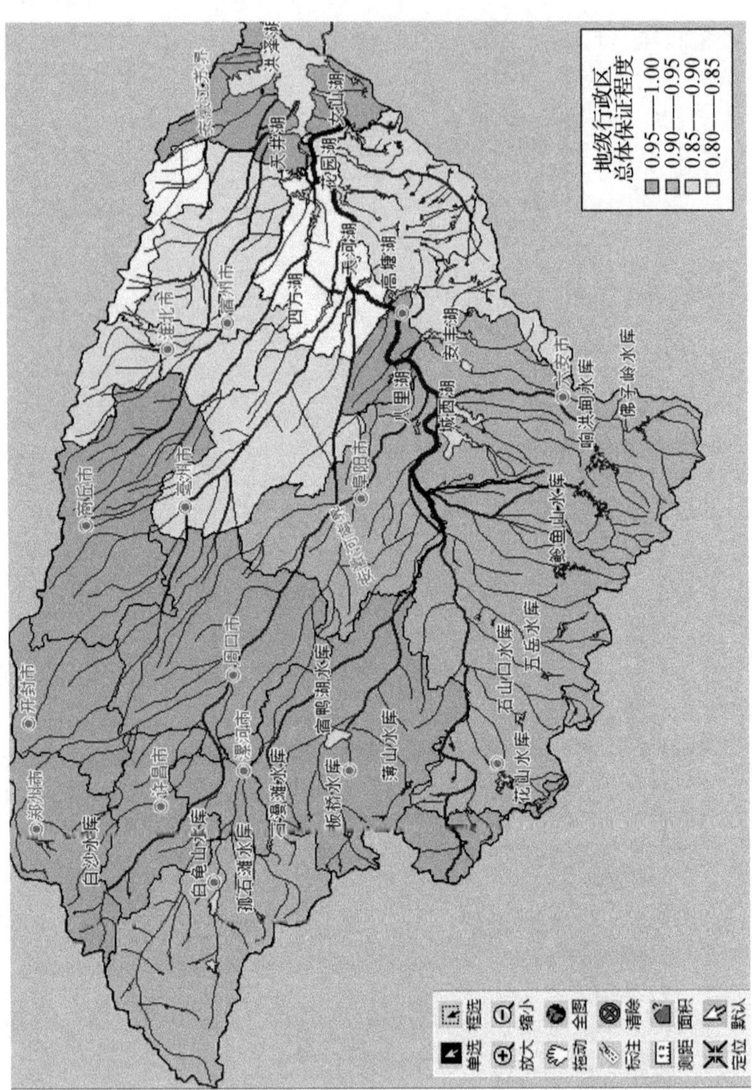

图 4.28　流域水工程模拟各地级市 2030 水平年供水总水量保证程度地理分布图

5 典型区水量水质联合调度

5.1 水量水质联合调度的背景

淮河流域地处长江、黄河之间，是我国重要的商品粮、棉、油生产和能源基地，人口密度居各大江大河流域之首。随着流域经济快速发展和城市化进度加快，淮河流域水资源问题越来越突出，可归纳为缺水问题突出，水资源开发利用过度；水资源时空分布不均，与区域生产力布局不相匹配；水污染问题严峻；经济社会发展与环境保护不协调等四个方面。

我国水资源不足是由于自然因素方面是由于受季风气候的影响，水资源时空分布不均的现象十分显著。在空间上，降雨量分布十分不均，形成了由东南沿海向西北内陆递减的趋势；在时间上，降雨量的较大年际变化导致径流的年际变化大，年内分配极为不均。一方面，丰水期过多的水量容易造成洪水威胁，给人民生命财产安全带来危害；另一方面，丰水期大量宝贵的水资源流入海洋，而平、枯水期则水量缺乏，使得水资源总量不能得到充分的利用，水资源的时空分布不匀的现象在一定程度上加剧了我国水资源的危机。

除了自然原因之外，目前许多地区用水方式粗放，用水效率低下，浪费严重。从农业用水角度来看，就平均单方灌溉水粮食产量而言，世界上先进水平国家高达2.5～3.0 kg，我国仅为1 kg。部分发达国家的农业节水灌溉面积与有效灌溉面积的比值高于80%，而我国目前约为35%，大水漫灌的方式普遍存在；从工业用水角度来看，2004年我国万元工业增加值的用水量为196 m^3，工业用水的重复利用率一般在60%～65%，而发达国家的万元工业增加值的用水量一般低于50 m^3，工业用水的重复利用率一般在80%～85%，可见目前我国水资源使用及处理工艺都较为落后，中水回用及水资源再生利用程度也较低；在生活用水方面，人们对水资源常常肆无忌惮的浪费。此外，我国部分城市与工业集中区，生产、生活的需水量往往高于该地区的实际供水能力，从而大量利用地下水，造成地下水开采过度，储量不足。目前我国有许多城市出现了工农业争夺地下水资源的状况，由于地下水被过度开采，使得水位降低，地面沉降甚至引起地裂缝灾害。与此同时，大量废水未得到妥善的安置，污水不经处理或处理后不达标就直接排入河道中的情况常常出现，使水源受到极大的污染，水环境遭到严重破坏，水生态也有一定程度的退化，这些都造成了严重的经济损失。

当前水资源短缺已经成为我国经济持续发展的限制因素，特别是人为的水环境污染，严重威胁着人类自身的健康。联合国《世界水资源综合评估报告》曾指出：

水问题将严重制约21世纪全球经济与社会发展，并可能导致国家冲突出。水体污染、水资源短缺和洪涝灾害是中国水环境目前面临的3个严重的问题。水资源供需矛盾的日益突出，直接影响到人们的生活和生存，严重制约了社会、经济、生态的可持续发展。

因此，通过工程优化调度措施，进行水量调度或水量水质联合调度，高效、合理地配置、利用水资源，将水资源的潜在效益最大化，对实现社会经济与生态环境协调发展具有重要意义。

5.2 联合调度目标与内容

5.2.1 调度目标

传统的水量调度在一定程度上可以提高水资源的利用效率，缓解水资源短缺的问题。但随着经济社会的快速发展和工业化程度的不断加深，加之历年来我国重经济、轻环保保护的发展模式，使城镇和农村大量高耗水、高污染的企业一度大量兴起，各行业用水量及污水排放量日益增加，国内众多河流、湖泊及地下水水质状况和生态环境均遭受了严重破坏，水质恶化逐渐成为缺水的重要原因，仅以供水量与经济效益最大作为目标的水资源优化调度模式已不能满足需要。

因此，以淮河流域的典型区域为对象，研究建立水量水质联合优化调度模型，将水量、水质统一考虑，把水资源开发利用与人类社会及生态系统的协调发展相结合，以实现水资源的优化配置和高效利用，更好地实现防洪安全、水资源可持续利用、水生态环境有效保护等多种目标。

5.2.2 调度内容

洪汝河流域作为淮河上游相对独立的水系，水工程分布合理，加之洪汝河近年来地表水污染较严重，浅层地下水也开始受到污染，河道水体中总氮项目超标率居高不下，故选择洪汝河流域作为水量水质联合优化调度的研究区域。

针对洪汝河流域供需水现状，进行水资源优化配置，同时，考虑水质因素与环境效益，以及不同用水对象对水质水量的不同需求，建立水量水质联合调度模型，分水源、分用户、分行业实行水量水质联合调度，以缓解区域供水不足情况，提高水环境的承载能力，并实现优水优用。

主要研究内容可分为以下几个部分：

1）典型区水资源优化配置总体方案分析

分析洪汝河流域的自然、社会经济、需水、供水和水环境基本概况，掌握大型水库、河道等水工程参数和功能，为洪汝河流域水量水质联合调度的研究打下基础；建立水资源优化配置模型并求解，得到洪汝河上、中、下游各个分区的水资源优化配置方案。

2）水资源调度相关子模型研究

依据洪汝河流域的水文气象资料，选择合适的产水理论模型，建立洪汝河各水文分区的产水预报模型，模拟预报天然产水量；依据自然和社会经济资料，对洪汝河流域生活、生产、生态等三生用水量进行建模和预测，并合理分配到各单元，为水工程的水量水质联合优化调度做好准备。

3）水量-水质联合调度模型研究

依据流域内主要水工程布局和水资源供需矛盾，即水量目标和水质目标，建立水质模型，并综合考虑各部门用水优先次序和优水优用等要求，建立水量水质联合优化调度模型，研究水库群优化调度的智能优化算法。针对水质污染事故处置问题，建立水污染事故处置方案模拟调度模型和动态演示功能。

4）典型区水量-水质联合调度策略研究

在水量水质优化调度模型计算成果基础上，研究优化前、优化后的水量目标和水质目标，看是否得到改进，验证水量水质联合优化调度模型的有效性；分析优化调度方案，得到洪汝河流域水量水质调度的一般性策略。

5.3 水资源优化配置方案

5.3.1 水资源优化配置概述

1）典型区水资源概况

（1）自然和社会经济概况

洪汝河流域大部分位于河南省南部，西北—东南走向，总流域面积 12 380 km^2，耕地面积达 1 100 万亩，人口约 630 万。作为淮河北岸的主要支流之一，洪汝河地处北温带与南温湿亚热带的过渡地带，年平均降雨量 850～1 000 mm，年内和年际分布不均。流域上游为浅山丘陵区，占流域面积 46%，一般高程为海拔 200～300 m 之间，自西向东逐渐变缓；下游为平原洼地区。整个区域坡降偏陡，加之受季风气候影响明显，流域内雨量充沛，自然灾害频繁，年均受灾面积约为 250 万亩。1975 年 8 月的特大洪水，使得流域内的水利工程设施都遭到严重破坏，大大削弱了流域抗御自然灾害的能力，当地工农业生产均受到了严重影响，也给当地居民生命财产带来了巨大的灾难。

作为水稻区和旱作区的衔接地带，洪汝河流域盛产小麦、大豆、玉米、芝麻、棉花等作物，素有“油库”“中原粮仓”和“芝麻王国”之称。流域内农业生产条件十分优越，已建立粮、油、棉、肉、蛋等生产基地，年均产量 40 亿 kg 左右，占河南省的十分之一。

洪汝河流域内主要的地级行政区有驻马店市、平顶山市及漯河市，资料显示，2010、2020、2030 水平年，驻马店市工业总产值分别为 873.65 亿元、1 749.31 亿元、2 951.63 亿元，平均增幅高达 85%；平顶山市工业总产值分别为 68.84 亿元、

123.57 亿元、200.06 亿元,平均增幅高达 71%;漯河市工业总产值分别为 72.95 亿元、154.43 亿元、298.44 亿元,平均增幅高达 102%。2010、2020、2030 水平年,驻马店市总人口分别为 695.30 万人、735.71 万人、766.62 万人,平均增幅为 5.0%;平顶山市总人口分别为 33.66 万人、34.68 万人、35.21 万人,平均增幅达 2.3%;漯河市总人口分别为 19.80 万人、24.25 万人、28.54 万人,平均增幅达 2.0%。

将流域内用水对象按县域进行划分,主要分布在河南省境内,具体包括驻马店市的驿城区、确山县(部分)、遂平县、西平县、上蔡县(部分)、汝南县、平舆县(部分)、新蔡县(部分)、泌阳县、正阳县(部分),平顶山市的舞钢市,漯河市的舞阳县(部分)共 12 个市/县。各用水对象主要统计指标见表 5.1。

表 5.1 流域内县域分县社会经济统计指标

用水单元	城市人口(万人)	农村人口(万人)	城区面积(km^2)	耕地面积(万亩)	工业产值(亿元)
舞阳县	4.09	45.8	8.7	67.5	88.15
舞钢市	10.69	20.62	14.39	32.1	109.28
西平县	7.39	69.33	19.62	117	103.11
遂平县	5.7	49.05	18.41	93.9	92.58
上蔡县	7.61	112.24	19.97	159.15	117.51
确山县	5.75	49.57	12.45	103.2	80.44
汝南县	8.37	70.10	17.74	119.85	87.28
平舆县	8.48	75.75	17.19	118.35	99.78
正阳县	6.85	62.2	15.32	183.6	88.03
新蔡县	5.83	86	12.12	148.65	97.95
泌阳县	15	60	7.8	134.4	124.9
驻马店市	27.4	6.4	65	124.1	72.3

(2) 水系和水工程概况

洪汝河流域主要包含小洪河、汝河等淮河二级支流,臻头河、练江河、奎旺河等下一级支流。其中小洪河发源于河南舞钢市南熬山,流经舞钢市、舞阳县和驻马店地区的西平、上蔡、新蔡等县,全长 251 km,流域面积为 4 287 km^2;汝河起源于泌阳县的板桥水库,全长 223 km,流域面积为 7 376 km^2。小洪河与汝河在班台断面汇合,班台断面以下形成大洪河和分洪道,在豫皖两省边界王家坝附近汇入淮河干流。流域内臻头河发源于确山与泌阳交界的千眼岭,全长 135 km,流域面积 1 800 km^2,在沙口断面前注入汝河,参见图 5.1。

洪汝河流域内共有 4 座综合利用多年调节的大型水库以及 100 多座中小型水库。4 座大型水库分别为石漫滩水库、薄山水库、板桥水库和宿鸭湖水库。其中,石漫滩水库位于小洪河上游,以防洪为主,兼顾供水、旅游等综合利用,控制流域面积 230 km^2,总库容 1.2 亿 m^3;板桥水库位于汝河上游泌阳县,"75·8"板桥溃坝事

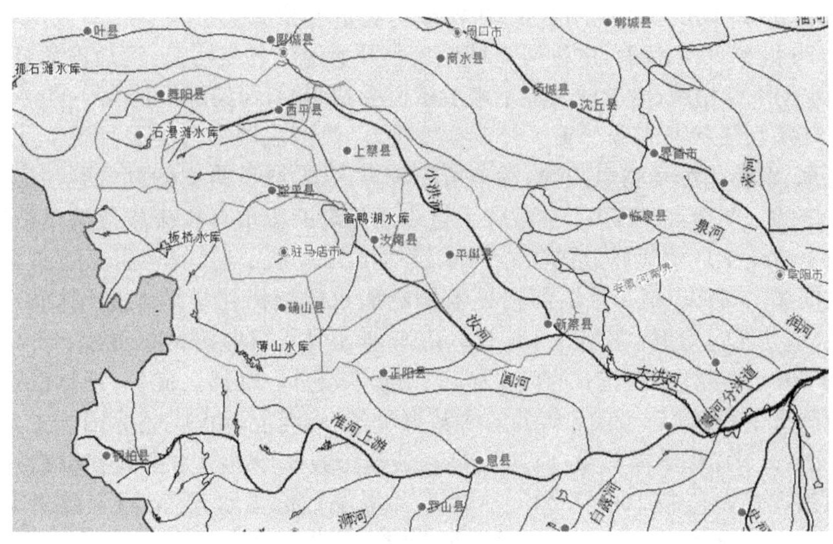

图 5.1　洪汝河流域水系图

件曾造成毁灭性灾难，后经加固除险，现今板桥水库控制流域面积 768 km^2，最大库容 6.75 亿 m^3，水电站装机 3 200 kW，最大坝高 50.5 m，水库总泄量 15 000 m^3/s；薄山水库位于臻头河上游，在驻马店市确山县境内，控制流域面积 570 km^2，现今总库容 6.2 亿 m^3；宿鸭湖水库位于汝河干流上，以防洪为主，结合灌溉、养殖、发电等综合利用，总库容为 16.56 亿 m^3，控制流域面积达 4 498 km^3，占汝河全流域面积 61%。板桥水库，薄山水库的下泄水量会流入宿鸭湖水库。各水库主要特征参数见表 5.2。

表 5.2　各水库主要特征参数表

水库名称	总库容（亿 m^3）	兴利水位（m）	兴利库容（亿 m^3）	死水位（m）	死库容（亿 m^3）	可用死库容（亿 m^3）	汛限水位（m）
薄山水库	6.2	116.6	2.8	92.00	0.1	0.05	110.00
板桥水库	6.75	111.5	2.36	101.04	0.2	0.1	10.0～111.5
宿鸭湖水库	16.56	53.0	2.1	50.50	0.42	0.21	52.5～53.0
石漫滩水库	1.2	107	0.63	95.00	0.056	0.03	107.00

（3）水资源供需及水质概况

根据流域内驻马店、遂平、薄山、石漫滩雨量站 1997—2006 年日雨量资料值及水文计算可知，1997—2006 年流域内多年平均降雨量为 950.3 mm，多年平均径流深为 292.8 mm。2020 水平年洪汝河流域多年平均总需水量约为 151 185 万 m^3，2030 水平年多年平均总需水量约为 173 863 万 m^3。与此同时，流域内生活污水、工业废水等年均污染物排放量为 17 627 万 t。不考虑环境用水量时，已经存在一定的缺水量，如果考虑环境用水量，供需缺口将进一步增大。

自 20 世纪 70 年代起，洪汝河流域地表水开始遭受各类污染，河道内鱼虾绝迹，由于河水的下渗作用，沿岸浅层地下水水质也受到影响，污染深度达 10～20 m，流域整体水环境污染状况十分严重。经调查发现，洪汝河流域的污染源主要工业废水、生活废水、农药化肥及粉煤灰等，污染情况较为复杂，属于典型的复合型污染，特别是区域内的一些企业和工厂，常常将大量未经处理的废水直接排放至大洪河中，而小洪河上游一工厂每年排放的工业污水量达 1 100 多万 t。驻马店环境监测站的监测数据显示，1996 年 3 月洪河杨庄监测断面水质指标化学需氧量（COD）、高锰酸盐指数（COD_{Mn}）超标率均为 100%。1998 年 4 月 1 日监测结果显示：COD 浓度为 1 090 mg/L，超标 69 倍；COD_{Mn} 为 393 mg/L，超标 60 倍。此外，根据淮河流域水环境监测中心 2006—2012 年的监测数据可知，淮河上游水质超标因子主要是以氨氮（NH_3-N）、化学需氧量（COD）、高锰酸盐指数（COD_{Mn}）为主的有机物污染因子。河南省环境监测中心站 2000—2009 年监测数据显示，在淮河上游王家坝断面以上的主要支流中，洪河水质污染最为严重，自 2000—2009 年，竹竿河、白露河、潢河、浉河等水质大多不错，而洪河水质 2000—2005 年则为中度污染，2006—2009 年为轻度污染。

根据洪河下游班台监测站 2010 年班台控制断面水质监测数据（COD、NH_3-N、COD_{Mn}）（见图 5.2），若以 COD 作为评价参数，2010 年中，近 85% 的月份班台控制断面水质为Ⅳ、Ⅴ类标准，低于饮用水水质标准，水质污染状况严重。

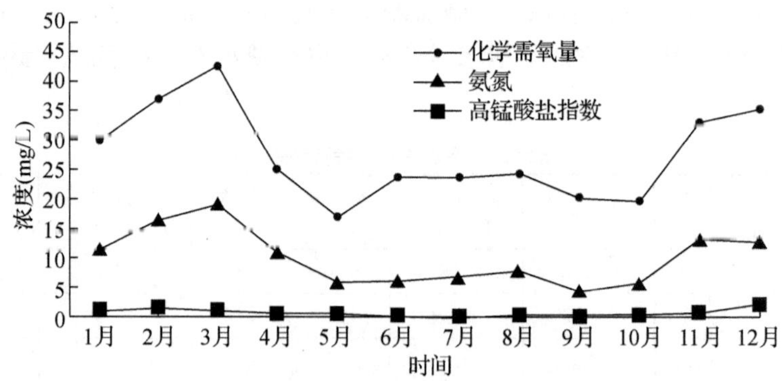

图 5.2　2010 年班台控制断面 COD 浓度监测值

2）水资源优化配置目标

本书以典型区洪汝河流域为对象，对水资源优化配置问题进行研究，在此基础上，进一步研究该典型区的水量水质联合优化调度问题，其主要目标是为了提高该区域社会经济供水安全度。

水资源优化配置是指为了保障经济、社会、资源、环境的协调发展，利用工程和非工程措施对一定时空领域内的水资源进行资源整合、技术优化、可持续开发与管理。淮河流域水资源配置问题是个复杂的大系统问题，既要考虑流域天然水循环的因素，包括水资源在时空分布上的不均匀性，又要考虑水资源开发利用方面的因素，发挥工程体系的整体功能和效益，以得到一个统一决策、统筹利用的优化方案。

水资源配置一般可以分为规划阶段的水资源配置和管理运行方面的水资源配置。

水资源优化配置理论较多，按强调重点的不同，可归纳为下列几种：基于供需关系的优化配置理论，以“以供定需”和“以需定供”为代表；基于经济最优、效率最高的优化配置理论，强调把经济学的投入产出理论应用到水资源优化配置中以保证社会经济高效发展；基于资源、经济、社会、环境统筹协调的优化配置理论，是一种理想化的理念，摒弃了片面追求单目标最优性，强调均衡、长远和可持续的目标。本书水资源配置研究主要从宏观供需关系角度进行水资源优化配置，与强调水量水质联合优化的多目标优化调度有各自的侧重点。

本书将水资源配置定位为比水资源优化调度更加宏观层面的问题，时空单元分别为年、月和上中下游区域。

3）水资源优化配置考虑因素

总体来说，水资源优化配置要考虑以下几个子系统的因素：

(1) 产水系统：包括降雨、蒸发、产流、汇流等因素。

(2) 供水系统：包括蓄水、引水、提水等地表水、地下水、污水回用等其他水源。

(3) 输水系统：包括输水河道、输水管道、输水渠道。

(4) 用水系统：包括工业用水、农业用水、生活用水、生态用水等。

(5) 排水系统：包括生活污水，工业废(污)水、农业灌溉退水及洪涝排水。生活和工业污水经排水管网或经污水处理厂处理后排入承纳水体。灌溉退水和洪涝排水由排水河渠排入承纳水体。

4）水资源优化配置原则

水资源优化配置应遵循以下原则：

(1) 总量控制原则

以流域可利用量作为水资源配置的基础，通过节水、技术改造和合理确定发展指标等措施确定用水需求，进行水资源配置。

(2) 生活优先、生产和生态用水兼顾原则

从经济社会和生态环境协调发展的要求出发，生活用水优先，兼顾生产和生态用水要求。按照以人为本的原则，按用户的重要性确定供水次序，优先满足生活用水，其次满足最小生态用水，剩余水量在工业与农业之间按比例配置。连续枯水年和特枯年的应急用水方案，应重点保障人民生活用水，兼顾重点行业用水。

(3) 系统原则

水资源配置系统是由水循环系统、社会经济系统和生态环境系统组成的具有整体功能的复合系统。水循环是生态环境中最为活跃的控制性因素，并构成经济

社会发展的资源基础。水资源合理配置要从系统的角度，注重除害与兴利、水量与水质、开源与节流、工程与非工程措施的结合，统筹解决水资源短缺与水环境污染对经济社会可持续发展的制约。

(4) 协调原则

水资源配置应协调好各层次各方面的关系。一是经济社会发展目标和生态保护目标与水资源条件之间的协调；二是近期和远期经济社会发展目标对水的需求之间的协调；三是不同地区之间水资源利用的协调；四是不同类型水源之间开发利用程度的协调；五是生活、生产与生态用水的协调；六是水资源规划与其他规划的协调。

(5) 强化节水原则

考虑到各用户用水水平的差异，在相对公平性原则的基础上，应强化节水，适当提高用水水平和效率较高的用户的供水保障程度。

(6) 合理确定跨流域需调水量的原则

在当地水量不足，采用节水和产业结构调整等措施仍不能适应社会经济合理发展需求的条件下，提出合理的跨流域调水量。

(7) 鼓励其他水源开发利用原则

其他水源包括雨洪水、污水处理回用水和海水等。鼓励开发利用其他水源，谁开发谁利用，该水源只参与本区域(计算单元)水资源配置。

5.3.2　水资源优化配置模型构建

本章以典型区洪汝河流域为对象，对水资源优化配置问题进行研究，其主要目标是提高该区域社会经济供水安全度，因此，采用本流域综合缺水程度最小作为水资源优化配置目标，其他目标概化为约束条件来控制，如河道环境生态用水概化为最小流量约束，三生用水各部门配水比例以用水优先次序和各自保证程度来控制。

首先，把典型区分成若干用水区，以月为时段，对典型区水资源进行时空优化配置。典型区洪汝河流域工程及供水分区水力联系概化图见图 5.3。水资源配置分区划分为 5 个片区，分别为洪河上游区域，含舞钢、舞阳、西平；洪河中游区域，含上蔡、平舆、新蔡；汝河上游区域，含泌阳、遂平；汝河中游区域，含汝南、正阳；臻头河区域，含确山、驻马店市区。

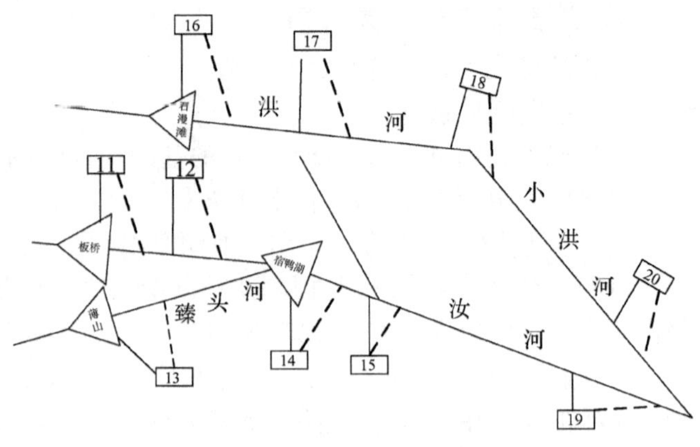

图 5.3　洪汝河流域分区概化图

1）优化配置目标函数

本书定位的优化配置目的是提高该区域社会经济供水安全度，因此，确定优化配置目标函数为流域总缺水率最小：

$$\mathrm{Min}f(G)=\sum_{t=1}^{T}\sum_{i=1}^{m}\sum_{j=1}^{n}\left(\frac{\sum_{k=1}^{S}G_{ij}^{kt}-X_{ij}^{t}}{X_{ij}^{t}}\right)^{2}$$

式中：G_{ij}^{kt}——第 t 月份第 k 水源供给第 i 个用水子区第 j 用水部门供水量（m^3）；

X_{ij}^{t}——第 t 月份第 i 个用水子区第 j 用水部门的需水量（m^3）。

2）优化配置约束条件

模型的约束条件，一方面，可以从天然水资源条件和水资源开发利用工程特性的角度进行分析；另一方面，可以从社会、经济、水资源、生态环境的协调方面进行分析。

（1）水库水量平衡约束

$$V_{kt+1}=V_{kt}+W_{kt}^{L}-G_{kt}-W_{kt}^{\mathrm{sun}}$$

式中：W_{kt}^{L}——k 水库第 t 月内来水量（m^3）；

V_{kt}——k 水库第 t 月初的蓄水量（m^3）；

V_{kt+1}——k 水库第 $t+1$ 月初的蓄水量（m^3）；

G_{kt}——第 t 月 k 水库的供水量（m^3）；

W_{kt}^{sun}——k 水库第 t 月内损失水量（m^3）。

（2）库容约束

$$V_{kt,\min}\leqslant V_{kt}\leqslant V_{kt,\max}$$

式中：$V_{kt,\min}$、$V_{kt,\max}$——k 水库第 t 月允许的最小、最大蓄水量（m^3）。

（3）需水量约束

$$G_{i,t}\leqslant X_{it}$$

式中：$G_{i,t}$——第 t 月第 i 供水子区的供水量（m^3）；

$X_{i,t}$——第 t 月第 i 供水子区的需水量（m^3）。

（4）输水道过水能力约束

$$G_{i,t}\leqslant U_{i}$$

式中：$G_{i,t}$——第 t 月给第 i 供水子区的供水量（m^3）；

U_{i}——第 i 供水子区输水道的实际过水能力（m^3）。

（5）河道最小流量约束

$$G_{i,t}\geqslant L_{i}$$

式中：$G_{i,t}$——第 t 月给第 i 供水子区河道的供水量(m^3)；

L_i——第 i 供水子区河道的最小流量相应水量(m^3)。

(6) 供水能力约束

$$G_i^k \leqslant W_i^k$$

式中：G_i^k——水源 k 向 i 供水子区的供水量(m^3)；

W_i^k——水源 k 到 i 供水子区的最大供水能力(m^3)。

(7) 可供水量约束

$$\sum_i G_k^i \leqslant W_k$$

式中：W_k——水源 k 的可供水量(m^3)。

(8) 最小供水量约束

$$\sum_i G_k^i \leqslant W^i$$

式中：W^i——为保障 i 供水子区社会经济生态基本需求的最小供水量(m^3)。

(9) 各水源的供水对象及供水顺序

根据《淮河区水资源综合规划》，典型区外调水为0，故整个典型区范围及各供水子区内可能利用的水源为水库水、当地水、地下水及其他水源，按“先用当地水、后用远处水”“优先保证生活用水”的原则，确定各水源及其供水对象的优先顺序：首先供给生活用水，再供给城市生产用水，再供给生态用水，最后供给农业生产用水。其中地下水先供给农村生活用水，后供给农村生产用水；当地水先供给农村生态用水，再供给农村生产用水；其他水源如雨水利用主要供给城市生产用水。

(10) 变量非负约束

$$G_{ij}^{kt} \geqslant 0$$

5.3.3 水资源优化配置模型遗传算法

在空间上把洪汝河流域划分成若干分区，充分利用水库群联合优化的调节补偿作用，在时间上以月为时段，以供水的水量保证程度最大为目标函数，对各个用水部门按用水优先顺序，采用遗传算法，进行水资源的时空优化配置。

1) 遗传算法框架设计

在一个年度的水资源配置过程中，配置策略用各水源分配给各子区水量的序列($Q_1,Q_2,\cdots,Q_{17}$)来表示。遗传算法在水资源优化配置中的应用可以理解为，在供输水系统可行变化范围内，随机选取 M 组引水量序列($Q_{11},Q_{12},\cdots,Q_{117}$)、($Q_{21},Q_{22},\cdots,Q_{217}$)、…、($Q_{M1},Q_{M2},\cdots,Q_{M17}$)作为母体，在满足约束条件的前提下，按预定的目标函数评价策略的优劣，通过合适的选择、交叉、变异的遗传操作，实现一种收敛准则,适应度低的个体将倾向被淘汰,适应度高的个体将更有机会遗传至下一代,从而逐步迭代达到最优值。

2）基因编码和优选步骤

(1) 遗传算法编码

为实现遗传操作,需要将实际问题的决策变量编码为染色体基因的信息串。经分析,拟采用浮点数编码进行引水优化调度研究。设各水源分配给各子区水量 Q_i 的取值范围为($Q_{i,\min}$,$Q_{i,\max}$),变量取值区间划分为 s 等分,则有

$$s=\frac{Q_{i,\max}-Q_{i,\min}}{\delta}$$

式中:δ——浮点数编码精度。

从染色体基因转换到各水源分配给各子区水量的解码公式为

$$Q_i=Q_{i,\min}+(r-1)\frac{Q_{i,\max}-Q_{i,\min}}{s}$$

式中:r——每个基因的整数序号。

(2) 种群初始化

为了保证随机产生的初始种群对应方案的可行性,需要用可行约束进行检验,以排除不可行的个体。对于一个初始基因(Q_1,Q_2,…,Q_{17}),需要用供水能力约束、输水能力约束、需水量等约束条件去检验,若不可行,则重新生成个体再检验,直到种群个体都可行为止。

(3) 适应度函数

适应度函数用来评价种群个体的优劣,并影响遗传操作。由于在进化演算过程中,后代个体不一定位于约束集内,因此采用缺水量最少和惩罚函数相结合构造适应度函数,从而使得算法在惩罚项的作用下找到原问题的最优解。

(4) 遗传算子

选择算子用于保持种群的优良性。采用比例选择"轮盘赌"(参见图 5.4 选择),保证个体被选中的概率与其适应度相关。

$$P_i=F_i\Big/\sum_{i=1}^{n}F_i$$

式中:P_i——第 i 个体被选中的概率;

F_i——适应度;

n——种群数量。

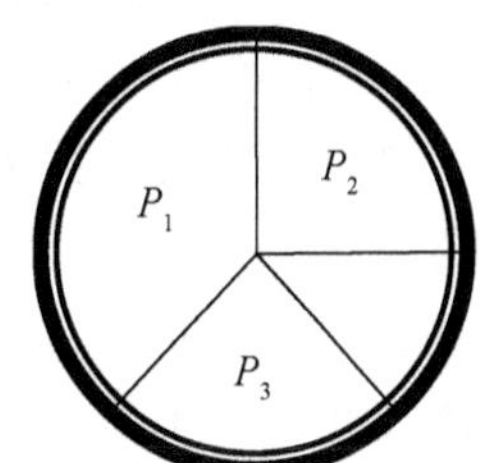

图 5.4　轮盘赌示意图

(5) 交叉运算

交叉运算是对选中个体进行两两交叉组合运算,交换基因,从而产生新的个

体。若两个父代个体 A 和 B 分别为：

$$A=Q_1^A,Q_2^A,\cdots,Q_{12}^A$$
$$B=Q_1^B,Q_2^B,\cdots,Q_{12}^B$$

在某一基因位进行交叉操作，则交叉后的下一代个体 A' 和 B' 为：

$$A'=Q_1^A,Q_2^A,\cdots,Q_i^{A'},\cdots,Q_{12}^A$$
$$B'=Q_1^B,Q_2^B,\cdots,Q_i^{B'},\cdots,Q_{12}^B$$

满足公式：

$$Q_i^{A'}=\alpha Q_i^{A}+(1-\alpha)Q_i^B$$
$$Q_i^{B'}=\alpha Q_i^{B}+(1-\alpha)Q_i^A$$

式中：α——[0,1]内均匀分布的一个随机数；

i——随机设置的交叉位置点；

(6) 变异运算

变异运算用来模拟生物进化过程中由于各种偶然因素引起的基因突变，通过引入新的基因，确保种群的多样性。这里拟采用对原有基因值做一随机扰动，以扰动后的结果作为变异后的新基因值。设 A 是一个母体基因，随机选中第 i 个基因片进行变异：

$$A=Q_1^A,Q_2^A,\cdots,Q_i^A,\cdots,Q_{12}^A$$

$$Q_i^A=\begin{cases}Q_i^A+\text{Rand}\cdot(Q_{\max}-Q_i^A) & \text{if rand}(2)=1\\ Q_i^A-\text{Rand}\cdot(Q_i^A-Q_{\min}) & \text{if rand}(2)=2\end{cases}$$

式中：Rand——[0,1]内均匀分布的一个随机数；

rand(2)——随机产生最大为 2 的正整数；

$Q_{\max}$——Q_i^A 的取值上限；

$Q_{\min}$——Q_i^A 的取值下限。

3) 参数自适应算法

遗传算法的参数中交叉概率 P_c 和变异概率 P_m 的选择是影响算法收敛和性能的关键所在。可采用自适应算法改进遗传算法的效率。

自适应遗传算法(AGA)让 P_c 和 P_m 能够随个体适应度自动调整，使得算法既能保持种群多样性，又能保证收敛性。

$$P_c=\begin{cases}k_1(f_{\max}-f')/(f_{\max}-f_{\text{ave}}) & (f'\geqslant f_{\text{ave}})\\ k_2 & (f'<f_{\text{ave}})\end{cases}$$

式中：f'——两个交叉个体中适应度值较大者的适应度；

$f_{\max}$——每代群体中最大适应度值；

f_{ave}——每代群体中平均适应度值，

k_1,k_2——自适应控制参数。

$$P_c=\begin{cases}k_3(f_{max}-f)/(f_{max}-f_{ave}) & (f\geqslant f_{ave})\\ k_4 & (f<f_{ave})\end{cases}$$

式中：f——变异个体的适应度值；

k_3,k_4——自适应控制参数。

为了保证每一代的优良个体不会处于一种近似停滞的状态，以及保证优良个体不被破坏，进一步采用以下自适应策略和最优保存策略。

$$P_c=\begin{cases}(P_{c1}-P_{c2})(f'-f_{ave})/(f_{max}-f_{ave}) & (f'\geqslant f_{ave})\\ P_{c1} & (f'<f_{ave})\end{cases}$$

遗传算法计算程序流程如图 5.5 所示。

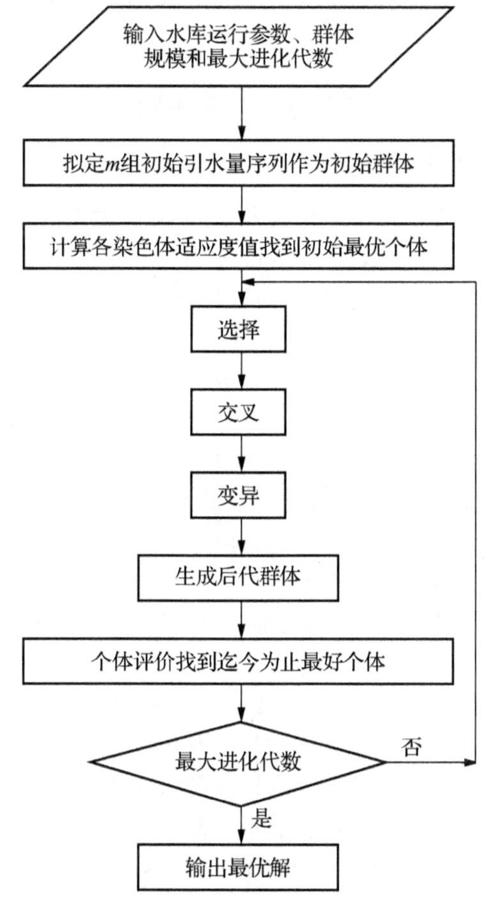

图 5.5 遗传算法程序流程图

5.3.4 水资源优化配置成果

典型区水资源优化配置模型，在空间上把洪汝河流域划分成若干子区，充分利用水库群联合优化的调节补偿作用；在时间上以月为时段，以供水的水量保证率最大为目标函数，对城镇生活、城镇生产、城镇生态、农村生活、农村生产、农村生态六部门用水按生活优先和高保证率优先的一般顺序规则，进行水资源的时空优化配置。

为求解水资源优化配置模型，本书应用遗传算法，进行编程计算，所得2010年现状、2020年中期、2030年远期规划条件下，各子区各部门需、供水量、水量保证程度等结果见表5.3。

由表5.3可见，典型区全区2010年总需水量为11.75亿m^3，总供水量为11.62亿m^3，水量保证程度约98.9%；2020年总需水量为12.56亿m^3，总供水量为12.41亿m^3，水量保证程度约为98.8%；2030年总需水量为13.34亿m^3，总供水量为13.08亿m^3，水量保证程度为98.1%。城镇和农村生活用水的水量保证率达到100%，城镇生产的供水水量保证率达到98%以上，农村生产的供水水量保证率达到89%以上。

5.4 水量水质联合优化调度模型

5.4.1 水资源优化调度概述

水资源优化调度一般指采用系统分析方法及最优化技术，研究有关水资源的管理运用的各个方面，并选择满足既定目标和约束条件的最佳调度策略的方法。优化调度是一个多阶段决策问题，任一时段决策所导致的水资源配置系统状态（水位、库容）均成为余留期决策的初始条件，而余留期最佳调度策略的期望效益是初始条件的函数。因此任一时段的调度策略均应不仅对于当前时段是最优的，而且还应使其所导致的时段末的系统状态对于余留期最佳策略而言是最好的初始条件。水资源优化调度在理论上常常属于多目标的随机序贯决策问题。其调度目标通常涉及城乡生活、生产、生态供水，有时也涉及防洪、发电等综合利用目标。

天然径流的随机性使得水资源优化调度十分复杂。根据对天然径流随机性处理的不同，可分为随机型和确定型两类调度方法。结合本书的侧重点是充分发挥流域工程体系的整体运用效益，宜采用确定型调度方法。此外，各部门用水需求情况也是影响水资源优化调度决策的基本因素。一般说来，各部门的用水需求也具有一定的随机性，但从本书的主要目的及研究区域的实际情况考虑，拟将各部门用水需求作为确定性变量处理。为此，一方面，利用第3章构建的自然水循环模拟模型进行产水预报；另一方面，利用第3章构建的人工水循环模拟模型中的需水预测模拟方法进行需水预测。产水预报和需水预测所得的确定性的来水过程和确定性的各部门需水过程，作为水资源优化调度模型的输入条件。

表 5.3 洪汝河流域水资源优化配置汇总表 (万 m^3)

水平年	片区	城镇生活			城镇生产			城镇生态			农村生活			农村生产、生态			合计		
		需水量	供水量	保证程度	需水量	供水量	保证程度	需水量	供水量	保证程度	需水量	供水量	保证程度	需水量	供水量	保证程度	需水量	供水量	保证程度
2010年	洪河上游区域	1 618	1 618	100%	6 713	6 702	99.8%	267	265	99.3%	2 023	2 023	100%	13 257	12 466	94.0%	23 878	23 073	96.6%
	洪河中游区域	1 571	1 571	100%	4 930	4 930	100.0%	395	395	100.0%	3 089	3 089	100%	18 207	18 205	100.0%	28 191	28 189	100.0%
	汝河上游区域	1 075	1 075	100%	3 861	3 861	100.0%	270	270	100.0%	2 113	2 113	100%	12 452	12 315	98.9%	19 770	19 633	99.3%
	汝河中游区域	1 212	1 212	100%	3 492	3 492	100.0%	304	304	100.0%	2 383	2 383	100%	14 044	14 020	99.8%	21 434	21 410	99.9%
	臻头河区域	1 281	1 281	100%	5 246	5 246	100.0%	322	322	100.0%	2 518	2 518	100%	14 841	14 527	97.9%	24 206	23 893	98.7%
	典型区整体	6 756	6 756	100%	24 241	24 230	100.0%	1 557	1 555	99.9%	12 124	12 124	100%	72 801	71 533	98.3%	117 479	116 198	98.9%
2020年	洪河上游区域	2 375	2 375	100%	7 581	7 550	99.6%	267	263	98.31%	1 868	1 868	100%	13 337	12 353	92.6%	25 429	24 409	96.0%
	洪河中游区域	2 418	2 418	100%	6 002	6 002	100.0%	395	395	100.00%	3 056	3 056	100%	18 231	18 231	100.0%	30 102	30 102	100.0%
	汝河上游区域	1 654	1 654	100%	4 700	4 700	100.0%	270	270	100.00%	2 090	2 090	100%	12 469	12 312	98.7%	21 183	21 026	99.3%
	汝河中游区域	1 865	1 865	100%	4 251	4 251	100.0%	304	304	100.00%	2 358	2 358	100%	14 062	14 056	100.0%	22 840	22 834	100.0%
	臻头河区域	1 971	1 971	100%	6 386	6 386	100.0%	322	322	100.00%	2 491	2 491	100%	14 861	14 556	97.9%	26 031	25 726	98.8%
	典型区整体	10 285	10 285	100%	28 919	28 889	99.9%	1 557	1 553	99.71%	11 864	11 864	100%	72 960	71 506	98.0%	125 585	124 096	98.8%
2030年	洪河上游区域	3 173	3 173	100%	8 463	8 289	97.9%	396	380	95.9%	1 857	1 857	100%	13 963	12 358	88.5%	27 852	26 057	93.6%
	洪河中游区域	3 320	3 320	100%	6 053	6 053	100.0%	586	586	100.0%	3 155	3 155	100%	18 635	18 633	100.0%	31 749	31747	100.0%
	汝河上游区域	2 271	2 271	100%	4 740	4 740	100.0%	400	400	99.9%	2 158	2 158	100%	12 745	12 444	97.6%	22 314	22 012	98.6%
	汝河中游区域	2 561	2 561	100%	4 287	4 287	100.0%	452	452	100.0%	2 433	2 433	100%	14 374	14 354	99.9%	24 107	24 088	99.9%
	臻头河区域	2 707	2 707	100%	6 441	6 441	100.0%	477	477	100.0%	2 571	2 571	100%	15 190	14 739	97.0%	27 386	26 935	98.4%
	典型区整体	14 032	14 032	100%	29 985	29 811	99.4%	2 311	2 294	99.3%	12 174	12 174	100%	74 907	72 528	96.8%	133 410	130 839	98.1%

水资源优化调度决策一般以日、旬或月为时段单位作出，根据本书的实际需求和条件，对基于现状、中期、远期规划水平年层次的优化调度，采用以旬为时段建立模型，并进行求解；面向短期实时问题的模拟调度，则模拟时段细化到小时级以下。

5.4.2 优化调度主要内容

水资源优化调度的工作步骤一般为：① 明确调度目标及各类约束条件；② 建立适当模型并选择优化方法；③ 分析结果并形成调度方案；④ 利用行政及经济手段促进调度方案的执行并且根据实际调查或对比其他调度方案的模拟，确定是否有必要改进目标、模型、求解方法、调度规则及经济财务制度措施等。

在实际问题中，仔细研究水资源优化调度的目标并确定优先级，构造基本反映客观实际的数学模型并选择有效的求解方法，全面地分析优化结果，制定优化调度策略以及取用水法规、政策、经济调节杠杆措施，从而使已建立的水资源配置系统的运行方式最大限度地满足一系列既定目标。本书旨在研究淮河流域水量水质联合调度的理论、方法体系，并进行软件系统开发设计，涉及水量供需关系以及水污染控制等主要目标，显然，这是一个多目标规划问题。为减少问题的复杂性，可根据实际情况将各目标赋予权重，或将次要目标化为约束条件，从而使问题成为单目标决策问题。

水资源优化调度的求解算法有数学规划方法、网络流方法、大系统分解协调方法和模拟技术等，近期智能优化方法得到很大发展，如遗传算法、粒子群算法等。在优化调度问题研究中，用得较多的是线性规划和动态规划。在包含水力发电目标或问题较复杂时，通常用非线性模型求解以避免线性化带来的精度损失。当问题规模较大时，可采用大系统分解协调技术处理。

5.4.3 优化调度计算单元概化

计算单元概化是优化调度的基础环节，水资源供用耗排过程是在计算单元内完成的。水量传输转换关系包括：生活、生产、生态等三生用水量及耗水量、退水排放与再利用、河网的水量蒸发渗漏、工程节点蓄水状态等，此外，还有地下水的利用、回补、蒸发、存蓄水量等。

根据这些水量传输转换关系，单元划分要考虑以下列因素为基础：首先要考虑天然水循环单元，其决定了来水的时空分布；其次是用水单元的特点，要考虑三生用水的社会经济主体，其对应行政区划因素；最后要考虑工程是天然循环和人工用水循环之间的桥梁，可以对天然水循环时空特性进行改变，这是提高水工程整体功能效益的优化潜力因素。

考虑到淮河流域水资源及其开发利用的实际情况和具体条件，本书选择淮河流域的一个典型区域——洪汝河流域对水量水质联合优化调度问题进行研究。根据典型区洪汝河流域内的地形地貌、水文气象、水利工程、行政区划条件，将供水对象划分为 12 个子区，分别是：舞钢子区、舞阳子区、西平子区、上蔡子区、平舆子区、新蔡子区、遂平子区、驻马店子区、确山子区、汝南子区、正阳子区、泌阳子区。

各个子区内的用水主要分为城市和农村的生活、生产和生态用水，计六类部门用水。

典型区内共有4座水库，分别为薄山水库、板桥水库、宿鸭湖水库、石漫滩水库。各水库的主要工程特性参见第4章。

5.4.4 单库水量水质联合优化调度模型

考虑到问题的复杂性，在研究水量水质联合调度模型时，首先分析建立单一水库的优化调度模型，然后研究水库群联合调度的建模问题。在单个水库的优化调度研究中，水库的入库流量明确，不考虑上下游水库水力联系的变化。同时，拟取优化调度的期限为年，并以旬为时段单位，计1年＝36旬。

为建立单库水量水质联合优化调度的数学模型，应先分析确定优化目标的具体形式，再确定目标函数求解中必须考虑的约束条件。

1）目标函数

由于水量水质联合调度应当考虑水量、水质两方面的要求，因此，单库水量水质联合调度是一个多目标规划问题。

(1) 水量目标

水量目标可从提高供水保证程度或减少缺水程度（破坏深度）两个方面分析确定。经计算和分析发现，若以缺水量总和最小为目标，可能会导致供水月保证率的严重下降，则以相对缺水量代替缺水总量更为合理。于是，单库优化调度的水量目标有下列两种具体的目标函数：

① 缺水深度最小

$$\mathrm{Min} f(G) = \sum_{t=1}^{T}\sum_{i=1}^{m}\sum_{j=1}^{n}\left(\frac{G_{ij}^{t} - X_{ij}^{t}}{X_{ij}^{t}}\right)^{2}$$

式中：G_{ij}^{t}——第 t 时段水库供给第 i 个供水对象第 j 用水部门供水量；

X_{ij}^{t}——第 t 时段第 i 个供水对象第 j 用水部门的需水量。

② 供水历时保证率最大

$$\mathrm{Max} P(flag) = \sum_{t=1}^{T}\sum_{i=1}^{m}\sum_{j=1}^{n} flag_{ij}^{t}$$

$$flag_{ij}^{t} = \begin{cases} 1 & (G_{ij}^{t} \geqslant X_{ij}^{t}) \\ 0 & (G_{ij}^{t} < X_{ij}^{t}) \end{cases}$$

式中：$flag_{ij}^{t}$——0或1，表征第 t 时段水库供给第 i 个供水对象第 j 用水部门是否缺水。

将上述两个目标函数分别与水质目标方案相组合，可得到不同的水量水质联合优化调度模型。

(2) 水质目标

进行水量水质联合优化调度，要以协调水资源供需关系中水量、水质两方面的矛盾为基础。若简单地以水质改善最大为目标，则会占用大量水资源，结果脱离实际。水质改善还需要考虑优水优用的原则，所以，确定单库优化调度的水质目标函数也是一个复杂的问题。经理论分析并结合实际确定三种水质目标函数，与水量目标函数组合，构建优化调度模型：

① 设定水质达标改善程度目标

在进行水量水质联合调度时，可考虑在水量目标尽量满足的同时，水质也得到适当改善，因此，可以水质达标改善的相对程度为指标，采用下面的水质目标函数：

$$\mathrm{Min} f(G) = \sum_{t=1}^{T} (\varphi_l^t(G_{ij}^t) - \tilde{\omega}_{lt}^*)^2$$
$$\tilde{\omega}_{lt}^* = \tilde{\omega}_{lt}^0 (1 - \alpha_l)$$

式中：G_{ijt}——供水方案下第 t 时段水库对第 i 供水对象第 j 用水部门的供水量；

$\tilde{\omega}_{lt}^*$——第 t 时段第 l 水质控制断面的水质理想指标，即理想污染物浓度；

$\varphi_{lt}(G)$——供水量 G_{ij}^t 的水质指标响应函数，即第 t 时段 l 水质控制断面污染物浓度；

$\tilde{\omega}_{lt}^0$——第 t 时段第 l 供水对象的水质现状指标；

α_l——第 l 水质控制断面水质目标改善程度，即污染物浓度下降百分比。

考虑到进行多目标优化求解只能得到非劣解，目标协调较为复杂且存在主观因素，故考虑将本目标通过水质模型进行转换，即将满足水质要求转变为满足水量要求，并将多目标转化为单目标优化问题：

$$G^t \geqslant \varphi_{lt}^{-1}(\omega_{lt}^{*})$$
$$\tilde{\omega}_{lt}^* = \tilde{\omega}_{lt}^0 (1 + \alpha_l)$$

式中：G^t——供水方案中第 t 时段水库下泄水量；

$\tilde{\omega}_{lt}^*$——第 t 时段第 l 水质控制断面的水质理想指标，即理想污染物浓度；

$\varphi_{lt}^{-1}(\tilde{\omega}_{lt}^*)$——水质理想指标的水库水量响应函数，即第 t 时段第 l 水质控制断面污染物控制浓度所需要的水库泄水量，也是 φ_{lt} 的逆运算函数。

编写求解程序时补充此约束条件，在改善水量目标的同时兼顾水质目标，以得到水质水量联合优化调度方案。

② 优水优用水质目标

在水库供水对象的各用水部门中，生活用水、城市生产用水、农业生产用水、生态用水对水质的要求不尽相同。同时，区域内可用水源包括当地地表水、地下水、水库供水及其他水源，其水质状况也不尽相同。按照各个部门水质需求，设定匹配水源供水的缺水程度最小：

$$\mathrm{Min}f(G)=\sum_{t=1}^{T}\sum_{i=1}^{m}\sum_{j=1}^{n}\left(\frac{G_{hij}^{t}-X_{ij}^{t}}{X_{ij}^{t}}\right)^{2}$$

式中：G_{kij}^{t}——第 t 时段第 h 水源供给相匹配的第 i 个供水对象第 j 用水部门供水量；

X_{ij}^{t}——第 t 时段第 i 个供水对象第 j 用水部门的需水量。

模型求解时，可将优水优用目标转化为约束条件处理。根据各用水部门的水质要求，拟定相匹配的水源种类，按“先用当地水，后用远处水”“优先保证生活用水”的原则，拟定供水优先顺序为生活用水—城市生产、生态用水—农村生产、生态用水。

③ 考虑水质权重因子的联合目标函数

对于多目标规划问题，理论上往往存在非劣解集。在非劣解集中，通过协调多目标之间的矛盾关系，可以得到一个满意解。就水量水质联合优化调度问题而言，可将水量目标和水质目标通过权重因子进行协调，将多目标决策问题转化为单目标求解问题。当权重因子取不同的值时，可得到不同的满意解，供决策者选择。具体的目标函数形式为：

$$\mathrm{Min}f(G)=\sum_{t=1}^{T}\sum_{i=1}^{m}\sum_{j=1}^{n}\left(\frac{G_{ij}^{t}-X_{ij}^{t}}{X_{ij}^{t}}\right)^{2}+\beta\sum_{t=1}^{T}\left[\varphi_{lt}(G_{ij}^{t})-\bar{\omega}_{lt}^{*}\right]^{2}$$

式中：β——水质目标的权重系数。

求解时，通过调整权重因子对水量目标和水质目标进行协调，以获得相对满意的非劣解。

2）约束条件

在水质水量联合调度模型中，主要考虑水库水量平衡、水库水位、需水量、主要输水通道的过水能力、水库下游河道控制断面水位约束、下游河道控制断面水质指标约束、供水顺序、变量非负等约束条件。

（1）水库水量平衡约束

$$V_{i,t+1}=V_{it}+I_{it}-W_{it}-S_{it}$$

式中：V_{it}——第 i 水库第 t 时段的时段初库容；

$V_{i,t+1}$——第 i 水库第 t 时段的时段末库容或第 $t+1$ 时段的时段初库容；

W_{it}——第 i 水库第 t 时段的总供水量；

I_{it}——第 i 水库第 t 时段内的入库水量；

S_{it}——第 i 水库第 t 时段内的损失水量。

（2）水库水位约束

$$\begin{cases}\text{汛期：}Z_{i,s}\leqslant Z_{it}\leqslant Z_{i,xx}\\\text{非汛期：}Z_{i,s}\leqslant Z_{it}\leqslant Z_{i,zc}\end{cases}$$

式中：$Z_{i,s}$——第 i 水库的死水位；

$Z_{i,xx}$——第 i 水库的汛限水位；

$Z_{i,Zc}$——第 i 水库的正常蓄水位。

(3) 需水量约束

$$X_{t,\min}^{jk} \leqslant W_{it}^{jk} \leqslant X_{t}^{jk}$$

式中：$X_{t,\min}^{jk}$——第 t 时段第 j 分区第 k 个用水部门的最小需水量。

(4) 输水通道过水能力约束

$$0 \leqslant W_{it}^{jk} \leqslant U_j$$

式中：U_j——第 j 分区渠道过水能力。

(5) 水库下游河道控制断面水位约束

$$Z_{i,\min}^{l} \leqslant Z_{i}^{l} \leqslant Z_{i,\max}^{l}$$

式中：$Z_{i,\min}^{l}$——第 i 河段内第 l 控制断面满足河道航运、冲淤、生态等需求的最低水位；

$Z_{i,\max}^{l}$——第 i 河段内第 l 控制断面的最高水位，即警戒水位；

Z_{i}^{l}——第 i 河段内第 l 控制断面水位。

(6) 水库下游河道控制断面水质指标约束

$$c_{il,\text{下限}} \leqslant \varphi_{lt}(W_{it}^{C}) \leqslant c_{il,\text{上限}}$$

式中：$c_{il,\text{上限}}$——第 i 河段内第 l 控制断面水质指标级别的上限；

$c_{il,\text{下限}}$——第 i 河段内第 l 控制断面水质指标级别的下限。

上、下限值参考各个区域的水环境功能区域划分及地表水环境质量标准的水质级别确定。

(7) 各水源供水对象及供水顺序

根据《淮河区水资源综合规划》，典型区外调水为 0，故区域内可用水源为水库水、当地水、地下水及其他水源。按“先用当地水，后用远处水”“优先保证生活用水”的原则，确定各水源供水对象优先顺序为生活用水—城市生产、生态用水—农村生产、生态用水。

(8) 非负变量约束

所有的决策变量均为非负值。

3) 单库水量水质优化调度成果

单库水量水质联合优化调度研究的主要成果有：① 建立了单一水库的水量水质联合优化调度多目标数学模型，并分析了多目标协调方法；② 结合实际，确定了有关约束条件表达式；③ 针对求解水量水质优化调度模型设计了软件的系统功能，建立了单库水量水质联合优化调度软件系统；④ 针对不同规划年（现状 2010 年、中期 2020 年、远期 2030 年）需水预测数据，以及依据 1997—2006 年雨量资料所获得的天然来水数据，进行了洪汝河流域各水库单库水量水质优化调度计算，并汇总得到整个典型区的优化调度方案及相应的水资源供需平衡结果。

在进行单库水量水质联合优化调度的程序开发时，对水量目标，设置了“水量保证率最大”和“缺水破坏深度最小”两种目标供选择；对水质目标，设定水质期望达到的标准，如Ⅰ类、Ⅱ类、Ⅲ类、Ⅳ类、Ⅴ类等，并可选择 COD - Mn 或 NH_3 - N 两项指标之一，表征控制断面水质指标达到的水质类别。实际进行优化求解时，通过“选择”具体的水量目标和“设定”具体的水质类别，可以获得优化模型不同的供水方案。优化输入数据包括产水和需水信息，产水数据可从自然水循环模拟计算结果数据库中提取，需水数据可从人工水循环模拟计算结果数据库中提取，其他参数方面可以设定水平年、水库起调水位、水质控制断面等。求解方法采用基因遗传算法，程序界面如图 5.6 所示。

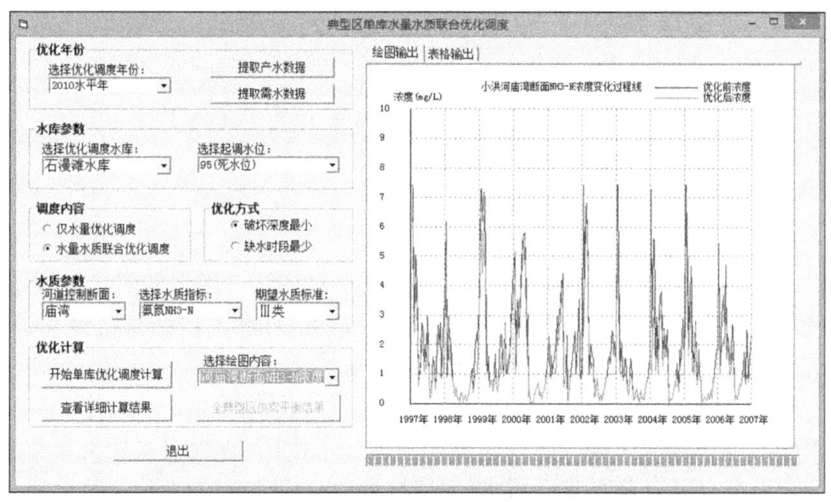

图 5.6　单库水量水质联合优化调度程序界面图

5.4.5　水库群水量水质联合调度模型

在单一水库水量水质联合优化调度基础上，进行典型区水库群优化调度系统研究，首先要解决的关键问题是明确流域水库间的水力联系，将相对独立的各水库集成在一个大系统内进行整体考虑，并借助优化算法获得各水库的蓄放水方案。对水库群而言，每个水库的入库流量是不确定的，跟上游水库运用有关，水库的入库流量包括各时段的区间天然来水和有水力联系的上游水库的泄水，这就使得模型构建和求解难度显著加大。

1）库群优化目标

与单库优化调度相似，水库群水量水质联合调度仍然考虑水量水质两类目标。

(1) 库群水量目标

水量目标考虑提高供水保证率要求和减少破坏深度要求两方面因素，所以，优化模型拟定下列两种目标函数方案。

① 破坏深度最小

$$\mathrm{Min}f(G)=\sum_{t=1}^{T}\sum_{i=1}^{m}\sum_{j=1}^{n}\left(\frac{\sum_{k=1}^{S}G_{ij}^{kt}-X_{ij}^{t}}{X_{ij}^{t}}\right)^{2}$$

式中：G_{ij}^{kt}——第 t 时段第 k 水库供给第 i 个供水对象第 j 用水部门的供水量；

X_{ij}^{t}——第 t 时段第 i 个供水对象第 j 用水部门的需水量。

② 供水保证率最大

$$\mathrm{Max}P(flag)=\sum_{t=1}^{T}\sum_{i=1}^{m}\sum_{j=1}^{n}flag_{ij}^{t}$$

$$flag_{ij}^{t}=\begin{cases}1 & \left(\sum_{k=1}^{S}G_{ij}^{kt}\geqslant X_{ij}^{t}\right)\\ 0 & \left(\sum_{k=1}^{S}G_{ij}^{kt}<X_{ij}^{t}\right)\end{cases}$$

式中：$flag_{ij}^{t}$——0 或 1，表征第 t 时段第 i 个供水对象第 j 用水部门是否缺水。

求解时，上述两个目标函数可选择任意一个，并与水质目标函数组合，构建水库群水质水量联合优化调度的数学模型。

(2) 库群水质目标

水质目标除了需要改善水质，还需要考虑优水优用，否则会占用大量优质水资源，使结果脱离实际。与单库优化调度情况类似，可以考虑以下三种水质目标函数，并与水量目标函数联合，组成水库群优化调度模型。

① 设定水质达标改善程度目标，并用水质模型转换为约束

选择某一水质控制断面，设定期望改善的相对程度为指标进行优化，可描述为下面的水质目标函数：

$$\mathrm{Min}f(G)=\sum_{t=1}^{T}\left[\varphi_{l}^{t}\left(\sum_{k=1}^{S}G_{ij}^{t}\right)-\tilde{\omega}_{lt}^{*}\right]^{2}$$

$$\tilde{\omega}_{lt}^{*}=\tilde{\omega}_{lt}^{0}(1-\alpha_{l})$$

式中：G_{ij}^{kt}——供水方案中第 t 时段第 k 水库对第 i 供水对象第 j 部门供水量；

$\tilde{\omega}_{lt}^{*}$——第 t 时段第 l 水质控制断面的水质理想指标，即理想污染物浓度；

$\varphi_{lt}(G)$——供水量 G_{ijt} 的水质指标响应函数，即第 t 时段第 l 水质控制断面污染物浓度；

$\bar{\omega}_{lt}^{0}$——第 t 时段第 l 供水对象的水质现状指标；

α_l——第 l 水质控制断面水质目标改善程度，即污染物浓度下降百分比。

求解时，将本目标通过水质响应函数进行转换，即将满足水质要求转变为水量要求，从而将多目标转化为单目标优化问题：

$$G^{kt} \geqslant \varphi_{klt}^{-1}(\bar{\omega}_{lt}^{*})$$

$$\bar{\omega}_{lt}^{*} = \bar{\omega}_{lt}^{0}(1+\alpha_l)$$

式中：G^{kt}——供水方案中第 t 时段第 k 水库下泄水量；

$\bar{\omega}_{lt}^{*}$——第 t 时段第 l 水质控制断面的水质理想指标，即理想污染物浓度；

$\varphi_{klt}^{-1}(\bar{\omega}_{lt}^{*})$——水质理想指标的水库水量响应函数，即第 t 时段第 l 水质控制断面污染物控制浓度所需要的水库泄水量，也是 φ_{klt} 的逆运算函数。

编写求解程序时补充此约束条件，在改善水量目标的同时兼顾水质目标，以得到水质水量联合优化调度方案。

② 优水优用水质目标

由于生活用水、城市生产用水、农业生产用水、生态用水等部门对水质的要求不同，可能的供水水源的水质状况也不同，故“优水优用”目标可表现为按照各个部门水质需求，设定匹配水源供水的缺水程度最小：

$$\mathrm{Min}f(G) = \sum_{t=1}^{T}\sum_{i=1}^{m}\sum_{j=1}^{n}\left(\frac{G_{kij}^{t} - X_{ij}^{t}}{X_{ij}^{t}}\right)^2$$

式中：G_{kij}^{t}——第 t 时段第 k 水源(含不同水库供水)供给相匹配的第 i 个供水对象第 j 种行业供水量；

X_{ij}^{t}——第 t 时段第 i 个供水对象第 j 种行业的需水量。

模型求解时，优水优用目标转化为约束条件处理。根据各种部门用水的水质要求和不同水源的水质现状，拟定相匹配的水源种类。按“先用当地水，后用远处水”“优先保证生活用水”的原则，确定供水优先顺序。具体分析与单库优化调度的情况相同，不再赘述。

③ 考虑水质权重因子的联合目标函数

将水量目标函数和水质目标函数通过权重因子进行协调，将多目标优化问题转化为单目标求解问题。权重因子取不同的值时，可得到不同的满意解供选择。

$$\mathrm{Min}f(G) = \sum_{t=1}^{T}\sum_{i=1}^{m}\sum_{j=1}^{n}\left(\frac{\sum_{k=1}^{S}G_{ij}^{kt} - X_{ij}^{t}}{X_{ij}^{t}}\right)^2 + \beta\sum_{t=1}^{T}[\varphi_{lt}(G_{ij}^{kt}) - \bar{\omega}_{lt}^{*}]^2$$

式中：G_{ij}^{kt}——第 t 时段第 k 水库向第 i 供水对象第 j 部门供水量；

$\bar{\omega}_{lt}^{*}$——第 t 时段第 l 水质控制断面的水质理想指标，即理想污染物浓度；

β——水质目标的权重系数。

求解时，通过调整权重因子对水量目标和水质目标进行协调，获得相对满意的非劣解。

2）库群调度约束条件

对于水库群调度问题，除了要考虑前述单一水库调度中的相关约束条件外，还应考虑水库群之间的水力联系。就典型区洪汝河流域而言，板桥水库与薄山水库为并联关系，它们的下泄水量又流入宿鸭湖水库，故二者与宿鸭湖呈串联关系；与此同时，石漫滩水库与宿鸭湖水库之间也构成并联关系。因此，洪汝河流域水库群之间的水力联系约束如下：

（1）串联水库水力联系约束

$$W_{k+1,t}=G_{k,t}+Q_{k,t}-Y_{k,t}$$

式中：$W_{k+1,t}$——串联中下游水库第 t 时段的入库来水量；

$G_{k,t}$——串联中上游水库第 t 时段的出库泄水量。

$Q_{k,t}$——串联水库之间第 t 时段的区间来水量；

$Y_{k,t}$——串联水库之间第 t 时段的区间用水量。

（2）并联水库水力联系约束

$$S_{k+2,t}=G_{k,t}+G_{k+1,t}+Q_{k,t}+Q_{k+1,t}-Y_{k,t}-Y_{k+1,t}$$

式中：$S_{k+2,t}$——并联水库中下游汇合断面第 t 时段的过水量；

$G_{k,t}$——并联水库的左支第 t 时段的出库泄水量；

$G_{k+1,t}$——并联水库中右支第 t 时段的出库泄水量；

$Q_{k,t}$——并联水库中左支第 t 时段的区间来水量；

$Q_{h+1,t}$——并联水库中右支第 t 时段的区间来水量；

$Y_{k,t}$——并联水库中左支第 t 时段的区间用水量；

$Y_{k,t}$——并联水库中右支第 t 时段的区间用水量。

此外，还须考虑河道参与供水的相关约束条件，主要包括：

（3）河道水量平衡

$$G_{it}-G_{i+1,t}+P_{it}+Y_{it}-\sum_{k=1}^{K}W_{it}-S_{it}=V_{i,t+1}-V_{it}$$

式中：G_{it}——第 i 河段在第 t 时段的首断面的过水量；

$G_{i+1,t}$——第 i 河段第 t 时段的末断面的过水量；

P_{it}——第 i 河段第 t 时段的旁侧水量（包括污水在内）；

Y_{it}——第 i 河段第 t 时段的净雨量（扣除蒸发量的净雨量）；

W_{it}^k——第 i 河段第 t 时段第 k 用水部门的供水量；
S_{it}——第 i 河段第 t 时段的损失量；
V_{it}——第 i 河段第 t 时段的时段初蓄水量；
$V_{i,t+1}$——第 i 河段第 t 时段的时段末蓄水量。

(4) 河段需水量约束

$$X_{it,\min}^k \leqslant W_{it}^k \leqslant X_{it}^k$$

式中：X_{it}^k——第 i 河段第 t 时段第 k 用水部门的需水量；
$X_{it,\min}^k$——第 i 河段第 t 时段第 k 用水部门的最小需水量。

(5) 河道控制断面水位约束

$$Z_{i,\min}^l \leqslant Z_i^l \leqslant Z_{i,\max}^l$$

式中：$Z_{i,\min}^l$——第 i 河段第 l 控制断面满足河道航运、冲淤、生态等需求的最低水位；
$Z_{i,\max}^l$——第 i 河段第 l 控制断面的最高水位，即警戒水位；
Z_i^l——第 i 河段第 l 控制断面水位。

(6) 河道控制断面水质指标约束

$$c_{il,\text{下限}} \leqslant \varphi_{lt}(W_{it}^C) \leqslant c_{il,\text{上限}}$$

式中：$c_{il,\text{上限}}$——第 i 河段第 l 控制断面水质指标级别的上限；
$c_{il,\text{下限}}$——第 i 河段第 l 控制断面水质指标级别的下限。

上下限值参考各个区域的水环境功能区域划分及地表水环境质量标准的水质级别确定。

(7) 各水源的供水对象及供水顺序

与单水库优化调度的情形相同。

(8) 非负变量约束

所有的决策变量均为非负值。

3) 库群水量水质优化调度成果

库群水量水质联合优化调度研究的主要成果有：① 针对洪汝河流域范围的水系及库群实际情况，进行了水资源供需单元划分和概化，确立水库串并联等水力联系；② 对水库进行编号，建立了水库群联合优化运用条件下水量水质联合优化调度多目标数学模型，包括库群缺水量最小目标函数、水质达标目标函数以及优水优用目标，并分析了多目标协调方法；③ 结合实际，确定了各工程、各节点有关的约束条件表达式；④ 针对求解库群水量水质优化调度模型，选择确定了适用的基因遗传算法，并进行了改进，提高了求解效率，并设计了软件的系统功能，建立了库群水量水质联合优化调度软件系统；⑤ 针对不同规划年(现状 2010 年、中期 2020

年、远期2030年)需水预测数据，以及依据1997—2006年雨量等水文资料所获得的天然来水数据，进行了洪汝河流域水库群联合运用方式下水量水质优化调度计算，得到整个典型区的库群联合运用优化调度方案及相应水资源供需平衡成果。

在进行库群水量水质联合优化调度的程序开发时，对水量目标，设置了“水量保证率最大”和“缺水破坏深度最小”两种目标供选择；对水质目标，设定水质期望达到的标准，如Ⅰ类、Ⅱ类、Ⅲ类、Ⅳ类、Ⅴ类等，并可选择 COD_{Mn} 或 NH_3-N 两项指标之一，表征控制断面水质指标达到的水质类别。实际进行优化求解时，通过“选择”具体的水量目标和“设定”具体的水质期望标准，可以获得优化模型不同的供水方案。优化输入数据包括产水和需水信息，产水数据可从自然水循环模拟计算结果数据库中提取，需水数据可从人工水循环模拟计算结果数据库中提取，其他参数方面可以设定水平年、水库起调水位、水质控制断面等，程序设计界面见图5.7。

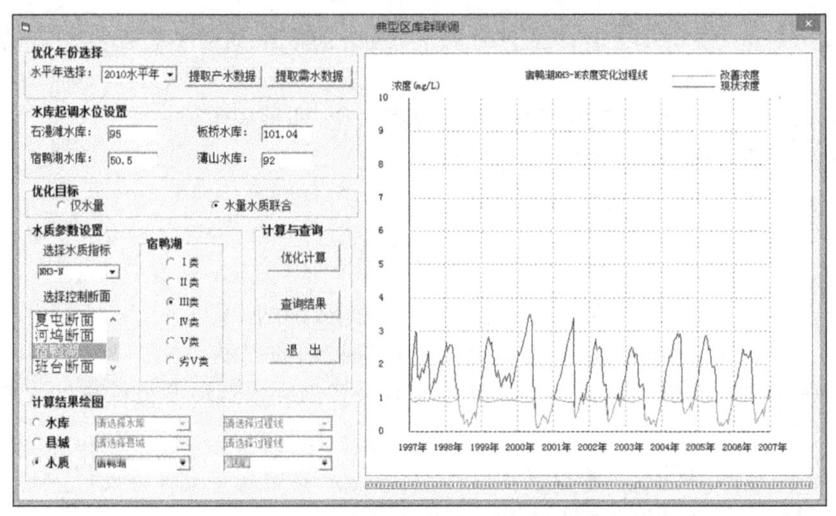

图5.7　水库群水量水质联合优化调度程序界面图

5.5　水量水质联合调度计算

在对典型区分别构建单一水库和水库群水量水质联合调度模型的基础上，应结合典型区的实际情况进行模型的求解，才能得到满足既定目标和约束条件的水量水质联合调度方案。为此，应首先分析确定模型中能够反映典型区洪汝河流域实际水质状况的主要水质指标，并进一步分析水量水质转换关系，在此基础上，具体研究水库(群)优化调度模型的求解方法。

5.5.1　污染指标确定

自20世纪70年代起，洪汝河流域地表水开始遭受各类污染，河道内鱼虾绝迹，由于河水的下渗作用，沿岸浅层地下水水质也受到影响，污染深度达10～20 m，流域整体水环境污染状况十分严重。与此同时，流域内部分地区生存环境严重恶化，当地居民各种疾病的发病率逐年增加，流域内百姓的正常生活、当地农业生产及经济社会的发展均受到了严重的影响和制约。经调查发现，洪汝河流域的污染源主要有工业废水、生活废水、农药化肥及粉煤灰等，污染情况较为复杂，属于典型的复合型污染，特别是舞钢市和舞阳县境内的一些企业和工厂，常常将大量未经处理的废水直接排放至大洪河中，而小洪河上游一工厂每年排放的工业污水量达1 100多万t。根据驻马店环境监测站的监测数据显示，1996年3月洪河杨庄监测断面水质指标化学需氧量（*COD*）、高锰酸盐指数（COD_{Mn}）超标率均为100%。1997年12月31日，国家和省、地三级环保部门为治理洪河污染，实施“九七达标”“零点行动”，限期整改。然而在这之后，洪河水质并未得到根本性的改善，水污染状况依旧。1998年4月1日监测结果显示：*COD*浓度为1 090 mg/L，超标69倍；COD_{Mn}为393 mg/L，超标60倍。此外，根据淮河流域水环境监测中心2006—2012年的监测数据可知，淮河上游水质超标因子是以氨氮（NH_3-N）、化学需氧量（*COD*）、高锰酸盐指数（COD_{Mn}）为主的有机物污染因子。河南省环境监测中心站2000—2009年监测数据显示，在淮河上游王家坝断面以上的主要支流中，洪河水质污染最为严重。自2000—2009年，竹竿河、白露河、潢河、浉河等水质大多不错，而洪河水质2000—2005年为中度污染，2006—2009年为轻度污染。

根据洪河下游班台监测站2010年班台控制断面水质监测数据（*COD*、NH_3-N、COD_{Mn}）（见图5.8），若以COD_{Mn}作为评价参数，2010年中近85%的月份班台控制断面水质为Ⅳ、Ⅴ类标准，低于饮用水水质标准，水质污染状况较为严重。

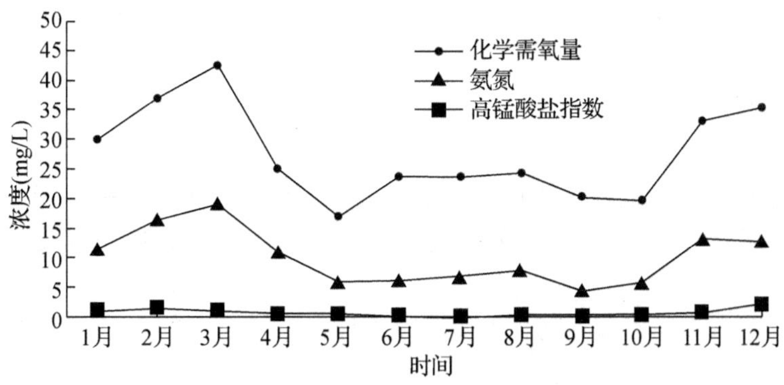

图5.8　2010年班台断面水质指标监测值

此外，根据《淮河水资源综合规划》中相关的分析，淮河区主要污染项目为高锰酸盐指数、化学需氧量和氨氮。在典型区洪汝河流域内，石漫滩水库、板桥水库、薄山水库全年水质介于Ⅰ～Ⅲ类，而宿鸭湖水库的水质为Ⅴ类、劣Ⅴ类，主要污染项目是高锰酸盐指数和化学需氧量。考虑到国家“十二五”总量控制水因子指标包含COD_{Mn}和NH_3-N，经综合分析，本书选择NH_3-N及COD_{Mn}作为优化调度的污染指标。

5.5.2 水量水质转换关系计算

1）总体思路

根据《淮河流域水资源综合规划》，洪汝河典型区从外区引入水量为0，所以需靠区内河道之间的相互调水和水库的调节来满足水质的要求。典型区水系上游的水库(石漫滩水库、板桥水库、薄山水库)全年水质介于Ⅰ～Ⅲ类，可以通过上游水库加大对河道的下泄量来改善河道或取水断面的水质。小洪河从上至下依次取5个断面，汝河及臻头河各取一个断面。宿鸭湖水库水质为劣Ⅴ类，故不考虑用其下泄水量改善下游河道水质。通过河道排污断面及监测断面实际污染物数据，根据水质模型，即可计算出达到相应水质指标的改善调水量。

2）计算条件

(1) 水库水质

根据水质指标的要求，需要上游三个水库的污染物指标平均浓度资料，包括COD_{Mn}和NH_3-N。

(2) 水质目标

我国现行的《地面水环境质量标准》将地表水环境质量分为五类。一般认为低于Ⅲ类的水域就算污染了，已不能满足人类饮用需要，所以水质控制目标为Ⅲ类水质，即$COD_{Mn}\leqslant 6$ mg/L，$NH_3-N\leqslant 1.0$ mg/L。

(3) 污染物降解系数

降解系数K_{COD}取0.06(对应的流速为0.2～0.3 m/s)；降解系数$K_{NH_3\text{-}N}$取0.06(对应的流速为0.2～0.3 m/s)。

3）计算模型

(1) 面源排放量计算模型

水环境容量是一定的水体在满足水环境功能规定的水质目标下所能容纳的污染物的最大数量，其大小与水体的功能区划、水质目标、水体特征以及污染物特征有关。

根据面源排放特点及水量水质基本方程，应用非稳态的水量模型及水质模型基本方程：

$$\begin{cases} B\dfrac{\partial Z}{\partial t}+\dfrac{\partial Q}{\partial x}=q_L \\ \dfrac{\partial(AC)}{\partial t}+\dfrac{\partial(QC)}{\partial x}=\dfrac{\partial}{\partial x}\left(AE_x\dfrac{\partial C}{\partial x}\right)-KAC+S_r\dfrac{A}{h}+\dfrac{W_p}{d_x} \end{cases}$$

式中：Q、Z——流量、水位；

B——包括主河道及仅起调蓄作用的附加宽度的河道宽度；

q_L——单位河长区间入流量；

A、h、U——过水面积、水深及流速；

C——水质浓度；

K、S_r——污染物降解系数、底泥释放污染物的速率；

W_p——单位时间 d_x 河段上的污染物排放量；

t、x——时间坐标、空间坐标。

边界条件：

① 由于面污染源是沿河道均匀排放，使河段内任一段面水质浓度均达到水质标准浓度的限值 C_S，所以有：

$$\left.\frac{\partial C}{\partial x}\right|_{C=C_S}=0,\left.\frac{\partial C}{\partial t}\right|_{C=C_S}=0$$

② 上游断面的水质浓度为 $C\big|_{x=0}=C_0$，上游断面的流量 $Q\big|_{x=0}=Q_0$。

③ 设河段长度为 L，$V=AL$ 为河段的水体体积。

④ $q=\int_L q_L \mathrm{d}x$ 是河段的区间来水量。

这样单一河道水环境容量可由一维对流扩散方程在河段内的积分求得：

$$W=Q_0(C_S-C_0)+KVC_S+qC_S-A_LS_r$$

式中：W——水环境容量(允许纳污量)；

Q_0——入流断面流量；

C_S——某水质指标的水质标准；

C_0——入流断面污染物的浓度；

K——水质降解系数；

V——水体体积；

q——河段区间来水量；

A_LS_r——河段的河流底泥释放的污染物总量。底泥污染严重的河流，该项对水环境容量具有较大影响。

假使忽略底泥的释放影响时，河段污染物允许排放量为：

$$W=Q_0(C_S-C_0)+KVC_S+qC_S$$

在已知需满足的水功能，给定所需纳污量以及已知相应的边界条件的情况下，则可以推算出所需的流量，即典型区内某个长度为 L 的河段所需的引调水量。其上述计算公式变形为：

$$Q=\frac{W-KVC_S-qC_S}{C_S-C_0}$$

若供水量一定，则某一断面处的水质指标可以用下面的公式计算：

$$C_S=\frac{W+Q_0C_0}{Q_0+KV+q}$$

（2）点源排放容量模型

利用一维稳态水质模型（即弥散系数 E_X 忽略为 0）及边界条件进行求解，可得到点源排放容量公式。

① 单点源排放容量模型

若河段断面处有一点源排放，则该排放断面的环境容量为：

$$W_L=Q_0(C_S-C_0)+qC_S+Q_0C_0\left[1-\mathrm{e}^{-\frac{KL}{U}}\right]$$

② 多点源排放容量模型

$$W_L=Q_0(C_S-C_0)+\sum_{i=1}^{n-1}q_iC_S+Q_0C_0\left[1-\mathrm{e}^{-\frac{K\Delta x_1}{U_1}}\right]+\sum_{i=2}^{n-1}Q_{i-1}C_S\left[1-\mathrm{e}^{-K\frac{\Delta x_i}{U_i}}\right]$$

点源区域水量：

$$Q_i=\frac{W_i-q_iC_S}{C_S-C_0\mathrm{e}^{-\frac{K_iL_i}{U_i}}}$$

考虑到系统的复杂性，经分析确定水量水质优化调度模型应用遗传算法进行求解。

5.5.3 水库（群）优化调度模型求解的遗传算法

典型区水量水质联合优化调度模型具有非线性、大系统、多目标等特点。对于多目标优化问题的求解，常常只能得到非劣解，想要完全精确地求出最优解往往无法实现，故常常要将多目标问题转化为单目标问题再进行求解。近几十年来，线性规划、非线性规划、整数规划、网络系统分析、动态规划、排队论、模糊集理论、人系统分解协调技术等在水库优化调度中都得到了广泛的应用。由于典型区水库群结构的复杂性以及调度目标的多样性，使得水库群水量水质联合调度的难度急剧增加，常规的优化调度方法已不能满足需求。本书选择目前研究较为成熟的智能算法——遗传算法进行模型求解，并在对遗传算法进行深入研究的基础上，采用了浮点数编码、最优保存策略的选择算子，自适应交叉率和变异率求解方法，寻求流域水库（群）优化调度策略。

1）个体基因编码方案

在水库供水优化调度中，水库的运行策略可采用水库对各部门的供水量（Q_1，Q_2，Q_3，…，Q_{12}）来表示，而该序列又可转换为水库水位或库容变化序列（Z_1，Z_2，Z_3，…，Z_{12}）。根据水库优化调度数学模型的约束条件以及算法的设计情况，选择

对用水部门 j 在 t 时段的供水量 Q_{jt} 作为决策编码变量，进行浮点数编码，将其转换为染色体基因的信息串。根据各时段各用水部门需水要求（$Q_{i,\min}$，$Q_{i,\max}$）的基因信息，随机选取 popsize 组母体供水量的染色体序列，并通过解码公式 $Q_i = Q_{i,\min} + (r-1)\times(Q_{i,\max} - Q_{i,\min})$ 将染色体的基因值转换为决策变量值，$Q_{i,\min}$ 为根据保证率逐级递减原则确定的各部门最小供水量。其中生活用水保证率等级分别为 97%、95%；工、农业用水保证率等级分别为 70%、50%。

2）适应度函数的确定

遗传算法中，用适应度函数评价染色体的优劣，并在此基础上进行各种遗传操作。多目标遗传算法个体适应度的确定原则是使综合表现优良的个体获得较大的适应度。洪汝河流域水库调度是在满足约束条件的基础上，以调度期内缺水量最小为优化目标函数，并将这一目标分解为保证率最大或损失深度最小两种优化调度方式进行考虑。因此，对目标函数进行相应的变形作为适应度函数进行求解。

按保证率最大为原则进行调度时，遗传运算得出的个体若满足当月不缺水，则 S_i 记为 1，反之 S_i 记为 0，则

$$\text{Fitnessvalue}(u) = 10^{(\sum S_i/12)}$$

按损失深度最小为原则进行调度时，则

$$\text{Fitnessvalue}(u) = 15^{10*\sum\left(\frac{x_i-Q_i}{x_i}\right)^2}\Big/100$$

3）遗传算子的设计

（1）选择算子

设计采用确定式采样选择方法，其具体操作过程如下。

首先，计算群体中各个体在下一代群体中的期望生存数目 N_i：

$$N_i = M \cdot F_i\Big/\sum_{i=1}^{M} F_i \qquad (i = 1,2,\cdots,M)$$

其次，用 N_i 的整数部分 $\lfloor N_I \rfloor$ 确定各个对应个体在下一代群体中的生存数目。其中 $\lfloor x \rfloor$ 表示取不大于 N 的最大的整数。由该步可确定出下一代群体中的 $\sum^{M} \lfloor N_I \rfloor$ 个个体。

最后，按照 N_i 的小数部分对个体进行降序排序，顺序取前 $M - \sum^{M} \lfloor N_I \rfloor$ 个个体加入到下一代群体中。至此可完全确定出下一代群体中的 M 个个体。

此选择方法可保证适应度较大的一些个体一定能够被保留在下一代群体中，并且操作也较简单。

(2) 交叉运算和变异运算

交叉运算是对选中的个体进行两两交叉组合运算,交换基因,从而产生新的个体。变异运算用来模拟生物进化过程中由于各种偶然因素引起的基因突变,通过引入新的基因,确保种群的多样性。遗传算法的参数中交叉概率 P_c 和变异概率 P_m 的选择是影响算法收敛和性能的关键所在。常规的自适应遗传算法(AGA)让 P_c 和 P_m 能够随个体适应度自动调整,使得算法既能保持种群多样性,又能保证收敛性。

(3) 遗传终止判断

遗传算法迭代的终止条件一般为如下准则:

① 是否到了预定算法的最大代数;

② 是否找到了某个较优的染色体;

③ 连续几代迭代后得到的最好解是否变化。

4) 遗传算法流程图

联合调度遗传算法流程图如图 5.9。

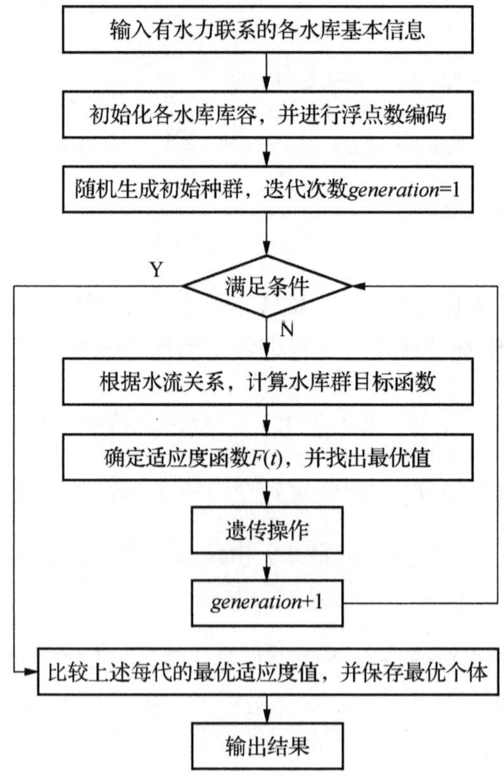

图 5.9 水库群联合调度遗传算法流程图

5.5.4　水污染事件应急调度模型

以上典型区水资源优化调度模型是针对基于现状、中期、远期规划水平年层次的长期运行优化调度问题构建的，目的是寻求满足既定目标和约束条件的长期运行的最佳调度策略。本书还就典型区可能发生的突发水污染事件情况的应急调度模型进行了研究。

在实际运行期间，若因自然或人为原因发生突发性的河道水污染事件，将会给一定范围内的生活、生产和生态系统的正常运行带来危害，甚至造成巨大的财产和居民身体健康损失。比如排污系统、治污系统出现事故时，短时间会造成一定范围河段的污染浓度超标，造成短期水质性缺水，甚至会造成一定的社会恐慌。河道发生水污染事故时，应充分利用当地的水工程调节功能，配合其他防污治污措施，迅速控制住污染的范围和程度，减轻突发水污染事件对社会经济的冲击和危害。

假定典型区某一水质控制断面因污染事故造成 *COD* 和氨氮污染浓度急剧升高，危及附近城乡的正常生活、生产活动，损害生态环境。这时将通过水动力模拟和水质动力学模拟，预报控制断面污染物浓度，反馈给上游水库或闸门，制定调整泄水量，得出稀释污染物所需水量，最终得出上游水库和各闸门近期调控方案，以便指导当地职能部门共同控制污染影响空间范围、时间范围，并运用水库闸门的蓄放方案，进行一定水量的泄放控制，减轻水污染事故对当地生活、生产活动的影响，减轻财产损失和对居民健康的损害。

根据典型区的排污口以及水库、水闸等水工程的分布情况，以洪河石漫滩一庙湾区间为对象进行分析研究。若某一河段突发大量污水集中排放，将会引起一定河段范围内相关水质控制断面 *COD* 和氨氮的污染浓度急剧升高，从而可能影响沿线地区城乡居民的正常生活、生产活动，损害生态环境，甚至危及居民的健康。为此，应对突发水污染事件的应急调度模型主要内容如下：

(1) 通过水动力模拟和水质动力学模拟，预报控制断面污染物浓度。

(2) 上游水库或水闸管理部门据此评价控制断面水质是否满足期望水质类别要求。

(3) 若是，水库或水闸泄放水量方案不需调整，现有方案即为应急调度方案；若否，则需确定水库或闸坝泄放水量调整方案，重新进行控制断面污染物浓度预报和评价，直至满足期望水质类别要求。

以上过程是一个通过人机互动方式实现的交互式过程。程序设计时，泄放水量方案和期望水质类别均可人为设定。若期望水质类别设置适当，即可通过调整水库或水闸的泄放水方案进行应急调度，以减轻水污染事故对当地居民生活、生产活动的影响和对生态环境和居民健康的损害。

突发水污染事件应急调度程序界面如图 5.10。

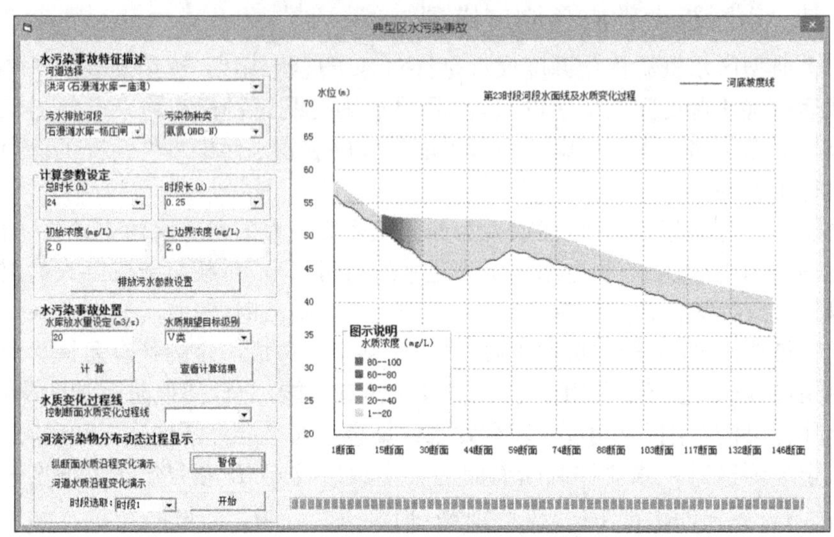

图 5.10　水污染事件应急调度程序界面

应用该系统，可根据突发水污染事故发生河段位置，通过人机交互方式，确定应急调度的水库、闸坝放水方案。

5.5.5　典型区水量水质联合优化调度成果

1）无优化方案下的水工程联合运行模拟成果

为分析应用典型区水量水质联合优化调度模型计算所得优化调度方案的优化效果，应将无优化方案作为基准方案，并对其进行计算分析，所得结果作为与优化调度成果比较的基础。

无优化方案是指从上游到下游，按一般水工程运用规则，依次进行各水库运行调节计算，并对各分区水资源用户进行水资源供需平衡演算，结合污染排放资料，得出各个控制断面水质状态。

典型区内四座水库相互之间的水力联系为：石漫滩水库为独立水库；板桥水库与薄山水库为并联关系，并与下游的宿鸭湖水库构成串联关系。

无优化方案的分析计算可按第 3 章中水工程运行模拟分析的方法进行，具体操作步骤如下：

首先对上游水库进行调节模拟，即石漫滩水库、板桥水库和薄山水库分别根据其常规调度规则进行模拟计算，得到这些水库的蓄放水方案。

再对下游进行水量传输演算，进而得到宿鸭湖水库的入库过程。

最后对宿鸭湖水库进行模拟计算，得到该水库的蓄放水方案。

将各水库的运行方案综合起来即构成典型区洪汝河流域的一个联合运行方案。

此外，还要分析典型区的水质状况。为此，设定若干水质控制断面，包括石漫滩水库下游小洪河 1－1 断面～5－5 断面、板桥水库下游汝河 1－1 断面、薄山水库下游臻头河 1－1 断面。

对无优化方案的模拟计算结果进行统计分析，即得到各供水对象的需水量、供水量、水量保证程度及河道水质状况（见表 5.4～表 5.7）。

计算得出的方案没有考虑数学优化，仅依据了工程的常规运用规则，可作为基础方案，为优化方案提供比较的基准。

2）单库水量水质优化调度结果

单库优化是指从洪汝河流域的上游到下游，依次进行单一水库水量水质优化调度。这种把复杂问题分解成若干简单问题的处理可以大大降低复杂性并减少计算量。单库优化的操作步骤如下：

首先对上游水库进行优化调度，即对石漫滩水库、板桥水库、薄山水库分别进行单库水量水质联合优化调度模型的求解计算，得到这些水库相应的蓄放水方案。

再对下游进行水量传输演算，进而得到宿鸭湖水库的入库过程。

最后对宿鸭湖水库进行单库优化调度，得到相应的蓄放水方案。

将所有水库的运行方案综合起来即构成典型区洪汝河流域的一个相对优化的水量水质联合调度方案。

单库水量水质联合优化调度模型计算程序开发中，水量目标和水质目标的协调优化通过以下方式实现：设定若干水质控制断面，包括石漫滩水库下游小洪河 1－1 断面～5－5 断面、板桥水库下游汝河 1－1 断面、薄山水库下游臻头河 1－1 断面；可输入各水质控制断面期望的水质标准级别作为优化目标，如Ⅲ类水或Ⅳ类水等。求解计算时，在提高水量保证率的同时，尽可能达到设定的水质目标。石漫滩水库、板桥水库、薄山水库属于上游山区，水质较优，可适当泄水对上述水质控制断面进行水质改善。宿鸭湖水库的处在中下游平原，水质基础较差，对下游水质改善作用可能不大。

单库优化调度计算包括两种计算情形：① 只考虑水量目标的优化调度方案及其相关统计指标；② 考虑水量水质联合优化目标的调度方案及其相关统计指标，该方案是在考虑典型区实际情况，将水质目标设定为Ⅲ类水，通过优化运算求得的。

3）水库群水量水质联合优化调度结果

水库群联合优化是指将整个典型区的所有水工程作为一个系统，建立一个整体优化模型，充分利用所有水工程的最大潜力，实现水库之间最优的补偿配合，从而最大限度地实现全局优化目标。

表 5.4　基础方案下(无优化)需、供水量及水量保证程度(2010 年水平)　(万 m^3)

县	供水工程	城镇生活			城镇生产			城镇生态			农村生活			农村生产、生态			合计		
		需水量	供水量	保证程度	需水量	供水量	保证程度	需水量	供水量	保证程度	需水量	供水量	保证程度	需水量	供水量	保证程度	需水量	供水量	保证程度
舞钢市	石漫滩水库	810	810	100%	3 532	3 482	99%	95	87	92%	637	637	100%	4 601	3 112	68%	9 675	8 128	84%
舞阳县	石漫滩水库	192	192	100%	970	953	98%	18	16	92%	177	177	100%	1 527	1 077	71%	2 883	2 415	84%
西平县	石漫滩水库	615	615	100%	2 210	2 210	100%	154	154	100%	1 210	1 210	100%	7 130	6 459	91%	113 19	10 648	94%
驿城区	板桥水库、薄山水库	431	431	100%	3 720	3 720	100%	108	108	100%	848	848	100%	5 000	4 984	100%	10 108	10 092	100%
遂平县	板桥水库	606	606	100%	2 176	2 176	100%	152	152	100%	1 191	1 191	100%	7 019	6 701	95%	11 144	10 826	97%
确山县	薄山水库	849	849	100%	1 526	1 526	100%	213	213	100%	1 670	1 670	100%	9 841	8 887	90%	14 098	13 144	93%
汝南县	宿鸭湖水库	732	732	100%	2 629	2 629	100%	184	184	100%	1 439	1 439	100%	8 480	8 116	96%	13 464	13 099	97%
正阳县	宿鸭湖水库	480	480	100%	862	862	100%	121	121	100%	944	944	100%	5 563	5 368	96%	7 970	7 775	98%
新蔡县	宿鸭湖水库	485	485	100%	1 393	1 393	100%	122	122	100%	953	953	100%	5 618	5 611	100%	8 571	8 564	100%
平舆县	宿鸭湖水库	576	576	100%	2 070	2 070	100%	145	145	100%	1 132	1 132	100%	6 675	6 663	100%	10 598	10 586	100%
上蔡县	/	510	510	100%	1 457	1 467	100%	128	128	100%	1 003	1 003	100%	5 914	5 865	99%	9 023	8 974	99%
泌阳县	/	469	469	100%	1 634	1 684	100%	118	118	100%	922	922	100%	5 433	5 195	96%	8 626	8 388	97%
典型区整体		6 756	6 756	100%	24 241	24 173	100%	1 557	1 548	99%	12 124	12 124	100%	72 801	68 038	93%	117 479	112 640	95.9%

表 5.5 基础方案下(无优化)需、供水量及水量保证程度(2020 年水平) (万 m^3)

县	供水工程	城镇生活			城镇生产			城镇生态			农村生活			农村生产、生态			合计		
		需水量	供水量	保证程度	需水量	供水量	保证程度	需水量	供水量	保证程度	需水量	供水量	保证程度	需水量	供水量	保证程度	需水量	供水量	保证程度
舞钢市	石漫滩水库	1 146	1 146	100%	3 768	3 630	96%	95	80	84%	523	523	100%	4 718	2 916	62%	10 250	8 295	81%
舞阳县	石漫滩水库	283	283	100%	1 123	1 073	96%	18	15	85%	148	148	100%	1 480	973	66%	3 051	2 491	82%
西平县	石漫滩水库	947	947	100%	2 691	2 691	100%	154	154	100%	1 197	1 197	100%	7 139	6 266	88%	12 129	11 254	93%
驿城区	板桥水库、薄山水库	664	664	100%	4 529	4 529	100%	108	108	100%	839	839	100%	5 007	4 979	99%	11 147	11 120	100%
遂平县	板桥水库	932	932	100%	2 649	2 649	100%	152	152	100%	1178	1178	100%	7 029	6 617	94%	11 941	11 529	97%
确山县	薄山水库	1 307	1 307	100%	1 857	1 857	100%	213	213	100%	1652	1652	100%	9 854	8 700	88%	14 884	13 730	92%
汝南县	宿鸭湖水库	1 126	1 126	100%	3 201	3 201	100%	184	184	100%	1 424	1 424	100%	8 492	8 026	95%	14 426	13 961	97%
正阳县	宿鸭湖水库	739	739	100%	1 050	1 050	100%	121	121	100%	934	934	100%	5 571	5 347	96%	8 414	8 190	97%
新蔡县	宿鸭湖水库	746	746	100%	1 696	1 696	100%	122	122	100%	943	943	100%	5 625	5 617	100%	9 133	9 125	100%
平舆县	宿鸭湖水库	887	887	100%	2 519	2 519	100%	145	145	100%	1 121	1 121	100%	6 684	6 670	100%	11 355	11 341	100%
上蔡县	/	786	786	100%	1 786	1 786	100%	128	128	100%	993	993	100%	5 922	5 843	99%	9 614	9 536	99%
泌阳县	/	722	722	100%	2 051	2 051	100%	118	118	100%	912	912	100%	5 440	5 087	94%	9 242	8 889	96%
典型区整体		10 285	10 285	100%	28 919	28 731	99%	1 557	1 539	99%	11 864	11 864	100%	72 960	67 040	92%	125 585	119 459	95.1%

表 5.6　基础方案下(无优化)需、供水量及水量保证程度(2030 年水平)　　(万 m^3)

县	供水工程	城镇生活			城镇生产			城镇生态			农村生活			农村生产、生态			合计		
		需水量	供水量	保证程度	需水量	供水量	保证程度	需水量	供水量	保证程度	需水量	供水量	保证程度	需水量	供水量	保证程度	需水量	供水量	保证程度
舞钢市	石漫滩水库	1 483	1 483	100%	4 388	4 175	95%	140	113	81%	492	492	100%	5 197	3 109	60%	11 700	9 373	80%
舞阳县	石漫滩水库	390	390	100%	1 361	1 290	95%	27	23	85%	130	130	100%	1 469	962	66%	3 376	2 795	83%
西平县	石漫滩水库	1 300	1 300	100%	2 714	2 712	100%	229	228	99%	1 235	1 235	100%	7 297	6435	88%	12 776	11 911	93%
驿城区	板桥水库、薄山水库	912	912	100%	4 568	4 568	100%	161	161	100%	866	866	100%	5 117	5 065	99%	11 624	11 572	100%
遂平县	板桥水库	1 280	1 280	100%	2 672	2 671	100%	226	225	100%	1 216	1 216	100%	7 184	6 651	93%	12 579	12 043	96%
确山县	薄山水库	1 795	1 795	100%	1 873	1 873	100%	317	317	100%	1 705	1 705	100%	10 072	8 929	89%	15 762	14 618	93%
汝南县	宿鸭湖水库	1 547	1 547	100%	3 228	3 228	100%	273	273	100%	1 469	1 469	100%	8 680	8 192	94%	15 197	14 709	97%
正阳县	宿鸭湖水库	1 015	1 015	100%	1 059	1 059	100%	179	179	100%	964	964	100%	5 694	5 427	95%	8 911	8 643	97%
新蔡县	宿鸭湖水库	1 025	1 025	100%	1 711	1 711	100%	181	181	100%	973	973	100%	5 750	5 681	99%	9 640	9571	99%
平舆县	宿鸭湖水库	1 217	1 217	100%	2 541	2 541	100%	215	215	100%	1 157	1 157	100%	6 832	6 740	99%	11962	11870	99%
上蔡县	/	1 079	1 079	100%	1 801	1 801	100%	190	190	100%	1 025	1 025	100%	6 053	5 896	97%	10 148	9 991	98%
泌阳县	/	991	991	100%	2 068	2 068	100%	175	175	100%	941	941	100%	5 561	5 189	93%	9 736	9 365	96%
典型区整体		14 032	14 032	100%	29 985	29 698	99%	2 311	2 278	99%	12 174	12 174	100%	74 907	68 278	91%	133 410	126 460	94.8%

表 5.7 基础方案下(无优化)水质达标时段统计表(水质控制标准:Ⅲ类)

计算水平年	水质等级	庙湾		遂平		夏屯		河坞		宿鸭湖		班台	
		COD	NH_3-N	COD	NH_3-N	COD	NH_3-N	COD	NH_3-N	COD	NH_3-N	COD	NH_3-N
2010 年	Ⅰ类	45%	8%	89%	74%	66%	21%	86%	0%	44%	1%	47%	2%
	Ⅱ类		17%		19%		25%		6%		18%		18%
	Ⅲ类	10%	15%	4%	2%	11%	23%	4%	9%	16%	16%	13%	15%
	Ⅳ类	19%	13%	2%	1%	9%	12%	3%	13%	31%	16%	17%	10%
	Ⅴ类	10%	14%	1%	4%	4%	7%	2%	14%	10%	18%	9%	13%
	劣Ⅴ类	16%	34%	4%	0%	10%	12%	5%	58%	0%	32%	14%	43%
2020 年	Ⅰ类	45%	8%	89%	74%	66%	21%	86%	0%	44%	1%	48%	2%
	Ⅱ类		17%		19%		25%		6%		18%		18%
	Ⅲ类	10%	15%	4%	2%	11%	23%	4%	9%	16%	15%	12%	15%
	Ⅳ类	19%	13%	2%	1%	9%	12%	3%	14%	30%	16%	17%	10%
	Ⅴ类	10%	14%	1%	4%	4%	7%	2%	15%	9%	18%	9%	13%
	劣Ⅴ类	16%	34%	4%	0%	10%	12%	5%	56%	0%	32%	14%	43%
2030 年	Ⅰ类	44%	8%	90%	74%	67%	22%	86%	0%	46%	1%	48%	2%
	Ⅱ类		16%		19%		26%		7%		18%		18%
	Ⅲ类	10%	15%	4%	2%	11%	23%	4%	9%	17%	15%	12%	14%
	Ⅳ类	19%	13%	2%	1%	9%	12%	3%	14%	27%	20%	17%	10%
	Ⅴ类	10%	14%	1%	3%	4%	7%	2%	15%	9%	17%	9%	13%
	劣Ⅴ类	16%	34%	3%	0%	9%	11%	4%	55%	0%	29%	14%	42%

程序设计时，设定若干水质控制断面，如小洪河 1 - 1 断面～5 - 5 断面、汝河 1 - 1 断面、臻头河 1 - 1 断面等，并输入水质控制断面水质目标级别，比如Ⅲ类水或Ⅳ类水等，作为水质期望目标。在优化模型求解时，会在提高全流域水量保证率的同时，利用部分水量使得水质改善程度尽量达到设定目标。

库群联合优化计算成果包括：① 只考虑库群水量目标的优化调度方案及其相关统计指标；② 考虑水量水质联合优化目标的调度方案及相关统计指标，该方案是在水质期望目标设定为Ⅲ类水的条件下求得的。计算结果详见图 5.11～图 5.17 及表 5.8～表 5.14。

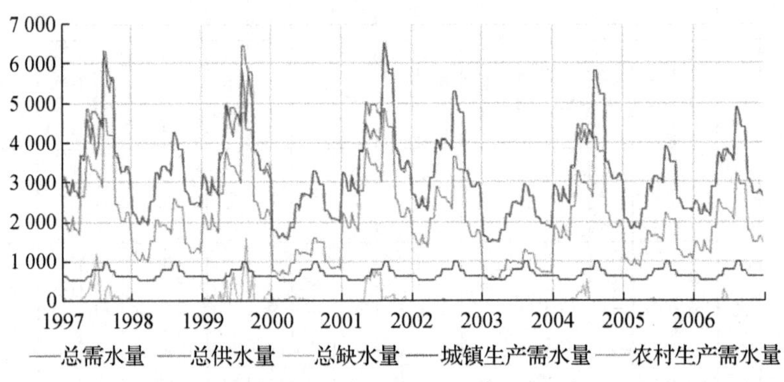

图 5.11 库群优化下水量水质联合调度方案(水质目标Ⅲ类)2010 年需、供水过程线

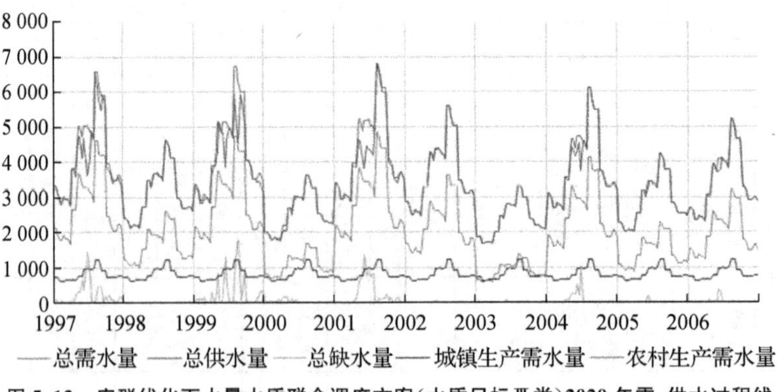

图 5.12 库群优化下水量水质联合调度方案(水质目标Ⅲ类)2020 年需、供水过程线

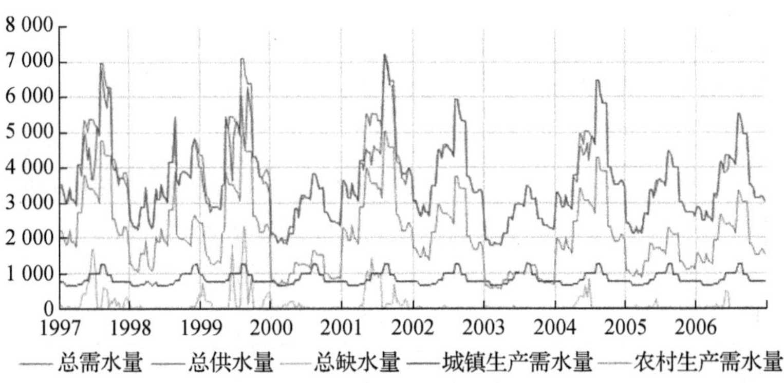

图 5.13　库群优化下水量水质联合调度方案(水质目标Ⅲ类)2030 年需、供水过程线

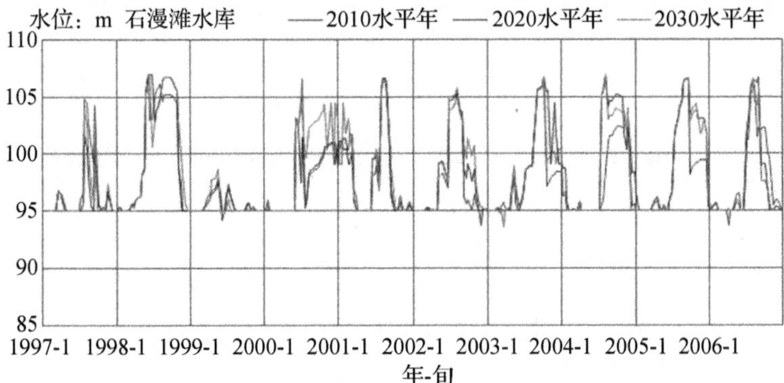

图 5.14　库群优化水量水质联合调度方案(水质目标Ⅲ类)石漫滩水库水位过程线

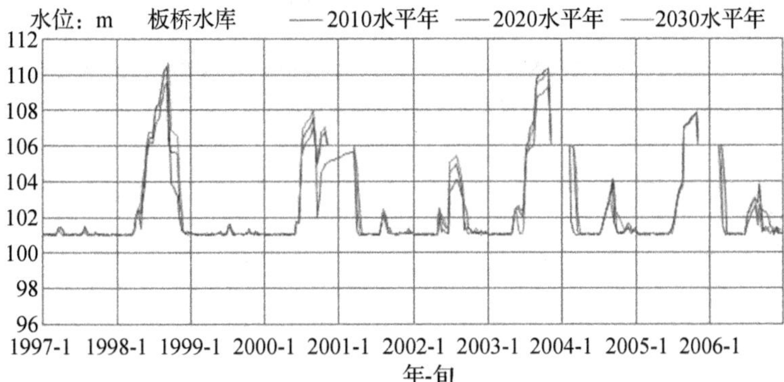

图 5.15　库群优化水量水质联合调度方案(水质目标Ⅲ类)板桥水库水位过程线

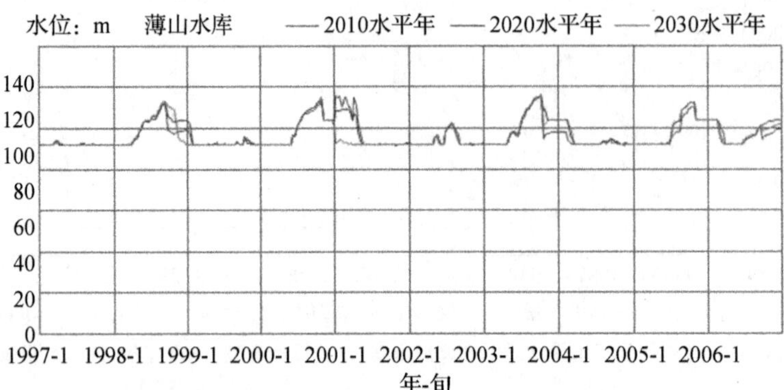

图 5.16　库群优化水量水质联合调度方案(水质目标Ⅲ类)薄山水库水位过程线

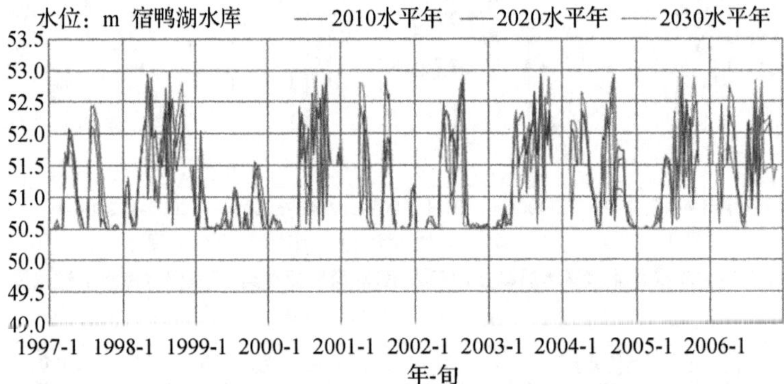

图 5.17　库群优化水量水质联合调度方案(水质目标 III 类)宿鸭湖水库水位过程线

表 5.8 库群优化下水量优化调度方案需、供水量及水量保证程度(不考虑水质目标,2010 年水平) (万 m^3)

县	供水工程	城镇生活			城镇生产			城镇生态			农村生活			农村生产、生态			合计		
		需水量	供水量	保证程度	需水量	供水量	保证程度	需水量	供水量	保证程度	需水量	供水量	保证程度	需水量	供水量	保证程度	需水量	供水量	保证程度
舞钢市	石漫滩水库	810	810	100%	3 532	3 528	99.9%	95	94	98.7%	637	637	100%	4 601	4 212	92.0%	9 675	9 280	95.9%
舞阳县	石漫滩水库	192	192	100%	970	970	100%	18	18	99.3%	177	177	100%	15 27	1 436	94.6%	2 883	2 792	96.8%
西平县	石漫滩水库	615	615	100%	2 210	2 210	100%	155	155	100%	1210	1210	100%	7 130	7 006	98.8%	11 319	11 196	98.9%
驿城区	板桥水库、薄山水库	431	431	100%	3 720	3 720	100%	108	108	100%	848	848	100%	5 000	4 954	99.6%	10 108	10 063	99.5%
遂平县	板桥水库	606	606	100%	2 176	2 176	100%	152	152	100%	1 191	1 191	100%	7 019	6 837	97.9%	11 144	10 961	98.4%
确山县	薄山水库	849	849	100%	15 26	1 526	100%	213	213	100%	1 670	1 670	100%	9 841	9 458	96.6%	14 098	13 715	97.3%
汝南县	宿鸭湖水库	732	732	100%	2 629	2 629	100%	184	184	100%	1 439	1 439	100%	8 480	8 321	98.7%	13464	13305	98.8%
正阳县	宿鸭湖水库	480	480	100%	862	862	100%	121	121	100%	944	944	100%	55 63	5 480	99.0%	7970	7887	99.0%
新蔡县	宿鸭湖水库	485	485	100%	1 393	1 393	100%	122	122	100%	953	953	100%	5 618	5 586	100.0%	8 571	8 539	99.6%
平舆县	宿鸭湖水库	576	576	100%	2 070	2 070	100%	145	145	100%	1 132	1 132	100%	6 675	6 630	99.9%	10 598	10 553	99.6%
上蔡县	/	510	510	100%	1 467	1 467	100%	128	128	100%	1 003	1 003	100%	5 914	5 870	99.8%	9 023	8 979	99.5%
泌阳县	/	469	469	100%	1 684	1 684	100%	118	118	100%	922	922	100%	5 433	5 316	98.4%	8 626	8 509	98.6%
典型区整体		6 756	6 756	100%	24 241	24 236	99.98%	1 557	1 556	99.9%	12 124	12 124	100%	72 801	71 106	97.7%	117 479	115 779	98.6%

表 5.9　库群优化下水量优化调度方案需、供水量及水量保证程度(不考虑水质目标,2020 年水平)　　(万 m^3)

县	供水工程	城镇生活			城镇生产			城镇生态			农村生活			农村生产、生态			合计		
		需水量	供水量	保证程度	需水量	供水量	保证程度	需水量	供水量	保证程度	需水量	供水量	保证程度	需水量	供水量	保证程度	需水量	供水量	保证程度
舞钢市	石漫滩水库	1 146	1 146	100%	3 768	3 753	99.6%	95	92	97.2%	523	523	100%	4 718	4 236	90.4%	10 250	9 750	95.1%
舞阳县	石漫滩水库	283	283	100%	1 123	1 118	100%	18	17	97.1%	148	148	100%	1 480	1 363	92.8%	3 051	2 929	96.0%
西平县	石漫滩水库	947	947	100%	2 691	2 691	100%	155	155	100%	1 197	1 197	100%	7 139	6 948	98.0%	12 129	11 938	98.4%
驿城区	板桥水库、薄山水库	664	664	100%	4529	4529	100%	108	108	100%	839	839	100%	5 007	4 937	99.3%	11 147	11 078	99.4%
遂平县	板桥水库	932	932	100%	2 649	2 649	100%	152	152	100%	1 178	1 178	100%	7 029	6 741	96.6%	11 941	11 653	97.6%
确山县	薄山水库	1 307	1 307	100%	1 857	1 857	100%	213	213	100%	1 652	1 652	100%	9 854	9 375	95.8%	14 884	14 404	96.8%
汝南县	宿鸭湖水库	1 126	1 126	100%	3 201	3 201	100%	184	184	100%	1 424	1 424	100%	8 492	8 277	98.2%	14 426	14 212	98.5%
正阳县	宿鸭湖水库	739	739	100%	1 050	1 050	100%	121	121	100%	934	934	100%	5 571	5 461	98.7%	8 414	8304	98.7%
新蔡县	宿鸭湖水库	746	746	100%	1 696	1 696	100%	122	122	100%	943	943	100%	5 625	5 573	99.8%	9 133	9 080	99.4%
平舆县	宿鸭湖水库	887	887	100%	2 519	2 519	100%	145	145	100%	1 121	1 121	100%	6 684	6 607	99.6%	11 355	11 278	99.3%
上蔡县	/	786	786	100%	1 786	1 786	100%	128	128	100%	993	993	100%	5 922	5 857	99.6%	9 614	9 549	99.3%
泌阳县	/	722	722	100%	2 051	2 051	100%	118	118	100%	912	912	100%	5 440	5 275	97.7%	9 242	9 077	98.2%
典型区整体		10 285	10 285	100%	28 919	28 900	99.93%	1 557	1 554	99.8%	11 864	11 864	100%	72 960	70 651	96.8%	125 585	123 253	98.1%

表 5.10 库群优化下水量优化调度方案需、供水量及水量保证程度(不考虑水质目标,2030 年水平)　(万 m^3)

县	供水工程	城镇生活			城镇生产			城镇生态			农村生活			农村生产、生态			合计		
		需水量	供水量	保证程度	需水量	供水量	保证程度	需水量	供水量	保证程度	需水量	供水量	保证程度	需水量	供水量	保证程度	需水量	供水量	保证程度
舞钢市	石漫滩水库	14 83	1 483	100%	4 388	4 330	98.7%	140	130	93.3%	492	492	100%	5 197	4 451	85.7%	11 700	10 886	93.0%
舞阳县	石漫滩水库	390	390	100%	1 361	1 336	98%	27	25	92.8%	130	130	100%	1469	1 305	88.8%	3 376	3 185	94.3%
西平县	石漫滩水库	1 300	1 300	100%	2 714	2 713	100%	229	229	100%	1 235	1 235	100%	7 297	7 067	96.9%	12 776	12 545	98.2%
驿城区	板桥水库、薄山水库	912	912	100%	4 568	4 568	100%	161	161	100%	866	866	100%	5 117	5 075	99.2%	11 624	11 582	99.6%
遂平县	板桥水库	1 280	1 280	100%	2 672	2 672	100%	226	226	100%	1 216	1 216	100%	7 184	6 866	95.6%	12 579	12 260	97.5%
确山县	薄山水库	1 795	1 795	100%	1 873	1 873	100%	317	317	100%	1 705	1 705	100%	10 072	9 549	94.8%	15 762	15 238	96.7%
汝南县	宿鸭湖水库	1 547	1 547	100%	3 228	3 228	100%	273	273	100%	1 469	1 469	100%	8680	8 413	96.9%	15 197	14 930	98.2%
正阳县	宿鸭湖水库	1 015	1 015	100%	1 059	1 059	100%	179	179	100%	964	964	100%	5 694	5 567	97.8%	8 911	8 784	98.6%
新蔡县	宿鸭湖水库	1 025	1 025	100%	1 711	1 711	100%	181	181	100%	973	973	100%	5 750	5 714	99.4%	9 640	9 603	99.6%
平舆县	宿鸭湖水库	1 217	1 217	100%	2 541	2 541	100%	215	215	100%	1 157	1 157	100%	6 832	6 749	98.8%	11 962	11 878	99.3%
上蔡县	/	1 079	1 079	100%	1 801	1 801	100%	190	190	100%	1 025	1 025	100%	6 053	5 980	98.8%	10 148	10 075	99.3%
泌阳县	/	991	991	100%	2 068	2 068	100%	175	175	100%	941	941	100%	5 561	5 389	96.9%	9 736	9 565	98.2%
典型区整体		14 032	14 032	100%	29 985	29 901	99.72%	2 311	2 299	99.5%	12 174	12 174	100%	74 907	71 485	95.4%	133 410	129 891	97.4%

表 5.11　库群优化下水量水质联合优化调度方案需、供水量及水量保证程度(水质目标Ⅲ类水,2010 年水平)　(万 m^3)

县	供水工程	城镇生活			城镇生产			城镇生态			农村生活			农村生产、生态			合计		
		需水量	供水量	保证程度	需水量	供水量	保证程度	需水量	供水量	保证程度	需水量	供水量	保证程度	需水量	供水量	保证程度	需水量	供水量	保证程度
舞钢市	石漫滩水库	810	810	100%	3 532	3 528	99.9%	95	94	98.7%	637	637	100%	4 601	4 176	91.4%	9 675	9 244	95.5%
舞阳县	石漫滩水库	192	192	100%	970	969	100%	18	18	99.0%	177	177	100%	15 27	1 412	93.2%	2 883	2 768	96.0%
西平县	石漫滩水库	615	615	100%	2210	2210	100%	155	155	100%	1 210	1 210	100%	7 130	6957	98.3%	11 319	11 147	98.5%
驿城区	板桥水库、薄山水库	431	431	100%	3 720	3 720	100%	108	108	100%	848	848	100%	5000	4934	99.4%	10 108	10 042	99.3%
遂平县	板桥水库	606	606	100%	2 176	2 176	100%	152	152	100%	1 191	1 191	100%	7 019	6 757	97.0%	11 144	10 882	97.6%
确山县	薄山水库	849	849	100%	1 526	1 526	100%	213	213	100%	1 670	1 670	100%	9 841	9340	95.6%	14 098	13 598	96.4%
汝南县	宿鸭湖水库	732	732	100%	2 629	2 629	100%	184	184	100%	1 439	1 439	100%	8 480	8 227	97.7%	13 464	13 211	98.1%
正阳县	宿鸭湖水库	480	480	100%	862	862	100%	121	121	100%	944	944	100%	5 563	5 430	98.3%	7 970	7 837	98.3%
新蔡县	宿鸭湖水库	485	485	100%	1 393	1 393	100%	122	122	100%	953	953	100%	5 618	5 566	99.8%	8 571	8 519	99.4%
平舆县	宿鸭湖水库	576	576	100%	2 070	2 070	100%	145	145	100%	1 132	1 132	100%	6 675	6 597	99.6%	10 598	10 519	99.3%
上蔡县	/	510	510	100%	1 467	1 467	100%	128	128	100%	1 003	1 003	100%	5 914	5 849	99.6%	9 023	8 958	99.3%
泌阳县	/	469	469	100%	1 684	1 684	100%	118	118	100%	922	922	100%	5 433	5 278	97.9%	8 626	8 471	98.2%
典型区整体		6 756	6 756	100%	24 241	24 236	99.98%	1 557	1 556	99.9%	12 124	12 124	100%	72 801	70 523	96.9%	117 479	115 195	98.1%

表 5.12 库群优化下水量水质联合优化调度方案需、供水量及水量保证程度(水质目标Ⅲ类水,2020 年水平) (万 m^3)

县	供水工程	城镇生活			城镇生产			城镇生态			农村生活			农村生产、生态			合计		
		需水量	供水量	保证程度	需水量	供水量	保证程度	需水量	供水量	保证程度	需水量	供水量	保证程度	需水量	供水量	保证程度	需水量	供水量	保证程度
舞钢市	石漫滩水库	1 146	1 146	100%	3 768	3 753	99.6%	95	92	97.2%	523	523	100%	4 718	4 190	89.7%	10 250	9 704	94.7%
舞阳县	石漫滩水库	283	283	100%	1 123	1 118	100%	18	17	97.1%	148	148	100%	1 480	1 333	91.0%	3 051	2 899	95.0%
西平县	石漫滩水库	947	947	100%	2 691	2 690	100%	155	154	100%	1 197	1 197	100%	7 139	6 869	97.2%	12 129	11 857	97.8%
驿城区	板桥水库、薄山水库	664	664	100%	4 529	4 529	100%	108	108	100%	839	839	100%	5 007	4914	99.1%	11 147	11 055	99.2%
遂平县	板桥水库	932	932	100%	2 649	2 649	100%	152	152	100%	1 178	1 178	100%	7 029	6 645	95.5%	11 941	11 557	96.8%
确山县	薄山水库	1 307	1 307	100%	1 857	1857	100%	213	213	100%	1 652	1 652	100%	9 854	9 253	94.8%	14 884	14 283	96.0%
汝南县	宿鸭湖水库	1 126	1 126	100%	3 201	3 201	100%	184	184	100%	1 424	14 24	100%	8 492	8 147	96.9%	14 426	14 082	97.6%
正阳县	宿鸭湖水库	739	739	100%	1 050	1 050	100%	121	121	100%	934	934	100%	5 571	5 387	97.7%	8 414	8 231	97.8%
新蔡县	宿鸭湖水库	746	746	100%	1 696	1 696	100%	122	122	100%	943	943	100%	5 625	5 554	99.7%	9 133	9 062	99.2%
平舆县	宿鸭湖水库	887	887	100%	2 519	2 519	100%	145	145	100%	1121	1121	100%	6 684	6 568	99.2%	11 355	11 239	99.0%
上蔡县	/	786	786	100%	1 786	1 786	100%	128	128	100%	993	993	100%	5 922	5 813	99.1%	9 614	9 505	98.9%
泌阳县	/	722	722	100%	2 051	2 051	100%	118	118	100%	912	912	100%	5 440	5 233	97.1%	9 242	9 035	97.8%
典型区整体		10 285	10 285	100%	28 919	28 900	99.93%	1 557	1 554	99.8%	11 864	11 864	100%	72 960	69 908	95.8%	125 585	122 510	97.6%

表 5.13　库群优化下水量水质联合优化调度方案需、供水量及水量保证程度(水质目标Ⅲ类水,2030 年水平)　　(万 m^3)

县	供水工程	城镇生活			城镇生产			城镇生态			农村生活			农村生产、生态			合计		
		需水量	供水量	保证程度	需水量	供水量	保证程度	需水量	供水量	保证程度	需水量	供水量	保证程度	需水量	供水量	保证程度	需水量	供水量	保证程度
舞钢市	石漫滩水库	1 483	1 483	100%	4 388	4 330	98.7%	140	130	93.3%	492	492	100%	5 197	4 404	84.7%	11 700	10 839	92.6%
舞阳县	石漫滩水库	390	390	100%	1 361	1 335	98%	27	25	91.7%	130	130	100%	1 469	1 272	86.6%	3 376	3 151	93.3%
西平县	石漫滩水库	1 300	1 300	100%	2 714	2 713	100%	229	229	100%	1 235	1 235	100%	7 297	7 027	96.3%	12 776	12 505	97.9%
驿城区	板桥水库、薄山水库	912	912	100%	4 563	4 568	100%	161	161	100%	866	866	100%	5 117	5 057	98.8%	11 624	11 564	99.5%
遂平县	板桥水库	1 280	1 280	100%	2 672	2 672	100%	226	226	100%	1 216	1 216	100%	7 184	6 773	94.3%	12 579	12 168	96.7%
确山县	薄山水库	1 795	1 795	100%	1 873	1 873	100%	317	317	100%	1 705	1 705	100%	10 072	9 396	93.3%	15 762	15 086	95.7%
汝南县	宿鸭湖水库	1 547	1 547	100%	3 228	3 228	100%	273	273	100%	1 469	1 469	100%	8 680	8 319	95.9%	15 197	14 836	97.6%
正阳县	宿鸭湖水库	1 015	1 015	100%	1 059	1 059	100%	179	179	100%	964	964	100%	5 694	5 522	97.0%	8 911	8 739	98.1%
新蔡县	宿鸭湖水库	1 025	1 025	100%	1 711	1 711	100%	181	181	100%	973	973	100%	5 750	5 718	99.4%	9 640	9 608	99.7%
平舆县	宿鸭湖水库	1 217	1 217	100%	2 541	2 541	100%	215	215	100%	1 157	1 157	100%	6 832	6 750	98.8%	11 962	11 880	99.3%
上蔡县	/	1 079	1 079	100%	1 801	1 801	100%	190	190	100%	1 025	1 025	100%	6 053	5 979	98.8%	10 148	10 073	99.3%
泌阳县	/	991	991	100%	2 058	2 068	100%	175	175	100%	941	941	100%	5 561	5 344	96.1%	9 736	9 519	97.8%
典型区整体		14 032	14 032	100%	29 985	29 899	99.71%	2 311	2 299	99.5%	12 174	12 174	100%	74 907	70 740	94.4%	133 410	129 144	96.8%

表 5.14 库群优化下水量水质联合优化调度方案水质达标时段统计(水质目标为Ⅲ类水)

计算水平年	水质等级	庙湾		遂平		夏屯		河坞		宿鸭湖		班台	
		COD	NH_3-N	COD	NH_3-N	COD	NH_3-N	COD	NH_3-N	COD	NH_3-N	COD	NH_3-N
2010 年	Ⅰ类	45%	8%	98%	91%	66%	25%	82%	2%	44%	1%	49%	1%
	Ⅱ类		17%		9%		37%		24%		18%		18%
	Ⅲ类	32%	15%	2%	0%	13%	26%	11%	18%	56%	16%	16%	16%
	Ⅳ类	9%	23%	0%	0%	3%	12%	7%	16%	0%	17%	33%	10%
	Ⅴ类	5%	20%	0%	0%	0%	1%	0%	13%	0%	49%	2%	16%
	劣Ⅴ类	9%	17%	0%	0%	0%	0%	0%	29%	0%	0%	0%	39%
2020 年	Ⅰ类	45%	8%	98%	91%	84%	26%	82%	2%	44%	1%	49%	1%
	Ⅱ类		17%		9%		36%		24%		18%		19%
	Ⅲ类	32%	15%	2%	0%	13%	25%	11%	17%	56%	16%	15%	15%
	Ⅳ类	9%	23%	0%	0%	3%	12%	7%	15%	0%	17%	34%	10%
	Ⅴ类	6%	19%	0%	0%	0%	1%	0%	13%	0%	48%	2%	14%
	劣Ⅴ类	8%	18%	0%	0%	0%	0%	0%	29%	0%	0%	0%	40%
2030 年	Ⅰ类	44%	8%	98%	91%	83%	24%	83%	2%	46%	1%	49%	2%
	Ⅱ类		16%		9%		36%		25%		18%		19%
	Ⅲ类	31%	15%	2%	0%	14%	27%	11%	17%	54%	15%	15%	14%
	Ⅳ类	10%	23%	0%	0%	2%	12%	7%	15%	0%	21%	34%	10%
	Ⅴ类	6%	19%	0%	0%	1%	1%	0%	14%	0%	44%	3%	14%
	劣Ⅴ类	9%	20%	0%	0%	0%	0%	0%	28%	0%	0%	0%	41%

4）调度成果比较

以无优化的基础方案为比较基准，将单库水量水质优化调度方案及库群水量水质优化调度方案与基础方案比较，结果如表 5.15。

表 5.15　优化方案比较表　（万 m³）

方案	2010 年			2020 年			2030 年		
	需水量	供水量	水量保证程度	需水量	供水量	水量保证程度	需水量	供水量	水量保证程度
无优化基准方案	117 479	112 640	95.9%	125 585	119 459	95.1%	133 410	126 460	94.8%
单库水量优化	117 479	114 484	97.5%	125 585	122 060	97.2%	133 410	128 649	96.4%
单库水量水质联合优化（水质目标为Ⅲ类水）	117 479	114 033	97.1%	125 585	121 523	96.8%	133 410	128 012	96.0%
库群水量优化	117 479	115 779	98.6%	125 585	123 253	98.1%	133 410	123 789	97.4%
库群水量水质联合优化（水质目标为Ⅲ类水）	117 479	115 195	98.1%	125 585	122 510	97.6%	133 410	129 144	96.8%
单库水量优化-基准	—	1 844	1.6%	—	2 601	2.1%	—	2 188	1.6%
库群水量优化-基准	—	3 139	2.7%	—	3 794	3.0%	—	3 431	2.6%
单库水量水质联合优化-基准	—	1 393	1.2%	—	2 064	1.6%	—	1 551	1.2%
库群水量水质联合优化-基准	—	2 555	2.2%	—	3 050	2.4%	—	2 684	2.0%
库群水量优化-单库水量优化	—	1 294	1.1%	—	1 193	1.0%	—	1 243	0.9%
库群水量水质联合优化-单库水量水质联合优化	—	1 162	1.0%	—	987	0.8%	—	1 133	0.9%

（1）水量优化调度效果

进行单库优化或库群优化时，若不考虑水质改善的目标，仅以尽量提高水量保证程度（即降低缺水率）为目标进行优化求解（在程序中设定为水量优化），得需、供水量及水量保证程度。与基准方案相比，各个水平年多年平均供水量均有提高，说明优化方案更合理充分地利用了水资源。

单库水量优化与无优化方案比，2010 水平年无优化的基础方案多年平均需水量为 11.75 亿 m³，供水量为 11.26 亿 m³，单库优化方案多年平均供水量为 11.45 亿 m³，多年平均供水量提高约 1 844 万 m³，多年平均水量保证程度从 95.9%提高到 97.5%，提高了 1.6%；2020 水平年基础方案多年平均需水量为 12.56 亿 m³，供水量为 11.95 亿 m³，单库优化方案多年平均供水量为 12.21 亿 m³，多年平均供水量提高约 2 601 万 m³，多年平均水量保证程度从 95.1%提高到 97.2%，提高了 2.1%；2030 水平年基础方案多年平均需水量为 13.34 亿 m³，供水量为 12.65 亿 m³，单库优化方案多年平均供水量为 12.86 亿 m^3，多年平均供水量提高约 2 188 万 m^3，多年平均水量保证程度从 95.1%提高到 97.1%，提高了 1.6%。可见优化后供水量和水量保证程度都有明显地提高。

库群水量优化与无优化方案比，各个水平年情况是，2010 水平年多年平均供水量为 11.58 亿 m^3，比基础方案提高了 3 139 万 m^3，多年平均水量保证程度提高了 2.7%；2020 水平年多年平均供水量为 12.33 亿 m^3，比基础方案提高了 3 794 万 m^3，多年平均水量保证程度提高了 3.0%；2030 水平年多年平均供水量为 12.99 亿 m^3，比基础方案提高了 3 431 万 m^3，多年平均水量保证程度提高了 2.6%。由此可见，库群联合优化考虑了上下游水库的补偿调节作用，相比基础方案，供水量和供水保证程度提升更加显著。

库群水量优化与单库水量优化相比，各个水平年多年平均供水量均有提高，2010 水平年多年平均供水量提高约 1.1%，多供水 1 294 万 m^3；2020 水平年多年平均供水量提高约 1.0%，多供水 1 193 万 m^3；2030 水平年多年平均供水量提高约 0.9%，多供水 1 243 万 m^3。可见，库群联合优化运行有明显的提升供水效益的作用。

(2) 水量水质联合优化调度效果

水量水质联合优化调度方案，就是优化目标既要尽可能提高水量保证程度，还要提高水质，得到兼顾水质目标的水库优化调节方案。在预设各控制断面水质达到Ⅲ类水目标时，虽然由于枯水时段水量的限制，不可能使所有时段都达到Ⅲ类水标准，但是水量水质联合优化调度确能提高达到水质目标的时段数。

单库水量水质联合优化方案与基础方案比较，以水质尽量达到Ⅲ类水为控制目标时，2010 水平年典型区总供水量比基础方案多 1 393 万 m^3，多年平均水量保证程度提高 1.2%；2020 水平年比基础方案多 2 064 万 m^3，多年平均水量保证程度提高 1.6%；2030 水平年比基础方案多 1 551 万 m^3，多年平均水量保证程度提高 1.2%。

库群水量水质联合优化方案与基础方案比较，以水质尽量达到Ⅲ类水为控制目标时，2010 水平年典型区总供水量比基础方案多 2 555 万 m^3，多年平均水量保证程度提高 2.2%；2020 水平年比基础方案多 3 050 万 m^3，多年平均水量保证程度提高 2.4%；2030 水平年比基础方案多 2 684 万 m^3，多年平均水量保证程度提高 2.0%。

可见，在库群水量水质联合优化下，相比基础方案，在提高水质标准的同时，供水量仍然比基础方案有提高，水量保证程度平均提高约 2.2%。同时，在达到相同水质目标时，库群联合优化比单库优化又能提升水量保证率约 0.5%。

另一方面，增加水质目标的控制，会稍微降低供水保证程度。设定水质目标为Ⅲ类水时，水量保证程度下降约 0.5%。

计算结果显示，水库群水量水质联合优化调度成果总是优于单库优化调度成果，更优于基础方案。通过水库群水量水质联合优化调度，可以最大限度地协调供水保证程度和水质改善两个目标，得到最满意的方案。该结论符合理论预期，证明所建的水量水质优化调度模型是可行、有效、合理的。

5）调度策略分析

由以上分析可得，水库群水量水质联合优化调度方案即提高了水量保证程度，也改善了水质。分析优化方案具体调度过程的特点可得到如下策略：一般情况下，水利年度从 3 月初至来年 2 月末。水库供水期从 10 月初至来年 2 月末，平均来说，10 月初水库应处于高水位，逐月下降，至 2 月末降至死水位附近，三月份逐渐开始蓄水。从水质的角度来看，遇到干旱月份则水污染物浓度可能会上升，但在多雨的月份，河道水质往往较好，而在供水期和蓄水期初期遇到少雨情形，河道水质变差，此时可以通过水库补充放水，充分发挥水库优化调度对水质改善的作用，使得河道污染物浓度稳定保持在低水平上。

5.6 本章小结

水量水质联合优化调度研究主要针对淮河流域典型区洪汝河流域水资源量相对缺乏、时空分布不均匀的矛盾以及水资源污染状况较为严重的问题，建立了水资源多目标优化配置模型，并根据问题的特点，研制了基于遗传算法的水资源优化配置模型的求解算法，进行了优化配置总体方案分析；以洪汝河流域全年缺水率最小为水量优化目标，以 COD_{Mn} 和 NH_3-N 的达标时段为水质控制目标，建立了单一水库和水库群联合运用的水量-水质联合优化调度模型，并研究了基于改进遗传算法的优化调度模型的求解方法，并应用 ActiveX 编程技术进行了软件研制。还对典型河段的水污染事故状况下的短期应急调度进行了一维水质模拟模型建模和系统开发。

（1）由于洪汝河流域水资源相对短缺、水资源污染较为严重，有板桥水库、石漫滩水库、薄山水库和宿鸭湖水库等控制性大型调蓄工程，构成混合水库群，符合模型应用的条件，因此选择洪汝河流域作为研究水量水质联合优化调度的典型区。

（2）依据第 3 章的方法，对典型区水资源系统进行概化，4 座大型水库重点考虑，其他中小型调蓄工程进行总体能力概化，确定了产水区和调蓄水库等水源单位，以及各水源承担的县级行政区供水对象，并综合水源和用水户的最小单位进行了单元划分，达到天然水循环和人工侧支循环耦合的条件。据此收集并汇总整理基本资料，带入水库群水量水质联合优化调度模型进行求解。

（3）典型区的实际分析计算结果表明，与水工程的常规运行方案相比，按水库群水量水质联合优化调度模型所得到的水工程运用优化方案运行，整个典型区及其各子区的供水保证程度均有提高，其中，整个典型区的多年平均水量保证程度提高幅度为 2.8%，以Ⅲ类水位目标的水量水质联合优化方案比基本方案多年平均水量保证程度提高幅度为 2.2%，COD_{Mn} 指标达到Ⅲ类水以上时段数各断面平均提高了 12%，使供水保证程度和改善水质两个目标得到很好的兼顾。

由此可见，本项目所建的水库群水量水质联合优化调度模型是合理的、有效的，模型的求解方法是先进的、可行的。此外，针对短期水污染事件应急调度问题，研究了基于水动力模拟和水质演化模型的应急调度方法和程序，为水污染事件应急调度预案分析提供了平台。

流域水量水质联合优化调度，实质上是一个维度高、结构复杂的多目标系统优化问题。本次研究在流域水资源系统模拟和水工程群联合运用基础上，进一步提出水量水质联合优化调度模型，所提出的复杂水库群水量水质联合优化调度问题的改进遗传算法求解技术，克服了高维、复杂、多目标系统优化技术难度大的问题。

6 水资源优化调度决策支持系统

6.1 系统目标与任务

6.1.1 研究背景与目标任务

决策支持系统是通过数据、模型和知识，以人机交互方式，进行半结构化或非结构化建构提供决策支持依据的计算机应用系统。它为决策者提供分析问题、建立模型、模拟决策过程和方案的环境；调用各种信息资源和分析工具，帮助决策者提高决策水平和质量。决策支持系统能够为决策者提供所需的数据、信息和背景资料；帮助决策者明确目标和问题，建立决策模型；对各种决策方案进行评价和优选，提供推荐方案；还通过人机交互功能进行分析、比较和判断，为正确的决策提供必要的信息查询、图表展示和分析工具。

1980 年，Sprague 提出了决策支持系统三部件结构（对话部件、数据部件、模型部件），明确了决策支持系统的基本组成，极大地推动了决策支持系统的发展。20 世纪 80 年代末 90 年代初，决策支持系统开始与专家系统相结合，形成智能决策支持系统。智能决策支持系统既充分发挥了专家系统以知识推理形式解决定性分析问题的特点，又发挥了决策支持系统以模型计算为核心解决定量分析问题的特点，充分做到定性分析和定量分析的有机结合，使得系统解决问题的能力和范围得到了一个大的发展。智能决策支持系统是决策支持系统发展的一个新阶段。20 世纪 90 年代中期出现了数据仓库、联机分析处理和数据挖掘新技术，三项新技术逐渐形成新决策支持系统的概念，为此，将智能决策支持系统称为传统决策支持系统。新决策支持系统的特点是从数据中获取辅助决策信息和知识，完全不同于传统决策支持系统用模型和知识辅助决策。传统决策支持系统和新决策支持系统是两种不同的辅助决策方式，两者不能相互代替，更应该是互相结合。

把数据仓库、联机分析处理、数据挖掘、模型库、数据库、知识库结合起来形成的决策支持系统，即将传统决策支持系统和新决策支持系统结合起来的决策支持系统是更高级形式的决策支持系统，成为综合决策支持系统。综合决策支持系统发挥了传统决策支持系统和新决策支持系统的辅助决策优势，实现更有效的辅助决策。综合决策支持系统是今后的发展方向。

由于 Internet 的普及，网络环境的决策支持系统将以新的结构形式出现。决策支持系统的决策资源，如数据资源、模型资源、知识资源，将作为共享资源，以服务器的形式在网络上提供并发共享服务，为决策支持系统开辟一条新路。网络环境的决策支持系统是决策支持系统的发展方向。

知识经济时代的管理——知识管理与新一代 Internet 技术——网格计算，都与决策支持系统有一定的关系。知识管理系统强调知识共享，网格计算强调资源共享。决策支持系统是利用共享的决策资源(数据、模型、知识)辅助解决各类决策问题，基于数据仓库的新决策支持系统是知识管理的应用技术基础。在网络环境下的综合决策支持系统将建立在网格计算的基础上，充分利用网格上的共享决策资源，达到随需应变的决策支持。人机接口接受用自然语言或接近自然语言的方式表达的决策问题及决策目标，这较大程度地改变了人机界面的性能。

决策支持系统问题处理系统处于 DSS 的中心位置，是联系人与机器及所存储的资源的桥梁，主要由问题分析器与问题求解器两部分组成。

(1) 自然语言处理系统：转换产生的问题描述由问题分析器判断问题的结构化程度，对结构化问题选择或构造模型，采用传统的模型计算求解；对半结构化或非结构化问题则由规则模型与推理机制来求解。

(2) 问题处理系统：是智能决策支持系统中最活跃的部件，它既要识别与分析问题，设计求解方案，还要为问题求解调用四库中的数据、模型、方法及知识等资源，对半结构化或非结构化问题还要触发推理机作推理或新知识的推求。

知识库子系统的组成可分为三部分：知识库管理系统、知识库及推理机。

(1) 知识库管理系统。功能主要有两个：一是回答对知识库知识增、删、改等知识维护的请求；二是回答决策过程中间题分析与判断所需知识的请求。

(2) 知识库。知识库是知识库子系统的核心。

知识库中存储的：是那些既不能用数据表示，也不能用模型方法描述的专家知识和经验，也即是决策专家的决策知识和经验知识，同时也包括一些特定问题领域的专门知识。

知识库中的知识表示：是为描述世界所作的一组约定，是知识的符号化过程。对于同一知识，可有不同的知识表示形式，知识的表示形式直接影响推理方式，并在很大程度上决定着一个系统的能力和通用性，是知识库系统研究的一个重要课题。

知识库包含事实库和规则库两部分。例如：事实库中存放了“任务 A 是紧急订货”“任务 B 是出口任务”那样的事实。规则库中存放着“IF 任务ⓘ是紧急订货，and 任务ⓘ是出口任务，THEN 任务ⓘ按最优先安排计划”“IF 任务ⓘ是紧急订货，THEN 任务 i 按优先安排计划”那样的规则。

(3) 推理机。推理是指从已知事实推出新事实(结论)的过程。推理机，是一组程序，它针对用户问题去处理知识库(规则和事实)。推理原理如下：若事实 M 为真，且有一规则“IF M THEN N”存在，则 N 为真。

因此，智能决策支持系统的特点是：

① 基于成熟的技术，容易构造出实用系统。

② 充分利用了各层次的信息资源。

③ 基于规则的表达方式，使用户易于掌握使用。

④ 具有很强的模块化特性，并且模块重用性好，系统的开发成本低。

⑤ 系统的各部分组合灵活，可实现强大功能，并且易于维护。

⑥ 系统可迅速采用先进的支撑技术，如 AI 技术等。

在结构方面，决策支持系统具有如下结构特征：

① 数据库及其管理系统；

② 模型库及其管理系统；

③ 交互式计算机硬件及软件；

④ 图形及其他高级显示装置；

⑤ 对用户友好的建模语言。

1）系统的目标

结合淮河流域水资源模拟和调度问题的实际需要，依据决策支持系统的定义及内涵，可归纳出淮河流域水资源优化调度决策支持系统的主要目标定位是：在计算机平台上，建立流域的水循环模拟、水工程模拟仿真、水量水质联合优化调度等相关的子系统，并包含数据部件、模型部件及人机对话部件，为水资源管理决策者提供有关数据资料、信息和背景知识，帮助决策者确立关键问题和重要目标，并建立有效决策模型，并通过模型求解来推荐决策方案，同时通过人机交互功能，方便决策者进行分析、比较和判断，提高决策的质量和科学水平，能够成为充分发挥流域水工程整体效益，提高流域供水安全性的一项有效的非工程措施。

2）系统的任务

基于淮河流域水资源优化调度决策支持系统的开发，符合可持续发展理念，可以更加有效地进行水资源保护、节约与高效利用，并能够提高决策的效率和质量，促进决策科学化水平提高。

淮河流域水资源优化调度决策支持系统的主要任务是：以淮河流域（洪泽湖以上）为范围，以建立并整合三个子系统（二元耦合水循环模拟系统、水工程模拟仿真子系统和水量水质联合优化调度子系统）为关键任务，以基于微软组件模型的模块化编程语言技术和基于地理信息系统的二次开发技术为支撑，开发人机图形交互平台，并实现网络数据库和统计分析工具等辅助决策功能，提出流域或某区域的水工程运行方案，以更好地满足水资源开发利用目标，从而为淮河流域水资源配置决策、水资源工程建设决策、和运行方案决策提供科学依据。

为完成上述目标任务，决策支持系统的软件开发步骤是：首先进行基本理论研究，完成自然—人工二元耦合水循环模拟模型、水工程运行模拟模型、水质水量优化调度模型等理论研究，并分别建立相应的数学模型；完成输入输出的数据库管理软件（含业务数据和 GIS 空间数据）、模型库管理软件和三个子系统（水循环模拟、水工程模拟、水量水质优化调度）软件的编程开发，实现流域从天然降水产流计算、社会经济需水计算、人工系统供用耗排计算、工程联合运用模拟以及水量水质优化调度计算功能，并按决策支持系统所需三部件结构，开发地理空间数据管理、业务数据管理、各类模型库管理以及分析工具功能；进行系统集成，实现流域的水循环模拟、水工程模拟、水量水质优化调度的有机整体，从天然降水产流计算、社会经济需水计算、人工系统供用耗排计算、工程联合运用模拟以及水量水质优化调度计算功能，推荐决策方案，提供决策支持信息，有机地整合成为一个淮河流域水资源优化调度决策支持系统。

3）系统设计原则

决策支持系统的设计原则是：

（1）注重"信息—经验—反馈"之间的联系。水资源优化调度决策问题极为复杂，涉及面广。辅助决策需要科学理论及方法、经验和专家判断力的综合。因此，要按软件工程的要求，从系统调查入手，经过系统分析、设计、实施、调试和维护等环节共同完成。

（2）建立智能化优化算法，分区水资源优化配置、工程优化调度算法等，将采用遗传算法等智能算法，避免优化计算陷入局部解而失败。

（3）完整性、适宜性、开放性与可扩展性相结合。系统既要与具体的流域管理决策等业务需要紧密结合，又要从建模、功能设计和数据库设计等方面达到一般性和通用性，具有处理类似问题的框架结构。从而也使系统的体系结构具有良好的开放性、可扩展性。针对实际问题建立和开发系统，对主要决策管理业务问题，达到统一性、完整性的实现，同时为后续进一步完善系统提供接口预留。

（4）模块化、面向对象的算法结构。对模型库、数据库、知识库采用模块化设计，面向对象方法，使得编码算法具有独立封装性、可移植性及可重用性等技术特征。从而更加适应复杂算法、交互性算法、动态算法、智能算法的实现。

（5）实现数据的可视化。包括基于GIS组件、科学计算可视化技术，使输入输出信息、算法过程控制直观易用的人机界面设计。

4）系统技术特性

决策支持系统首先应当围绕解决决策者的问题而设计。除了行业、专业领域的特征，通常还以管理科学、运筹学、控制论和行为科学为基础，以计算机技术、仿真技术和信息技术为手段，针对半结构化的决策问题，支持决策活动的具有智能作用的人机系统。该系统能够为决策者提供所需的数据、信息和背景资料，帮助明确决策目标和进行问题的识别，建立或修改决策模型，提供各种备选方案，并且对各种方案进行评价和优选，通过人机交互功能进行分析、比较和判断，为正确的决策提供必要的支持。

DSS的概念是在20世纪70年代提出的，并在80年代获得发展。它的产生原因有：传统的MIS没有给企业带来巨大的效益，人在管理中的积极作用要得到发挥;人们对信息处理规律r认识提高,面对不断变化的环境,要求更高层次的系统来直接支持决策;计算机应用技术的发展为DSS的发展提供了物质基础。

20世纪80年代初,Sprague提出决策支持系统应该具有以下主要特征:① 数据和模型是DSS的主要资源;② DSS主要是解决半结构化及非结构化问题;③ DSS是用来辅助用户作决策,但不是代替用户;④ DSS的目的在于提高决策的有效性而不是提高决策的效率。

因此,淮河流域水资源优化调度决策支持系统可归纳出以下主要技术特征:① 数据库及其管理系统;② 模型库及其管理系统;③ 交互式计算机硬件及软件;④ 图形及其他高级显示装置;⑤ 对用户友好的建模语言。

6.1.2 技术路线与方法

为完成上述目标任务,淮河流域水资源优化调度决策支持系统的研制技术路线是:

(1) 首先进行基本理论研究,分别完成自然—人工二元耦合水循环模拟模型、水工程运行模拟模型、水质水量优化调度模型等理论研究,并分别建立相应的数学模型;在建立数学模型的基础上,进行模拟或求解算法研究;

(2) 输入输出的数据库管理(含业务数据和GIS空间数据)、模型库管理软件和三个子系统(水循环模拟、水工程模拟、水量水质优化调度)软件的编程开发,并按决策支持系统所需三部件结构,开发地理空间数据管理、业务数据管理、各类模型库管理,以及分析工具功能;

(3) 进行系统集成,实现流域的水循环模拟、水工程模拟、水量水质优化调度的有机整体。从天然降水产流计算、社会经济需水计算、人工系统供用耗排计算、工程联合运用模拟以及水量水质优化调度计算功能,推荐决策方案,提供决策支持信息,有机地整合成为一个淮河流域水资源优化调度决策支持系统。

淮河流域水资源优化调度决策支持系统的设计方法是:

(1) 注重"信息—经验—反馈"之间的联系。水资源优化调度决策问题极为复杂,涉及面广。辅助决策需要科学理论及方法、经验和专家判断力的综合。因此,要按软件工程的要求,从系统调查入手,经过系统分析、设计、实施、调试和维护等环节共同完成。

(2) 建立智能化优化算法,分区水资源优化配置、工程优化调度算法等,将采用遗传算法等智能算法,避免优化计算陷入局部解而失败。

(3) 完整性、适宜性、开放性与可扩展性相结合。系统既要与具体的流域管理决策等业务需要紧密结合,又要从建模、功能设计和数据库设计等方面达到一般性和通用性,具有处理类似问题的框架结构。从而也使系统的体系结构具有良好的开放性、可扩展性。针对实际问题建立和开发系统,对主要决策管理业务问题,达到统一性、完整性的实现,同时为后续进一步完善系统提供接口预留。

（4）模块化、面向对象的算法结构。对模型库、数据库、知识库采用模块化设计，面向对象方法，使得编码算法具有独立封装性、可移植性及可重用性等技术特征。从而更加适应复杂算法、交互性算法、动态算法、智能算法的实现。

（5）实现数据的可视化。包括基于 GIS 组件，科学计算可视化技术，对输入输出信息、算法过程控制进行直观易用的人机界面设计。

系统采用面向对象、组件化和可视化的程序设计技术，更好地实现模块化设计。对子系统或功能模块的进行数据和算法的统一封装，封装性是保证软件部件具有优良的模块性的基础。面向对象的封装比结构式设计封装更为清晰、有效，不仅实现模块的封装性，而且实现模块的抽象性、统一性、通用性、继承性、可重用性及多态性等优秀特性。不同功能模块的衔接与耦合

流域水资源优化调度决策支持系统各部分的衔接与耦合问题十分复杂，软件实现技术难度较大。不同模型库的衔接与耦合针对计算效率优化，采用结构化设计，建立子程序及函数库调用接口。

软件实现技术方面，在面向对象设计基础上，应用组件化及可视化软件技术，以保障高度的模块化特征，并为高效实现模块化建模、衔接耦合、输入输出提供基础支撑。

系统操作界面以 ComGIS 为支撑，实现各项管理数据的地理化显示，达到友好的人机界面。

6.2　系统整体结构设计

6.2.1　整体框架

整个系统的架构包括了核心功能层和外部接口层两大部分。外部接口层主要任务是实现信息的采集、传输、转化、储存。核心功能层的功能包括实现流域数据资源的管理、基础业务功能的应用与操作界面的设计，如图 6.1 所示。

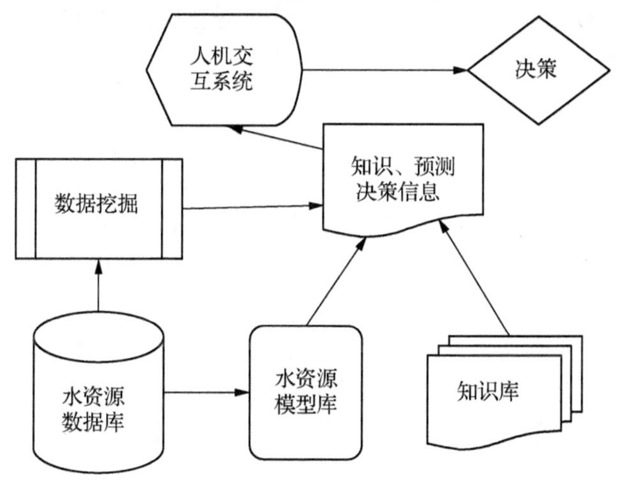

图 6.1　系统总体结构示意图

系统核心部分总体设计上采用三库四部件结构。三库即数据库、模型库、知识库，再加上人机接口，构成四部件结构。数据库包含空间数据库和业务数据库，以GIS结构为支撑；模型库包括天然—人工二元水文循环模拟模型、水工程运行方案模拟模型、水量水质优化调度模型；知识库则是在数据库基础上引入数据挖掘分析工具，从数据库提取有价值知识建立知识库。

系统从建立水资源模型、水资源调配方案、水资源供需模拟评价、需水预测、优化调度、推荐方案、规律分析等功能设计入手，为决策者提供科学依据，提高决策水平和质量。

基于GIS功能的应用系统开发大多考虑Client/Server(客户端/服务器结构)结构。系统设计从实际操作的角度上需考虑如何为用户设计一个简约明了的人机互动界面；从系统的逻辑结构层面上需考虑数据库、模型库的各个模块的合理设计与连接，从模块的功能应用层面上需考虑各个计算子模块与GIS操作子模块的设计与整合，且相应的计算子模块应具有独立封装性、可移植性等特征。设计并开发出一个功能综合且有实际运用意义的流域水资源配置系统是一项较复杂的工程，合适的系统层次架构是实现高效开发的关键因素。另外，从构架的层面描述一个系统，更有利于系统性质与功能的确定。

1) 应用子系统

从功能方面来讲，决策支持系统包括三个流域水资源业务应用子系统，包括水循环模拟子系统、水工程运行模拟子系统和水资源优化调度子系统，并且由系统公用部件支撑，系统公用部件包括数据库、模型库、知识库及主界面窗体等人机接口。

(1) 水循环模拟子系统

包括自然主循环部分、人工侧支循环部分和二元耦合模拟部分。

自然主循环模拟包括：① 水文分区划分；② 根据分区自然环境特点采用不同产水模型，淮南、山丘区采用新安江模型，淮北平原区采用淮北平原坡水区模型；③ 进而进行模型参数的推求率定；④ 确定模型参数后，分单元进行全流域的产水计算。进行水循环模拟计算前，要对模型参数进行设定。模型参数设定和率定验证属于模型库管理程序。

人工侧支循环是指，由于人类社会的发展，用水量不断增加，从河道和地下水体中提取的水经过使用后，一部分消耗于蒸发并返回大气，一部分耗于工农业产品从流域中消失，另一部分则以废污水形式回归于地表或地下水体，这就形成另一个小循环。人工侧支循环系统一方面要计算生活用水、生产用水、生态用水，又要能够与自然主循环进行耦合计算，两个系统之间必须有统一的数据交换结构。

自然—人工二元耦合水循环时间上和空间尺度上的耦合。对自然—人工二元水循环系统进行耦合模拟首先需要对数据信息进行分解，将大尺度的信息和资料分解到划分好的计算单元上，再根据自然—人工二元水循环系统信息相互交互的特点对计算单元的自然—人工二元水循环系统进行模拟计算得到模拟结果,之后再将各个计算单元的模拟结果进行聚合到水资源调配模型中进行求解计算,从而得到整个系统的水量供需平衡结果。因此,"自然—人工"二元水循环耦合包括分布式水循环模拟模型模拟结果的时空尺度聚合与集总式水资源调配模拟模型模拟结果的时空展布两个过程。

(2) 水工程模拟子系统

流域水工程系统模拟子系统,要能对全流域水工程系统的联合运行进行模拟,局部进行动态仿真计算,从而可以理清全流域的不同时空之间水力联系和水资源联合调配条件,从而为流域水资源优化配置和优化调度提供技术支撑,也为提高流域城乡供水安全提供非工程保障措施,同时提供对流域水资源管理决策有用的信息。包括单库模拟、典型区模拟和全流域模拟等由局部到整体、简单到复杂的过程,也包括对干流局部河段等对象进行水动力模拟计算和水质动态模拟计算及其动画演示。因为模拟模型能详细地描述水资源配置系统在各种来水条件、需水过程和运行方式的运行特性和预期效益,同时便于求解,所以模拟技术也是评价系统运行方式能否产生预期效益的一个有力工具。这对提高流域水工程系统整体效益发挥,提高淮河流域粮食安全、城乡供水安全和生态环境改善都具有重要意义。为系统包括模拟准备、工程运行模拟、水动力模拟和水质动力模拟。时间尺度上水工程运行模拟以逐月、逐旬为时段,时间跨度为长期,以年计。水动力模拟和水质动力模拟则以小时为尺度,时间跨度为短期,以日计。

(3) 水量水质优化调度子系统

水资源优化调度子系统由调度准备(产水、需水预测)、水资源配置、水量水质联合优化调度(单库和库群)和水污染事故应急模拟调度等模块组成。系统在调度时段上根据功能分为月、旬、时三种。水资源配置以月为时段,优化调度以旬为时段,水污染模拟调度以时为时段。

对水资源配置和水量水质联合优化调度而言,主要以水量水质优化调度模型为核心,并进行遗传算法求解。进行水量水质联合优化调度的步骤是:首先在单元划分基础上,分单元进行产水计算,再对各单元分区供水对象三生需水量进行预测计算,最后结合工程分布、特性进行水量水质联合优化调度,经分析评价得到推荐优化方案。

对于短期水污染应急调度,主要是应用水动力模拟和水质动力模拟模型,针对突发性的污染事件造成的水质问题,进行模拟调度,检验工程放水方案对下游河道的净化效果,考察水质控制断面是否达到设定目标,如未达到,则调整水工程放水量方案,直至达到较理想的效果,从而获得一个水质调度预案。

2) 公用部件

系统公用部件提供基本功能,包括空间数据管理、业务数据管理、模型库管理、知识库管理以及人机接口，为水文循环模拟子系统、水工程模拟子系统、水量水质优化调度子系统奠定基础。

数据库部分由于涉及大量空间信息，所以基于 GIS 技术组织数据、人机交互界面和可视化功能，系统功能组成如图 6.2 所示。

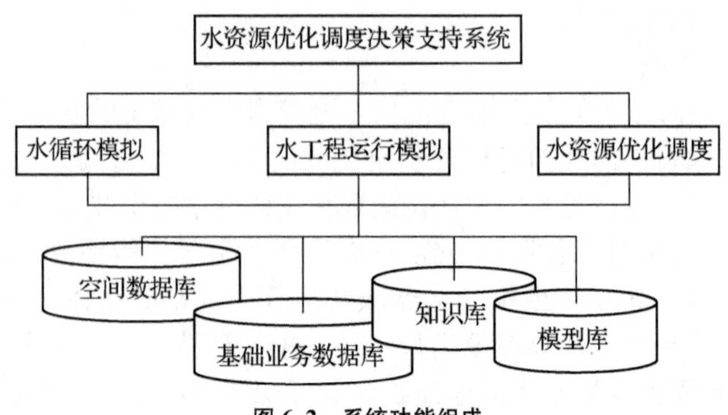

图 6.2 系统功能组成

(1) 基于 GIS 的数据管理：包括各种空间数据库、属性数据库的建立、维护、空间分析等。主要图层包括：流域范围、水系、水工程、水文站、雨量站、水质监测点、行政分区、水文分区、水工程模拟分区等等。

(2) 模型库管理：包括产水预报模块、需水预测模块、供水方案模块、调度模块、调度方案评价模块等。主要模型包括新安江模型、淮北平原坡水区模型、水工程模拟模型、水动力模型、水质模型、水工程水量水质联合优化调度模型、遗传算法求解模型等等。

(3) 知识库管理：从数据库查询信息并进行分类、聚类分析、关联分析、预测分析、时序模式和偏差分析，生成有价值信息，补充知识库。

(4) 人机交互功能：包括数据输入输出、可视化显示、交互式建模、系统维护、成果分析展示和系统帮助等等。

6.2.2 系统研制技术与应用

1) 关键技术

自从 20 世纪 70 年代决策支持系统概念被提出以来，决策支持系统已经得到很大的发展。1980 年 Sprague 提出了决策支持系统三部件结构（对话部件、数据部件、模型部件），明确了决策支持系统的基本组成，极大地推动了决策支持系统的发展。

20 世纪 80 年代末 90 年代初，决策支持系统开始与专家系统（Expert System，ES）相结合，形成智能决策支持系统（Intelligent Decision Support System，IDSS）。智能决策支持系统充分发挥了专家系统以知识推理形式解决定性分析问题的特点，又发挥了决策支持系统以模型计算为核心的解决定量分析问题的特点，充分做到了定性分析和定量分析的有机结合，使得解决问题的能力和范围得到了一个大的发展。智能决策支持系统是决策支持系统发展的一个新阶段。20 世纪 90 年代中期出现了数据仓库（Data Warehouse, DW）、联机分析处理（On-Line Analysis Processing, OLAP）和数据挖掘（Data Mining, DM）新技术，DW＋OLAP＋DM 逐渐形成新决策支持系统的概念，为此，将智能决策支持系统称为传统决策支持系统。新决策支持系统的特点是从数据中获取辅助决策信息和知识，完全不同于传统决策支持系统用模型和知识辅助决策。传统决策支持系统和新决策支持系统是两种不同的辅助决策方式，两者不能相互代替，更应该是互相结合。

把数据仓库、联机分析处理、数据挖掘、模型库、数据库、知识库结合起来形成的决策支持系统，即将传统决策支持系统和新决策支持系统结合起来的决策支持系统是更高级形式的决策支持系统，成为综合决策支持系统（Synthetic Decision Support System, SDSS）。综合决策支持系统发挥了传统决策支持系统和新决策支持系统的辅助决策优势，实现更有效的辅助决策。综合决策支持系统是今后的发展方向。

由于 Internet 的普及，网络环境的决策支持系统将以新的结构形式出现。决策支持系统的决策资源，如数据资源、模型资源、知识资源，将作为共享资源，以服务器的形式在网络上提供并发共享服务，为决策支持系统开辟一条新路。网络环境的决策支持系统是决策支持系统的发展方向。

知识经济时代的管理——知识管理（Knowledge Management, KM）与新一代 Internet 技术——网格计算，都与决策支持系统有一定的关系。知识管理系统强调知识共享，网格计算强调资源共享。决策支持系统是利用共享的决策资源（数据、模型、知识）辅助解决各类决策问题，基于数据仓库的新决策支持系统是知识管理的应用技术基础。在网络环境下的综合决策支持系统将建立在网格计算的基础上，充分利用网格上的共享决策资源，达到随需应变的决策支持。

智能决策支持系统是人工智能（AI, Artificial Intelligence）和 DSS 相结合，应用专家系统（ES, Expert System）技术，使 DSS 能够更充分地应用人类的知识，如关于决策问题的描述性知识，决策过程中的过程性知识，求解问题的推理性知识，通过逻辑推理来帮助解决复杂的决策问题的辅助决策系统。

IDSS 的概念最早由美国学者波恩切克（Bonczek）等人于 20 世纪 80 年代提出，它的功能是，既能处理定量问题，又能处理定性问题。IDSS 的核心思想是将 AI 与其他相关科学成果相结合，使 DSS 具有人工智能。

典型的 DSS 结构是在传统三库 DSS 的基础上增设知识库与推理机，在人机对话子系统加入自然语言处理系统（LS），与四库之间插入问题处理系统（PSS）而构成的四库系统结构。

四库系统的智能人机接口接受用自然语言或接近自然语言的方式表达的决策问题及决策目标，这较大程度地改变了人机界面的性能。

问题处理系统处于 DSS 的中心位置，是联系人与机器及所存储的求解资源的桥梁，主要由问题分析器与问题求解器两部分组成。

(1) 自然语言处理系统：转换产生的问题描述由问题分析器判断问题的结构化程度，对结构化问题选择或构造模型，采用传统的模型计算求解；对半结构化或非结构化问题则由规则模型与推理机制来求解。

(2) 问题处理系统：是 IDSS 中最活跃的部件，它既要识别与分析问题，设计求解方案，还要为问题求解调用四库中的数据、模型、方法及知识等资源，对半结构化或非结构化问题还要触发推理机作推理或新知识的推求。

知识库子系统的组成可分为三部分：知识库管理系统、知识库及推理机。

因此，智能决策支持系统的特点是：① 基于成熟的技术，容易构造出实用系统；② 充分利用了各层次的信息资源；③ 基于规则的表达方式，使用户易于掌握使用；④ 具有很强的模块化特性，并且模块重用性好，系统的开发成本低；⑤ 系统的各部分组合灵活，可实现强大功能，并且易于维护；⑥ 系统可迅速采用先进的支撑技术，如 AI 技术等。

运行效率由于在 IDSS 的运行过程中，各模块要反复调用上层的桥梁，比起直接采用低层调用的方式，运行效率要低。但是考虑到 IDSS 只是在高层管理者作重大决策时才运行，其运行频率与其他信息系统相比要低得多，况且每次运行的环境条件差异很大，所以牺牲部分的运传效率以换取系统维护的效率是完全值得的。

DSS 的概念是在 20 世纪 80 年代末引人我国的，但在此之前有关辅助决策的研究早就有所开展。目前我国在 DSS 领域的研究已有不少成果，但总体上发展较缓慢，在应用上与期望有较大的差距。这主要反映在软件制作周期长，生产率低，质量难以保证，开发与应用联系不紧密等方面。究其原因，主要有以下几点：开发商不懂业务，无法理解业主的真实需求，业主不懂软件，对于开发商用专业术语表述的内容理解有偏差；对具体支持数据的内容和粒度的理解和认识，双方不尽一致；系统虽然可以提供决策支持，但是因为缺乏后继数据支持，而成为一个事实上死亡的系统。

并行处理对 DSS 的影响：并行处理是指在同一时间内有多个进程在同时运行。在求解非结构化和半结构化决策问题时，首先就是对问题进行分解，即按系统工程中划分子系统的方法，将一个大问题(大系统)划分成多个相互之间具有独立性的子问题(子系统)。通过这种分解之后，求解一个复杂的大问题就转变成为求解较为简单的多个子问题，再利用管理者个人的经验、直觉和主观判断对结构仍然不太好的子问题进行求解。这样，在管理者和计算机的协同作用下，那些半结构化或非结构化的复杂问题即可得到总体的解决。从而并行处理技术为计算机对大问题进行快速求解提供了一个可供选择的方案。所有并行体系结构的基本思想是让多个紧密结合起来的存储单元模块分配算法并同时并行处理各个部分。因此，对很大的问题也能快速求解。

多媒体技术对 DSS 的影响：多媒体技术使计算机具有综合处理和管理声音、文字、图形、图像以至电视图像的能力，它不但赋予计算机新的含义，同时也赋予声像技术新的含义。分布式多媒体技术将会使通信的分布性与多媒体的综合性和交互性相结合，它的发展将使一些传统上相对独立发展的产业，如通信、计算机、声像技术、出版印刷等之间的界限逐渐消失，从而产生一些新的信息产业，其中包括多媒体电子邮件、数字电子报刊、多媒体会议系统，以及在开发群体支持系统中极为重要的计算机支持协同工作等。

2）具体应用

系统采用面向对象、组件化和可视化的程序设计技术，更好地实现模块化设计。对子系统或功能模块的进行数据和算法的统一封装，封装性是保证软件部件具有优良的模块性的基础。面向对象的封装比结构式设计封装更为清晰、有效，不仅实现模块的封装性，而且实现模块的抽象性、统一性、通用性、继承性、可重用性及多态性等优秀特性。

流域水资源优化调度决策支持系统各部分的衔接与耦合问题十分复杂，软件实现技术难度较大。不同模型库的衔接与耦合针对计算效率优化，采用结构化设计，建立子程序及函数库调用接口。

软件实现技术方面，在面向对象设计基础上，应用组件化及可视化软件技术，以保障高度的模块化特征，并为高效实现模块化建模、衔接耦合、输入输出提供基础支撑。

系统操作界面以 ComGIS 为支撑，实现各项管理数据的地理化显示，达到友好的人机界面。

6.2.3 系统部件设计

1）系统功能需求分析

需求分析是指在建立这个决策支持系统的目的、范围、定义和功能时所要做的所有的工作。需求分析是软件工程中的一个关键过程。只有在确定了这些需要后，才能够分析和寻求系统的解决方法。需求分析阶段的任务是确定软件系统功能。

需求分析是对用户的业务活动进行分析，明确在用户的业务环境中软件系统应该“做什么”。对于一个大型而复杂的软件系统，通常用户很难精确完整地提出它的功能和性能要求。一开始只能提出一个大概、模糊的功能，只有经过长时间的反复认识才逐步明确。有时进入到设计、编程阶段才能明确，更有甚者，到开发后期还在提新的要求。

需求分析的任务是通过详细调查生产管理实际要处理的对象，充分了解系统工作概况，明确用户的各种需求然后在此基础上确定系统的功能。

(1) 综合要求

虽然功能需求是对软件系统的一项基本需求,但却并不是唯一的需求,通常对软件系统有下述几方面的综合要求:① 功能需求;② 性能需求;③ 可靠性和可用性需求;④ 出错处理需求;⑤ 接口需求;⑥ 约束;⑦ 逆向需求;⑧ 将来可能提出的要求等。

结合淮河流域水资源决策支持系统的特点,功能需求主要包括三个子系统,即水资源模拟子系统、水工程模拟子系统和水量水质联合优化调度子系统。要能在各个子系统之间进行数据传递,连接成一个有机整体,形成丰富的决策支持信息。

(2) 数据要求

任何一个软件本质上都是信息处理系统,系统必须处理的信息和系统应该产生的信息很大程度上决定了系统的面貌,对软件设计有深远的影响,因此,必须分析系统的数据要求,这是软件分析的一个重要任务。分析系统的数据要求通常采用建立数据模型的方法。

复杂的数据由许多基本的数据元素组成,数据结构表示数据元素之间的逻辑关系。

淮河流域的数据除了大量常规的表型数据,宜采用数据库结构化数据格式。另外,由于涉及流域范围跨多个省,面积很大,与自然地理与社会经济地理关系密切,数据宜于包含空间数据,即地理信息系统数据。

(3) 逻辑模型

综合上述两项分析的结果可以导出系统的详细的逻辑模型,通常用数据流图、E-R 图、状态转换图、数据字典和主要的处理算法描述这个逻辑模型。

数据流的方向是:从社会经济、水文气象、水质、工程等资料到水资源模拟模型,再到水工程模拟模型,再到水资源优化调度模型,输入输出及接口均包括数据库接口和地理信息接口。

(4) 方法需求

主要包括下述几方面的方法需求:① 面向过程(自上向下分解);② 信息工程(数据驱动)(数据流分析结构化分析方法);③ 面向对象(对象驱动)。

模型算法为了追求效率,主要是面向过程算法;数据库部分包含大量数据表,应采用成熟数据库结构存储,并通过地理信息系统管理和组织起来;系统框架包含大量人机互动,采用面向对象方法。

(5) 决策支持系统功能需求

淮河流域水资源优化调度决策支持系统,应以流域内水资源管理的信息化管理、科学化分析及地理化显示为主要目标。它是由数据管理、模型应用、人机交互构成的能体现当前先进技术的新型决策支持系统。系统能提供分析问题、建立模型、决策方案的环境,并调用各种信息资源和分析模块,以窗体控件中的电子地图为基础,将流域内的地理信息与水资源管理信息相结合产生可视化的信息处理效果，为管理者提供决策参考。其具体的功能需求主要体现在以下四个方面：

① 按照水资源系统自然主循环模拟需要将流域划分为水文模拟计算单元，按照流域水资源系统人工侧支循环模拟模型需要将流域划分为规划管理单元。分析流域不同区域自然主循环的降水、蒸发、入渗、产流和汇流特性，对流域内不同水文模拟计算单元的产汇流特性进行分类模拟计算。研究流域不同地区人工侧支水循环子系统中农业灌排耗水、工业用排水、生活供需水和人工生态耗水等各用水部门的主要影响因素及其特性，最后模拟人工侧支水循环过程。编写针对该流域的水文模拟计算模块，实现系统的水循环模拟功能。

② 分析淮河流域水资源开发利用情况，在收集流域上各类水利工程的分布、特性和运行规则的基础上，针对某一特定水工程（如水库、湖泊、闸坝等），建立单一水工程运行模拟模型，实现一个单一水工程的运行模拟计算功能；在考虑水工程运行的先后的关联时，建立水工程系统的联合运行模拟模型，实现水工程的联合运行模拟计算功能；最后，根据给定系列水文年的来水资料和相关用水资料，按照系统联合运行方案、各工程运行的初始工况条件以及既定的运行调度规则，模拟得到该系列条件下各工程的出流量等运行决策及状态的变化过程。

③ 建立水资源优化配置的多目标优化模型。分析水资源优化配置系统的结构组成，以及各类水工程和用水部门的具体特性，并对特定流域的水资源优化配置方案进行具体分析，包括分析典型区在不同水平年、不同频率水文条件下分区、分部门的水资源供需平衡状况及其变化趋势，并根据问题的特点，选用遗传算法对已建立的水资源优化配置模型进行求解；建立流域内多工程的水资源优化配置模型，运用遗传算法的实现优化调度的模拟，并实现相应工程调度规则下的模拟成果进行对比分析。

假定流域上某个控制断面发生了突发的水污染事故，短时间内造成一个河段内的污染物浓度超标问题。系统能模拟如何充分利用当地的水工程调节功能控制流域内污染的程度，减轻突发事件对河道生态环境的冲击。

④ 在整合以上计算模块的基础上提供一个友好的系统用户界面，并能提供便捷的模型管理功能和流域水文、水工程信息数据管理分析功能。而模型间关联计算数据成果能实现准确的传输，运用 MapX 所提供的地图化功能，实现以上计算模型成果的可视化显示和分析。

2）系统模型库设计

淮河流域水资源优化调度决策支持系统模型库主要包括三个子系统的模拟优化模型，如新安江模型、淮北平原坡水区模型、需水预测模型、水工程模拟运行模型、水动力模拟模型、水质模拟模型、水量水质多目标优化库群联合调度模型、遗传算法模型等。除此以外，还有一般性分析工具模型，如统计分析、GIS 专题图分析等。

模型之间的联系按逻辑过程递进分为三个层次，第一个层次为区域水循环模拟模型组，第二层次为流域水工程系统联合运行模拟模型，第三层次为满足多目标决策的区域水资源配置及水量水质优化调度模型组。各层次模型以数据库为基础，并通过各类数据的交换实现模型之间的联系。

各个模型均有自己的参数集合，在模型库管理中，可以查询、修改这些参数，以达到管理、控制模型特征的目的。

以新安江模型为例，模型管理窗体见图 6.3 和图 6.4，页面显示的新安江模型流程结构图可以解释每个参数的意义，并可以在参数表中修正。单位线是一个过程，除了查询修改这个过程，还可以绘出单位线图形，供用户观察分析。

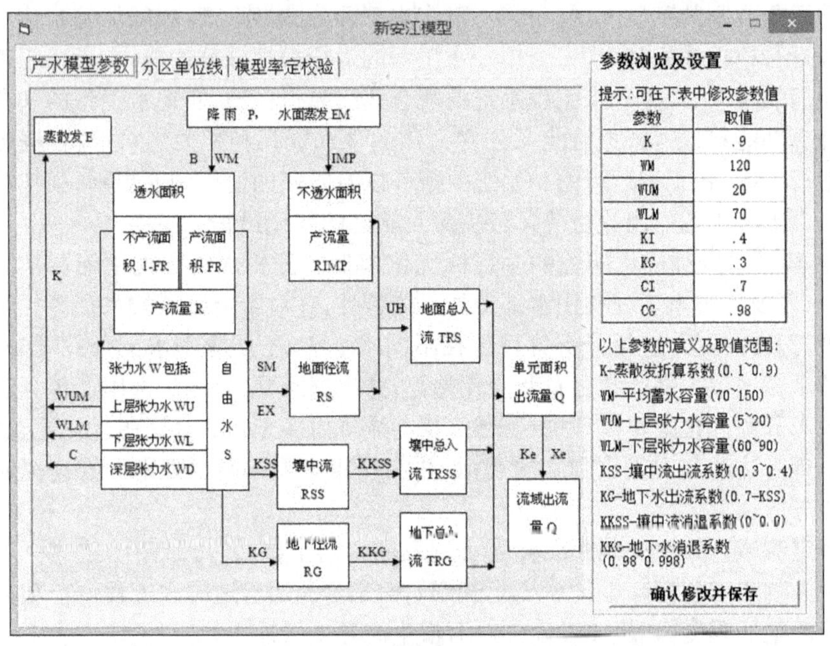

图 6.3　新安江模型库参数(实数型参数)

3) 系统数据库设计

由于涉及的数据庞大且类型多样，一方面需要空间数据(基于 GIS 的地图库)，另一方面也需要基础业务信息数据，如降水资料、蒸发资料、流量资料等。数据库技术采用关系型数据库技术，本地数据库用 MicroSoft 的 Access 建立，在应用层访问。网络数据库采用 MicroSoft 公司出开发的 SQL-Server 服务器端，可从客户端应用层访问，构成基本的 Client/Server 模式，如图 6.5。

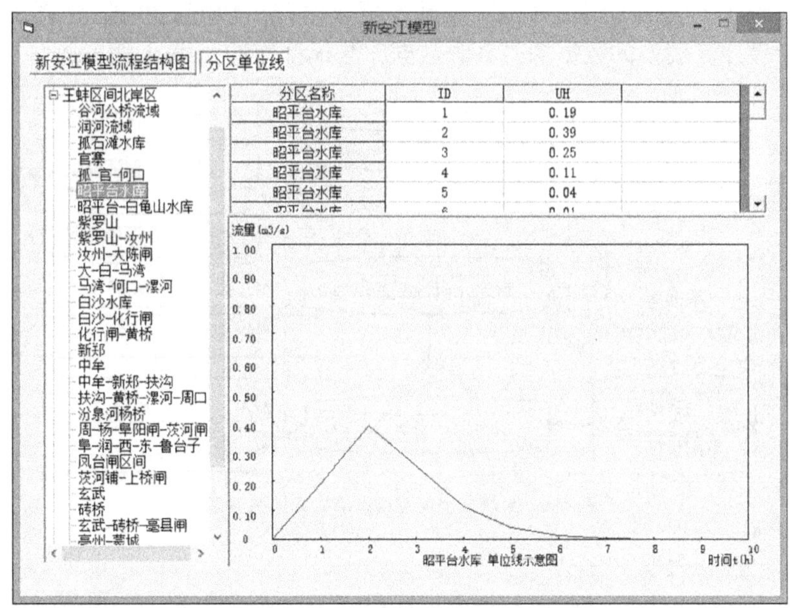

图 6.4　新安江模型库参数(单位线过程参数)

空间数据库包括点、线、面等图元矢量数据和属性数据,包括电子地图及各类水利专题图,例如流域水文分区图、水工程模拟断面图、水质控制断面图等。基础业务数据库包括水文数据、水工程数据、水质数据等方面信息,例如水利工程信息数据、历史水情信息、水环境信息、流域划区内社会经济基础数据等。

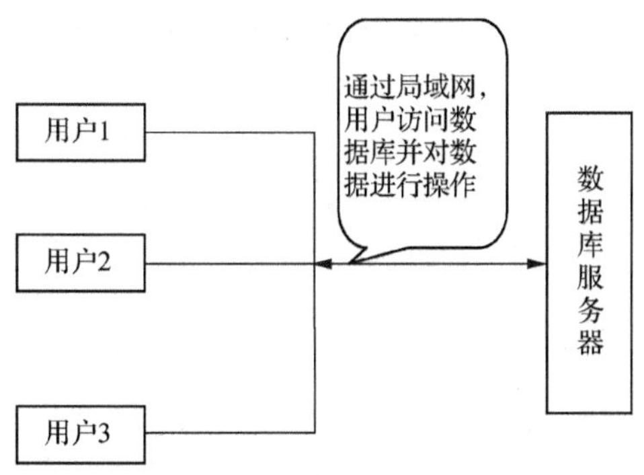

图 6.5　系统连接结构图

空间数据是进行空间查询、空间分析的基础,获取主要有以下几种方法:① 跟踪数字化方法;② 利用扫描仪并进行矢量化;③ 直接获取并进行数据转换。

本系统地图数据主要来源于栅格地图,以此图作为背景,选择投影参考系,建立以下图层:① 淮河干流;② 淮河支流;③ 产水分区;④ 水库湖泊;⑤ 蓄滞洪区;⑥ 地级行政区;⑦ 县级行政区等。

每个图层都是由一张二维表来管理,图层里的每个图元的信息如 ID、名称等都保存在这张二维表里。空间数据库为图元数据的空间分析与地理化显示提供了数据支持,进而以直观的方式为用户提供分析结果。图元属性数据库经标准化的接口与基础业务数据库实现数据交互,通过功能计算实现了图元信息的分析与更新。而基础业务数据库则是系统实现其各项数据分析功能的基础，是系统中所有水资源管理计算模型的数据源。系统数据库与模型库的关系见图 6.6。

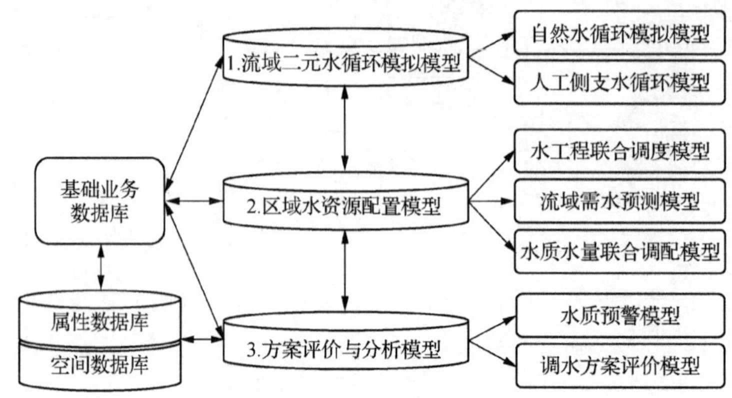

图 6.6　系统数据库与模型库之间的关系图

4）系统知识库设计

知识库的概念是数据库概念在知识处理领域的拓展和延伸。这些知识包括概念、事实和规则。

(1) 水资源概念知识。将与水资源有关的定义、概念性知识提炼成知识记录，存入数据库中。

(2) 水资源事实性知识。包含事实的原因，事实结果等。

(3) 水资源规则知识。跟水资源有关的推理规则性知识提炼成规则记录。水工程运行规则如水库调度线、闸门开启规则等。

(4) 数据挖掘知识。从业务数据库中利用分析工具提取的统计规律、聚类分析等有价值信息，补充知识库的更新。

从本项研究实际出发，系统从两方面来源建立知识库，第一是本项目的大量数据资料和文档资料；第二是从数据资料和模型分析成果中，提取有用的信息，形成新的知识补充。

5）系统人机接口设计

(1) 主窗体设计

在功能需求分析基础上，对主界面结构进行设计。人机界面与核心功能的层次关系见图 6.7。

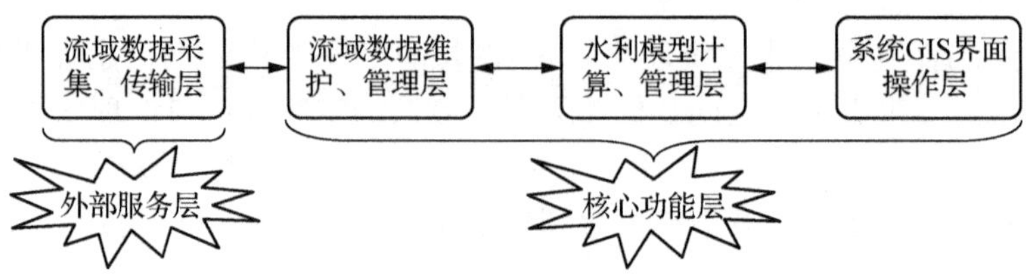

图 6.7　人机界面与核心层的分层关系

主界面由下拉式菜单、子系统工具栏、地图显示区、图层管理及属性信息查询等几个部分组成，系统主界面见图 6.8。

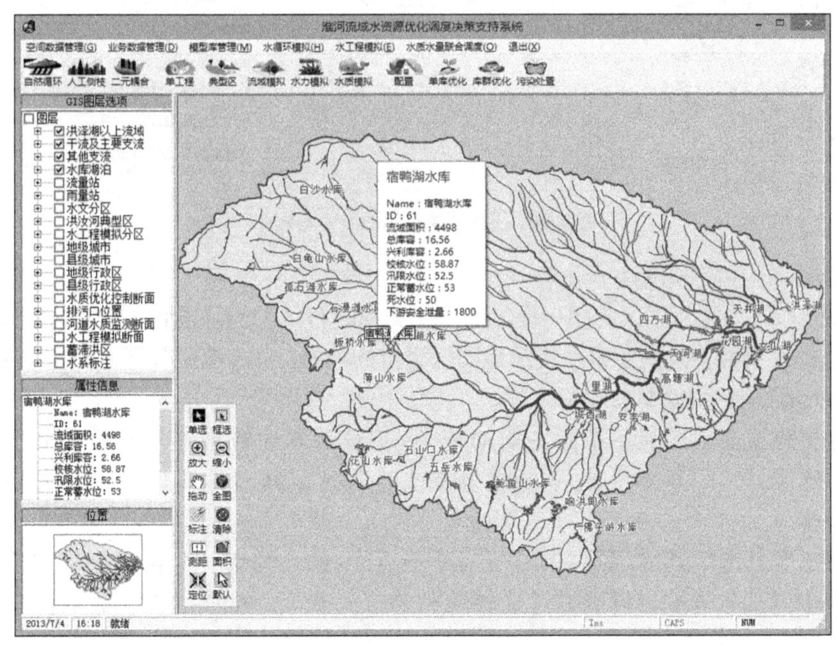

图 6.8　系统主界面图

主菜单由空间数据管理、基础业务数据管理、模型库管理、水循环模拟、水工程模拟、水资源优化调度组成。点击菜单即可以进入相应的子系统，并进行计算。

地图显示区结合图层管理，显示不同地图，图元能够随时响应人机对话，查询属性信息，对每个图元的数据资料，进行直观的数据显示。空间信息查询分析如图 6.9 所示。

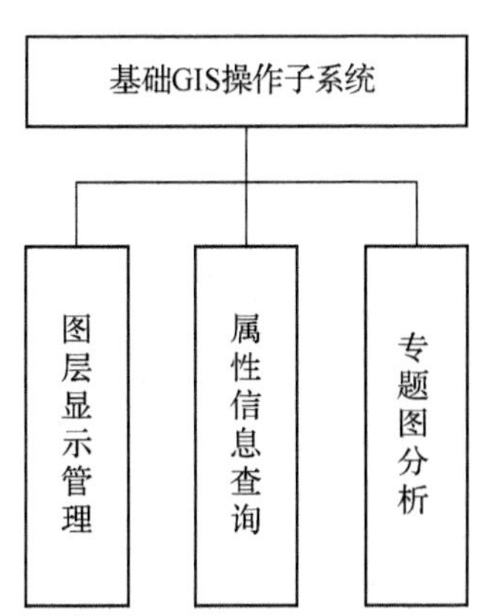

图 6.9　空间信息查询分析

(2) 功能菜单和工具栏设计

界面的下拉式菜单栏为用户提供了项目全面的功能连接，通过点击菜单或快捷工具栏可以进入相应的子系统，并实现相应的计算功能。按系统拥有的计算功能模块以及对系统数据库数据维护、模型库计算模型管理的要求。菜单和工具栏如图 6.10 所示。

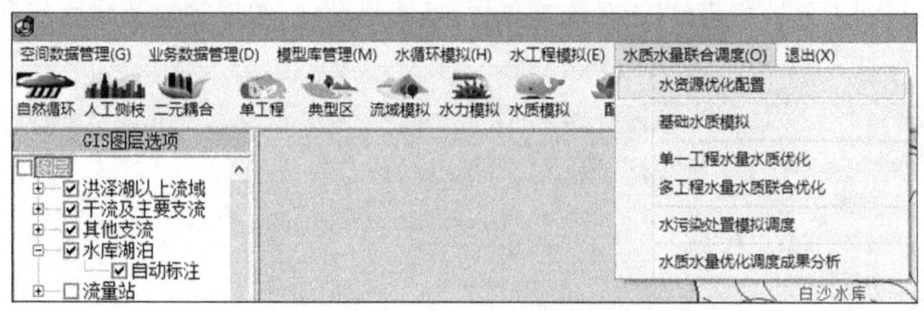

图 6.10　下拉式菜单和图形化工具栏

(3) GIS 功能区设计

左侧 GIS 功能管理区为用户提供了方便美观的 GIS 功能，包括图层的选择显示、自动标注、图元属性信息显示以及指示地图区定位的功能。GIS 图层管理如图 6.11。

(4) 地图显示操作区

空间数据显示区显示不同主题的地图，并包括属性数据查询显示、图元搜索、地图缩放、标注、距离测量、面积测量等方便的 GIS 工具。图 6.12 为 GIS 地图操作功能工具。

例如当点击单选后，箭头指向宿鸭湖并点击，就会弹出一个宿鸭湖的水库特性信息，如图 6.13 所示。可以通过这种便利的方式查询跟地图上的图元有关的数据资料。

淮河流域水资源问题的计算成果数据表，往往具有空间数据的特点。为了便于直观的对比，辅助用户进行判断，为此设计了专题图功能。空间专题图分析窗体见图 6.14。

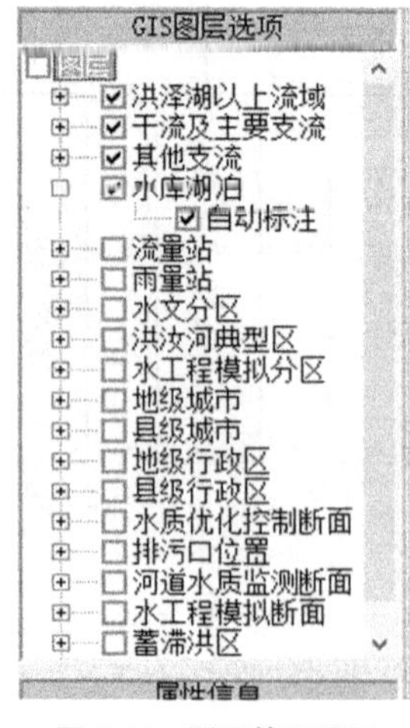

图 6.11　图层管理界面

图 6.12　GIS 地图操作功能工具

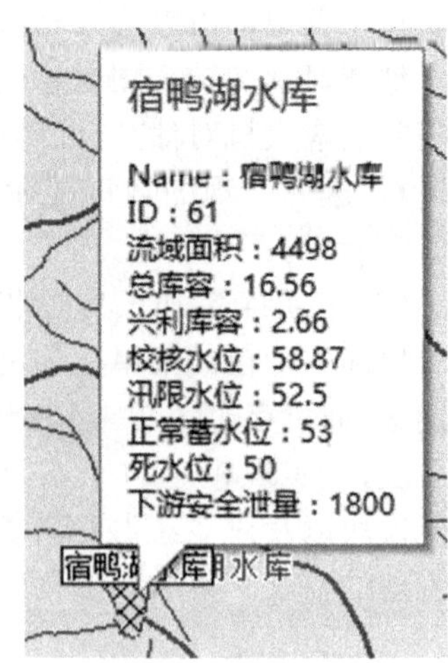

图 6.13　查看属性信息

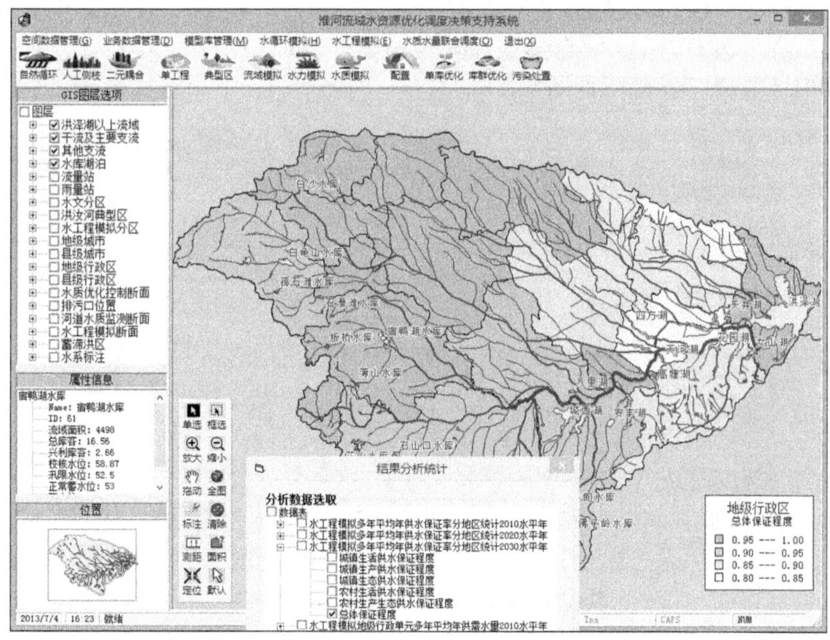

图 6.14　空间专题图分析操作窗体

6.3　水循环模拟子系统

6.3.1　系统结构

水循环模拟子系统结构如图 6.15 所示。水循环模拟子系统包括自然主循环部分和人工侧支循环部分。自然主循环模拟的过程是:进行水文分区划分;根据分区自然环境特点采用不同产水模型,淮南山丘区采用新安江模型,淮北平原区采用淮北平原坡水区模型;进而进行模型参数的推求率定;确定模型参数后,分单元进行全流域的产水计算。

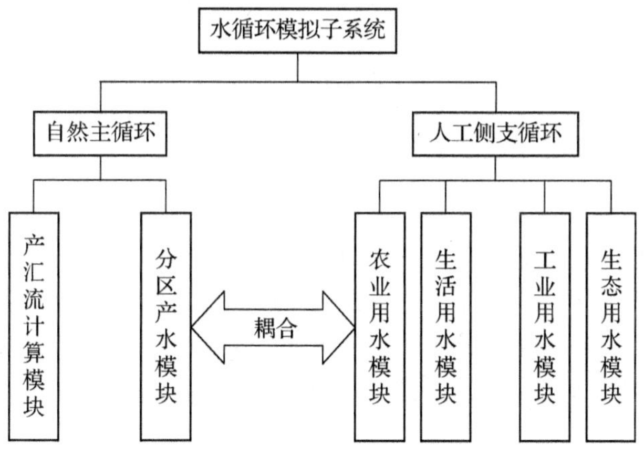

图 6.15　水循环模拟子系统结构图

进行水循环模拟计算前，要对模型参数进行设定。模型参数设定和率定验证属于模型库管理程序，流域自然主循环模拟程序界面图图 6.16，流域二元耦合水循环模拟计算程序界面图见图 6.17。

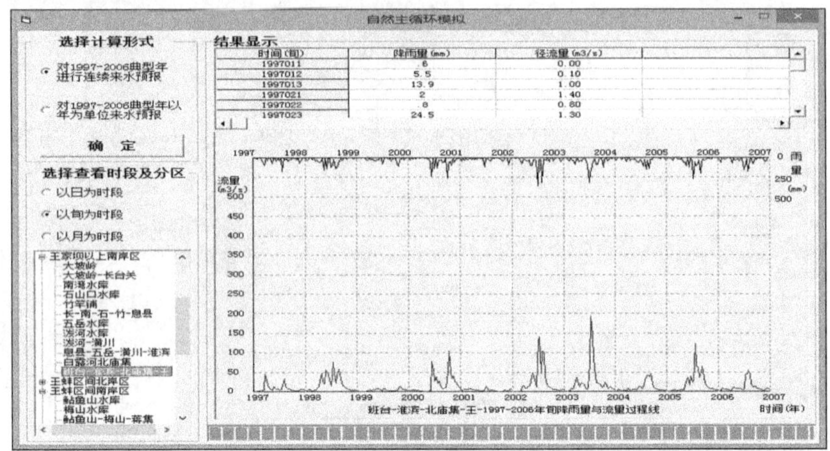

图 6.16　流域自然主循环模拟程序界面图

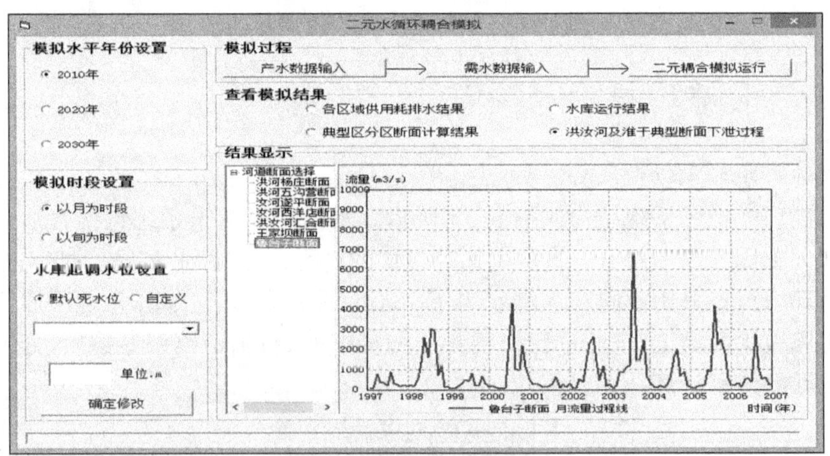

图 6.17　流域二元耦合水循环模拟计算程序界面图

6.3.2　自然主循环模拟系统

1）系统特征

自然主循环模拟系统是水文系统模型的软件实现，是基于流域水文模拟的数学模型，通过计算机科学与方法，进行数据结构和算法结构的分析和实现。

水文系统是一个高度非线性的复杂系统，利用建立基于概念性模型的淮河流域分布式水文模型，对淮河流域自然水循环进行模拟。流域西南部山地和丘陵山区与淮北平原坡水区有着不同的产汇流特性，需用不同的产汇流模型。前者选择了新安江模型，后者选择了淮北平原坡水区流域水文模型。此二模型均可以根据实测资料率定模型参数，计算淮河流域水文计算单元产流量。

2）模型参数

模型库的建立和管理，是由模型的结构性决定的，要对模型的输入输出数据进行数据结构设计，对模型的参数特点进行归类，对输入输出接口进行规范性设计等。

以新安江模型为例，根据新安江模型的原理图，既说明了计算原理，也解释了所包含的参数，主要参数如表 6.1。

表 6.1　新安江模型主要参数表

参数名	参数	参数值	参数名	参数	参数值
蒸发折算系数	*K*	1.42	自由水容量	*SM*	20
深层蒸发系数	*c*	0.12	自由水容量分布曲线指数	*EX*	1.5
张力水容量	*WM*	110	壤中流出流系数	*KI*	0.4
上层张力水容量	*WUM*	20	地下水出流系数	*KG*	0.3
下层张力水容量	*WLM*	60	深层壤中流消退系数	*CI*	0.7
张力水容量分布曲线指数	*B*	0.3	地下水库消退系数	*CG*	0.98
不透水面积比	*IM*	0.02			

因此，模型参数管理要能够告诉用户参数的含义，为此系统可以这样设计：在输入参数值时，显示新安江模型的产水原理图，并在图中直观地标示各种参数。模型参数管理窗体中，设计两个页面，分别是“新安江模型流程结构图”和“分区单位线”。其中“新安江模型流程结构图”页面将向用户显示此新安江模型流程结构图见图 6.18，实现了直观管理模型参数的功能。模型参数的率定和校验见图 6.19。

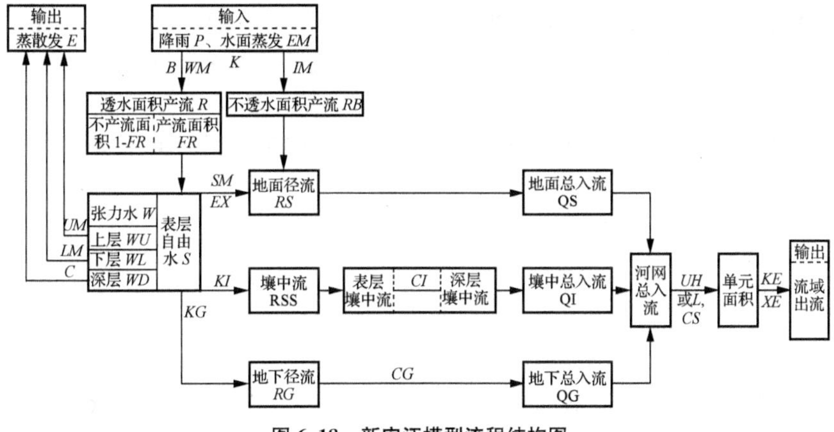

图 6.18　新安江模型流程结构图

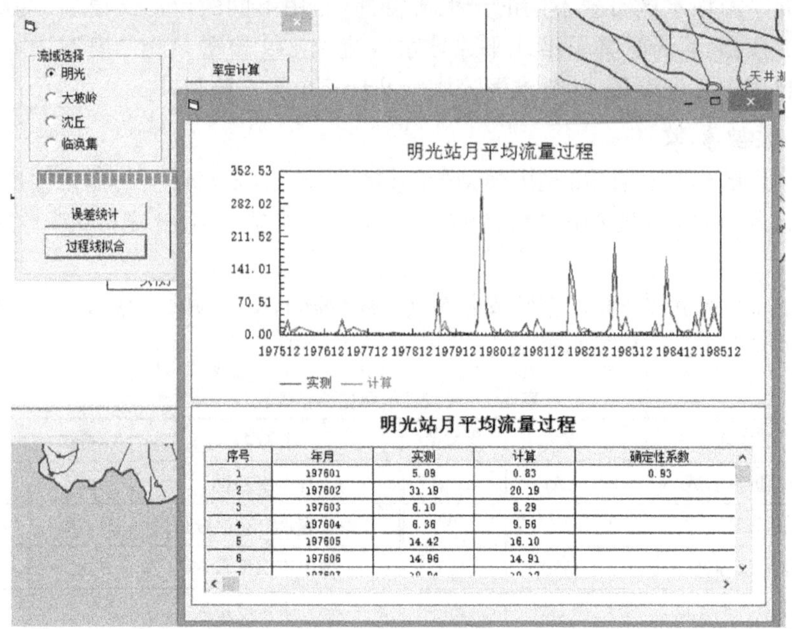

图 6.19　流域自然主循环模拟模型参数率定校验窗体

“分区单位线”页面上则能根据数据显示单位线的形状图，为用户观察单位线提供了方便，并可以根据经验判断单位线的合理性，并进行参数调整。

3）自然主循环模拟系统设计

有了全流域水文模型程序，则主系统可以调用，构成洪泽湖以上流域水文模型系统框架。此框架可以针对用户是进行长系列产水计算还是只对某一年进行产水计算。所建立的新安江模型和淮北平原坡水区模型是以日为时段的，为了与水资源调配（水工程模拟和水量水质联合优化调度）子系统进行接口衔接，此产水计算结果可以选择以旬、月统计汇总输出。

窗体可以查询任何产水分区的产流量，并以直观的图线形式显示，也可以表格的形式显示流量过程线。

对计算结果进行汇总输出的窗体见图 6.20，内部被调用的产水模块窗体见图 6.21。

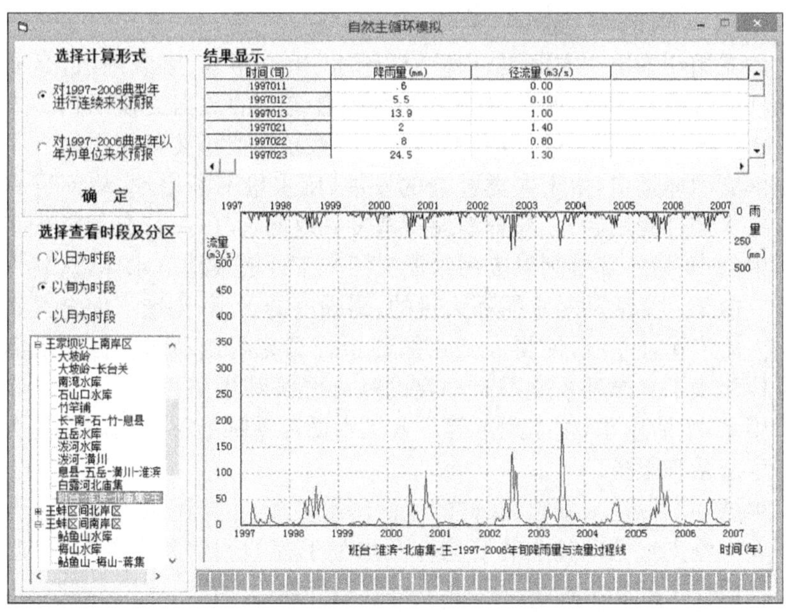

图 6.20　流域自然主循环模拟程序计算结果主窗体

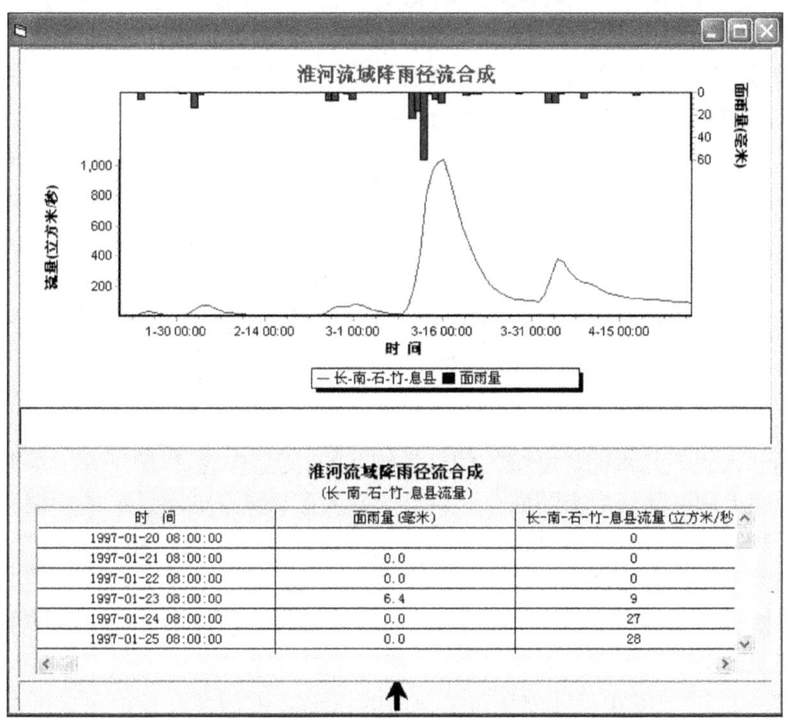

时 间	面雨量(毫米)	长-南-石-竹-息县流量(立方米/秒
1997-01-20 08:00:00		0
1997-01-21 08:00:00	0.0	0
1997-01-22 08:00:00	0.0	0
1997-01-23 08:00:00	6.4	9
1997-01-24 08:00:00	0.0	27
1997-01-25 08:00:00	0.0	28

图 6.21　自然水循环模拟调用的内部计算模块窗体

6.3.3 人工侧支循环模拟系统

人工侧支循环系统一方面要计算生活用水、生产用水、生态用水，又要能够与自然主循环进行耦合计算，两个系统之间必须有统一的数据交换结构。人工侧支循环与需水预测，有相同之处，也有不同之处。系统中必须要体现出来。

人工侧支循环是指，由于人类社会的发展，用水量不断增加，从河道和地下水体中提取的水经过使用后，一部分消耗于蒸发并返回大气，一部分消耗于工农业产品从流域中消失，另一部分则以废污水形式回归于地表或地下水体，这就形成另一个小循环。由于人类活动对水循环大量的、高强度的干预，创造了完全区别于自然水循环的人工水循环系统，使得人工水循环系统具有明显不同于自然水循环的特征。人类构建人工水循环系统都有一定的社会经济和生态目的，比如农业生产和工业生产用水，生活用水，生态用水等。人工水循环系统的首要功能就是为社会经济系统和生态系统服务。

人工水循环模拟包括城镇、农村的生活用水模拟、生产用水模拟和生态用水模拟。由于人工侧支水循环各个环节均涉及水利工程的调度和水资源管理，需要将流域水循环模拟模型和水资源调配模拟模型进行耦合模拟。水资源调配模拟模型则以由节点、规划管理单元和有向线段构成的水资源系统概化网络为基础，通过配置与调度模拟计算，可以从时间、空间和用户三个层面上模拟水源到用户的分配，并且在不同层次的分配中考虑各种因素的影响。不同类别水源通过各自相应的水力关系传输，通过计算单元、河网、地表工程节点、水汇等基本元素实现不同水源的汇合和转换，描述不同水源的水量平衡过程。

人工水循环窗体设计见图 6.22，可以选择对长水文系列进行模拟或对单一年份进行模拟。需水量及供水量计算完成后汇总为六大类，即城镇生活用水、城镇生产用水、城镇生态用水、农村生活用水、农村生产用水、农村生态用水等，可由窗体的表格进行显示。可以选择任意计算单元分区查看，同时以不同颜色显示各类水量过程。在主窗体中，点击“确定”可调用内部窗体。内部调用程序窗体界面见图 6.23。

6.3.4 自然—人工二元耦合模拟系统

1）系统设计

自然—人工二元水循环系统的信息是相互的、交互式的，自然—人工水循环系统存在着时间上和空间尺度上的耦合。对自然—人工二元水循环系统进行耦合模拟首先需要对数据信息进行分解，将大尺度的信息和资料分解到划分好的计算单元上，再根据自然—人工二元水循环系统信息相互交互的特点对计算单元的自然—人工二元水循环系统进行模拟计算得到模拟结果，之后再将各个计算单元的模拟结果进行聚合到水资源调配模型中进行求解计算，从而得到整个系统的水量供需平衡结果。因此，“自然—人工”二元水循环耦合包括分布式水循环模拟模型模拟结果的时空尺度聚合与集总式水资源调配模拟模型模拟结果的时空展布两个过程。

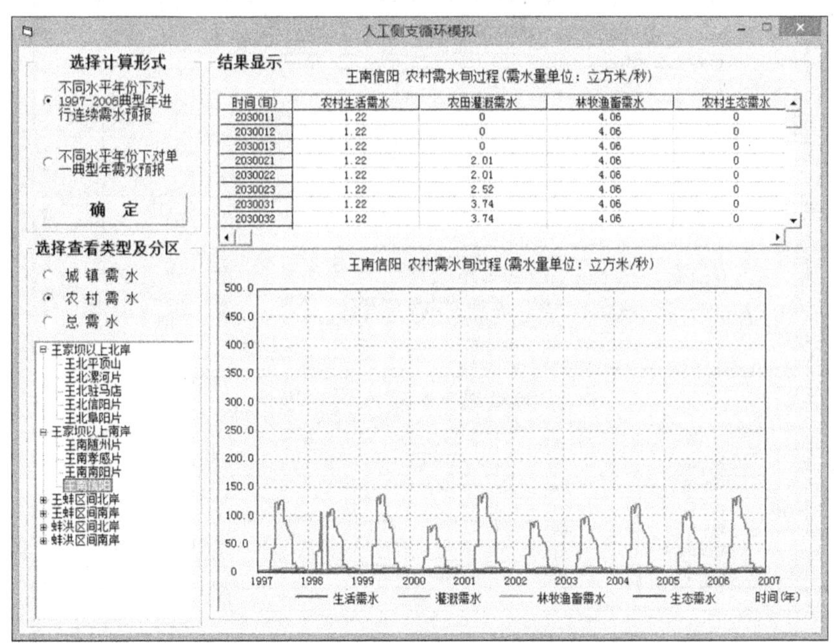

图 6.22 人工侧支循环模拟系统主窗体

淮河流域水资源调配模型设计的目标是：以淮河流域(洪泽湖以上)为范围，以自然水循环及人工水循环二元耦合模拟为基础，通过自然人工水循环模拟得到产水过程和需水过程，建立水资源调配模型，对流域水资源系统进行模拟，并进一步进行水量供需平衡分析模拟，得出供需方案，为淮河流域水资源配置决策提供科学依据。

为达到上述目标，模拟模型的任务是：在建立自然—人工二元模拟模型、水量供需平衡模型理论基础上，应用GIS技术、智能优化技术等，分析建立自然主循环和人工侧支循环的具体耦合关系，构建流域水资源调配模型，并进行水资源系统模拟。

模拟模型的设计原则是：注重"信息—经验—反馈"之间的联系；完整性、适宜性、开放性与可扩展性相结合；模块化、面向对象的模型结构。

从分布式模拟结果的时空尺度聚合与集总式水资源调配模拟模型结果的时空展布两个方面来分析"自然—人工"二元水循环耦合关系分析。自然—人工二元水循环耦合结构如图6.24所示。

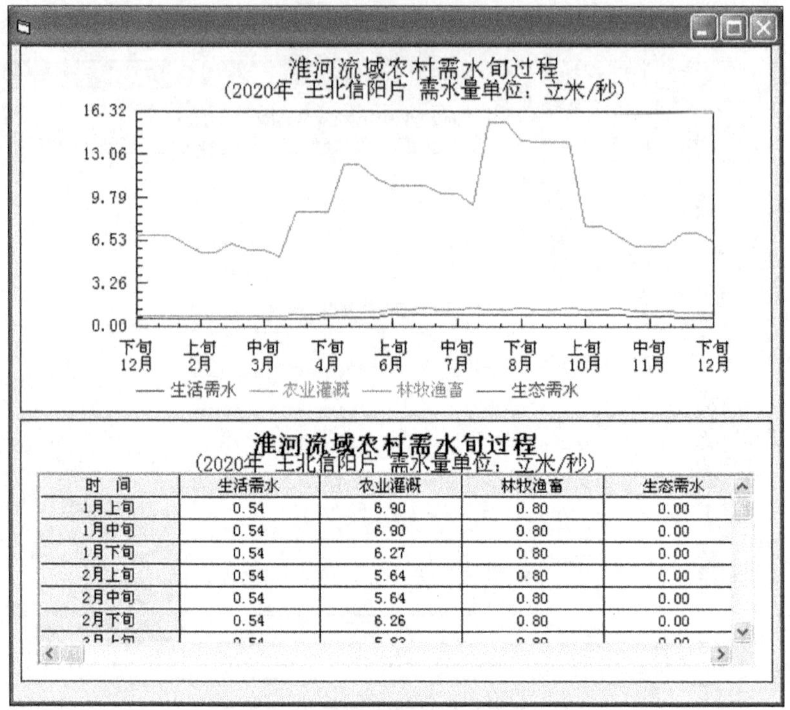

时　间	生活需水	农业灌溉	林牧渔畜	生态需水
1月上旬	0.54	6.90	0.80	0.00
1月中旬	0.54	6.90	0.80	0.00
1月下旬	0.54	6.27	0.80	0.00
2月上旬	0.54	5.64	0.80	0.00
2月中旬	0.54	5.64	0.80	0.00
2月下旬	0.54	6.26	0.80	0.00

图 6.23　人工侧支循环模拟系统内部调用程序窗体

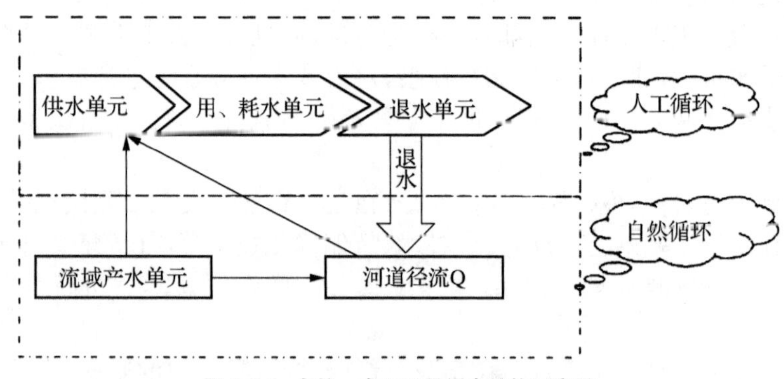

图 6.24　自然—人工二元耦合结构示意图

2) 功能分解

集总式水资源调配模拟模型结果的时空展布或信息分解主要是大时空尺度调配结果向小时空尺度水循环模拟模型的分解过程，以模拟水资源调配结果的水循环响应。主要数据信息为水资源调配的供用水信息和污水排放信息。

(1) 生活供用水

生活用水分为城镇生活用水和农村生活用水，生活用水空间分布与人口分布直接相关，将研究区城市人口和农村人口空间化，根据城市和农业人口数量和用水定额，得到每个计算单元内的城市人口和农村人口数量，得到该网格单元的生活用水量。生活耗水量也是根据城镇生活耗水量和农村生活耗水量分别计算，一般认为农村生活用水全部消耗，城镇生活耗水根据生活耗水率计算。

(2) 工业供用水

工业用水分为一般工业用水和重点工业用水，重点工业用水将在水循环计算单元明确标明，单独计算。一般工业用水将根据实际或规划水平年水资源调配中各行政区的工业用水量分解水循环单元。工业耗水根据工业耗水率计算，未来随着工业用水情况变化而调整。

工业地下水的使用考虑深层承压水和潜水开采。工业地表水使用将根据调查和未来规划的工业地表水集中供水量分解到水循环单元。

(3) 农业供用水

水循环模拟需要将实际的地表水、地下水灌溉使用量真实客观的分配到每一个计算单元上，才能够真实可靠的进行水循环过程模拟。在进行研究区历史水循环模拟时，采用引水干渠逐日实际引水资料，以及各灌域对应计算单元的实际灌溉面积、种植结构、灌溉制度等信息，得到水循环单元作物日尺度的灌溉水量。规划水平年水资源合理配置方案的日尺度灌溉分解，根据水循环模拟土壤墒情信息，预测田间需灌水量，根据灌域对应计算单元的实际灌溉面积和种植结构等信息，分解到水循环单元日尺度的灌溉水量。农田灌溉地下水使用量实际和规划地下水开采量，根据灌区农用机井分布分解到各个网格单元。

3) 二元信息耦合接口

从分布式模拟结果的时空尺度聚合或信息耦合，主要是将小空间、短时段尺度的水循环模拟信息结果聚合到大空间、长时段的水资源合理调配上去，主要是将水循环模拟的详细结果，如计算单元的耗水、排水、各类蒸散发、河道径流等小尺度的信息聚合到水资源合理调配模型中，以供水资源合理调配参数检验和模型调控。

水资源调配模拟模型和水循环模拟模型的信息传递是双向的、交互式的，两模型之间存在着时间和空间尺度上的耦合。

水资源调配模型通常以月或旬为时间尺度，以大空间尺度为调配单元。水循环模拟以日为时间尺度，以调配单元套灌域、土地利用和种植结构为空间尺度。因此，二者之间存在着信息分解、耦合与交互的过程。水资源调配模型将大尺度的生活、工业、农业和生态供水量、不同类型水源的用水量、污水排放量等信息分解到小尺度的水循环模拟模型；水循环模拟模型需要将小尺度耗水量、土壤水变化量、河道径流量、天然湖泊水量、地下水位等信息聚合到大尺度的水资源调配模型。

二元耦合水循环模拟计算程序界面见图 6.25。

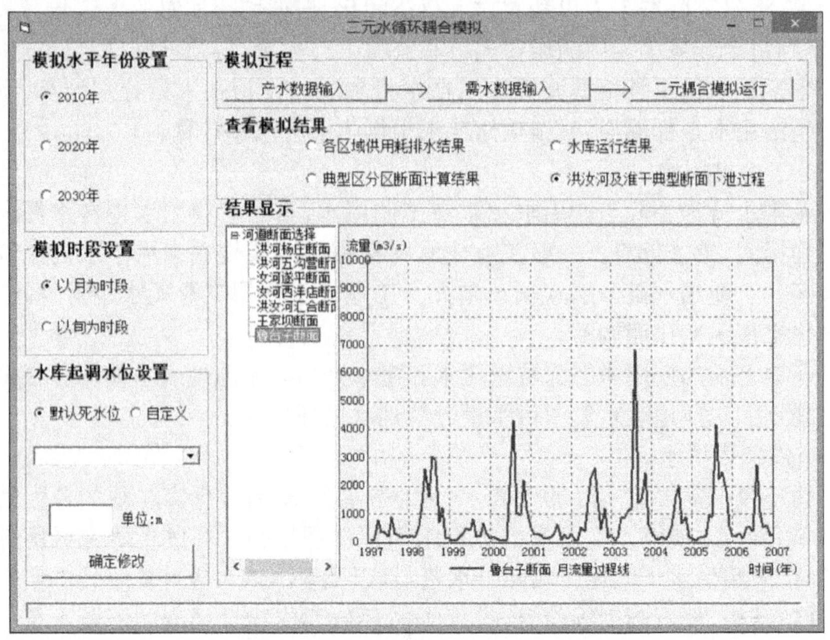

图 6.25　二元耦合水循环模拟计算程序界面图

6.4　水工程模拟子系统

6.4.1　水工程模拟系统结构

流域水工程系统模拟和运行仿真系统，要能对全流域水工程系统的联合运行进行模拟、仿真计算，从而可以理清全流域的不同时空之间水力联系和水资源联合调配条件，从而为流域水资源优化配置和优化调度提供技术支撑，也为提高流域城乡供水安全提供非工程保障措施，同时提供对流域水资源管理决策有用的信息。因为模拟模型能详细地描述水资源配置系统在各种来水条件、需水过程和运行方式的运行特性和预期效益，同时便于求解，所以模拟技术也是评价系统运行方式能否产生预期效益的一个有力工具。这对提高流域水工程系统整体效益，提高淮河流域粮食安全、城乡供水安全和改善生态环境都具有重要意义。

为达到以上目标理念，水工程模拟子系统结构如图 6.26 所示。系统包括模拟准备、工程运行模拟、水动力模拟和水质动力模拟。时间尺度上水工程运行模拟以逐月、逐旬为时段，时间跨度为长期，以年计。水动力模拟和水质动力模拟则以小时为尺度，时间跨度为短期，以日计。

6.4.2　水工程联合运行模拟准备

流域水工程系统联合运行模拟的步骤是：首先进行模拟准备，为模型计算准备输入资料;然后开始水工程调节运用。

为模拟运行做准备的步骤如下:

(1) 根据产水单元和产水资料,结合工程分布情况,进行模拟分区的划分;分析各主要水工程的位置、特性、功能、供水范围和供水对象,结合社会经济资料,对淮河流域各县级供水对象三生需水进行计算;

(2) 用内建的淮河流域水工程系统运行模拟模型,根据工程信息、产水数据和需水数据,沿着水系自上而下开始进行运行模拟计算,进而分析评价常规运行方案下全流域水资源供需平衡和配置情况。

水工程模拟子系统结构如图 6.26 所示。系统包括模拟准备、工程运行模拟、水动力模拟和水质动力模拟。时间尺度上水工程运行模拟以逐月、逐旬为时段,时间跨度为长期,以年计。水动力模拟和水质动力模拟则以小时为尺度,时间跨度为短期,以日计。

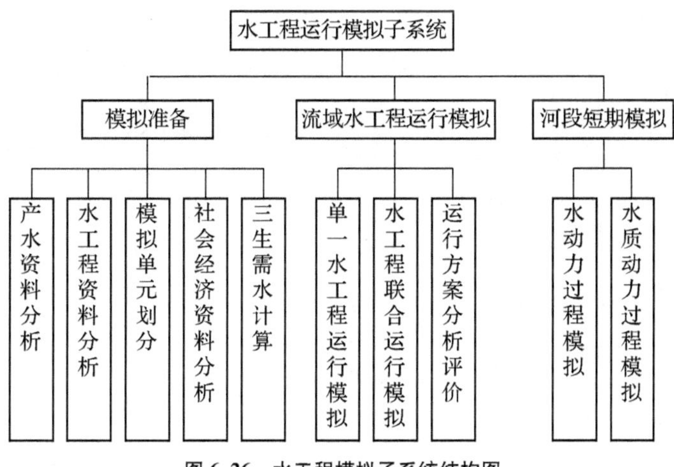

图 6.26　水工程模拟子系统结构图

6.4.3　水工程运行模拟

1) 单工程模拟

单水工程运行模拟是以工程的正常蓄水位、死水位、汛限水位、库容曲线等主要工程特性为基础,以工程运用规则或调度线为依据进行的。此外,运行模拟还需要调整设定一些参数,如模拟时段、起调水位等。

单一工程(水库)模拟计算时,若遇到缺水,应按一定优先次序控制不同用水部门缺水量,对缺水深度进行协调控制,供水优先次序大致排序为:城市生活用水、农村生活用水、城市生产用水、城市生态用水、农村生态用水、农村生产用水。

单一工程运行模拟的来水过程跟上游水资源供需平衡和上游工程运用的影响有关,根据上游来水处理方式不同分为两种情况:① 考虑该工程断面以上流域范围所有分区的产水过程、所有供水对象需水过程的情况下，先从流域最上游端开始进行模拟，自上而下做工程模拟和供需量计算，直到确定该工程来水过程；② 仅考虑该工程的入库流量过程、和该工程承担的供水对象需水量，进行该工程独立的、局部的模拟。

通过以上单一工程运行模拟，可以得到以下结果：① 该工程调节运用的水位变化过程线；② 水库供水量、需水量和水量保证程度；③ 该工程供水对象供水量、需水量和水量保证程度；④ 6 类用水部门的供水保证率、缺水深度等工程模拟评价指标。

进行系统开发时，要考虑对输入输出资料可进行查询和可视化显示，如提供供水对象查询、水库水位变化曲线画图、水库需-供水量变化过程曲线画图、河道断面流量曲线画图、市、县需-供水量变化过程曲线画图、模拟计算结果查询等具体功能。

单一工程运行模拟的窗体见图 6.27。

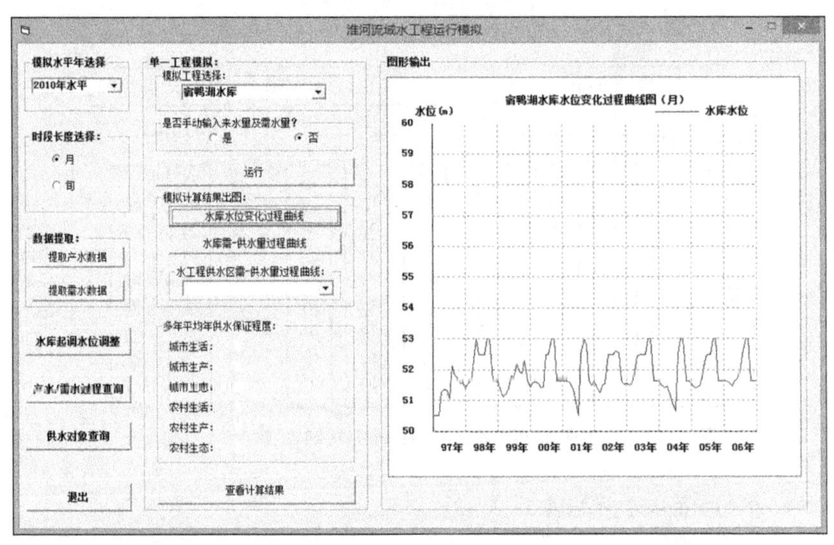

图 6.27　单一工程模拟计算程序示意图

2）典型区工程运行模拟

对洪汝河典型区的主要水工程进行模拟，其中包括石漫滩水库、板桥水库、薄山水库、宿鸭湖水库四座水库。这些水库具有上下游串并联的关系，上游的下泄水量会影响到下游水库的入库水量。

供水对象包括驻马店市的驻马店市区、确山县、遂平县、上蔡县、新蔡县、西平县、平舆县、汝南县、泌阳县、正阳县、平顶山市的舞钢市、漯河市的舞阳县 12 个市、县供水对象。

通过以上典型区水工程运行模拟，可以得到洪汝河流域各水库运用过程和供水量—需水量、水量保证程度、供水破坏深度等指标。

典型区运行模拟结果可以作为优化调度的比较基本方案。

典型区水工程联合运行模拟程序界面见图 6.28。

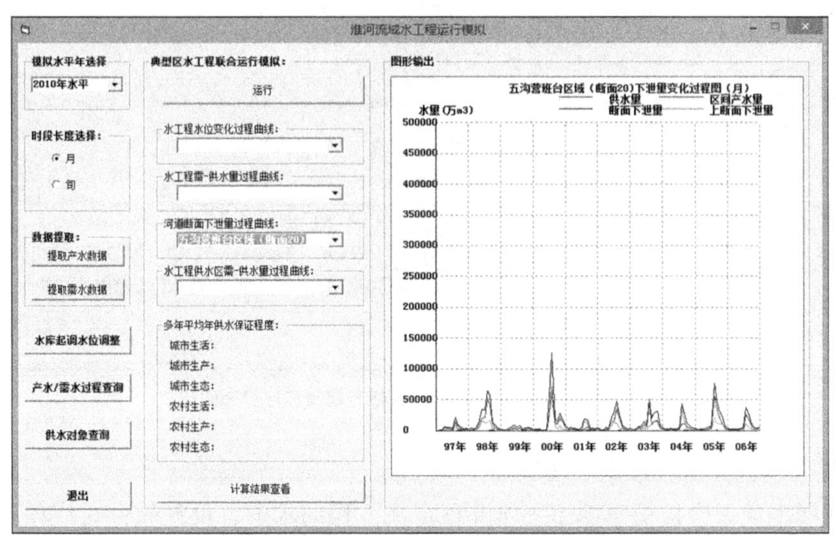

图 6.28 典型区水工程联合运行模拟程序界面图

3）全流域工程联合运行模拟

全流域共计 107 个供水水源子单元。模拟计算所依赖的水文产水资料是由第二章所示的水循环模拟系统计算获得的从 1997 年 1 月到 2006 年 12 月的 10 年逐日产水结果，经统计汇总得到的逐月、逐旬产水过程。

模拟计算需要 314 个供水对象子单元的需水资料，需水资料又分为城市生活、城市生产、城市生态、农村生活、农村生产、农村生态需水等 6 类部门的逐月、逐旬需水过程。3 个规划水平年即现状 2010 年、中期 2020 年、远期 2030 年条件下的 1997 年 1 月至 2006 年 12 月共 10 年逐月、逐旬需水过程资料，

通过全流域供水单元和供水对象之间的供需平衡计算，结合 24 座水工程调蓄作用的运行模拟，可以得到全流域各水库运用过程和供水量—需水量、水量保证程度、供水破坏深度等指标。

全流域水工程联合运行模拟的程序界面见图 6.29。

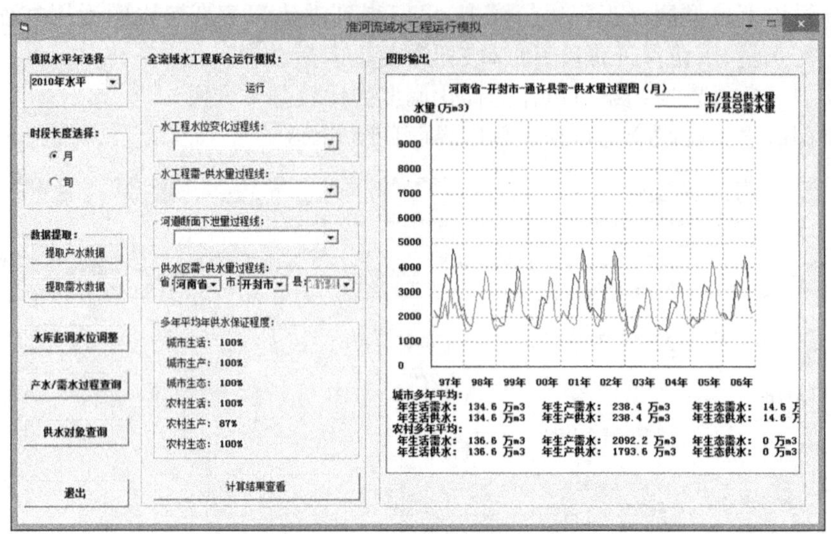

图 6.29　全流域水工程联合运行模拟程序界面图

6.4.4　水动力模拟仿真系统

河网水动力模拟仿真基于一维非恒定流方程的求解。设计软件时应该对主要参数进行维护，如选择河段、上边界调节输入、下边界条件、模拟时长等。输出结果能显示河道纵剖面图，并可以动画形式演示水面线的变化过程。

水动力模拟计算首先要对有关水系河网进行概化，概化考虑现状水利工程的同时，又要考虑各阶段规划的河道及水利工程布设，具有可扩展性。本项研究确定以淮干(王家坝—鲁台子)和洪汝河典型区石漫滩水库至入淮口 2 个河段进行水动力模拟仿真。

(1) 淮河干流段模拟从王家坝到鲁台子，总长度约 158 km，单位河段距离为 1 km，坡降为 1∶30 000，根据已知资料中的 16 个河道断面，进行线性差分得到模拟所需各断面尺寸形状，模拟过程考虑六条旁侧如流的支流和一座调控闸。

边界条件考虑以下因素：根据已知 2004 年实测资料，共有王家坝、润河集、鲁台子三个点的实测流量和水位资料，由于实测资料的时间间隔为一天，故对实测的流量和水位资料进行线性差分考虑，从而得到满足模拟所需要的各种时间间隔的实测资料，并结合模拟结果进行验证和调试。初始条件确定：由于各模拟断面划分较细，暂无较合适的实测初始资料，并且考虑到初始条件对长时段水动力模拟的影响较小，因此在模拟过程中以恒定均匀流的流态考虑各个断面的初始条件，并在模拟过程中进行调整。各旁侧入流内边界条件确定：因缺乏各条旁侧入流支流的实测流量资料，进行如下概化处理：根据干流实测流量和水位资料，考虑距离和时间的差距进行合理插值得到。干流控制闸内边界条件确定：考虑到平原河网中的控制闸的出流形式一般为堰流，故在闸内边界条件处理时，对闸的出流方式考虑三种情况:关闸状况、堰流的自由出流形式和堰流的淹没出流形式。对于一些较小的河道未进入概化水系的河道,虽然不考虑其输水能力,但考虑其调蓄功能。

(2) 典型区河道段模拟从石漫滩水库下游到洪河入淮口,总长度约 290 km,单位河段距离为 1 km,坡降为 1∶7 000,根据已知资料中的 6 个河道断面,进行线性差分得到模拟所需各断面尺寸形状。典型区所选河道形状比较简单,仅考虑一条旁侧入流。

边界条件确定:根据已知 2010 年实测资料,共有班台、新蔡、杨庄、五沟营、桂李、苗湾六个点的实测流量和水位资料,由于实测资料的时间间隔为一天,故对实测的流量和水位资料进行线性差分考虑,从而得到满足模拟所需要的各种时间间隔的实测资料,并结合模拟结果进行验证和调试。初始条件确定:由于各模拟断面划分较细,暂无较合适的实测初始资料,并且考虑到初始条件对长时段水动力模拟的影响较小,因此在模拟过程中以恒定均匀流的流态考虑各个断面的初始条件,并在模拟过程中进行调整。各旁侧入流内边界条件确定:因缺乏各条旁侧入流支流的实测流量资料,进行如下概化处理:根据干流实测流量和水位资料,考虑距离和时间的差距进行合理插值得到。

典型区及淮干的水动力模拟计算程序界面分别见图 6.30、图 6.31。

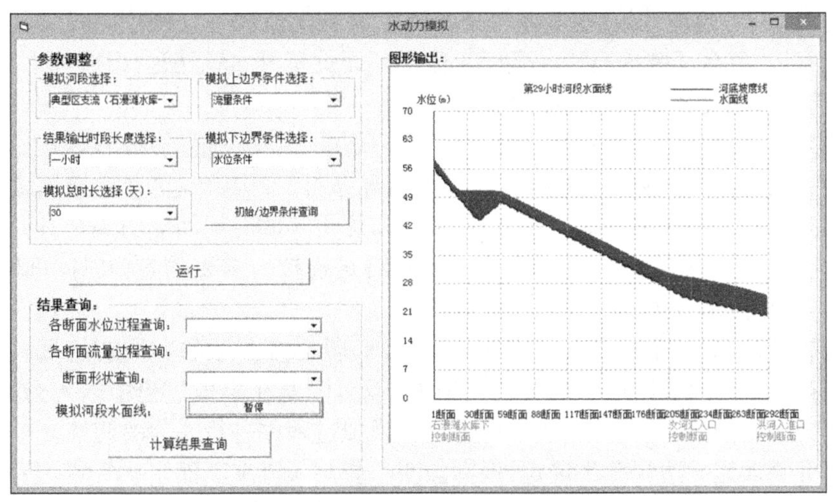

图 6.30　水动力模拟计算界面图(典型区)

6.4.5　水质模拟仿真系统

在对有关水系河网进行水质模拟概化时,概化方式同水动力模拟一致。水质模拟以水动力模拟提供的动态流量、水位为基础,依据目标河段内现有的水质监测成果和水文情势,建立一维水质数学模型,并利用水力、水质模型体系对目标河段不同水文条件下的污染物迁移情况加以模拟计算。

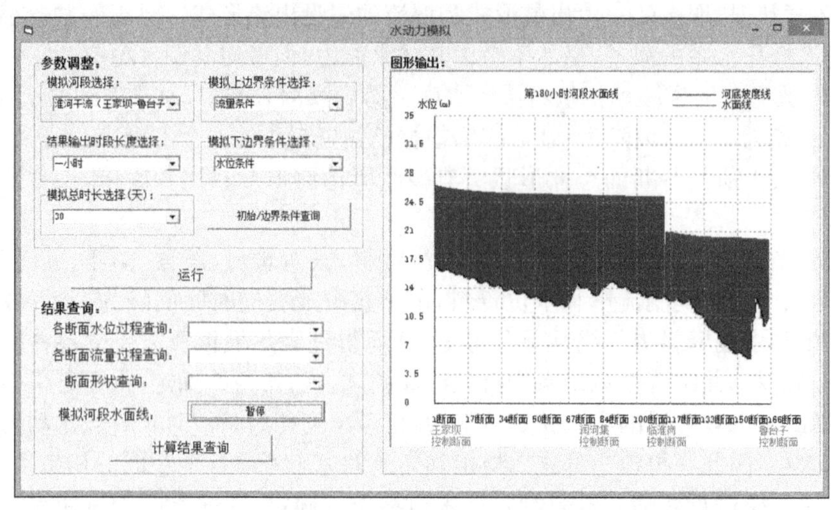

图 6.31　水动力模拟计算界面图(淮干)

1) 淮干(王家坝—鲁台子)

淮河干流段模拟从王家坝到鲁台子,总长度约 158 km,单位河段距离为 1 km,坡降为 1∶30 000,模拟过程考虑六条旁侧入流的支流和一座调控闸,根据已知资料中王家坝,鲁台子断面及六条旁侧入流末断面的氨氮,高锰酸盐指数等水质监测数据,进行污染物迁移情况模拟计算。

边界条件确定:水质模拟通常只受上边界影响,上游断面的水质基本不受下游断面的水质影响,故可令传递边界作为下边界条件。2010 年共有王家坝、颍上两个点的实测氨氮和高锰酸盐浓度资料,由于实测资料的时间间隔为一个月,故对实测的浓度资料进行线性差分考虑,从而得到满足模拟所需要的各种时间间隔的实测水质资料,并结合模拟结果进行验证和调试。

初始条件确定:由于各模拟断面划分较细,暂无较合适的实测初始资料,并且考虑到初始条件对长时段水质模拟的影响较小,因此在模拟过程中以人为的假定浓度作为初始条件,并依据人机对话方式在模拟过程中进行人为的调整。

各旁侧入流内边界条件确定:根据实测的旁侧入流末断面水质资料,差分得到的水质数据及污染物质量守恒原理确定,并依据人机对话方式在模拟过程中对旁侧入流的支流末断面水质浓度进行人为的调整。

2) 典型区(石漫滩水库下游—入淮口)

典型区河道段模拟从石漫滩水库下游到洪河入淮口,总长度约 290 km,单位河段距离为 1 km,坡降为 1∶7 000。典型区仅考虑一条旁侧入流,根据水动力模拟提供的流量、水位等水动力数据及已知资料中石漫滩水库,沙口,方集等断面及断面的氨氮,高锰酸盐指数等水质监测数据,进行污染物迁移情况模拟计算。

边界条件确定:2010 年共有石漫滩水库,沙口,方集三个点的实测氨氮和高锰酸盐浓度资料,由于实测资料的时间间隔为一个月,故对实测的浓度资料进行线性差分考虑,从而得到满足模拟所需要的各种时间间隔的实测水质资料,并结合模拟结果进行验证和调试。

初始条件确定:由于各模拟断面划分较细,暂无较合适的实测初始资料,并且考虑到初始条件对长时段水质模拟的影响较小,因此在模拟过程中以人为的假定浓度作为初始条件,并依据人机对话方式在模拟过程中进行人为的调整。

各旁侧入流内边界条件确定:根据实测的旁侧入流末断面水质资料,差分得到的水质数据及污染物质量守恒原理确定,并依据人机对话方式在模拟过程中对旁侧入流的支流末断面水质浓度进行人为的调整。

水质模拟窗体设计见图 6.32、图 6.33。

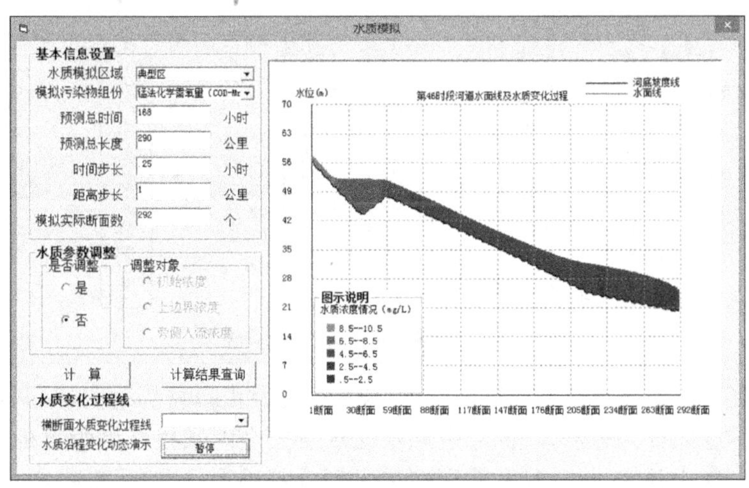

图 6.32 水质动力模拟界面图(典型区)

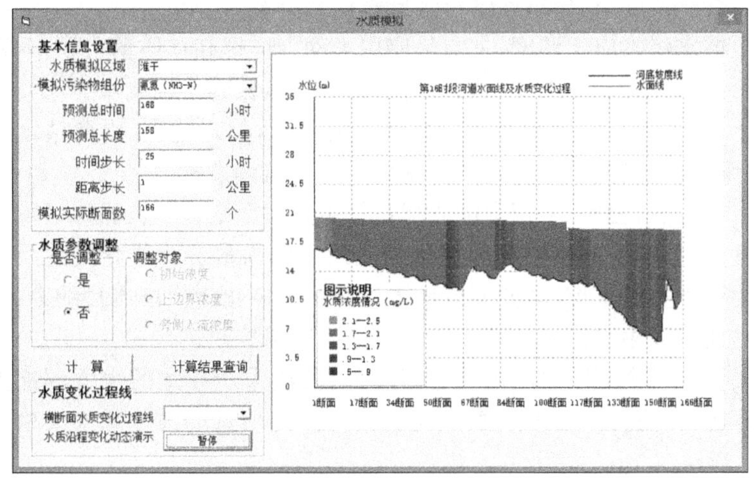

图 6.33 水质动力模拟界面图(淮干)

6.5 水量水质优化调度子系统

6.5.1 系统结构

水资源优化调度子系统结构如图 6.34 所示。水资源优化调度以水量水质联合优化调度模型为核心,包括调度准备、水量水质联合优化调度和水污染事故应急模拟调度。

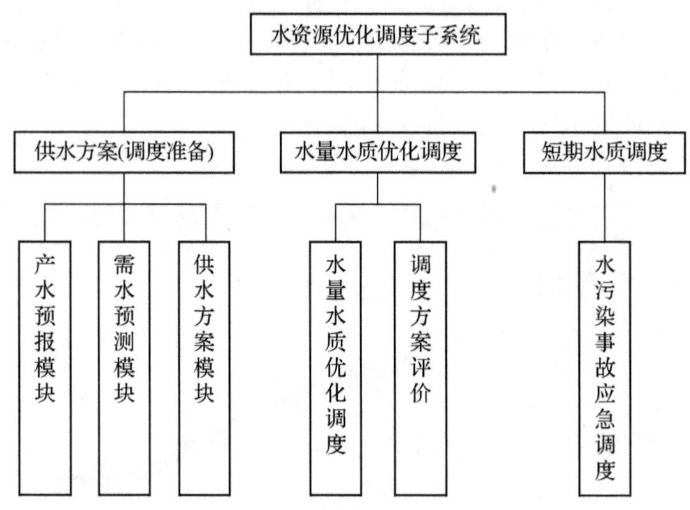

图 6.34 水资源优化调度子系统结构图

在调度时段上分成长期和短期两种,长期优化调度以月为时段,时间跨度以年计。短期调度以日为时段,以保障短期水质水量安全的预报调度为目标。进行水量水质联合优化调度的步骤是:首先在单元划分基础上,分单元进行产水计算;再对各单元分区供水对象三生需水量进行预测计算;最后结合工程分布、特性进行水量水质联合优化调度,经分析评价得到推荐优化方案。

对于短期水污染应急调度,主要是应用水动力模拟和水质动力模拟模型,针对突发性的污染事件造成的水质问题,进行模拟调度,检验工程放水方案对下游河道的净化效果,考察水质控制断面是否达到设定目标,如未达到,则调整水工程放水量方案,直至达到较理想的效果,从而获得一个水质调度预案。

典型区(洪汝河流域)水资源优化配置的主要目标是为了提高该区域社会经济供水安全度。因此,采用流域综合缺水程度最小作为水资源优化配置目标。其他目标概化为约束条件来控制,如河道环境生态用水概化为最小流量约束,三生用水各部门配水比例以用水优先次序和各自保证程度来控制。

优化调度是一个多阶段决策问题,任一时段决策所导致的水资源配置系统状态(水位、库容)则成为余留期决策的初始条件。而余留期最佳调度策略的期望效益是初始条件的函数。因此任一时段的调度策略的作出均应不仅对于当前时段是最优的，而且还应使其所导致的时段末系统状态对于余留期最佳策略而言是最好的初始条件。水资源优化调度一般指采用系统分析方法及最优化技术，研究有关水资源的管理运用的各个方面，并选择满足既定目标和约束条件的最佳调度策略的方法。水资源优化调度在理论上常常属于多目标的随机序贯决策问题。其调度目标通常涉及城乡生活、生产、生态供水，有时还涉及防洪、发电等综合利用目标。天然径流的随机性使得水资源优化调度十分复杂。根据对天然径流随机性的处理，可分为随机型和确定型两类调度方法。结合本研究的侧重点是充分发挥流域工程体系的整体运用效益，宜于采用确定型调度方法。

调度决策一般由日、旬或月作出，根据本项研究的实际需求和条件，拟在基于现状、中期、远期规划水平年层次的优化调度采用以旬为时段建立模型求解，面向短期实时问题的模拟调度，则模拟时段细化到小时以下。

计算单元概化是优化调度的基础环节，水资源供用耗排过程是在计算单元内完成。水量传输转换关系包括：生活、生产、生态等三生用水量及耗水量、退水排放与再利用、河网的水量蒸发渗漏、工程节点蓄水状态等；地下水的利用、回补、蒸发、存蓄水量等；跨流域调水的利用等。

根据这些水量传输关系，单元划分要考虑以下列因素为基础：首先要考虑天然水循环单元，决定了来水时空分布；其次是用水单元的特点，要考虑三生用水的社会经济主体，对应行政区划因素；第三要考虑工程是天然循环和人工用水循环之间的桥梁，可以对天然水循环时空特性进行改变，是提高工程整体功能效益的优化潜力因素。

限于条件，水量水质联合优化调度针对淮河流域的一个子流域—洪汝河流域作为典型区进行研究。根据典型区(洪汝河流域)内的地形地貌、水文气象、水利工程、行政区划条件，将供水对象划分为 12 个子区。这 12 个子区分别是：舞钢子区、舞阳子区、西平子区、上蔡子区、平舆子区、新蔡子区、遂平子区、驻马店子区、确山子区、汝南子区、正阳子区、泌阳子区。各个子区内的用水主要分为城市和农村的生活、生产和生态用水，计六类部门用水。

典型区内共有 4 座水库，分别为薄山水库，板桥水库，宿鸭湖水库，石漫滩水库。

6.5.2　单库水量水质优化调度

以洪汝河为典型区进行水量水质联合优化调度。空间范围内包括大型水工程有薄山水库，板桥水库，石漫滩水库和宿鸭湖水库共四座水库。在进行水量水质联合调度时，首先考虑单一水库的优化调度，进而考虑水库群联合调度问题。对单个水库的优化，水库的入库流量明确，不用考虑上下游水库水力联系的变化。优化的时间范围为年，并以旬为主要时段，计 1 年＝36 旬。

由于水量水质联合调度涉及了供水、防洪、水质等问题,所以联合调度是一个多目标规划问题。经初步分析洪汝河典型区内水量水质联合调度主要考虑水量水质两类目标。

1）水量目标

经分析,水量目标必须考虑提高供水保证率和减少缺水程度(破坏深度)两方面的因素。经计算和分析发现,若以缺水量总和最小为目标,可能会导致供水月保证率的严重下降,所以,以相对缺水量代替缺水总量更为合理,有下列 2 种目标函数方案:① 缺水深度最小;② 供水时段保证率最大。求解时,程序中可选择上述两个目标函数之一,并与水质目标方案相组合,得到水质水量联合优化调度方案。

2）水质目标

由于水质目标要在水量目标的基础上进行兼顾,两个目标存在需要协调的矛盾,若简单地以水质改善最大为目标,则会占用大量水资源,使结果脱离实际。而水质改善还需要考虑优水优用的原则,所以确定水质目标函数是一个复杂的问题。经理论分析并结合实际,考虑三种水质目标模型,并与水量目标联合组成优化调度模型:设定水质期望等级标准,比如Ⅲ类水标准。水量水质联合调度就是在尽量满足水量目标的同时,每个时段尽量达到设定水质标准,实际效果是水质达到Ⅲ类水时段数增加。

编写求解程序时补充此约束条件,在改善水量目标的同时兼顾水质目标,以得到水质水量联合优化调度方案。

3）优水优用水质目标及供水优先次序

供水对象的需水量分部门细分其水量需求和水质需求。生活用水、城市生产用水、农业生产用水、生态用水对水质需求不同。区域内可用水源分为当地水、地下水、水库供水、外调水及其他水源,按照各个部门水质需求,设定匹配水源供水的缺水程度最小。模型求解时,优水优用目标转化为约束条件处理。根据各种部门用水的水质要求,拟定相匹配的水源种类。区域内可用水源分为当地水、地下水、水库供水、外调水及其他水源,按“先用当地水,后用远处水”“优先保证生活用水”的原则,供水顺序为首先供给生活用水,再供给城市生产用水和生态用水,最后供给农村生产用水。各类水源供水对象分述如下:优质水源先供给城市生活用水和农村生活用水;地下水先供给农村生活用水,后供给农村生产用水;当地水先供给农村生产用水,再供给生态用水;其他水源主要供给城市生产用水。

单库水量水质联合优化调度,其中水量目标有保证率最大和缺水破坏深度最小可供选择,并可以结合设定水质期望改善程度,可以获得不同优化模型的供水方案。单库优化水量水质联合调度程序见图 6.35。

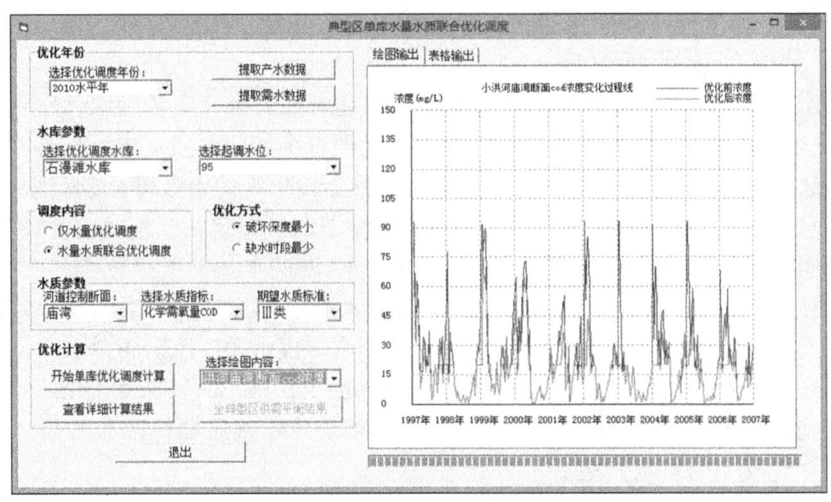

图 6.35　单库优化水量水质联合调度程序界面

6.5.3　库群水量水质优化调度

在单一水库的水质水量联合优化调度基础上，进而考虑水库群联合调度问题。

进行流域水库群优化调度系统研究，首要解决的关键问题是明确流域水库间的水力联系，将相对独立的各水库集成在一个大系统内进行整体考虑，并借助优化算法获得各水库的蓄放水方案。对水库群而言，每个水库的入库流量是不确定的，跟上游水库运用有关，水库的入库流量包括各时段的区间天然来水和有水力联系的上游水库的泄水，因此库群联合调度的可行解空间规模比单水库调度高出若干数量级，模型构建和求解难度也显著加大。

与单水库优化调度相似，洪汝河典型区内水库群水量水质联合调度仍然考虑水量水质两类目标。

1）库群水量目标

水量目标考虑提高供水保证率要求和减少破坏深度要求两方面的因素。所以，优化模型拟定下列两种目标函数方案：① 破坏深度最小；② 供水保证率最大。

求解时，上述两个目标函数可选择任意一个，并与水质目标方案相组合，得到水质水量联合优化调度方案。

2）库群水质目标

由于水质目标除了需要改善水质，还需要考虑优水优用为目标，否则会占用大量优质水资源，结果脱离实际。经理论分析并结合实际，考虑三种水质目标模型，并与水量目标联合组成优化调度模型：① 设定水质期望标准，比如Ⅲ类水标准，并用水质响应函数进行转换，即将满足水质要求转变为水量要求，从而将多目标转化为单目标优化问题。② 编写求解程序时补充此约束条件，在改善水量目标的同时兼顾水质目标，以得到水质水量联合优化调度方案。

3）优水优用水质目标

供水对象的需水量分部门细分其水量需求和水质需求。生活用水、城市生产用水、农业生产用水、生态用水对水质需求不同，按照各个部门水质需求，设定匹配水源供水的缺水程度最小。模型求解时，优水优用目标转化为约束条件处理。根据各种部门用水的水质要求和不同水库、不同水源的水质现状，拟定相匹配的水源种类。区域内可用水源分为当地水、地下水、不同水库供水、外调水及其他水源，按“先用当地水、后用远处水、优先保证生活用水”的原则，供水顺序为首先供给生活用水，再供给城市生产用水和生态用水，最后供给农村生产用水。供水顺序原则同单水库供水。

水库群水量水质联合优化调度程序设计界面见图 6.36，其中水量目标有保证率最大和缺水破坏深度最小可供选择，并可以结合设定水质期望改善程度，可以获得不同优化模型的供水方案。

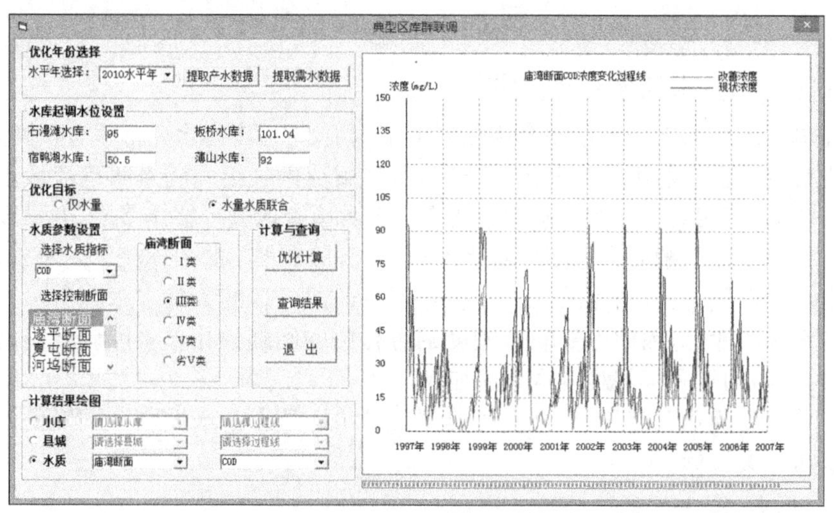

图 6.36　水库群水量水质联合优化调度程序界面图

6.5.4　库群水量水质优化调度

在运行期间，若因自然或人为原因发生突发性的河道水污染事故，将会对一定范围内的生活、生产和生态系统的正常运行带来危害，甚至造成巨大的财产和居民身体健康的损失。比如排污系统、治污系统出现事故时，短时间会造成一定范围河段的污染浓度超标，造成短期水质性缺水，甚至会造成一定的社会恐慌。对河道发生水污染事故，充分利用当地的水工程调节功能，配合其他防污治污措施，有可能迅速控制住污染的范围和程度，减轻突发水污染事件对社会经济的冲击和危害。本书主要针对典型区在突发水污染事件情况下的应急调度问题进行研究，开发相应的软件系统。

水污染事件应急调度的方法是：假定典型区某一水质控制断面因污染事故造成 COD 和氨氮污染浓度急剧升高，将危及附近城乡的正常生活、生产活动或损害生态环境，则通过水动力模拟和水质动力学模拟，预报控制断面污染物浓度，并反馈给上游水库或闸门，制定调整泄水量，得出稀释污染物所需水量，最终得出上游水库和各闸门近期调控方案，以便指导当地职能部门共同控制污染影响空间范围、时间范围，并运用水库闸门的蓄放方案，进行一定水量的泄放控制，达到减轻水污染事故对当地生活、生产活动的影响，减轻财产损失和对居民健康的损害。

水污染事件应急调度模拟系统功能设计除了可设定水质模型的参数以外，在仿真显示方面，可以显示水体纵剖面的污染物演变过程动画，也可演示在平面图上。水污染事故应急调度模拟系统界面图见图 6.37、图 6.38。

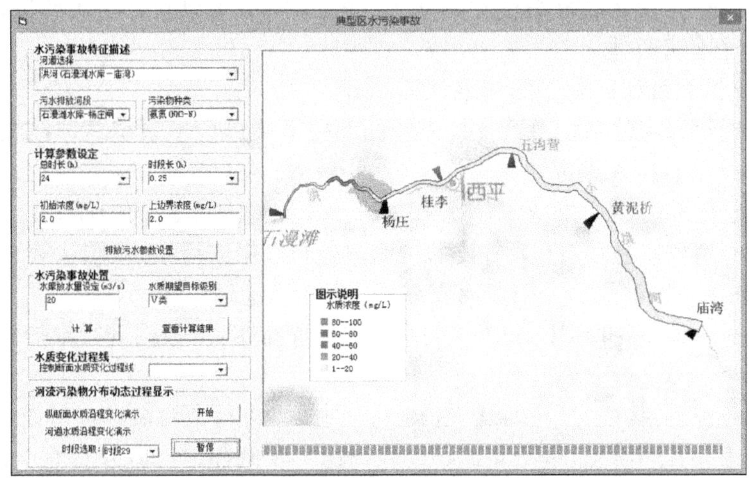

图 6.37　污染物浓度在河道中的扩散降解演变动画(平面图)

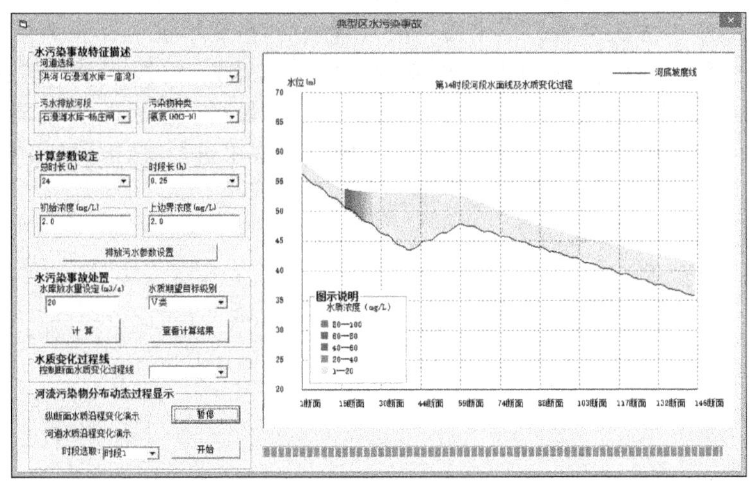

图 6.38　污染物浓度在河道中的扩散降解演变动画(纵剖面图)

6.6 本章小结

在一个决策支持系统平台上对淮河流域水资源进行统一调度和决策，才能更好地保证决策的科学性和质量，从而更好地发挥水工程体系的整体功能，保障城乡供水安全并维护好水环境。因此进行淮河流域水资源优化调度决策支持系统的研究具有重要的理论意义和应用价值。

本书对水循环系统模拟模型、水工程模拟仿真模型、水量水质联合优化调度模型等理论、方法研究的成果进行了系统集成，应用新型决策支持系统的三库四部件结构、GIS 平台、ActiveX 等先进技术，研究开发了决策支持系统，包括数据库、地图库、模型库、知识库以及人机界面，实现了三个子系统——水循环模拟子系统、水工程模拟子系统、水量水质联合优化调度子系统，各部分可以互为输入并进行数据交换，形成一个有机整体。

决策支持系统研究取得的成果包括：

① 按近年兴起的新型决策支持系统四部件框架进行了系统总体结构设计，既满足要求，又具有技术先进性。

② 基于微软的组件模型(COM)和 ActiveX 技术进行了开发编程。

③ 基于地理信息系统(GIS)技术对地理空间数据进行绘图、图层管理、组织数据和直观展示，功能强大，同时具有友好的人机界面。

④ 基于 Access 和 SQL-Server 关系型数据库技术，对数据进行维护管理，实现 Client-Server 模式的网络访问。

⑤ 对各种模拟、优化模型，建立模型库，对模型进行了封装和接口设计。

⑥ 对相关有用信息、理论知识和经验知识可以储存、查询，并具有丰富的分析工具，且以图形化的方式的实现。

综上所述，本系统基于新型决策支持系统框架，技术先进，图形界面友好，功能和工具丰富，能够为决策者提供丰富的决策背景信息，能够设定和调节模型参数进行流域水循环模拟计算、流域水工程联合运用模拟计算、河段水动力模拟仿真计算、河段水质演化模拟仿真计算、单库或库群联合水量水质多目标优化调度计算以及对突发水污染演化过程进行模拟调度，并对计算成果进行统计分析和图形展示。

7 结论

7.1 主要成果

课题项目在分析淮河流域水资源及开发利用实际情况的基础上，对基于二元水循环的流域水资源系统模拟技术，流域水工程系统联合模拟及运行仿真技术，流域水资源优化配置及水工程系统水量-水质联合调度技术，以及流域水资源调度决策支持系统技术等淮河流域水资源系统模拟与调度关键技术，进行了较为全面深入的研究。现将取得的主要研究成果总结如下：

1）基于二元水循环的淮河流域水资源系统模拟研究

针对淮河流域水资源相对缺乏、时空分布不匀和人类活动影响水循环的特点，在“自然—人工”二元水循环的框架下，分析研究了淮河流域的水循环特性及径流时空分布规律；提出了淮北平原概念性水文模型以及基于淮北平原水文模型和新安江模型的自然水循环模型，编写了全流域水文模型程序，并进行了全流域的水文循环模拟分析；进行了流域人工水循环系统的需求预测分析、耗水和排水分析，构建了洪泽湖以上流域人工水循环模拟系统框架；从分布式模拟结果的时空尺度聚合与集总式水资源调配模拟模型结果的时空展布两个方面入手，进行了“自然—人工”二元水循环耦合关系分析，揭示了淮河流域水资源的运动规律。经过模型率定和校验，基于二元水循环的淮河流域水资源系统模拟模型的实际模拟计算效果好。

2）淮河流域水工程系统联合运行模拟仿真研究

分析了淮河流域水资源开发利用情况及各类水源工程的主要分布、功能及运行调度特性；根据流域内水库、湖泊、闸坝、河道等各类水工程的特点及其常规运行调度规则，建立了单一工程运行模拟模型；考虑水工程之间的水力、水利联系，建立了水工程系统联合运行模拟模型；对模型进行计算机算法实现研究，编制了模拟程序，并根据相关资料，对淮河洪泽湖以上流域水工程系统联合运行进行了实际数值模拟分析，得到了在水工程系统常规运行方案下，淮河洪泽湖以上流域各县级供水单元在不同水平年的水资源供需平衡结果及相应的供水保证率，为流域水资源优化配置和联合调度提供了基础。此外，以淮河干流王家坝-鲁台子河段和洪汝河石漫滩坝址-入淮口河段为典型河段，研究了河道水动力模拟仿真和水质模拟仿真的模型及算法，编制了相应的程序软件，为水量水质短期模拟预报奠定了基础。

3）基于水资源优化配置条件下的典型区水量水质联合调度模型研究

针对淮河流域水资源相对缺乏、时空分布不均匀的矛盾以及由于水资源利用方式不合理导致的流域水资源污染状况较为严重的问题，建立了水资源多目标优化配置模型，并根据问题的特点，研制了基于遗传算法的水资源优化配置模型求解程序，进行了优化配置总体方案分析；建立了单一水库和水库群的水量-水质联合优化调度模型，并研究了基于改进遗传算法的模型求解方法及其应用软件编程技术。典型区的实际分析计算表明，与水工程的常规运行方案相比，按水库群水量水质联合优化调度模型所得到的水工程运用方案运行，整个典型区及其各子区的供水保证程度均有提高，并使供水保证程度和改善水质两个目标得到很好的兼顾。由此可见，课题研究所建的水库群水量水质联合优化调度模型是合理的、有效的，模型的求解方法是先进的、可行的。此外，针对短期水污染事件应急调度问题，研究了基于水动力模拟和水质演化模型的应急调度方法和程序，为水污染事件应急调度提供了平台。

4）淮河流域水资源优化调度决策支持系统研究

为提高淮河流域水资源统一调度和决策的科学性和决策效率，从而更好地发挥水工程体系的整体功能，保障城乡供水安全并维护好水环境，本书数学模型、方法的基础上，研究开发了流域水资源调度决策支持系统，包括水循环模拟子系统、水工程模拟子系统、水量水质优化调度子系统等三个子系统，以及数据库、地图库、模型库、分析工具等模块，形成了一个有机整体。主要内容包括：按近年兴起的新型决策支持系统框架进行了系统总体结构设计；基于微软的组件模型（COM）和可视化对象模型进行了开发编程；基于地理信息系统（GIS）技术对地理空间数据进行绘图、图层管理、组织数据和直观展示，具有友好的人机界面；基于 Access 和 SQL-Server 关系型数据库技术，对数据进行维护管理，实现 Client-Server 模式的网络访问；对各种模拟、优化模型，建立模型库，对模型进行了封装和接口设计；知识库则包括对相关背景信息、理论知识和经验知识的封装、查询以及图形化的统计分析工具的实现。本系统基于新型决策支持系统框架，技术先进，图形界面友好，功能和工具丰富，能够为决策者提供丰富的决策背景信息，能够设定和调节模型参数进行流域水循环模拟计算、流域水工程联合运用模拟计算、河段水动力模拟仿真计算、河段水质演化模拟仿真计算、单库或库群联合水量水质多目标优化调度计算以及对突发水污染演化过程进行模拟调度，并对计算成果进行统计分析和图形展示。

7.2 特色和创新

本书研究成果的主要特色和创新之处在于：

（1）研究对象的大尺度。不同于以往，类似的淮河流域水资源系统模拟与调度方面的相关研究大多针对小范围、局部区域，本书将研究对象拓展到淮河流域洪泽湖以上整个区域范围，对如此大尺度的研究范围内复杂水资源系统模拟和调度的一系列关键技术进行研究，在淮河流域尚属首次。

（2）研究方法的先进性。本书综合运用水资源系统科学理论和方法以及决策支持系统技术开展研究，构建了覆盖淮河流域洪泽湖以上整个区域的大尺度与细粒度有机统一的水资源系统拓扑结构；建立了基于淮北平原水文模型和新安江模型的自然水循环模型，以及相应的二元水循环系统耦合模拟技术；提出了典型区洪汝河流域水量水质联合调度系统优化模型，以及复杂水库群水量水质联合优化调度问题的改进遗传算法求解技术；研发了以新型决策支持系统四部件框架为特征的流域水资源优化调度决策支持系统，为改进和提高流域水资源管理决策的科学性和决策效率提供了强有力的决策支持平台。可见，本书研究方法的先进性特色显著。

（3）研究成果的系统性。本书从流域水资源系统模拟，到水工程群联合运用，再到水量水质多目标优化调度，最后到决策支持系统构建等各个层面，进行相关关键技术的研究，实现了流域二元水循环模拟、水工程联合运行模拟及水量水质联合优化调度等三个系统的有机集成，形成了一套较为完备的淮河流域水资源系统模拟和优化调度理论、方法和技术体系，应用该成果，可根据流域降雨以及用水需求等基本信息，求得流域产、汇流过程，流域水工程运用过程，以及典型区水量水质联合优化调度过程等成套数据成果。与以往相关研究相对较为分散的成果相比，本书的研究成果系统性强。

参考文献

［1］ 宁远,钱敏,王玉太.淮河流域水利手册［M］.北京:科学出版社,2003年.

［2］ 淮河水利委员会.中国江河防洪丛书淮河卷［M］.北京:中国水利水电出版社,1992.

［3］ 水利部治淮委员会.淮河水利简史［M］.北京:水利电力出版社,1990年.

［4］ 水利部淮河水利委员会.淮河流域综合规划(2012—2030年)(报批稿).2013.

［5］ 水利部淮河水利委员会.淮河流域水资源规划.

［6］ Wurbs R A. Modeling river/reservoir system management, water allocation and supply reliability［J］. Journal of Hydrology, 2005, 300(1): 100-113.

［7］ Abu-Zeid M A. Water and sustainable development: the vision for world water, life and the environment［J］. Water Policy, 1998, 1(1): 9-19.

［8］ 水利部淮河水利委员会.淮河综述志［M］.北京:科学出版社,2000年.

［9］ 水利部淮河水利委员会.淮河志(1991—2010年)［M］.北京:科学出版社,2015年.

［10］ 刘昌,陈志.中国水资源现状评价和供需发展趋势分析［M］.北京:中国水利水电出版社,2001.

［11］ 刘美南.区域水资源原理与方法［M］.福州:福建省地图出版社,2001.

［12］ 陈志恺.中国水资源的可持续利用［C］.中国水利学会2001学术年会论文集,2001:38-40.

［13］ (美)劳克斯,(荷)贝克.水资源系统规划与管理［M］.王世龙,李向东,王九大,等,译.北京:中国水利水电出版社,2007.

［14］ 姚成,刘开磊.水文集合预报方法研究与应用［M］.南京:河海大学出版社,2018

［15］ 李致家,孔凡哲,王栋,等.现代水文模拟与预报技术［M］.南京:河海大学出版社,2010.

［16］ 成金华,李世祥,吴巧生.关于中国水资源管理问题的思考［J］.中国人口·资源与环境,2006,16(6):162-168.

［17］ 王金霞.资源节约型社会建设中的水资源管理问题［J］.中国科学院院刊,2012,27(4):447-454.

［18］ 王浩,汪林.水资源配置理论与方法探讨［J］.水利规划与设计,2004(b03):50-56.

［19］ Aramaki T, Matsuo T. Evaluation model of policy scenarios for basin-wide water resources and quality management in the tone river, japan［J］. Water Science & Technology, 1998, 38(11): 59-67.

［20］ 水利部水文局,水利部淮河水利委员会.2007年淮河暴雨洪水［M］.北京:中国水利水电出版社,2010.

［21］ 刘开磊,汪跃军,胡友兵,等.基于模型簇的淮河流域水资源量概率预测［C］.沂沭泗第八届水文学术交流会论文集,2017:126-130.